国家出版基金项目
NATIONAL PUBLICATION FOUNDATION

"十二五""十三五"国家重点图书出版规划项目

风力发电工程技术丛书

风电场
建设与管理

王玉国 等 编著

U0238630

中国水利水电出版社
www.waterpub.com.cn
·北京·

内 容 提 要

本书是《风力发电工程技术丛书》之一，主要介绍了风电场建设管理程序、风电场建设管理模式、风电场建设勘察和设计管理、风电场建设采购管理、风电场建设合同管理、风电场建设投资控制、风电场建设质量控制、风电场建设进度控制、风电场建设安全管理、风电场建设信息管理、风电场建设工程验收、风电场生产准备、风电场建设项目后评价等内容。

本书可供风力发电相关从业人员使用，也可作为相关从业人员的参考用书。

图书在版编目（CIP）数据

风电场建设与管理 / 王玉国等编著. -- 北京：中国水利水电出版社，2017.3（2022.4重印）
（风力发电工程技术丛书）
ISBN 978-7-5170-5263-0

Ⅰ．①风… Ⅱ．①王… Ⅲ．①风力发电－发电厂－研究 Ⅳ．①TM62

中国版本图书馆CIP数据核字（2017）第061442号

书　名	风力发电工程技术丛书 **风电场建设与管理** FENGDIANCHANG JIANSHE YU GUANLI
作　者	王玉国　等　编著
出版发行	中国水利水电出版社 （北京市海淀区玉渊潭南路1号D座　100038） 网址：www.waterpub.com.cn E-mail：sales@mwr.gov.cn 电话：（010）68545888（营销中心）
经　售	北京科水图书销售有限公司 电话：（010）68545874、63202643 全国各地新华书店和相关出版物销售网点
排　版	中国水利水电出版社微机排版中心
印　刷	天津嘉恒印务有限公司
规　格	184mm×260mm　16开本　26.5印张　628千字
版　次	2017年3月第1版　2022年4月第2次印刷
印　数	3001—5000册
定　价	**98.00**元

主要参编单位 （排名不分先后）

河海大学

中国长江三峡集团公司

中国水利水电出版社

水资源高效利用与工程安全国家工程研究中心

水电水利规划设计总院

水利部水利水电规划设计总院

中国能源建设集团有限公司

上海勘测设计研究院有限公司

中国电建集团华东勘测设计研究院有限公司

中国电建集团西北勘测设计研究院有限公司

中国电建集团中南勘测设计研究院有限公司

中国电建集团北京勘测设计研究院有限公司

中国电建集团昆明勘测设计研究院有限公司

中国电建集团成都勘测设计研究院有限公司

长江勘测规划设计研究院

中水珠江规划勘测设计有限公司

内蒙古电力勘测设计院

新疆金风科技股份有限公司

华锐风电科技股份有限公司

中国水利水电第七工程局有限公司

中国能源建设集团广东省电力设计研究院有限公司

中国能源建设集团安徽省电力设计院有限公司

华北电力大学

同济大学

华南理工大学

中国三峡新能源有限公司

华东海上风电省级高新技术企业研究开发中心

浙江运达风电股份有限公司

本书编委会

主　　编　王玉国

副 主 编　吴敬凯　朱义军　胡立伟

参编人员　（按姓氏笔画排序）

于　力　王　维　孙大鹏　刘　涛　李顺义

汤建军　杜长泉　陈小群　胡永田　程智秀

前　言

　　风力发电作为一种清洁的可再生能源发电方式已有近130年的历史。进入21世纪，随着常规能源供应渐趋紧张、环保问题日益突出，可再生能源越来越被重视。我国《能源发展战略行动计划（2014—2020年）》中明确提出了"绿色低碳"的发展战略，2020年非化石能源占一次能源消费比重达到15％，2030年非化石能源占比提高到20％左右，并在2015年巴黎气候大会上向世界承诺了这一行动目标。

　　根据最新风能资源评价，全国陆地可开发和利用的风能资源为3亿kW，加上近岸海域可开发和利用的风能资源，共计约10亿kW。在风电发展规划上，预计到2020年风电装机容量超过2亿kW，2030年超过4亿kW，2050年超过10亿kW。我国的风能资源储量居世界首位，自1986年建设山东荣成第一个示范风电场至今，经过30年努力，风电场装机规模不断扩大，据我国风能协会公布的数据显示，截至2015年年底，全国累计安装风电机组92981台，累计装机容量已达145362MW（1.45362亿kW），累计装机总量占全球33.4％，居全球首位。伴随风电的快速发展，也陆续出现因投资与成本控制不利、质量把关不严、进度控制不利等管理问题导致的部分风电场设计不合理、存在质量安全隐患和投资风险等问题，值得风电开发建设者思考。

　　风电开发项目的建设周期（含前期）尽管只有短短一两年时间，但涉及方方面面，是一个系统工程，一般分为前期、建设期、运营期。前期从项目策划起至项目核准，建设期为项目核准后至竣工验收，运营期为竣工验收后至项目运营周期截止，前期与建设期周期一般为2～3年，运营期20年。本书通过系统全面分析我国风电场建设管理现状，对风电场建设管理程序、模式、项目的勘察和设计、采购管理、合同管理、投资控制、质量控制、进度控制、安全管理、信息管理、工程验收、生产准备直至项目的后评价等风电场建设管理的全流程进行介绍，以期促进风电场建设管理的法制化、规范化、标准化、科学化，提升我国风电场建设管理水平。

本书由中国三峡新能源有限公司负责组织编写，其中第4、7、8、9、10、11、12、13章分别由胡永田、王维、刘涛、孙大鹏、陈小群、程智秀、吴敬凯、李顺义、汤建军、于力编写；第1、3、5章由中国电建集团中南勘测设计研究院有限公司朱义军、彭文春、张庆编写；第2、6章由中水珠江规划勘测设计有限公司胡立伟、杜长泉编写。本书在编写过程中得到中国三峡集团公司、中国三峡新能源有限公司领导的大力支持以及相关单位、部门的积极配合，在此表示衷心感谢。

由于作者水平有限，疏漏之处恳请读者批评指正。

《风电场建设与管理》编委会

2016 年 10 月

目 录

第1章　风电场建设管理程序

1.1　基　本　程　序

1.1.1　概述

2 风电场建设是将风力形成特定电量而进行的一系列活动。风电场建设属工业类项目，涉及国土资源、矿产资源、水资源等方面，与生态环境紧密相连，与其他社会公共利益密切相关。所以风电场建设程序必然有其客观规律性程序（或称风电场内生性管理）与主观调控性程序（或称政府约束性管理）。

风电场建设客观规律性程序是指风电场建设过程中，其内在环节之间的逻辑关系所决定的先后顺序。例如，先勘察、后设计，先设计、后施工，先竣工验收、后投产运营等。对于具体的风电场，如果先后程序衔接较好，可视情况允许上下程序合理交叉，以节省建设时间、缩短建设周期。

风电场建设主观调控性程序是指政府有关行政管理部门，按其调控意志和职能分工，对风电场建设所制定的管理程序。此类程序具有行政强制约束作用，风电场建设单位不得绕过或逃避管理程序，违规建设。

1.1.2　风电场建设的行政管理程序

国家对风电场建设的管理属于主观调控性程序。根据《国务院关于投资体制改革的决定》（国发〔2004〕20 号）和《国务院办公厅关于加强和规范新开工项目管理的通知》（国办发〔2007〕64 号），风电场建设项目实行核准制。目前国家能源局负责省级风电场年度开发计划的审核；省级发展和改革委员会（简称"发改委"）负责全省风电开发的统筹规划及开发计划的编制；单一风电场的核准由地级市或县级发展改革部门负责。国家对于风电场建设的行政管理程序如下：

（1）由风电场项目开发单位分别向城乡规划、国土资源和环境保护部门申请办理规划选址预审、用地预审和环境影响评价审批手续。

（2）履行相关手续后，项目单位向发展改革等项目核准部门申报核准项目申请报告，并附规划选址预审、用地预审、环境影响评价审批文件。

（3）项目单位依据项目核准文件，向城乡规划部门申请办理规划许可手续，向国土资源部门申请办理正式用地手续。

（4）项目单位依据相关批复文件，向建设主管部门申请办理项目开工手续。

1.1.2.1　《风电开发建设管理暂行办法》

2011 年 8 月 25 日国家能源局颁布了《风电开发建设管理暂行办法》（国能新能

〔2011〕285 号），该办法主要内容分总则、建设规划、项目前期工作、项目核准、竣工验收与运行监督、违规责任等 6 个部分。

1. 总则

国务院能源主管部门负责全国风电开发建设管理。各省（自治区、直辖市）政府能源主管部门在国务院能源主管部门的指导和组织下，按照国家有关规定负责本地区风电开发建设管理。委托国家风电建设技术归口管理单位承担全国风电技术质量管理。

2. 建设规划

（1）风电场工程建设规划是风电场工程项目建设的基本依据，要坚持"统筹规划、有序开发、分步实施、协调发展"的方针，协调好风电开发与环境保护、土地及海域利用、军事设施保护、电网建设及运行的关系。

（2）国务院能源主管部门负责全国风电场工程建设规划（含百万千瓦级、千万千瓦级风电基地规划）的编制和实施工作，在进行风能资源评价、风电市场消纳、土地及海域使用、环境保护等建设条件论证的基础上，确定全国风电建设规模和区域布局。

（3）省级政府能源主管部门根据全国风电场工程建设规划要求，在落实项目风能资源、项目场址和电网接入等条件的基础上，综合项目建设的经济效益和社会效益，按照有关技术规范要求组织编制本地区的风电场工程建设规划与年度开发计划，报国务院能源主管部门备案，并抄送国家风电建设技术归口管理单位。

（4）风电建设技术归口管理单位综合考虑风能资源、能源需求和技术进步等因素，负责对各省（自治区、直辖市）风电场工程建设规划与年度开发计划进行技术经济评价。

（5）国务院能源主管部门依法对地方规划进行备案管理，各省（自治区、直辖市）风电场工程年度开发计划内的项目经国务院能源主管部门备案后，方可享受国家可再生能源发展基金的电价补贴。

（6）各电网企业依据国务院能源主管部门备案的各省（自治区、直辖市）风电场工程建设规划、年度开发计划，落实风电场工程配套电力送出工程。

3. 项目前期工作

项目前期工作包括选址测风、风能资源评价、建设条件论证、项目开发申请、可行性研究和项目核准前的各项准备工作。企业开展测风要向县级以上政府能源主管部门提出申请，按照气象观测管理要求开展相关工作。

（1）风电场项目开发企业开展前期工作之前应向省级以上政府能源主管部门提出开展风电场项目开发前期工作的申请。按照项目核准权限划分，5 万 kW 及以上项目开发前期工作申请由省级政府能源主管部门受理后，上报国务院能源主管部门批复。

（2）省级政府能源主管部门提出的年度开发计划，应包括建设总规模和各项目的开发申请报告，国务院投资主管部门和省级政府投资主管部门核准的项目均应包括在内。项目的开发申请报告应在预可行性研究阶段工作成果的基础上编制，包括以下内容：

1）风电场风能资源测量与评估成果、风电场地形图测量成果、工程地质勘察成果及工程建设条件。

2）项目建设必要性，初步确定开发任务、工程规模、设计方案和电网接入条件。

3）初拟建设用地或用海的类别、范围，环境影响初步评价。

4）初步的项目经济和社会效益分析。

国务院能源主管部门对满足上述要求的项目予以备案。

（3）为促进风电技术进步，国务院能源主管部门可根据需要选择特定开发区域及项目，组织省级政府能源主管部门采取特许权招标方式确定项目投资开发主体及项目关键设备。也可对已明确投资开发主体的大型风电基地项目提出统一的技术条件，会同项目所在地省级政府能源主管部门指导项目单位对关键设备集中招标采购。

4．项目核准

（1）为做好地方规划及项目建设与国家规划衔接，根据项目核准管理权限，省级政府投资主管部门核准的风电场项目，必须按照报国务院能源主管部门备案后的风电场项目建设规划和年度开发计划进行。

（2）风电场项目按照国务院规定的项目核准管理权限，分别由国务院投资主管部门和省级政府投资主管部门核准。

由国务院投资主管部门核准的风电场项目，经所在地省级政府能源主管部门对项目申请报告初审后，按项目核准程序，上报国务院投资主管部门核准。项目单位属于中央企业的，所属集团公司需同时向国务院投资主管部门报送项目核准申请。

（3）项目单位应遵循节约、集约和合理利用土地资源的原则，按照有关法律法规与技术规定要求落实建设方案和建设条件，编写项目申请报告，办理项目核准所需的支持性文件。

（4）风电场项目申请报告应达到可行性研究的深度，并附有下列文件：

1）项目列入全国或所在省（自治区、直辖市）风电场项目建设规划及年度开发计划的依据文件。

2）项目开发前期工作批复文件，或项目特许权协议，或特许权项目中标通知书。

3）项目可行性研究报告及其技术审查意见。

4）土地管理部门出具的关于项目用地预审意见。

5）环境保护管理部门出具的环境影响评价批复意见。

6）安全生产监督管理部门出具的风电场工程安全预评价报告备案函。

7）电网企业出具的关于风电场接入电网运行的意见，或省级以上政府能源主管部门关于项目接入电网的协调意见。

8）金融机构同意给予项目融资贷款的文件。

9）根据有关法律法规应提交的其他文件。

（5）风电场项目须经过核准后方可开工建设。项目核准后2年内不开工建设的，项目原核准机构可按照规定收回项目。风电场项目开工以第一台风电机组基础施工为标志。

5．竣工验收与运行监督

（1）项目所在省级政府能源主管部门负责指导和监督项目竣工验收，协调和督促电网企业完成电网接入配套设施建设并与项目单位签订并网调度协议和购售电合同。项目单位完成土建施工、设备安装和配套电力送出设施，办理好各专项验收，待电网企业建成电力送出配套电网设施后，制订整体工程竣工验收方案，报项目所在地省级政府能源主管部门备案。项目单位和电网企业按有关技术规定和备案的验收方案进行竣工验收，将结果报告省级政府能源主管部门，省级政府能源主管部门审核后报国务院能源主管部门备案。

（2）电网企业配合进行项目并网运行调试，按照相关技术规定进行项目电力送出工程和并网运行的竣工验收。完成竣工验收后将结果报告省级政府能源主管部门，省级政府能源主管部门审核后报国务院能源主管部门备案。

（3）项目单位应根据电网调度和信息管理要求，向电网调度机构及可再生能源信息管理机构传送和报告运行信息。未经批准，项目运行实时数据不得向境外传送，项目控制系统不能与公共互联网直接联接。项目单位长期保留的测风塔、机组附带的测风仪的使用要符合气象观测管理的有关要求。

（4）项目投产 1 年后，国务院能源主管部门可组织有规定资质的单位，根据相关技术规定对项目建设和运行情况进行后评估，3 个月内完成评估报告，评估结果作为项目单位参与后续风电项目开发的依据。项目单位应按照评估报告对项目设施和运行管理进行必要的改进。

（5）多个风电场工程在同一地域同期建设，可由项目所在地省级政府能源主管部门组织有关单位统一协调办理电网接入、建设用地或用海预审、环境影响评价、安全预评价等手续。

（6）风电项目单位应按照国务院能源主管部门及国家可再生能源信息管理机构的要求，报告风电场工程相关运行信息。如发生火灾、风电机组严重损毁以及其他停产 7 天以上事故，或风电机组部件发生批量质量问题，应在第一时间向国务院能源主管部门及省级政府能源主管部门报告。

6. 违规责任

（1）风电场项目未按规定程序和条件获得核准擅自开工建设，不能享受国家可再生能源发展基金的电价补贴，电网企业不予接受其并网运行。

（2）对于违规擅自开工建设的项目，一经发现，省级以上政府能源主管部门将责令其停止建设，并依法追究有关责任人的法律和行政责任。

（3）通过国家特许权招标方式获得投资开发主体资格的项目单位发生违约，项目单位承担特许权协议规定的相关责任；情节严重的，按照招投标法规定，自违约时间起 3 年内取消其参与同类项目投标资格，并予以公告。参加国家特许权项目招标或设备集中招标的设备制造企业违反招标约定的，自违约发生时间起 3 年内该企业不得参与同类项目投标。

（4）风电场发生火灾、风电机组严重损毁以及其他停产 7 天以上事故，或风电机组部件发生批量质量问题，超过 7 天未以任何方式报告情况，或未按规定向国家可再生能源信息管理机构提交有关信息的，省级以上政府能源主管部门将责令其改正，并依法追究有关责任人的法律和行政责任。

1.1.2.2　《风电场工程建设用地和环境保护管理暂行办法》

为了贯彻实施《中华人民共和国可再生能源法》，积极支持和促进我国风电发展，规范和加快风电场开发建设，促进社会经济可持续发展，国家发改委同国土资源部和国家环保总局制定了《风电场工程建设用地和环境保护管理暂行办法》（发改能源

〔2005〕1511 号）。

1. 建设用地

（1）风电场工程建设用地应本着节约和集约利用土地的原则，尽量使用未利用土地，少占或不占耕地，并尽量避开省级以上政府部门依法批准的需要特殊保护的区域。

（2）风电场工程建设用地按实际占用土地面积计算和征地。其中，非封闭管理的风电场中，风电机组用地按照基础实际占用面积征地；风电场其他永久设施用地按照实际占地面积征地；建设施工期临时用地依法按规定办理。

（3）风电场工程建设用地预审工作由省级国土资源管理部门负责。

（4）建设用地单位在申请核准前要取得用地预审批准文件。用地预审申请需提交下列材料：

1）建设用地预审申请表。

2）预审申请报告，其内容包括拟建设项目基本情况、拟选址情况、拟用地总规模和拟用地类型等，对占用耕地的建设项目，需提出补充耕地初步方案。

3）项目预可行性研究报告。

（5）项目建设单位申报核准项目时，必须附省级国土资源管理部门预审意见；没有预审意见或预审未通过的，不得核准建设项目。

（6）风电场项目经核准后，项目建设单位应依法申请使用土地，涉及农用地和集体土地的，应依法办理农用地转用和土地征收手续。

2. 环境保护

（1）风电场工程建设项目实行环境影响评价制度。风电场建设的环境影响评价由所在地省级环境保护行政主管部门负责审批。凡涉及国家级自然保护区的风电场工程建设项目，省级环境保护行政主管部门在审批前，应征求国家环境保护行政主管部门的意见。

（2）加强环境影响评价工作，认真编制环境影响报告表。风电规划、预可行性研究报告和可行性研究报告都要编制环境影响评价篇章，对风电建设的环境问题、拟采取措施和效果进行分析和评价。

（3）建设单位在项目申请核准前要取得项目环境影响评价批准文件。项目环境影响评价报告应委托有相应资质的单位编制，并提交"风电场工程建设项目环境影响报告表"。

（4）项目建设单位申报核准项目时，必须附省级环境保护行政主管部门审批意见；没有审批意见或审批未通过的，不得核准建设项目。

（5）风电场工程经核准后，项目建设单位要按照环境影响报告表及其审批意见的要求，加强环境保护设计，落实环境保护措施。按规定程序申请环境保护设施竣工验收，验收合格后，该项目方可正式投入运营。

3. 其他

各省（自治区、直辖市）风电场工程规划报告由各省（自治区、直辖市）发改委负责组织有关单位编制，应当在规划编制过程中组织进行环境影响评价，编写该规划有关环境影响的篇章或者说明。省级国土资源管理部门负责对风电场规划用地的合理性进行审核，并做好与本地区土地利用总体规划的衔接工作；省级环境保护行政主管部门负责对规划的环境问题进行审核。

1.1.2.3 《海上风电开发建设管理暂行办法》

2010 年 1 月 22 日国家能源局颁布了《海上风电开发建设管理暂行办法》（国能新能〔2010〕29 号）。

1. 总则

（1）海上风电项目是指沿海多年平均大潮高潮线以下海域的风电项目，包括在相应开发海域内无居民海岛上的风电项目。

（2）海上风电项目开发建设管理包括海上风电发展规划、项目授予、项目核准、海域使用和海洋环境保护、施工竣工验收、运行信息管理等环节的行政组织管理和技术质量管理。

（3）国家能源主管部门负责全国海上风电开发建设管理。沿海各省（自治区、直辖市）能源主管部门在国家能源主管部门指导下，负责本地区海上风电开发建设管理。海上风电技术委托全国风电建设技术归口管理单位负责管理。

（4）国家海洋行政主管部门负责海上风电开发建设海域使用和环境保护的管理和监督。

2. 规划

（1）海上风电规划包括全国海上风电发展规划和沿海各省（自治区、直辖市）海上风电发展规划。全国海上风电发展规划和沿海各省（自治区、直辖市）海上风电发展规划应与全国可再生能源发展规划、全国和沿海各省（自治区、直辖市）海洋功能区划、海洋经济发展规划相协调。沿海各省（自治区、直辖市）海上风电发展规划应符合全国海上风电发展规划。

（2）国家能源主管部门统一组织全国海上风电发展规划编制和管理，并会同国家海洋行政主管部门审定沿海各省（自治区、直辖市）海上风电发展规划。沿海各省（自治区、直辖市）能源主管部门按国家能源主管部门统一部署，负责组织本行政区域海上风电发展规划的编制和管理。

（3）沿海各省（自治区、直辖市）能源主管部门组织具有国家甲级设计资质的单位，按照规范要求编制本省（自治区、直辖市）管理海域内的海上风电发展规划；同级海洋行政主管部门对规划提出用海初审意见和环境影响评价初步意见；技术归口管理单位负责对沿海各省（自治区、直辖市）海上风电发展规划进行技术审查。

（4）国家能源主管部门组织海上风电技术管理部门，在沿海各省（自治区、直辖市）海上风电发展规划的基础上，编制全国海上风电发展规划；组织沿海各省（自治区、直辖市）能源主管部门、电网企业编制海上风电工程配套电网工程规划，落实电网接入方案和市场消纳方案。

（5）国家海洋行政主管部门组织沿海各省（自治区、直辖市）海洋主管部门，根据全国和沿海各省（自治区、直辖市）海洋功能区划、海洋经济发展规划，做好海上风电发展规划用海初审和环境影响评价初步审查工作。

3. 项目授予

（1）国家能源主管部门负责海上风电项目的开发权授予。沿海各省（自治区、直辖市）能源主管部门依据经国家能源主管部门审定的海上风电发展规划，组织企业开展海上测风、地质勘察、水文调查等前期工作。未经许可，企业不得开展风电场工程建设。

（2）沿海各省（自治区、直辖市）能源主管部门在前期工作基础上，提出海上风电工程项目的开发方案，向国家能源主管部门上报项目开发申请报告。国家能源主管部门组织技术审查并论证工程建设条件后，确定是否同意开发。

（3）项目开发申请报告应主要包括以下内容：

1）风资源测量与评价、海洋水文观测与评价、风电场海图测量、工程地质勘察及工程建设条件。

2）项目开发任务、工程规模、工程方案和电网接入方案。

3）建设用海初步审查，海洋环境影响初步评价。

4）经济和社会效益初步分析评价。

（4）海上风电工程项目优先采取招标方式选择开发投资企业，招标条件为上网电价、工程方案、技术能力和经营业绩。开发投资企业为中资企业或中资控股（50％以上股权）中外合资企业。已有海上风电项目的扩建，原项目单位可提出申请，经国家能源主管部门确认后获得扩建项目的开发权。获得风电项目开发权的企业必须按招标合同或授权文件要求开展工作，未经国家能源主管部门同意，不得自行转让开发权。

（5）海上风电项目招标工作由国家能源主管部门统一组织，招标人为项目所在地省（自治区、直辖市）能源主管部门。对开展了海上风电项目前期工作而最终没有中标的企业，由中标企业按省级能源主管部门核定的前期工作费用标准，向承担了前期工作的企业给予经济补偿。

4. 项目核准

（1）招标选择的项目投资企业或确认扩建项目开发企业，按海上风电工程前期工作的要求落实工程方案和建设条件，编写项目申请报告，办理项目核准所需的支持性文件，与招标单位签订项目特许权协议，并与当地省级电网企业签订并网和购售电协议。项目所在地省级能源主管部门对项目申请报告初审后，上报国家能源主管部门核准。

（2）海上风电项目核准申请报告应达到可行性研究的深度，并附有下列文件：

1）项目列入全国或地方规划的依据文件。

2）项目开发授权文件或项目特许权协议。

3）项目可行性研究报告及技术审查意见。

4）项目用海预审文件和环境影响评价报告批复文件。

5）海上风电场工程接入电网的承诺文件。

6）金融机构同意给予项目贷款融资等承诺文件。

7）根据有关法律法规应提交的其他文件。

（3）海上风电项目必须经过核准并取得海域使用权后，方可开工建设。项目核准后两年内未开工建设的，国家能源主管部门收回项目开发权，国家海洋行政主管部门收回海域使用权。

5. 建设用海

（1）海上风电项目建设用海应遵循节约和集约利用海域资源的原则，合理布局。

（2）项目单位向国家能源主管部门申请核准前，应向国家海洋行政主管部门提出海域使用申请文件，并提交以下材料：

1）海域使用申请报告，包括建设项目基本情况、拟用海选址情况、拟用海的规模及用海类型。

2）海域使用申请书（一式 5 份）。

3）资信证明材料。

4）存在利益相关者的，应提交解决方案或协议。

（3）国家海洋行政主管部门收到符合要求的用海申请材料后组织初审。初审通过后，国家海洋行政主管部门通知项目建设单位开展海域使用论证；海域使用论证评审通过后，国家海洋行政主管部门出具项目用海预审意见。

（4）项目建设单位申报项目建设核准申请时，应附国家海洋行政主管部门用海预审意见；无预审意见或预审未通过的，国家能源主管部门不予核准。

（5）海上风电项目建设用海面积按风电设施实际占用海域面积和安全区占用海域面积征用。其中，非封闭管理的海上风电机组用海面积为所有风电机组塔架占用海域面积之和，单个风电机组塔架用海面积按塔架中心点至基础外缘线点再向外扩为半径 50m 的圆形区域计算；海底电缆用海面积按电缆外缘向两侧各外扩宽 10m 为界计算；其他永久设施用海面积按《海籍调查规范》（HYT 124—2009）的规定计算。各宗用海面积不重复计算。

（6）海上风电项目经核准后，项目单位应及时将项目核准文件提交国家海洋行政主管部门。国家海洋行政主管部门依法审核并办理海域使用权报批手续。

（7）项目单位应按规定缴纳海域使用金，办理海域使用权登记，领取海域使用权证书。

（8）使用无居民海岛建设海上风电的项目单位应当按照《中华人民共和国海岛保护法》等法律法规办理无居民海岛使用申请审批手续，并取得无居民海岛使用权证书后，方可开工建设。

6. 环境保护

（1）项目单位应当按照《中华人民共和国海洋环境保护法》《防治海洋工程建设项目污染损害海洋环境管理条例》及相关技术标准要求，编制海上风电项目环境影响报告书，报国家海洋行政主管部门核准。

（2）海上风电项目建设环境影响报告书应委托有相应资质的单位编制。项目单位在项目申请核准前需取得国家海洋行政主管部门出具的建设项目环境影响报告书的核准文件；无报告书核准意见或未通过核准的，国家能源主管部门不予核准。

（3）海上风电项目核准后，项目单位应按建设项目环境影响报告书及核准意见的要求，加强环境保护设计，落实环境保护措施。按规定程序申请环境保护设施竣工验收，验收合格后，该项目方可正式投入运营。

7. 施工竣工验收

（1）海上风电项目经核准后，项目单位应制订施工方案，报请当地海洋行政主管部门、海事主管部门备案。施工企业应具备海洋工程施工资质，进驻施工现场前应到当地海洋行政主管部门办理施工许可手续。海底电缆的铺设施工应当按照《铺设海底电缆管道管理规定》的要求办理相关手续。项目单位和施工企业应制订安全应急方案。

（2）国家能源主管部门委托项目所在省（自治区、直辖市）能源主管部门负责海上风电项目竣工验收。项目单位在完成土建施工、安装风电机组和其他辅助设施后，向所在地省（自治区、直辖市）能源主管部门申请验收。省级能源主管部门协调和督促电网企业完成电网接入配套设施，在配套电网接入设施建成后，对海上风电项目进行预验收。预验收通过后，项目单位在电网企业配合下进行机组并网调试，全部机组完成并网调试后，进行项目竣工验收。

8. 运行信息

（1）项目单位应建立自动化风电机组监控系统，向电网调度机构和国家风电信息管理中心实时传送风电场的运行数据。未经批准，项目运行实时数据不得向境外传送。

（2）项目单位应按照有关规定建立安全生产制度，发生重大事故和设备故障应及时向电网调度机构、当地能源主管部门报告，每半年向国家风电信息管理中心提交一次总结报告。

（3）项目单位应建立或保留已有测风塔，长期监测项目所在区域的风资源以及空气温度、湿度、海浪等气象数据，监测结果应定期向当地省（自治区、直辖市）能源主管部门和国家风电信息管理中心报告。

（4）新建项目投产 1 年后，由国家能源主管部门组织有资质的咨询机构，对项目建设和运行情况进行后评估，3 个月内完成后评估报告。评估结果作为项目单位参与后续海上风电项目开发的依据。

（5）海上风电基地或大型海上风电项目，可由当地省级能源主管部门组织有关单位统一协调办理电网接入系统、建设用海预审、环境影响评价和项目核准申请手续。

1.1.3　电网对风电场建设的要求

1.1.3.1　电网对风电场建设的程序要求

风电场的安全运营涉及电网的安全稳定运行，故电网公司从风电场的立项、建设、试生产、并网、运行等阶段既有程序的要求，又有具体的技术规定［详见《风电场接入电网技术规定》（国家电网发展〔2009〕327 号）］，其程序要求如下：

（1）风电场须符合国家或省市发改委审定的该地区风资源规划报告要求。

（2）省级电网公司委托第三方对拟建设的风电场进行输电系统规划设计评审、电厂接入系统方案设计审查、电能质量影响评估、并网电压稳定分析评审、穿透功率极限计算分析评审等工作。

（3）风电场开发单位获得省级电网公司有关接入电网意见的复函后，必须按电网对风电场技术要求，开展风电场的设计与建设。

（4）风电场开发单位获得省级电网公司有关接入电网意见的复函后，必须向省级电力监管办公室申请并网试运行的许可证。

（5）风电场获得并网试运行的许可证后，开发公司须与省级电力公司签订《并网调度协议》及《购售电合同》。

（6）风电场建设应办理电力建设工程质量监督手续。风电场竣工后商业运营前应通过发电机组的并网安全性评价，工程经有关单位组织验收（电网公司应参与）合格后才能并网运行。

（7）风电场竣工后，应整体通过并网安全性评价。

1.1.3.2　国家电网公司电厂接入系统前期工作管理办法

2005 年国家电网公司颁布了《国家电网公司电厂接入系统前期工作管理办法》（国家电网发展〔2005〕266 号），2007 年进行了修订，并颁布《国家电网公司电厂接入系统前期工作管理办法（修订版）》（国家电网公司〔2007〕243 号）。

1. "总则"的主要要求

（1）电厂接入系统前期工作主要包括电厂输电系统规划设计及评审、电厂接入系统设计及审查、电厂接入电网申请及答复等内容。

（2）电厂接入系统前期工作必须贯彻国家能源发展战略，服从国家电力发展规划和国家电网总体规划，坚持以大电网引导大电源，促进电源优化布局和集约化发展，确保电网、电源协调发展，实现资源在更大范围内优化配置。

（3）电厂接入系统前期工作在国家电网公司系统内实行统一规划、分级管理。

（4）各级电网公司和各有关发电公司在电厂接入系统前期工作中，应加强沟通和协调配合，及时通报各自前期工作进展情况。

2. "电厂输电系统规划设计及评审"的要求

关于输电系统规划设计及评审，按照本办法的要求，单个风电场不需要开展输电系统规划设计工作，对于规模较大的风电场群或国家规划的风电基地，需要进行电能消纳研究和输电系统规划设计并应通过区域电网公司评审并报电网公司总部。

3. "电厂接入系统设计及审查"的要求

（1）在电厂可行性研究阶段，发电公司根据电厂分类情况商国家电网公司、区域电网公司或省级电力公司后及时委托有资质的设计单位开展电厂接入系统设计工作。

（2）电厂接入系统设计包括接入系统一次和二次部分，根据具体情况，同时或分步进行。对已完成输电规划设计和评审的电厂项目，电厂接入系统设计一次部分可适当简化。

（3）电厂接入系统设计审查工作实行计划管理。各区域电网公司和省级电力公司应及时将电厂接入系统设计报告通过区域电网公司上报公司总部，由公司总部下达评审计划。

（4）国家电网公司系统负责管理电厂接入系统的设计审查工作，具体分工如下：

1）公司总部负责管理跨区送电项目、接入西北 750kV 电网和接入特高压电网的电厂项目接入系统设计审查工作。

2）区域电网公司负责管理其他可能以 330kV、500kV 电压等级接入电网的电厂项目接入系统设计审查工作，根据情况可委托省级电力公司组织进行。

3）省级电力公司负责管理规划接入 220kV 及以下电网的电厂项目接入系统设计审查工作。

（5）电厂接入系统设计具体审查工作应委托有资质的咨询机构承担，也可采用电网公司组织、咨询机构参与的工作方式。审查意见由组织审查的电网公司负责印发。

1）电厂接入系统设计（一次部分）审查意见应明确电厂在系统中的地位和作用，电力电量消纳方向，电厂布局对电网结构的影响，电厂接入系统的电压等级、出线方向、出线回路数等；同时根据电网安全稳定运行的需要，对电厂电气主接线、发电机组及主要电气技术参数选择等提出要求；对电厂的本期建设规模和进度提出建议。

2）电厂接入系统设计（二次部分）审查意见应在已明确的接入系统一次方案的基础上，对电厂接入系统后继电保护、安全稳定控制、调度自动化、电力市场支持系统、电能计费、通信等与电网及电厂安全稳定运行密切相关的二次系统提出要求，并提出上述系统电厂端的设备配置意见。

（6）电厂接入系统设计审查意见是开展电厂后续设计和接入系统工程可行性研究的基础。电厂接入系统设计审查后，送出线路两侧间隔安排纳入电厂和变电所总体规划。

（7）电厂接入系统设计审查后，各级电网公司应加强与发电公司的沟通，跟踪电厂前期工作进度，结合电网滚动规划，对 2 年内尚未获得核准的电厂接入系统设计方案进行复核，必要时商发电公司及时对电厂接入系统设计进行复核调整。

（8）电厂接入系统设计审查后，对于国家发改委已同意开展前期工作的电源项目，按照国家电网公司投资管理规定关于公司总部、区域电网公司、省级电力公司的功能定位，由电网公司负责、发电公司配合，抓紧组织开展电厂接入系统工程可行性研究工作。

4."电厂接入电网申请及答复"的要求

（1）根据国家发改委对项目核准的要求，电厂接入电网意见是电源项目核准的支持性文件之一。电厂接入电网申请由电厂项目控股方或母公司向国家电网公司提出，国家电网公司发展策划部为出具电厂接入电网答复文件的归口管理部门。

（2）电厂申请接入电网需要满足的基本条件如下：

1）符合国家电力发展规划和国家电网总体规划。

2）有明确的电力电量消纳方向或范围。

3）取得电厂接入系统设计审查意见。

4）国家发改委已同意电厂项目开展前期工作。

5）完成电厂接入系统工程可行性研究。

（3）电厂接入电网的申请文件中包含的主要内容如下：

1）关于电厂项目前期工作进展情况。

2）关于电厂接入系统设计及审查情况。

3）关于电厂接入系统工程路径落实等可行性研究情况。

4）其他需要说明的情况。

（4）出具电厂接入电网答复文件，其主要内容如下：

1）电源布局是否合理。

2）送电方向和电力电量消纳范围是否合适。

3）是否同意电厂接入系统设计报告审查意见。

4）对电厂的本期建设规模和进度提出建议。

1.1.3.3 电网对风电场的并网许可

风电机组经带电调试且满足并网技术要求等条件后，项目公司首先向风电场所在的省能源监管办公室（简称"能监办"）提出书面并网试运行的申请，省级能监办在收到并网申请报告、项目基本情况介绍、项目总体进度情况及计划、核准文件、风电机组接入系统意见等资料后，组织人员赴风电场检查，经认真审查且确认各项并网条件符合后，对项目公司提出的并网试运行专函回复，该函为《关于同意××风电场××MW 风电机组并网试运行的函》。

项目公司在风电机组调试试运行期间，须定期报送电力监管统计信息，完成风电机组并网安全性评价及相关工作后，向该省能监办提出办理电力业务许可证的书面申请，该省能监办在收到办理电力业务许可证的申请报告及并网安全性评价资料后，将组织人员进行现场与内业资料的严格查验，在符合电力业务许可证的颁发条件后，向项目公司颁发该风电场的电力业务许可证。

1.1.3.4　电网对风电场的并网具体技术条件要求

1. 并网设备条件

（1）电气一次和电气二次设备按设计要求安装调试完毕，按国家规定的基建程序验收合格，须符合国家标准、电力行业标准、反事故措施和其他有关规定，须通过《风电机组并网检测管理暂行办法》（国能新能〔2010〕1433 号）规定的检测，满足《风电场接入电力系统技术规定》（GB/T 19963—2011）和《风力发电场并网安全条件及评价规范》（办安全〔2011〕79 号）有关技术要求。

（2）继电保护及安全自动装置符合国家标准、电力行业标准和其他有关规定，按设计要求安装、调试完毕，并按国家规定的基建程序验收合格。

（3）风电场已安装测风塔，配置风能实时测报系统并按电网调度机构要求能准确上传风速、风向、气温、气压等气象数据；配备风电功率预测系统，预测范围和精度满足电网调度机构要求。

（4）风电机组有功和无功调节能力及无功补偿装置（含动态无功补偿装置）满足电压调节需要，无功补偿装置选型配置符合相关标准，响应能力、涉网保护控制策略满足电网运行要求。

（5）配备风电场运行集中控制系统、技术支持系统等，并符合国家标准、电力行业标准和其他有关规定，按经国家授权机构审定的设计要求安装、调试完毕，经国家规定的基建程序验收合格，应与风电场发电设备同步投运，并符合本节有关"调度自动化"的有关约定。

（6）风电场电力调度通信设施须符合国家标准、电力行业标准和其他有关规定；按设计要求安装、调试完毕，经国家规定的基建程序验收合格；与风电场发电设备同步投运；符合调度协议有关"调度通信"的规定。

（7）风电场电能计量装置参照《电能计量装置技术管理规程》（DL/T 448—2000）进行配置，并通过省电网公司组织的测试和验收。

（8）按照风电场的二次系统按照《电力二次系统安全防护规定》（电监会 5 号令）及有关规定，采取电网安全防护措施，并经电网调度机构认可，具备投运条件。

2. 调试

（1）根据省级电网公司已确认的调试项目和调试计划进行风电场并网运行调试，编制详细的机组并网调试方案，并按调试进度逐项向电网调度机构申报。

（2）具体的并网调试操作应严格按照调度指令进行。

（3）对仅属风电场自行管辖的设备进行可能对电网产生冲击的操作时，应提前告知电网调度机构做好准备工作及事故预想，并严格按照调试方案执行。

3. 风电功率预报系统

风电场的风电功率预报系统、风能实时测报系统及风电发电功率申报曲线应达到以下主要运行指标：

（1）风电功率预报系统可用率大于 99%（按月统计）。

（2）单个风电场非受控时段的短期预测月均方根误差应小于 0.2，超短期预测（第 4h 预测）月均方根误差应小于 0.15。

（3）风电功率预报系统短期预测合格率应大于 80%，超短期预测合格率应大于 85%。

（4）风电功率预报系统预测单次计算时间应小于 5min。

4. 继电保护及安全自动化

继电保护及安全自动装置应达到的主要运行指标（不计因省电力公司原因而引起的误动和拒动）如下：

（1）全部继电保护及安全自动装置动作正确。

（2）继电保护主保护月运行率不小于 99%。

（3）安全自动装置月投运率为 100%。

5. 调度自动化

严格遵守有关调度自动化系统的设计规程、规范，并符合以下要求：

（1）风电场或风电场运行集中监控系统、计算机监控系统、电量采集与传输装置的远动数据和电能计量数据应按照符合国家标准或行业标准的传输规约传至电网调度机构的调度自动化系统和电能计量系统。电能计量系统应通过经双方认可的具有相应资质的检测机构的测试，保证数据的准确传输。风电场运行设备实时信息的数量和精度应满足国家有关规定和电网调度机构的运行要求。

（2）风电场需按调度要求配备 PMU 装置，并接入升压站设备、动态无功补偿装置等信息，具备传输功能。

（3）风电场计算机监控系统及风电场接入调度自动化系统及设备应符合《电力二次系统安全防护总体方案》（电监安全〔2006〕34 号）。

（4）风电场并网技术支持系统应能保证风电机组及风电场运行符合接入电网的技术要求；风电场运行集中监控系统能够准确接收并执行电网机构下发的有功、无功调整及风电机组投切等指令信号。

（5）风电场运行集中监控系统能够向甲方自动化系统提供机组及机组群有功功率、无功功率、电量、频率，主变压器高压侧有功功率、无功功率、电量，母线电压；风电机组状态，开关、母线、线路的相关信号及事故信号。风能实时测报系统及风电功率预测系统应接入风电场运行集中监控系统，向调度方提供超短期（未来 1～4h）预测信息、实时气象数据（包括风速、风向等）。风电场运行集中监控系统、并网技术支持应通过专网方式接入甲方自动化系统。

（6）场端自动化设施技术要保证与调试端一致。

风电场计算机监控系统、电量采集与传输装置应达到以下主要运行指标：

1）计算机监控系统远动工作站可用率（月）为 100％。

2）遥测量准确度误差不大于 0.5％。

3）遥信量运作正确反应率不小于 99％。

4）风电场运行集中监控系统可用率为 100％。

5）风电场并网技术支持系统可用率为 100％。

6）事故总信号动作正确反应率为 100％。

6.调度通信

风电场与电网电力通信网互联的通信设备选型和配置应协调一致，并征得省级电网公司的认可。

有备用通信系统，确保电网或风电场出现紧急情况时的通信联络。

调度通信系统应达到如下主要运行指标：

（1）光通信设备月运行率不小于 99.95％。

（2）调度交换设备月运行率不小于 99.95％。

（3）调度电话月运行率不小于 99.95％。

7.应提供的并网资料

根据省级电网公司要求，请在并网 3 个月前提交并网申请所需的准确材料（按《电网风电并网运行服务指南》资料目录提供），包括：

（1）风电场拟投产日期、带 GPS 坐标的装机位置图。

（2）潮流、稳定计算和继电保护整定计算所需的相关技术参数，包括典型风电机组模型及参数、风电场等值模型及参数，主变压器、集中无功补偿装置、谐波治理装置等主要设备技术规范、技术参数及实测参数（包括主变压器零序阻抗参数）。

（3）与电网运行有关的继电保护及安全自动装置图纸（包括发电机、变压器整套保护图纸）、说明书，电力调度管辖范围内继电保护及安全自动装置的安装调试报告。

（4）与省级电网公司有关的风电场调度自动化设备技术说明书、技术参数以及设备验收报告等文件，风电场远动信息表（包括电流互感器、电压互感器变比及遥测满刻度值），风电场电能计量系统竣工验收报告，风电场计算机系统安全防护有关方案和技术资料。

（5）与省级电网公司通信网互联或有关的通信工程图纸、设备技术规范以及设备验收报告等文件。

（6）动态监视系统的技术说明书和图纸。

（7）其他与电网运行有关的主要设备技术规范、技术参数和实测参数。

（8）电气一次接线图、机组地理分布及接线图。

（9）风电场运行集中监控系统、并网技术系统有关参数和资料。

1.2　前　期　工　作

1.2.1　风电场建设前期工作程序

风电场项目分为陆上风电场项目和海上风电场项目。按照我国现行《风电开发建设管理暂行办法》（国能新能〔2011〕285号）和《海上风电开发建设管理暂行办法》（国能新能〔2010〕29号），风电场项目前期工作是指项目核准之前开展的各种工作的总称，包括选址测风、风能资源评估、建设条件论证、项目开发申请、可行性研究以及项目核准前的各项准备工作。

1. 选址测风

选址测风是项目前期工作的初始阶段，是在认真研究国家和地区风电发展规划的基础上，详细调查地区风能资源分布情况，收集区域风电场运行数据，尽可能多地收集附近区域已有的风能资源测量数据，通过风能资源、电网接入和其他建设条件比较，完成规划选址，并开始选址范围的测风。企业开展测风要向县级以上政府能源主管部门提出申请，签署开发协议，按照气象观测管理要求开展相关工作。

2. 风能资源评估

对选定的风能资源评估是进行风电场建设最为关键的一步，风能资源评估结果直接影响风电场选址和发电量预测，是风电场投资决策的重要依据，一般委托专业机构进行，并提交风电场风能资源评估报告，对测风数据进行分析，判断风能资源条件，并根据风能资源评估情况判定拟选风电场风电机组类型、判定该风电场是否具有开发价值，如有并给出开发建议。

3. 建设条件论证

项目开发单位委托具备相关资质的设计咨询机构根据国家和省级新能源发展规划，结合风电场项目建设特点，开展风电场项目前期基础性研究工作，编制预可行性研究报告，完成项目初步规划方案，初步落实风电场建设的外部条件，并取得相应的县级用地、环保、水保、压矿、军事、文物等支持性文件。必要时，还要对可能造成的场址颠覆性因素进行专题论证。

4. 项目开发申请

在预可行性研究报告的基础上，向能源主管部门提交项目开发申请计划报告，获得省级能源主管部门批准并报国家能源局审核，纳入国家能源局年度开发计划的风电场项目即获得项目开发权，可以开始项目核准的各项工作。

5. 可行性研究以及项目核准前的各项准备工作

项目单位委托具备相关资质的咨询机构编制风电场项目可行性研究报告，通过对资料、数据的收集、分析以及实地调研等工作，完成对项目技术、经济、工程、市场、环境等条件的最终论证和分析预测，适时开展土地预审、环境影响评价、接入系统设计、水土保持方案、地震安全性评估（当风电场厂址区域地震烈度超过Ⅶ度时）、地质灾害危险性评估等相关专题的研究和编制工作。并取得省级或国家相关部门的支持性文件。本阶段的工作目标是得出项目是否具有投资价值和如何开展建设的结论，为省级或国家投资主管部门核准项目提供重要依据。

6. 风电场申请核准

按照国家有关项目核准要求，项目单位向省级能源主管部门提交风电场项目申请报告并申请审查。项目申请报告通过审查后，装机容量5万kW以下项目由项目单位向省级投资主管部门申请核准，装机容量5万kW及以上项目由省级投资主管部门向国家投资主管

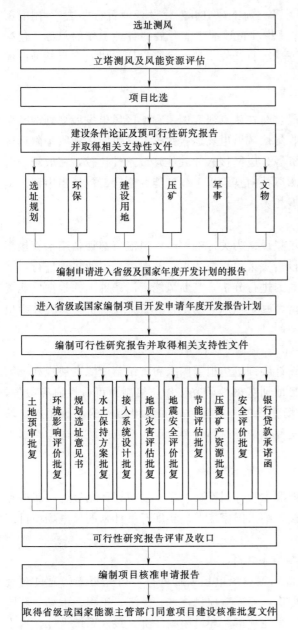

图1-1　风电场前期工作流程

部门申请核准。本阶段的工作目标是取得省级或国家投资主管部门同意项目建设的核准批复文件。最近几年，国家有关部门正在将陆上风电场核准权逐级下放，《国务院关于取消和下放一批行政审批项目等事项的决定》（国发〔2013〕19号）明确将企业投资风电站项目核准权下放到地方政府投资主管部门，但国家能源局仍然掌握风电站项目的年度开发计划，而且进入年度开发计划的条件也越来越严格。

7. 风电场项目前期工作流程

风电场项目前期工作流程如图1-1所示。

1.2.2　风电场建设项目比选

项目比选阶段应完成风电场宏观选址、选址报告编制、测风塔安装、风能资源测量和评估、风电场规划报告编制等工作。项目开发单位应在专业人员的配合下，对规划区域进行现场踏勘，初步落实规划区域建设条件。测风数据收集完成后，委托专业设计单位对规划区域进行风能资源评估。风能资源是风电场建设的基础，评估工作要科学、严谨，评估结论要具有代表性，能全面反映风电场区域风能资源情况。根据风能资源评估结论，编制风电场规划报告，对风电场建设提出意见。项目开发单位在完成上述基础工作的前提下，根据专业机构的意见，提出项目开发建议，由项目开发单位决策层确定开发项目的成立。

1.2.2.1　风电场宏观选址

风电场宏观选址是在认真研究国家和地区风电发展规划的基础上，详细调查地区风能资源分布情况，广泛收集区域风电场运行数据，通过对若干场址的风能资源、电网接入和其他建设条件的分析和比选，确定风电场建设地点、开发价值、开发策略和开发步骤的过程，以确保风电场项目健康起步。

风电场宏观选址主要指导文件为国家发展和改革委员会颁布的《风电场场址选择技术

规定》（发改能源〔2003〕1403号）。

现场踏勘是风电场宏观选址的基础。依据第三次全国风能普查成果和国家土地利用规划，参照《风电场场址选择技术规定》，由咨询机构的专业人员首先在地形图上进行初步规划选址工作。主要是根据拟选场址地形图分析当地风能资源典型特征，包括对风电机组排布方式和风电场规划容量做出的设计和估算。图上选址工作完成后，由项目开发单位组织，邀请专业人员和地方政府人员共同对拟选场址进行实地考察。考察的内容主要是风能资源、土地的可用性（规划）、地形地貌、工程地质、交通运输、电网情况等，初步确定测风塔的立塔位置，同时对建场条件进行初步了解。现场踏勘的目的在于为编制宏观选址报告收集实时资料。

1. 风电场风能资源考察途径

（1）咨询当地气象部门或气象专家，收集相关气象资料。

（2）查阅当地政府有关风电场工程规划资料。

（3）听取当地居民的描述。

（4）查看风成地貌、植被情况。

（5）参考附近风电场实际运行数据或风能资料。

2. 风电场宏观选址需要收集的资料

风电场宏观选址应充分考虑以下因素，对候选场址进行综合评估拟定：风能资源及相关气候条件、地形和交通运输条件、土地征用与土地利用规划、工程地质、接入系统、环境保护、军事影响、洪水灾害、压覆矿产等。需收集的资料主要包括以下内容：

（1）地形图：风电场所处区域1：10000（争取）、1：50000地形图（必须）。

（2）电力系统规划文件（含报告和电网接线图）、地区或城市电力系统概况及发展规划。

（3）风电场区域常规气象和长期测站风向、风速等气象资料。

（4）风电场范围内及其周边区域功能属性等土地属性分布图。

（5）风电场范围内及其周边区域地表、地物分布等卫星航片。

（6）地方志。

（7）风电场范围内及其周边区域等矿藏分布图。

（8）风电场区域自然保护区分布情况图。

（9）环境敏感点、水源地等生态分布图，国家保护物种（动植物）栖息、繁殖、迁徙地图。

（10）风电场区域军事设施资料。

（11）风电场区域旅游保护资料及规划资料。

（12）市/县建设规划图。

（13）项目所在区域及其附近现存文物资料、景区建设资料。

（14）区域风电场规划报告、区域风电场发展规划。

3. 风电场宏观选址基本原则

（1）符合国家产业政策和风电发展规划。项目场址列入县、市、省乃至国家风电产业发展规划，这是风电项目开发过程中需注意的首要问题。

（2）风能资源丰富、风能质量好。拟选场址风功率密度等级一般应大于 3 级［依据《风电场风能资源评估方法》（GB/T 18710—2002）］，盛行风向稳定，风速的日变化和季节变化较小，风切变较小，湍流强度较小，无破坏性风速。

由于各地区风电上网电价不同，风电场的建设条件差异较大，可安装风电机组单机容量不同，风电机组技术性能要求也不同，一般风电场最低可开发的年平均风速为 6～7m/s。随着风电机组技术性能的提高，风电设备价格的降低，风电场最低可开发年平均风速也将随之降低。

（3）满足并网要求。认真研究电网网架结构和规划发展情况，根据电网容量、电压等级、电网网架、负荷特性、建设规划，合理确定风电场建设规模和开发时序，保证风电场接得上、送得出。必要时，应结合电网建设情况编制区域内风电场的并网规划。

（4）具备交通运输和施工安装条件。拟选场址周围公路、铁路、港口等交通运输条件，应满足风电机组、施工机械、吊装设备以及其他设备与材料的进场要求。场内施工场地应满足设备和材料存放、风电机组吊装等要求。

（5）保证工程安全。拟选场址应避免洪水、潮水、地震、火灾和其他地质灾害（如山体滑坡）、气象灾害（如覆冰、台风）等可能对工程造成的破坏性影响和颠覆性因素。

（6）满足环境保护的要求。拟选场址应避让鸟类的迁徙路径以及其他动物的停留地或繁殖区；与居民区保持一定距离，避免噪声、叶片阴影扰民；尽量减少耕地、林地、牧场等有关类型土地的占用。

（7）进行项目初步经济性评估。规划装机规模应满足经济性开发要求，项目开发应满足投资回报要求。一般要求风电场项目资本金内部收益率不低于 8%。

根据现场踏勘及收集的资料，咨询机构综合分析资源条件和建场条件，排除不具备建设条件的区域，最后确定若干个备选场址，并编制风电场宏观选址报告。报告中应提出规划风电场场址以及测风塔安装方案，初步拟定开发次序。一般拟规划风电场范围应不小于 20km²，总装机容量不低于 5 万 kW。

1.2.2.2　风能资源测量和评估

测风数据的收集是风电场风能资源评估的基础。按照国家发改委颁布的《风电场风能资源测量和评估技术规定》（发改能源〔2003〕1403 号），对项目所在区域的风能资源进行测量，并委托专业机构对测风数据进行评估。

1. 风能资源测量

（1）测风塔位置应具有代表性，一般在风电场中央位置。测风塔数量应满足风电场风能资源评估要求，测风高度应达到预期安装风电机组轮毂高度，测风仪器需经法定计量部门检验合格。

（2）测风设备安装前，根据已有测站或气象站的测风资料，了解当地盛行风向。测风设备需严格按照技术规定的要求安装。

（3）测风期应至少包含一个完整年，且数据的完整率应达到 90% 以上，并规范地开展数据的收集和整理工作。

（4）项目开发单位应定期到现场采集数据并及记录现场情况，及时对收集的数据进行分析判断。发现数据缺漏或失真时，应及时进行设备检修或更换。

（5）测风塔及测风设备投入运行以后，传感器经常会因为缺电、沙尘、积冰、雷击、电缆磨损、数据记录仪故障等造成数据的丢失或失真。因此，要经常到现场检查仪器和测风数据。

（6）测量数据作为原始资料正本保存，用复制件进行数据整理，并做好数据的保密工作。

2. 风能资源评估

测风数据收集完成后，应委托专业咨询机构对风能资源进行评估，并编制风能资源评估报告。风能资源评估工作的主要内容有：

（1）数据验证。对收集的原始测风数据进行完整性和合理性检查，检验出缺测的数据和不合理的数据，并经过适当处理，整理出一个完整年的风电场逐小时测风数据，数据的完整率至少应达到90%。

（2）数据订正。根据风电场附近气象站等长期测站的观测数据，用相关分析法将验证后的测风数据订正为一套反映该风电场长期平均水平的代表性数据，即风电场代表年的逐小时风速风向数据。具体可参考《风电场风能资源评估方法》（GB/T 18710—2002）中附录 A 数据订正的方法。

（3）风能资源评估。根据处理后的测风数据，对风电场风能资源进行评估，判断风电场是否具有开发价值。

1.2.2.3 风电场规划报告

风电场规划是风能资源有序开发的基本依据。风电场规划报告主要内容应包括以下方面：

1. 风电场场址比选

（1）比较风能资源和气象条件。按照《风电场风能资源评估方法》对风能资源进行评估。要提出极端气温、沙尘、盐雾、雷电、冰雹、雨（雾）凇等气象条件对风电机组、发电量、工程施工等的影响。初步选择一种机型，并比较各场址的年均发电量。

（2）比较各场址的地形和交通条件。地形平缓，有利于减小湍流强度，有利于风电机组的场内运输、摆放，有利于吊装机械和其他施工机械作业；复杂多变的地形则相反。交通条件比较主要是风电机组运输条件和运输距离的比较，同时要考虑施工机械的进场，有无桥涵需要加固，有无道路或弯道需要加宽、改造，认真计算解决交通运输问题所需的工程土石方量。

（3）比较各场址的工程地质条件。比较各场址基础处理的难易程度。在风电场选址时，应尽量选择地层结构简单、地震烈度小、工程地质和水文地质条件较好的场址。作为风电机组基础持力层的岩（土）层，应厚度较大、变化较小、土质均匀，且承载力满足风电机组基础的要求。

（4）其他比选内容。当地政府和居民对在该地区建设风电场的态度；当地是否已将场址规划为其他用途，或附近有无和风电场建设冲突的项目，是否涉及建筑物拆迁或鱼塘、盐场、耕地、林地的占用，地下有无矿产，风电场用地是否涉及两个县级及以上行政区；是否涉及自然保护区、文化遗产、风景名胜，对动植物、居民有无不良影响；较大的装机容量可以摊抵道路、接入系统等固定成本，但总投资会有所增加；初步作出各场址的投资估算；预计风电场项目能够争取的电价（目前全国各区域风电标杆电价已经确定）。

2. 规划装机容量

风电场装机容量取决于项目可利用土地面积、地形、风能资源分布、主导风向等因素。根据 1：50000 地形图、测风数据、适用机型以及有关风能资源分析软件进行初步风电机组布置，规划装机容量。

3. 接入系统初步方案

接入方案应考虑风电场场址与现有变电站的距离、是否需要新建改建变电站、线路的电压等级以及电网的结构和容量等因素。

4. 环境影响初步评价

环境影响评价应考虑风电场的建设对场址及外围环境有无影响及影响的程度，是否涉及自然保护区、文化遗产、风景名胜，对动植物和居民有无不良影响。

5. 开发建设顺序及下一步工作安排

根据风电场"统一规划、分期实施"的原则，对风电场排出开发建设顺序，并制订首期项目的年度前期工作初步计划。

1.2.2.4 确定开发项目

项目开发必须符合国家和地区有关法律法规、产业政策和风电发展规划。项目开发单位依据其上级单位或自身发展策略和发展规划，经初步现场踏勘、选址、气象数据分析研究，形成调研报告和项目建议书，对拟选风电场项目提出投资开发建议，报请企业投资决策层对项目综合分析后作出项目开发决定。

1.2.3 预可行性研究

预可行性研究是风电场项目前期工作的重要环节，是进入省级或国家能源主管部门年度开发计划的重要基础性工作。项目开发单位应委托具备国家规定资质的咨询单位编制预可行性研究报告，完成项目的初步规划方案，并取得相应的县级环保、规划选址、建设用地、压矿、军事、文物等支持性文件。

本阶段的工作目标是项目进入省级或国家能源主管部门年度开发计划。

项目预可行性研究阶段应完成下述 5 方面的主要工作。

1. 预可行性研究工作启动

项目开发单位组织召开包括政府相关部门和咨询单位参加的预可行性研究报告收资联络及项目启动会，明确项目设计总工程师及各专业负责人，确定工作目标和要求，听取各方意见，协调各方关系，为预可行性研究报告的顺利编制奠定基础。

2. 资料收集及现场踏勘

预可行性研究报告编制之前，编制单位和项目开发单位共同负责收集项目的基础性资料，进行场址踏勘调研，内容包括该地区水文气象、文物古迹、地形地貌、地震地灾、工程地质、岩土工程、交通运输、风电场水源、环境保护、输电系统规划设计等。

3. 预可行性研究报告编制

预可行性研究报告需要明确项目的初步规划方案，研究工程的基本建设条件，包括水文气象、工程地质、场区总平面布置图、公路交通、环境保护、电力系统接入等，对设计方案进行原则性阐述，提出投资估算和经济效益分析。

项目开发单位应委托符合国家规定资质的专业咨询机构编制项目预可行性研究报告。

4. 预可行性研究报告审查

预可行性研究报告经项目开发单位自审、上级单位内审后，编制单位根据审查意见进行修改完善，完成预可行性研究报告收口工作。

预可行性研究报告审查应完成以下步骤：

（1）项目开发单位自审。预可行性研究报告编制完成后，项目开发单位应对报告自行审查。

（2）上级单位内审。项目开发单位向上级单位主管部门提交项目预可行性研究报告及相关必要材料，上级单位及组织召开内部审查会议并提出具体的修改和补充意见。

（3）预可行性研究报告修订。根据预可行性研究报告内部审查会议纪要，项目开发单位督促预可行性研究报告编制单位对报告进行修改和完善，落实会议纪要有关要求。报告修订完成后应及时印装，完成预可行性研究报告收口工作。

5. 项目开发申请

在取得与县级政府签订的风电场开发协议后，即可开展风能资源监测、预用地手续取得、设计文件及完成预可行性研究所需的工作，待完成预可行性研究报告收口工作后，即可向县级能源主管部门申请列入省级下一年度的开发计划，即编制项目开发申请报告。

若项目装机容量低于 5 万 kW，报县级能源主管部门申请开展前期工作，经市级能源主管部门上报省级能源主管部门出具同意开展前期工作的批复文件。若项目装机容量为 5 万 kW 以上，还需省级能源主管部门向国家能源主管部门请示，由国家能源主管部门出具同意开展前期工作的批复文件。项目开发企业还需编制项目开发申请报告，以列入项目所在省（自治区、直辖市）的年度开发计划。

项目开发申请报告应在预可行性研究阶段工作成果的基础上编制，应包括以下内容：

（1）风电场风能资源测量和评估成果、风电场地形测量成果、工程地质勘察成果及工程建设条件。

（2）项目建设必要性，初步确定开发任务、工程规模、设计方案和电网接入条件。

（3）初拟建设用地类别、范围及对环境影响的初步评价。

（4）初步的项目经济和社会效益分析。

项目开发申请报告编制完成后，报请省级能源主管部门列入本省（自治区、直辖市）的年度开发计划，再由省级能源主管部门将年度开发计划上报国家能源主管部门。

在取得省级或国家能源主管部门同意项目开展前期工作的批复文件后，项目单位即可开展项目可行性研究工作，全面落实项目建设条件。

1.2.4 可行性研究

根据国家现行规定，新建、扩建风电场项目均应开展可行性研究工作。风电场项目可行性研究工作在其预可行性研究工作的基础上进行，是政府投资主管部门核准风电场项目的重要依据。项目可行性研究是对已获得开展前期工作许可的风电场项目，通过有关资料和数据的收集、分析以及实地调研等工作，完成对项目技术、经济、工程、环境、市场等多方面的最终论证和分析预测，提出该项目是否具有投资价值以及如何开发建设的可行性意见，确定风电场的建设方案，为项目核准提供全面的参考依据。

本阶段项目单位应委托具备必要资质的设计单位编制项目可行性研究报告，适时开展土地预审、环境影响评价、水土保持方案、接入系统设计、项目规划选址意见、地震安全性评估、地质灾害危险性评估、节能评估、压覆矿产、安全评价、银行贷款承诺等相关专题的研究和委托编制工作，并取得相应的支持性文件。

1. 可行性研究报告编制

风电场项目可行性研究报告是受委托的设计单位在预可行性研究报告的基础上，通过比较各种建设方案，并对项目建成后的财务评价、经济效益、社会影响进行分析和预测，从而确定选择技术先进适用、经济和社会效益可行、投资风险可控的项目方案的专题论证报告。

可行性研究报告应委托具备甲级咨询资质的设计单位编制。项目可行性研究报告初稿完成后，即可委托编制项目环境影响评价、水土保持方案、接入系统设计等专题报告。可行性研究报告为专题报告提供基础资料和数据，同时专题报告也为可行性研究报告提供专项设计依据。在专题报告编制过程中，各设计单位从不同方面对项目建设的可行性提出设计方案，要在充分沟通的前提下保证各报告的一致性。

2. 可行性研究报告审查与收口

可行性研究报告编制完成后，项目单位应在完成项目单位自审、上级单位内审后，申请省级能源主管部门组织审查。

可行性研究报告审查与收口应完成下述主要步骤。

（1）项目单位自审。可行性研究报告编制完成后，项目单位对报告自行审查。

（2）上级单位内审。项目单位向上级单位项目前期工作主管部门提交项目可行性研究报告及相关必要材料，上级单位应及时组织审查并提出具体的修改和补充意见。

（3）可行性研究报告修订。根据可行性研究报告内部审查会议纪要，项目单位督促可行性研究报告编制单位对报告进行修改和完善，落实会议纪要有关要求。报告修订完成后应及时印装。

（4）政府能源主管部门组织审查。项目单位将可行性研究报告送达省级能源主管部门，请示安排项目评审会。一般情况下，出席会议的应有特聘专家，项目所在省、市、县级能源主管部门及省级相关行业主管部门的领导和管理人员，包括发展改革、国土资源、水利水保、环境保护、电网、交通、地震等相关部门人员。

（5）评审会主要议程有以下方面：

1）项目单位介绍项目基本情况。

2）设计单位介绍可行性研究报告内容。

3）评审专家提问，设计单位、项目单位答疑。

4）分组讨论。

5）汇总分组讨论意见，评审专家组织召开会议。

6）与会者集体讨论，形成审查意见。

7）能源主管部门领导总结讲话。

8）可行性研究报告收口。根据可行性研究报告审查会议纪要，编制单位对可行性研究报告进行修改和完善，完成对可行性研究报告收口工作。

可行性研究报告收口工作完成后，标志着项目建设条件已经落实，项目进入申报核准阶段。

1.2.5 陆上风电场可行性研究支持性文件

陆上风电场可行性研究支持性文件主要包括土地预审报告、环境影响评价报告、选址规划意见书、水土保持方案报告、接入系统专题报告、地质灾害危险性评估报告、地震安全性评价报告、压覆矿产资源评估报告、安全生产预评价专题报告、节能评估报告、贷款承诺、社会稳定调查报告及评价等12个专题报告。其中土地预审报告、环境影响评价报告、接入系统专题报告和节能评估报告是必须编制的专题报告，其他专题报告可根据各省级能源主管部门的要求和项目实际情况确定是否开展编制工作。专题报告编制完成后，应及时报请相关主管部门审查，并逐级上报相关行政主管部门办理批复文件。

1. 土地预审报告

项目单位委托具有国家规定资质的咨询单位编制土地预审报告，申报省级国土资源主管部门评审。土地预审报告通过评审，用于申办省级国土资源主管部门关于建设项目用地初步预审意见或国家国土资源主管部门关于建设项目用地预审意见的复函。

项目单位在申报文件中，应说明项目建设用地情况、用地计划、报告编制、审批程序完成情况，申请报告审查。

报告审查后，咨询单位应根据审查意见的要求修改、完善报告并重新印装。新版报告需及时上报省级国土资源主管部门备案。

2. 环境影响评价报告

根据国家环境保护部颁布的《建设项目环境影响评价分类管理名录》（环境保护部令第33号）规定，环境影响评价类别按污染程度分为污染严重的、污染较重的和几乎没有污染的3类，对应的环境影响评价体系类别分别为建设项目环境影响评价报告书、建设项目环境影响评价报告表和建设项目环境影响评价登记表3种。

一般对于装机容量低于5万 kW，以及装机容量5万 kW 及以上且附近没有环境敏感区的风电项目，应编制建设项目环境影响评价报告；对于装机容量5万 kW 及以上且涉及环境敏感区的风电项目，应编制建设项目环境影响评价报告书。其中，环境敏感区是指依法设立的各级各类自然、文化保护地，以及对建设项目的某类污染因子或者生态影响因子特别敏感的区域，如自然保护区、风景名胜区、基本农田保护区、基本草原、森林公园以及以居住、医疗卫生、文化教育、科研、行政办公等为主要功能的区域等。

建设项目环境影响评价报告书和建设项目环境影响评价报告表必须由具有相关资质的单位编制，建设项目环境影响评价登记表则可由项目单位自行编制。

以装机容量低于5万 kW 的风电场项目为例，项目单位委托具有国家规定资质的咨询单位编制建设项目环境影响评价报告表，由县、市级环保主管部门出具意见后，申报省级环保主管部门审查。在通过省级环保主管部门组织的审查后，由省级或国家环保部门下发建设项目环境影响评价报告表的批复。

项目单位在请示文件中，应说明项目基本情况、建设计划、报告编制情况和审批程序完成情况等内容，申请报告表审查。

3. 选址规划意见书

项目单位委托具有国家规定建设规划资质的咨询单位编制选址规划报告，申报省级住建部门审查。通过省级住建部门组织的审查后，由省级住建部门下发建设项目选址规划意见书。

项目单位在申报文件中，应说明项目建设基本情况，项目是否列入县、市级规划，建设计划及是否符合当地发展规划等内容，申请报告审查。

报告审查后，按照审查意见，编制单位应修改、完善报告相关内容，重新印装后送达省级住建部门。

4. 水土保持方案报告

项目单位委托具有国家规定资质的咨询单位编制完成项目水土保持方案报告，申报省级水利主管部门对水土保持方案报告进行评审。水土保持方案报告通过评审后，由省级和国家水利主管部门出具关于建设项目水土保持方案的批复文件。

根据项目用地情况报请省级或国家水利主管部门审查并出具批复文件。一般情况下，项目建设用地面积小于 50hm^2，由省级水利主管部门批复；项目建设用地面积为 50hm^2 及以上，由国家水利主管部门审批。

项目单位请示文件中，应说明项目基本情况、用地规划、建设计划、专题报告审批流程情况等内容，申请报告审查。

5. 接入系统专题报告

根据《风电场接入电力系统技术规定》（GB/T 19963—2011），风电场接入电力系统需编制并网咨询报告、电网接纳能力报告、接入系统设计报告、电能质量分析报告、送出工程可行性研究报告等。省级电网企业对并网咨询报告、电网接纳能力报告评审后，上报国家电网企业计划并备案。根据国家电网企业计划，省级电网企业组织安排项目接入系统设计报告、电能质量分析报告审查。审查通过后，国家电网企业出具接入系统审查批复。项目单位根据批复编制送出工程可行性研究报告，经省级电网企业审查通过后，再根据国家电网企业审查意见出具同意项目接入电网的批复文件。

接入系统相关专题报告审查需向省级电网企业申请。省级电网企业、国网电网企业负责组织项目的评审。项目单位在报请审查文件中应说明项目基本情况、建设计划、工程进度等内容。由于风电存在电力间歇性的特点，在风电机组选型、电力系统配置方面，应选用满足电网接入要求的设备。

6. 地质灾害危险性评估报告

项目单位委托具有国家规定资质的咨询单位编制地质灾害危险性评估报告后，需经省级国土资源主管部门组织专家评审。地质灾害危险性评估报告通过评审，用于申办省级国土资源主管部门关于项目地质灾害危险性评估报告的备案登记。

地质灾害危险性评估是对风电场选址区域地质灾害的评价。对地质灾害危险区，项目单位要做好防范措施。拟建风电场应避开危险性较大、防范措施费用投资较大的区域。

7. 地震安全性评价报告

项目单位委托具有国家规定资质的咨询单位编制地震安全性评价报告后，需经省级地震安全主管部门组织专家评审。地震安全性评价报告通过评审，用于申办省级地震安全主管部门关于建设项目地震安全性评价报告的批复文件。

地震安全性评价是对项目选址地震安全性的评估。地震烈度的强度将直接影响工程建设投资。风电场选址原则上不能选在地震断裂活动地带。

8. 压覆矿产资源评估报告

项目单位委托具有国家规定的咨询单位编制压覆矿产资源评估报告，这是取得省级国土资源主管部门出具的对风电场项目选址意见的基础。

压覆矿产资源评估报告编制完成后，项目单位需向省级国土资源主管部门申请评审。压覆矿产资源评估报告通过评审，用于申办省级国土资源主管部门关于风电场项目选址范围内无压覆矿产资源的评估证明文件。

9. 安全生产预评价专题报告

项目单位委托具有国家规定资质的咨询单位编制安全预评价报告后，需经省级或国家安全生产监督管理部门组织专家评审。安全预评价报告通过评审，用于申办省级或国家安全生产监督管理部门关于建设项目安全预评价报告的备案文件。

10. 节能评估报告

项目单位委托具有国家规定资质的咨询单位编制节能评估报告后，经省级发展改革部门组织审查，取得项目节能评估批复意见。按照国家有关规定，通过节能评估报告审查的风电场项目方可核准。

11. 贷款承诺

贷款承诺函或贷款意向协议是国家级银行与项目单位签署的原则同意向项目建设发放贷款的承诺文件。贷款承诺函是项目单位与银行间的意向，但不能作为发放贷款的依据，在项目建设需贷款时，还需办理相应贷款手续。

12. 社会稳定调查报告及评价

部分省市要求项目单位委托具有国家规定资质的咨询单位进行社会稳定调查并编制报告，由有资质的咨询机构进行项目社会稳定评价并出具评价意见。

1.2.6　海上风电场可行性研究支持性文件

海上风电场可行性研究支持性文件主要包括下述 10 个方面内容。

1. 海上风电开发规划

海上风电项目列入全国或地方规划的依据文件由项目单位提交。

2. 项目开发权证书

项目开发授权文件或项目特许权协议，项目单位提交国家能源主管部门下发的项目开发授权授予文件或项目特许权协议。

3. 项目可行性研究报告及技术审查意见

项目单位提交经省级能源主管部门组织审查，并按审查意见修改完善的可行性研究报告及技术审查意见。

4. 项目用海预审文件

项目用海预审文件需取得国家海洋行政主管部门批复，具体预审文件包括以下内容：

（1）项目海域使用申请报告。项目单位委托具有相关资质的咨询单位完成项目海域使用申请报告的编制。报告内容主要包括项目基本情况、拟用海选址情况、拟用海的规模及类型。

（2）申请文件。项目单位向国家海洋行政主管部门提交海域使用申请文件，并提交相关材料：

1）海域使用申请报告。

2）海域使用申请书（一式 5 份）。

3）资信证明材料。

4）如存在利益相关，应提交解决方案或协议。

（3）用海论证详审文件。国家海洋行政主管部门收到符合要求的用海申请材料后组织初审。初审通过后，国家海洋行政主管部门通知项目单位开展海域使用论证评审，出具论证评审意见。

（4）项目用海预审意见。海域使用论证评审通过后，国家海洋行政主管部门出具项目用海预审意见。

（5）办理海域使用权。海上风电场项目经核准后，项目单位应及时将项目核准文件提交国家海洋行政主管部门。国家海洋行政主管部门依法审核并出具海域使用权批准手续。

5. 环境影响报告书批复文件

（1）项目单位委托具有国家规定资质的咨询单位，按照《中华人民共和国海洋环境保护法》《防治海洋工程建设项目污染损害海洋环境管理条例》及相关技术标准要求，编制海上风电项目环境影响报告书，报国家海洋行政主管部门审批。

（2）海上风电项目环境影响报告书应委托有相应资质的单位编制。项目单位在项目申请核准前，需取得国家海洋行政主管部门出具的建设项目环境影响报告书的批复文件。

6. 项目接入电网的承诺文件

项目单位应按国家电网企业关于风电项目接入电网管理规定的要求办理接入电网手续。海上风电项目在取得省级电网企业接入电网承诺文件前，应与省级电网企业签订并网协议和购售电协议。

7. 通航安全审查批复文件

项目单位应委托具有国家规定资质的单位开展通航安全评估论证，编制项目通航安全评估论证报告，由项目管辖权海事主管部门审查通过后出具通航安全审查批复意见。

8. 安全预评价备案函

项目单位应委托具有国家规定资质的单位开展安全预评价设计，编制安全预评价报告，取得国家安全生产监督管理部门的备案函。

9. 金融机构同意给予项目贷款融资的承诺文件

项目单位应取得省级以上金融机构出具的同意给予项目贷款融资的承诺文件。

10. 其他

根据有关法律法规应提交的其他文件。

1.2.7　风电场建设社会环境稳定分析

1. 项目社会稳定风险因素识别

了解分析项目所在地区自然及社会环境状况，介绍项目建设方案，进行项目敏感目标和影响分析、项目利益关联方分析、项目社会稳定风险因素分析识别等工作。

2. 项目社会稳定风险调查

对项目所在地区进行相关调查，可根据实际情况采取公示、问卷调查、实地走访和召开座谈会、听证会等多种方式听取各方意见。

3. 项目社会稳定风险分析与评价

对项目合法性和合理性分析、项目公共安全性分析、项目公众知情性分析、公众对项目接受性分析、媒体对项目接受性分析、项目所在地方政府支持性分析、利益关联方对项目的意见和诉求分析、项目社会稳定风险综合分析、项目社会稳定初始风险等级评判等工作。

4. 项目社会稳定风险防范

提出项目社会稳定风险的综合性防范措施、项目社会稳定专项性防范措施，进行风险防范措施落实后的风险等级预评判等工作。

5. 项目社会风险结论与建议

提出风险评估结论和对策建议，风险防范和化解措施及应急预案等内容。

1.2.8　风电场核准

1.2.8.1　风电场核准条件

风电场申请核准前，应达到以下条件：

（1）完成项目申请报告编制工作。项目申请报告在可行性研究报告的基础上编写，报告中应附带项目核准所需的全部支持性文件。项目单位、基层能源主管部门应按要求逐级上报项目申请报告，申请项目核准。

（2）列入项目开发计划。项目已列入全国或所在省（自治区、直辖市）风电场工程建设规划及年度开发计划的依据文件。

（3）取得项目前期工作开展批复文件。项目开发前期工作批复文件，或项目特许权协议，或特许权项目中标通知书齐全。

（4）项目可行性研究报告经过审查并收口。

（5）取得用地预审意见书。项目应取得国土资源主管部门出具的关于项目用地预审意见。

（6）取得项目环境影响评价批复意见。项目应取得环境保护主管部门出具的项目环境影响评价批复意见。

（7）取得工程安全预评价报告备案函。项目应取得省级安全生产监督管理部门出具的风电场工程安全预评价报告备案函。

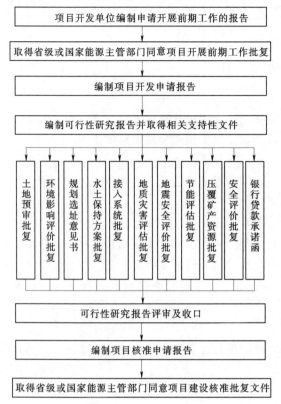

图 1-2 风电场核准工作程序

（8）取得接入电网运行的意见书。项目应取得电网企业出具的关于风电场接入电网运行的意见，或者省级以上政府能源主管部门关于项目接入电网的协调意见。

（9）取得金融机构同意给予项目融资贷款的文件。

（10）取得有关法律法规规定应提交的其他文件。

省级或国家投资主管部门对上报的项目申请报告进行审核后，对符合产业发展规划和满足建设条件的项目，按项目核准权限向申请企业或下一级投资主管部门下达项目核准批复文件，项目核准文件有效期为 2 年。项目在核准文件有效期内未开工建设且未获准延期，核准文件自动失效。风电场项目的开工以第一台风机基础施工为标志。

1.2.8.2 风电场核准程序

风电场核准工作程序如图 1-2 所示。

1.3 实 施 阶 段 工 作

1.3.1 概述

风电场建设实施阶段可分为开工前准备阶段与开工后实施阶段；开工前准备阶段是战略决策的具体化，在很大程度上决定了工程项目实施的成败及能否高效率地达到预期的目标。项目开工前的准备工作主要包括项目公司的筹建、项目建设手续办理、工程建设融资、签订勘察设计合同、完成工程的初步设计和施工图设计、建设用地及建设条件的准备、选定适宜的监理单位、组织开展设备采购与工程施工招标评标工作，择优选定合格的供应商与承包商。开工前准备阶段是落实好项目建设所需的条件。

开工后实施阶段是资产固化过程，其主要任务是将建设拟投入的要素进行组合，形成工程实物形态，实现投资决策目标。在此阶段，通过施工、采购、管理等一系列活动，在规定的工期、费用、质量范围内，按设计要求高效率地实现项目目标。开工后实施阶段的工作主要包括工程施工、完工验收、联动试车、试生产、竣工验收。本阶段是建设周期中实物工作量最大的环节，工程安全、质量、进度、投资控制的难度也最大。

1.3.2 项目开工前的准备工作

1.3.2.1 项目公司组建与工程建设融资

项目开工前的准备工作中最重要的一项工作是项目公司组建。一般而言，投资人在完成投资决策后，根据项目规模及复杂程度、融资模式等，确定项目建设管理的模式及组建项目公司（可以是独立法人也可以是非独立法人）。项目公司组建工作内容主要包括确定项目结构、确定工作任务分工表、确定管理组织结构、确定职能分工表、确定各方工作流程、选定办公地点及完善办公设施、选取或招聘项目管理人员、建章立制等。

风电场建设应在核准文件规定的时限内开工建设，且须尽快筹集建设资金。项目资金筹集是项目开工前准备工作中又一项重要的工作。我国从 1996 年起，对于固定资产投资项目实行资本金制度，且项目公司必须拥有项目投资总额一定比例的自有资金后，方可融资建设项目，并且规定项目公司融资主体应是独立法人。目前风电场开发建设的项目公司所需资本金一般为投资总额的 20%。

项目的融资是政策性很强、风险大的活动，涉及国家法律法规、经济环境、融资渠道、税务条件、投资政策等诸多方面。

项目的融资按资金构成可分为项目资本金融资与债务融资；按资金来源可分为内源融资与外源融资；按融资方式可分为直接融资与间接融资；按资金筹措主体可为新设法人融资与既有法人融资；按担保的标的物可分为项目融资与公司融资。

1.3.2.2 勘察设计

项目核准后，本阶段勘察设计有三大任务，分别为技术设计、施工规划报告与招标设计、施工详图设计。其主要工作内容如下：做好设计前准备工作，组织成立设计团队，明确设计负责人；制定勘察设计科研工作大纲；编制勘察任务书和勘察工作大纲；编制设计工作大纲；编制勘察设计计划，分工到各专业负责人；制订满足工程建设需求的供图计划，并控制计划执行；参加厂商协调会议，协调与设计接口相关的工作；编写设计说明，编制工程设计综合文件；做好设计交底及相关技术服务工作；编制各阶段验收的设计报告；参与各阶段的验收工作；做好设计总结及设计资料移交等。设计工作流程如图 1-3 所示。

1.3.2.3 项目招标

项目采购是指为实现项目目标，从项目组织外部获取资源（产品与服务）的过程，是以合同形式有偿取得工程、货物和服务的行为。项目采购包括购买、租赁、委托、雇用等活动。项目采购主要分为工程采购、货物采购和服务采购。项目采购方式常用有 5 种，分别是招标、竞争性谈判、单一来源、询价、其他等方式。

招标是项目采购方式之一。风电场建设最主要的采购方式是招标采购。按组织形式分为自行招标和委托招标；按招标方式分为公开招标和邀请招标。项目招标流程如图 1-4 所示。

1.3.2.4 风电场土地征用

项目建设需要占用土地，国家为有效控制土地资源消耗过快增长，从源头上和总量上控制用地规模、保护耕地，实现经济的可持续发展，出台了一系列的土地法律法规，明确了项目土地使用权的取得方式与途径。目前我国土地使用权合法取得方式一般有两种：一

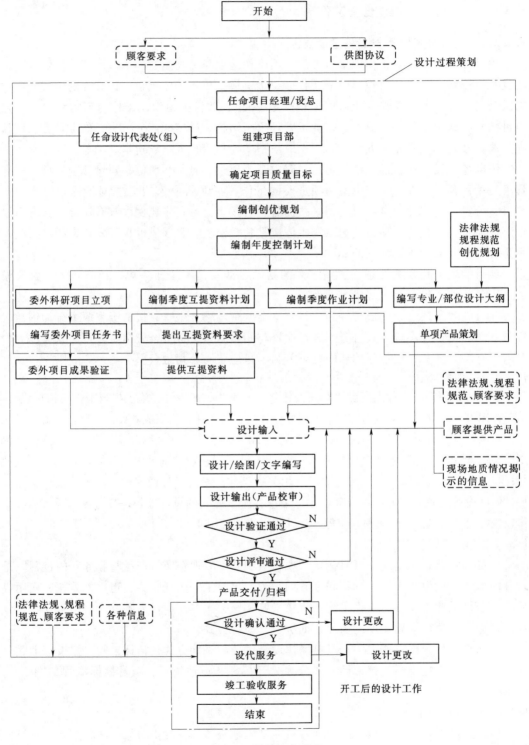

图 1-3　设计工作流程

是有偿方式——出让；二是无偿方式——划拨。划拨方式取得的土地使用权仅用于非营利项目，风电开发用地是以营利为目的，因此只能通过出让方式来取得土地使用权。土地出让前必须使该宗地成为国有土地，同时该宗地在出让前应通过与核准机关同级的国土资源管理部门的项目用地预审。风电场土地使用权获取流程如图 1－5 所示。

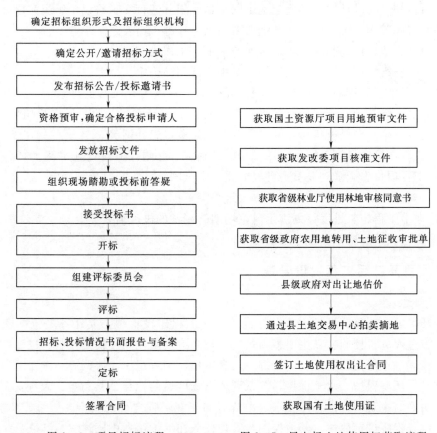

图 1－4 项目招标流程   图 1－5 风电场土地使用权获取流程

1.3.2.5 风电场开工许可

国家对工程建设项目开工许可无统一的规定，基本上实行行业管理为主。如房屋建筑工程、市政基础设施工程、装饰装修工程实行施工许可证制度，上述工程未取得施工许可证则不得开工建设。

风电场建设项目属于关系社会公共利益、公众安全的基础设施项目，实行项目核准制度，由国家政府能源主管部门核准。

风电场项目取得核准手续后，在核准文件规定的时间内开工建设。风电场工程开工以第一台风电机组基础施工为标志。

为了风电场项目建设有序进行，其投资开发公司在取得项目核准手续后，还应满足以下一些条件后方可开工，应满足的具体条件如下：

（1）项目已取得核准文件。

（2）项目法人机构已组建，管理机构和规章制度已建立、健全。

（3）工程初步设计已取得正式审查意见，工程初步设计概算已经公司批复。

（4）项目资本金和其他工程建设资金落实，手续齐备。

（5）工程施工队伍已经通过招标确定，施工合同已签订。

（6）工程监理单位已通过招标确定，监理合同已签订。

（7）项目法人与设计单位已确定施工图交付计划并签订交付协议，组织完成施工图的会审与技术交底工作。工程的施工图纸要求满足连续施工需要。

（8）项目征地、拆迁和施工场地"四通一平"工作已完成。

（9）风电机组、塔筒、主变压器等设备供货计划已确定。

（10）工程里程碑计划已确定，工程里程碑节点具体为升压站土建施工、风电场内线路施工、风电机组基础浇筑、风电机组安装、实物工作量完工验收、风电机组静态调试、变电站倒送电、第一台风电机组并网、最后一台风电机组并网等。

（11）工程项目质量管理网络、质量目标已确定，已制订工程实施方案。

（12）工程项目安全管理委员会已经成立，安全网络、安全目标已确定。

（13）项目施工组织总设计由项目法人组织审查批准。

（14）送出工程施工进度计划满足风电场动态调试的进度需要。

（15）工程项目的质量监督手续已办妥。

1.3.3　项目开工后工程建设管理

1.3.3.1　概述

工程开工后，项目管理的主要目标已确定，工程建设管理主要任务是依据既定的目标，对实施过程进行控制。其主要事项是安全控制、质量控制、投资控制、进度控制、环境保护监督、水土保持监督、合同管理、信息管理、工程组织与协调等。由于工程建设的安全、质量、环境保护、水土保持，关系到风电场区域的社会公共利益、人身安全，且国家对其有明确的主观调控性程序要求。本节就国家对工程建设的安全、质量、环境保护、水土保持监督程序进行简述。其他控制与管理任务在后续篇章中阐述。

1.3.3.2　工程建设安全监管程序

风电场建设安全监管分为事前监管、事中监管、事后监管三个阶段。国家对风电场建设不同阶段的安全监管主体不一，具体如下：风电场建设的事前监管，即核准开工建设前的安全监督管理，以综合监管为主，行业监管为辅。风电场建设事前安全监管由省级安全生产监督管理局为主负责。风电场建设事中监管，即工程建设过程的安全监管，以行业监管为主，综合监管为辅，电力行业建设工程项目由国家能源局负责进行施工过程的安全监管。国家能源局分设国家能源局××监管办公室，该办公室一般负责一个或几个省的能源行业监管，国家能源局对省级监管办公室进行垂直管理。风电场建设事后监管，即安全设施的安全监管，由水利水电规划设计总院为主负责安全设施验收。

1. 风电场建设事前安全监管

风电场在核准前必须通过省级安全生产监督管理部门对该项目的安全预评价并予以备案。依据《建设项目安全设施"三同时"监督管理暂行办法》（国家安全生产监督管理总局令第 36 号）第七条：下列建设项目在进行可行性研究时，生产经营单位应当分别对其安全生产条件进行论证和安全预评价具体如下：

（1）非煤矿矿山建设项目。

（2）生产、储存危险化学品（包括使用长输管道输送危险化学品，下同）的建设项目。

（3）生产、储存烟花爆竹的建设项目。

（4）化工、冶金、有色、建材、机械、轻工、纺织、烟草、商贸、军工、公路、水运、轨道交通、电力等行业的国家和省级重点建设项目。

（5）法律、行政法规和国务院规定的其他建设项目。

2. 风电场建设事中安全监管

依据行业监管的原则，电力行业建设工程项目由国家能源局负责进行施工过程（包括风电并网安全验收、电厂运行的安全监管）的安全监管。国家能源局或省级能源监管办公室对电力建设项目的安全监管属于行政监督，是能源局的权利，也是能源局的职责，是其日常工作之一，不需要项目进行申请或委托，但项目公司有义务随时配合能源局的安全监督检查。国家能源局或省级能源监管办公室根据自己的工作安排，自主选择项目进行抽查。

3. 风电场建设事后安全监管

风电场建设完成后由水电水利规划设计总院（现隶属于中国电力建设集团有限公司，简称"水电总院"）组织对风电场的安全设施进行验收，形成安全验收评价报告（备案稿），送水电总院审核。通过审核的，水电总院通知建设单位将安全验收评价报告（备案稿）报国家安全生产监督管理总局备案。依据《建设项目安全设施"三同时"监督管理暂行办法》（国家安全生产监督管理总局令第 36 号）第二十三条：建设项目安全设施竣工或者试运行完成后，生产经营单位应当委托具有相应资质的安全评价机构对安全设施进行验收评价，并编制建设项目安全验收评价报告。依据《风电场工程安全设施竣工验收办法》（水电规办〔2008〕0001 号）进行风电场工程安全设施竣工验收，其具体规定如下：

（1）安全设施竣工验收应具备的条件。

1）验收范围内的土建工程已按批准的文件全部建成投入使用，并完成了主体工程专项验收，全部机电设备投入运行已满两个月。

2）已通过消防专项验收。

3）具有相应资质的安全评价机构已完成安全验收评价报告。

4）有关验收的文件、资料齐全。

（2）建设单位向水电总院提交安全设施竣工验收申请，同时提交以下文件、资料，并附上电子版（光盘）。

1）验收申请报告及申请表。

2）建设项目主体设计单位以外的熟悉风电场技术特点的、有风力发电行业相应资质的安全评价机构完成的安全验收评价报告。

3）安全设施竣工验收设计、建设运行等参建单位自检报告。

（3）风电场工程安全设施竣工验收时，建设单位应准备以下文件、资料备查。

1）风电场事故应急预案（含应急预案演练、备案记录）。

2）安全技术与安全管理措施资料。

3）安全专项投资及其使用情况说明。

4）安全检验、检测和测定的数据资料原件。

5）特种设备使用、特种作业、从业许可证明、新技术鉴定证明。

6）施工期间生产安全事故及其他重大工程质量事故的有关资料。

7）安全预评价报告（备案稿）及审查意见，附安全预评价报告的批复或备案通知书。

8）可行性研究报告及审查意见。

9）重大设计变更审查意见。

10）其他与安全设施竣工验收有关的审批文件、各阶段验收报告、合同文件及图纸、技术设计文件等。

（4）水电总院接到建设单位的安全设施竣工验收申请后，组织相关方面的专家成立专家组，完成下列工作：

1）对建设单位提交的验收资料进行预审。通过预审的，水电总院应组织开展竣工验收工作；未通过预审的，应及时通知建设单位补充完善验收资料，并重新进行预审。

2）对风电场工程进行现场检查。主要检查内容包括：①安全生产条件、安全设施的设置及使用情况；②安全生产管理机构设置、安全管理人员配备、安全管理制度建立及落实情况；③从业人员接受安全教育培训的证明材料，特种作业人员操作资格证书；④生产安全事故的预防措施及应急预案；⑤安全验收评价报告提出问题的落实情况；⑥安全资金的投入情况；⑦其他需要验收审查的内容。

3）结合现场检查情况，对安全验收评价报告进行评审，形成风电场工程安全验收评价报告评审意见（附专家签名名单）。

4）在现场检查和安全验收评价报告的基础上，对建设单位提出竣工验收专家组检查意见。

（5）建设单位应当按照竣工验收专家组检查意见进行整改，并委托安全评价机构修改完善安全验收评价报告，形成安全验收评价报告（备案稿），送水电总院审核。通过审核的，水电总院通知建设单位将安全验收评价报告（备案稿）报国家安全生产监督管理总局备案；未通过的，通知其进一步修改完善后再行审核。

（6）建设单位根据竣工验收专家组检查意见完成整改，并提出书面报告，同时完成安全验收评价报告备案手续之后，水电总院商有关单位成立安全设施竣工验收委员会，验收委员会召开安全设施竣工验收会议，验收委员会全体成员单位和被验收单位派代表参加。验收会议应完成以下主要工作：

1）现场检查。

2）听取并研究工程参建各方报告，听取工程安全验收评价报告结论意见和专家组评审意见，审查有关文件资料。

3）对存在的主要问题提出处理意见。

4）提出工程安全设施竣工验收鉴定书。

风电场工程安全设施竣工验收鉴定书正本一式 8 份，验收委员会全体委员签字，由水电总院报国家安全生产监督管理总局并分送项目所在地省（自治区、直辖市）安全生产监督管理局及建设单位。副本若干份，分送验收委员会各委员单位和参加验收的有关单位。

建设单位负责安全设施竣工验收的各项准备工作，统一组织和协调安全评价机构和各参建单位提供验收所需的基本资料，负责验收资料的整理和归档。建设单位在收到安全设施竣工验收鉴定书后，1个月之内将验收全部资料（含电子版光盘）2份交水电总院存档。

1.3.3.3　工程建设质量监管程序

风电场质量监管分为事前监管、事中监管、事后监管三个阶段。住房和城乡建设部对全国的建设工程质量实施统一监管。国务院铁路、交通、水利等有关部门负责对全国的有关专业建设工程质量的监管。风电场属于电力建设工程，受国家发展和改革委员会委托，由电力建设工程质量监督机构代表政府行使工程质量监管职能，负责对工程建设各责任主体的质量行为和工程实体质量按照国家法律、法规及国家标准、行业标准等进行监督检查。电力建设工程质量监管机构按三级设置：电力建设工程质量监督总站（简称"总站"）；省（自治区、直辖市）电力建设工程质量监督中心站（简称"中心站"）；工程质量监督站。国家电网公司受委托承担全国电力建设工程质量监管工作，并商有关电网公司、发电公司、中电联组建总站。总站负责全国电力建设工程质量监管工作的归口管理，对国家发展和改革委员会负责。总站站长和秘书长由国家电网公司派人担任。总站在各省（自治区、直辖市）设立中心站（华能集团公司的电力建设工程质量监督中心站继续保留）。中心站负责组织本地区的电力建设工程质量监管工作，接受总站领导，并定期向本地区的政府主管部门报告工作。中心站挂靠在所在地区的省（自治区、直辖市）电力公司（电网公司）。中心站的机构设置及站长、副站长、秘书长的任免由总站批准，并报国家发展和改革委员会备案。中心站根据实际工作情况设置工程质量监督站或工程项目质量监督站。工程质量监督站受中心站委托，负责对中心站指定的工程项目进行质量监管工作；工程项目质量监督站受中心站委托，配合中心站对该工程项目进行质量监管工作。工程质量监督站和工程项目质量监督站由中心站负责组建，其机构设置及站长、副站长的任免由中心站批准，并报总站备案。工程项目质量监督站在工程竣工验收完成后撤销。各级质量监管机构要保证相对独立性、科学性和权威性，要加强技术力量，提高自身素质，合理配备质量监管人员。质量监管工作人员应具备电力建设工程质量监督工程师或电力建设工程质量监督员资格，持证上岗。

（1）风电场建设事前监管。开工建设前必须由项目法人（建设单位）按规定向工程所在地区（省、自治区、直辖市）电力建设工程质量监督中心站申办工程质量监管手续，并按规定缴纳监督费。

（2）风电场建设事中质量监管。项目开工建设过程中，地区（省、自治区、直辖市）电力建设工程质量监督中心站依据与项目法人签订的质量监管协议及电力建设工程质量监督总站发布的《电力建设工程质量监督检查典型大纲》（风力发电部分）开展过程质量监管工作，监管检查内容一般包括风电场首次及土建工程质量监管检查、风电场升压站受电前及首批风机并网前工程质量监管检查、风电场整套启动试运前工程质量监管检查三个阶段，各阶段质量监管检查均依据相应质量监管检查典型大纲实施检查。国家能源局或省级监管办公室可对电力建设项目质量监管，其性质属于行政监督，不需要项目法人进行申请或委托，但项目的质量监督机构（如中心站）及各参建单位有义务随时配合能源局的质量安全监督检查。国家能源局或省级监管办公室根据自己的工作安排，自主选择项目进行抽查。

（3）风电场建设事后质量监管。政府在完成对参建各方责任主体质量行为及工程实体质量的监管后，其质量事后监管工作主要是进行工程质量监督抽测、工程质量验收监督、工程竣工验收监督、质量事故处理的监督（如有）、工程质量投诉与处理（如有）、工程质量监督报告提交与竣工验收备案。

1.3.3.4　工程建设环境保护监管程序

风电场环境保护监管分为项目开工前阶段、项目施工阶段、竣工验收阶段（试生产阶段）监管三个阶段。风电场建设开工前的环境监管由省环境保护厅（简称"省环保厅"）与地方环境保护行政主管部门综合监管，地方环境保护行政主管部门负责预审，省环保厅负责最终审批。风电场建设施工阶段监管由市、县级负责辖区内的环境监管工作。风电场竣工验收阶段的监管由省环保厅负责环保设施验收。

根据《建设项目环境保护管理程序》规定：在中华人民共和国领域内的工业、能源、交通、机场、水利、农业、林业、商业、卫生、文教、科研、旅游、市政等对环境有影响的一切建设项目，在项目建议书至建设竣工投产过程中，建设单位及有关部门必须依各自职责按以下程序开展环境保护工作，办理审批手续。

1. 风电场项目开工前阶段

风电场在开工前，建设单位首先需向县、市级环境保护部门提交关于项目对当地环境有无影响的请示，环境保护部门根据相关法律法规，出具原则同意项目开展前期工作的意见。然后，建设单位应委托具有国家规定资质的咨询单位编报建设项目环境影响评价报告表，由县、市级环保主管部门出具意见后，申报省级环保主管部门审查。在通过省级环保主管部门组织的审查后，由省级或国家环保部门下发建设项目环境影响评价报告表的批复。

2. 风电场项目施工阶段

依据行业管理规则，地方各级环境保护行政主管部门负责辖区内日常环境保护监管。对可能造成重大环境影响的建设项目推行环境监理制度，由建设单位委托具有环境工程监理资质的单位对建设项目实施环境监理（依据《××省建设项目环境保护管理办法》）。

3. 试生产阶段

风电场项目若需进行试生产的，应当向省环保厅提出试生产申请，省环保厅可组织或委托下一级环境保护行政主管部门进行现场检查并作出决定。

依据《建设项目竣工环境保护验收管理办法》具体规定：

（1）建设项目的主体工程完工后，其配套建设的环境保护设施必须与主体工程同时投入生产或者运行。需要进行试生产的，其配套建设的环境保护设施必须与主体工程同时投入试运行。

（2）建设项目试生产前，建设单位应向有审批权的环境保护行政主管部门提出试生产申请，环境保护行政主管部门自接到试生产申请之日起30日内，组织或委托下一级环境保护行政主管部门对申请试生产的建设项目环境保护设施及其他环境保护措施的落实情况进行现场检查，并做出审查决定。

（3）对环境保护设施已建成及其他环境保护措施已按规定要求落实的，同意试生产申请；对环境保护设施或其他环境保护措施未按规定建成或落实的，不予同意，并说明理由。逾期未做出决定的，视为同意。

（4）试生产申请经环境保护行政主管部门同意后，建设单位方可进行试生产。

4. 竣工验收阶段

风电场建设完成后由省环保厅组织对风电场的环境保护设施进行验收，建设单位提交竣工环境保护验收申请表［承担该建设项目环境影响评价工作的单位不得同时承担该建设项目环境保护验收调查报告（表）的编制工作］，送省环保厅审核。依据《建设项目竣工环境保护验收管理办法》（国家环境保护总局令第 13 号）：建设单位申请建设项目竣工环境保护验收，竣工阶段的环境保护验收包括以下主要工作：

（1）应当向有审批权的环境保护行政主管部门提交以下验收材料。

1）建设项目竣工环保验收申请报告。

2）验收监测或调查报告。

3）由验收监测或调查单位编制的建设项目竣工环保验收公示材料。

4）环境影响评价审批文件要求开展环境监理的建设项目，提交施工期环境监理报告。

另外，对编制环境影响报告书的建设项目，需要附环境保护验收监测报告或调查报告；对编制环境影响报告表的建设项目，只需建设项目竣工环境保护验收申请表，并附环境保护验收监测表或调查表；对填报环境影响登记表的建设项目，需要建设项目竣工环境保护验收登记卡。

（2）风电场建设竣工环境保护验收范围。风电场建设竣工环境保护验收范围包括：与建设项目有关的各项环境保护设施，包括为防治污染和保护环境所建成或配备的工程、设备、装置和监测手段，各项生态保护设施；环境影响报告书（表）或者环境影响登记表和有关项目设计文件规定应采取的其他各项环境保护措施。

（3）风电场建设竣工环境保护验收条件如下。

1）建设前期环境保护审查、审批手续完备，技术资料与环境保护档案资料齐全。

2）环境保护设施及其他措施等已按批准的环境影响报告书（表）或者环境影响登记表和设计文件的要求建成或者落实，环境保护设施经负荷试车检测合格，其防治污染能力适应主体工程的需要。

3）环境保护设施安装质量符合国家和有关部门颁发的专业工程验收规范、规程和检验评定标准。

4）具备环境保护设施正常运转的条件，包括经培训合格的操作人员、健全的岗位操作规程及相应的规章制度，原料、动力供应落实，符合交付使用的其他要求。

5）污染物排放符合环境影响报告书（表）或者环境影响登记表和设计文件中提出的标准及核定的污染物排放总量控制指标的要求。

6）各项生态保护措施按环境影响报告书（表）规定的要求落实，建设项目建设过程中受到破坏并可恢复的环境已按规定采取了恢复措施。

7）环境监测项目、点位、机构设置及人员配备，符合环境影响报告书（表）和有关规定的要求。

8）环境影响报告书（表）提出需对环境保护敏感点进行环境影响验证，对清洁生产进行指标考核，对施工期环境保护措施落实情况进行工程环境监理的，已按规定要求完成。

9）环境影响报告书（表）要求建设单位采取措施削减其他设施污染物排放，或要求建设项目所在地地方政府或者有关部门采取"区域削减"措施满足污染物排放总量控制要求的，其相应措施得到落实。

（4）环境保护验收程序。环境保护行政主管部门在进行建设项目竣工环境保护验收时，应组织建设项目所在地的环境保护行政主管部门和行业主管部门等成立验收组（或验收委员会）。

验收组（或验收委员会）应对建设项目的环境保护设施及其他环境保护措施进行现场检查和审议，提出验收意见。

建设项目的建设单位、设计单位、施工单位、环境影响报告书（表）编制单位、环境保护验收监测（调查）报告（表）的编制单位应当参与验收。

1.3.3.5　工程建设水土保持监管程序

风电场建设水土保持监管分为项目开工前阶段监管、项目施工阶段监管、竣工验收阶段监管三个阶段。风电场建设开工前的水土保持监管由省水利主管部门负责。风电场建设施工阶段监管由市、县级水利主管部门负责辖区内的水土保持监管工作。风电场建设竣工验收阶段的监管由省水利厅负责水土保持设施验收。

1. 开工前阶段监管

风电场建设开工前应进行水土保持方案审批，建设单位委托具有国家规定资质的咨询单位编制完成项目水土保持方案报告，申请省级水利主管部门对水土保持方案报告进行评审。水土保持方案报告通过评审后，由省级和国家水利主管部门出具关于建设项目水土保持方案的批复文件。

依据国家水行政主管部门规定：修建铁路、公路、水工程、机场、港口、码头、城镇搬迁，开办矿山企业、电力企业及其他大中型工业企业，以及房地产、城镇建设、企业兴（迁）建、通信、电力、采煤、采矿、采石等可能造成水土流失的所有生产建设或资源开发项目（省级立项的开发建设项目、征占地面积不足 50hm² 且挖填土石方总量不足 50 万 m³ 的中央立项的开发建设项目），都要进行"开发建设项目水土保持方案审批及设施竣工验收"。

2. 施工阶段监管

风电场建设施工阶段由项目所在地的县级以上地方人民政府水行政主管部门，定期对水土保持方案实施情况和水土保持设施运行情况进行监督检查。

建设单位应委托具备水土保持监测资质的机构进行监测，依据《中华人民共和国水土保持法实施条例》规定，对可能造成严重水土流失的大中型生产建设项目，生产建设单位应当自行或者委托具备水土保持监测资质的机构，对生产建设活动造成的水土流失进行监测，并将监测情况定期上报当地水行政主管部门。

建设单位应委托有水土保持监理资质的单位和人员承担水土保持工程监理任务，加强水土保持工程建设监理工作。

3. 竣工验收阶段监管

风电场建设完成后，省水利厅采取对建设项目进行水土保持竣工验收监管。建设单位应当会同水土保持方案编制单位，依据批复的水土保持方案报告书、设计文件的内容和工程量，对水土保持设施完成情况进行检查，编制水土保持方案实施工作总结报告和水土保持设施竣工验收技术报告。再向审批该水土保持方案的单位提出水土保持设施验收申请。水土保持竣工验收阶段的具体规定如下：

（1）提交申请材料。

1）建设单位（业主）申请水土保持设施竣工验收的文件。

2）申请竣工验收项目的水土保持方案实施工作总结。

3）申请竣工验收项目的水土保持监测报告。

4）水土保持设施竣工验收技术报告。

5）申请竣工验收项目的水土保持技术评估报告。

（2）水土保持设施验收工作的主要内容。检查水土保持设施是否符合设计要求、施工质量、投资使用和管理维护责任落实情况，评价防治水土流失效果，对存在问题提出处理意见等。

（3）水土保持设施验收条件。

1）开发建设项目水土保持方案审批手续完备，水土保持工程设计、施工、监理、财务支出、水土流失监测报告等资料齐全。

2）水土保持设施按批准的水土保持方案报告书和设计文件的要求建成，符合主体工程和水土保持的要求。

3）治理程度、拦渣率、植被恢复率、水土流失控制量等指标达到了批准的水土保持方案和批复文件的要求及国家和地方的有关技术标准。

4）水土保持设施具备正常运行条件，且能持续、安全、有效运转，符合交付使用要求。水土保持设施的管理、维护措施落实。

（4）水土保持设施竣工验收程序。县级以上人民政府水行政主管部门在收到验收申请后，应当组织有关单位的代表和专家成立验收组，依据验收申请、有关成果和资料，检查建设现场，提出验收意见。

建设单位、水土保持方案编制单位、设计单位、施工单位、监理单位、监测报告编制单位应当参加现场验收。

验收合格意见必须经 2/3 以上验收组成员同意，由验收组成员及被验收单位的代表在验收成果文件上签字。对验收合格的项目，水行政主管部门应当及时办理验收合格手续，出具水土保持设施验收合格证书，作为开发建设项目竣工验收的重要依据之一。对验收不合格的项目，负责验收的水行政主管部门应当责令建设单位限期整改，直至验收合格。

1.4 交付阶段工作

1.4.1 风电场建设验收内容及程序

1.4.1.1 概述

为加强风电场建设工程验收管理工作，确保风电场建设质量和安全，促进技术进步，提高经济效益及检验项目决策、设计、采购、实施等工作成效，国家发改委于 2004 年发布了《风力发电场项目建设工程验收规程》（DL/T 5191—2004），以规范风电场项目建设工程验收程序。

风电场建设工程应通过各单位工程完工、工程启动试运、工程移交生产、工程竣工四个阶段的全面检查验收。风电场建设工程的四个阶段验收，必须以批准文件、设计图纸、设备合同及国家颁发的有关电力建设的现行标准和法规等为依据。未经质量监督机构验收合格的风电机组及电气、土建等配套设施，不得启动，不得并网。风电场建设工程通过工程整套启动试运验收后，应在 6 个月内完成工程决算审核。项目法人单位或建设单位可根据本标准要求，结合本地区、本工程的实际情况，制定工程验收大纲。各阶段验收应按下列要求组建相应的验收组织。

1. 组建单位工程完工验收领导小组

各单位工程完工和各单机启动调试试运前，应组建单位工程完工验收领导小组，单位工程完工验收领导小组应及时分别组建相应验收组，本阶段验收由建设单位主持。

2. 组建工程整套启动验收委员会

工程整套启动试运验收前应组建工程整套启动验收委员会（简称"启委会"），本阶段验收由项目法人单位主持。

3. 组建工程移交生产验收组

移交生产验收时，应组建工程移交生产验收组，本阶段验收由工程主要投资方主持。

4. 组建工程竣工验收委员会

工程竣工验收时，应组建工程竣工验收委员会，本阶段验收由国家相关主管部门主持。

1.4.1.2　风电场建设分部分项及单位工程验收内容及程序

风电场单位工程完工验收的主要对象分为五大部分，即风电机组、升压站设备安装调试、场内电力线路、中控楼和升压站建筑、交通工程。每个单位工程由若干个分部工程组成，具有独立、完整的功能。单位工程完工验收必须按照设计文件及有关标准进行。验收重点是检查工程内在质量，质监部门应有签证意见。

1. 验收内容

（1）风电机组安装工程验收的主要内容如下：

1）检查风电机组、箱式变电站的规格型号、技术性能指标及技术说明书、试验记录、合格证件、安装图纸、备品配件和专用工器具及其清单等。

2）检查各分部工程验收记录、报告及有关施工中的关键工序和隐蔽工程签证记录等资料。

3）按验收检查项目要求检查工程施工质量。

4）对缺陷提出处理意见。

5）对工程作出评价。

6）做好验收签证工作。

（2）升压站设备安装调试工程验收的主要内容如下：

1）检查电气安装调试是否符合设计要求。

2）检查制造厂提供的产品说明书、试验记录、合格证件、安装图纸、备品备件和专用工具及其清单。

3）检查安装调试记录和报告、各分部工程验收记录和报告及施工中的关键工序和隐蔽工程检查签证记录等资料。

4）按验收检查项目要求检查工程施工质量。

5）对缺陷提出处理意见。

6）对工程作出评价。

7）做好验收签证工作。

（3）场内电力线路验收的主要内容如下：

1）检查电力线路工程是否符合设计要求。

2）检查施工记录、中间验收记录、隐蔽工程验收记录、各分部工程自检验收记录及工程缺陷整改情况报告等资料。

3）按验收检查项目要求检查工程施工质量。

4）在冰冻、雷电严重的地区，应重点检查防冰冻、防雷击的安全保护设施。

5）对缺陷提出处理意见。

6）对工程作出评价。

7）做好验收签证工作。

（4）中控楼和升压站建筑工程验收的主要内容如下：

1）检查建筑工程是否符合施工设计图纸、设计更改联系单及施工技术要求。

2）检查各分部工程施工记录及有关材料合格证、试验报告等。

3）检查各主要工艺、隐蔽工程监理检查记录与报告，检查施工缺陷处理情况。

4）按验收检查项目要求检查建筑工程外观形象和整体质量。

5）对检查中发现的遗留问题提出处理意见。

6）对工程进行质量评价。

7）做好验收签证工作。

（5）交通单位工程验收的主要内容如下：

1）检查工程质量是否符合设计要求。可采用模拟试通车来检查涵洞、桥梁、路基、路面、转弯半径是否符合风力发电设备运输要求。

2）检查施工记录、分部工程自检验收记录等有关资料。

3）对工程缺陷提出处理要求。

4）对工程作出评价。

5）做好验收签证工作。

2．验收程序

（1）开工前依据相关规程规范，制订风电场工程的验收大纲，包括划分分部、分项、单位工程等内容。

（2）开工前确定各参建单位工作表式及各类工作信息记录表式。

（3）确定单位工程验收组织机构、人员组成及职责。

（4）确定单位工程验收主要内容及成果。

（5）制订单位工程验收流程：分项工程验收（监理组织）——→分部工程的验收（监理组织）——→单位工程完工验收（建设单位组织）。

1.4.1.3　风电场整套启动试运行验收内容及程序

工程启动试运行可分为单台风电机组启动调试试运行和工程整套启动试运行两个阶段。各阶段验收条件成熟后，建设单位应及时向项目法人单位提出验收申请。单台风电机组安装工程及其配套工程完工验收合格后，应及时进行单台风电机组启动调试试运行工作，以便尽早上网发电。工程最后一台风电机组调试试运验收结束后，必须及时组织工程整套启动试运行验收。

1. 验收内容

（1）按验收检查项目要求对风电机组进行检查。

（2）对验收检查中的缺陷提出处理意见。

（3）与风电机组供货商签署调试、试运行验收意见。

（4）检查所提供的资料是否齐全完整，是否按电力行业档案管理规定归档。

（5）检查、审议历次验收记录与报告，抽查施工、安装调试等记录，必要时进行现场复核。

（6）检查工程投运的安全保护设施与措施。

（7）各台风电机组遥控功能测试应正常。

（8）检查中央监控与远程监控工作情况。

（9）检查设备质量及每台风电机组 240h 试运行结果。

（10）检查历次验收所提出的问题处理情况。

（11）检查水土保持方案落实情况。

（12）检查工程投运的生产准备情况。

（13）检查工程整套启动试运情况。

（14）审定工程整套启动方案，主持工程整套启动试运。

（15）审议工程建设总结、质监报告和监理、设计、施工等总结报告。

（16）协调处理启动试运中有关问题，对重大缺陷与问题提出处理意见。

（17）确定工程移交生产期限，并提出移交生产前应完成的准备工作。

（18）对工程作出总体评价。

（19）签发《工程整套启动试运验收鉴定书》。

2. 验收程序

（1）召开预备会。

1）审议工程整套启动试运验收会议准备情况。

2）确定验收委员会成员名单及分组名单。

3）审议会议日程安排及有关安全注意事项。

4）协调工程整套启动的外部联系。

（2）召开第一次大会。

1）宣布验收会议程。

2）宣布验收委员会委员名单及分组名单。

3）听取建设单位《工程建设总结》。

4）听取监理单位《工程监理报告》。

5）听取质监部门《工程质量监督检查报告》。

6）听取调试单位《设备调试报告》。

（3）分组检查。

1）各检查组分别听取相关单位施工汇报。

2）检查有关文件、资料。

3）现场核查。

（4）工程整套启动试运行。

1）工程整套启动开始，所有风电机组及其配套设备投入运行。

2）检查机组及其配套设备试运行情况。

（5）召开第二次验收大会。

1）听取各检查组汇报。

2）宣读《工程整套启动试运验收鉴定书》。

3）工程整套启委会成员在鉴定书上签字。

4）被验收单位代表在鉴定书上签字。

1.4.1.4　风电场移交生产验收内容及程序

风电场移交生产验收是风电场建设工程投入商业生产前的验收，生产单位应认真检查接收，确保已建工程安全运行、正常发电，发挥应有的经济效益。移交生产验收组负责人一般由工程主要投资方担任，生产单位、建设单位分别担任其副手。设计、施工、调试、制造等单位虽列席验收，但有责任解答验收中的有关问题，并做好工程投产后的服务工作。

1. 验收内容

（1）按有关规定，检查图纸、文件等资料质量及完整性。

（2）检查设备、备品配件及专用工器具清单。

（3）检查风力发电机组实际输出功率曲线及其他性能指标参数。

（4）检查设备质量情况和设备消缺情况及遗留的问题。

（5）检查生产准备情况。

2. 验收程序

（1）确定移交生产验收组组成及其职责。

（2）根据移交生产验收申请召开会议。

（3）对移交阶段应检查的内容认真检查。

（4）对遗留的问题提出处理意见。

（5）对生产单位提出运行管理要求与建议。

（6）移交生产验收组成员在移交证书签字。

（7）办理交接手续。

1.4.1.5　风电场建设竣工验收内容及程序

风电场建设竣工验收应在工程整套启动试运验收后6个月内进行，工程竣工验收除全

第 1 章　风电场建设管理程序

面进一步检查工程质量外，还应重点审查工程决算审核工作及工程投资效益。

1. 验收内容

（1）按相关要求检查竣工资料是否齐全完整，是否按电力行业档案规定整理归档。

（2）审查建设单位《工程竣工报告》，检查工程建设情况及设备试运行情况。

（3）检查历次验收结果，必要时进行现场复核。

（4）检查工程缺陷整改情况，必要时进行现场核对。

（5）检查水土保持和环境保护验收结果。

（6）审查工程概预算执行情况。

（7）审查竣工决算报告及其审计报告。

（8）如果在验收过程中发现重大问题，验收委员会可采取停止验收或部分验收等措施，对工程竣工验收遗留问题提出处理意见，并责成建设单位限期处理遗留问题和重大问题，处理结果及时报告项目法人单位。

2. 验收程序

（1）召开预备会，听取项目法人单位汇报竣工验收会准备情况，确定工程竣工验收委员会成员名单。

（2）召开第一次大会。

1）宣布验收会议程。

2）宣布工程竣工验收委员会委员名单及各专业检查组名单。

3）听取建设单位《工程竣工报告》。

4）观看工程声像资料、文字资料。

（3）分组检查。

1）各检查组分别听取相关单位的工程竣工汇报。

2）检查有关文件、资料。

3）现场核查。

（4）召开工程竣工验收委员会会议。

1）检查组汇报检查结果。

2）讨论并通过《工程竣工验收鉴定书》（工程竣工验收鉴定书内容与格式）。

3）协调处理有关问题。

（5）召开第二次大会。

1）宣读《工程竣工验收鉴定书》。

2）工程竣工验收委员会成员和参建单位代表在《工程竣工验收鉴定书》上签字。

1.4.2　风电场生产准备

风电场生产准备是风电场建设实施阶段的重要环节，事关风电场能否由投资建设顺利转入生产运营，事关风电场能否按照设计方案确定的指标正常生产。风电场生产准备工作主要包括以下工作内容：

（1）根据风电场规模确定风电场生产管理模式，制订生产准备工作的总目标、重点工作及生产准备总体工作进度计划。

44

（2）确定风电场生产机构及岗位设置方案。

（3）确定风电场生产人员配备。

1）各批人员选调到位。

2）人员定岗。

（4）生产人员培训。

1）新员工的认知性培训。

2）运行人员的培训。

3）检修人员培训。

4）专业技术人员和管理人员培训。

（5）技术资料准备。

1）培训教材的编写。

2）技术文件的编写。

3）建立管理制度和标准。

4）建立设备清册和设备台账。

5）记录、报表准备。

6）技术资料的收集。

7）提供或审查保护定值。

8）设备的命名编号及挂牌。

9）生产管理系统及设备监控系统的建立。

10）安全及生产技术监督网络的建立。

（6）物资准备。

1）备品备件。

2）消耗材料。

3）工器具及防护用品。

4）试验室设备（对于区域内有3个以上风电场的可设置必要的变压器油样化验）。

（7）并网及营销准备。

（8）发电机组维护、设备检修外委单位的选择。

（9）全面参与工程建设。

1）设计文件熟悉与审查。

2）设备招、投标。

3）设备催交、验收及监造。

4）设备安装过程监督检查。

（10）做好分部试运、整套启动及交接后的工作。

1）分部试运阶段工作。

2）整套启动试运阶段工作。

3）性能考核试验及验收工作。

4）生产移交后的工作。

（11）做好生产准备期间的管理、费用预算与后勤保障工作。

1）生产准备工作的管理与考核。

2）生产准备费用预算。

3）生产准备人员工作的后勤保障。

（12）社会环境熟悉与社会关系的接管。

1.4.3　风电场试运行

风电场试运行是工程由生产准备阶段向生产阶段过渡的重要过程。它既是生产准备工作的深化，又是对系统设计、设备选型、工程建设和安装质量的动态验收。通过试运行，可以对工程整体质量进行正确评价。

1.4.3.1　风电场试运行条件

风电场试运行前，必须具备以下条件：

（1）风电机组安装工程及其配套工程均应通过单位工程完工验收，各台风电机组启动调试试运验收均应合格，能正常运行。

（2）升压站和场内电力线路已与电网接通，通过冲击试验。

（3）风电机组必须已通过的试验：①紧急停机试验；②振动停机试验；③超速保护试验；④风电机组经调试后，安全无故障连续并网运行不得少于 240h。

（4）当地电网电压稳定，电压波动幅度不应大于风电机组规定值。

（5）历次验收发现的问题已基本整改完毕。

（6）在工程试运行前质监部门已对本期工程进行全面的质量检查。

（7）生产准备工作已基本完成。

（8）验收资料已按电力行业工程建设档案管理规定整理、归档完毕。

1.4.3.2　风电场试运行组织

风电场试运行工作必然涉及投资方、项目法人、建设方、质监、监理、生产、电网调度、调试、设计、安装施工、制造厂商等单位，专业工作内容复杂、管理要求高、组织协调量大。要顺利进行风电场的试运行工作，必须科学组织各种资源，才能完成此项任务。

风电场试运行组织一般由项目法人组织成立试运指挥部，试运指挥部设总指挥 1 名、副总指挥若干名。总指挥由项目法人单位主要负责人兼任，副总指挥由项目单位或委托建设管理单位与有关单位协商提出建议任职人员名单，由项目单位批准，报项目公司备案。试运指挥部机构设置和人员构成由总指挥与有关单位协商后任命。试运指挥部全面负责试运行期间的所有工作管理。各参与单位在试运指挥部的安排下开展各项工作，各参与单位的主要职责如下：

（1）建设单位协助总指挥做好启动调试的全面组织工作。

（2）质监中心站和质监站对整套启动前、满负荷试运后和半年试生产等进行质量监督，并作出评价意见。

（3）监理单位做好整个试运行期的设备运行质量记录。

（4）生产单位在整个试运行期间，根据试运行规程的规定，负责风电场的运行操作。从试运行期开始，生产单位将接收机组的管理，对机组的运行和维护负责。

（5）电网调度单位在安全运行的许可条件内，尽可能满足机组调试的启停和负荷变动的要求。

（6）调试单位在整个试运行期做好生产单位的配合工作。

（7）设计单位驻现场总代表负责现场的设计修改工作，并根据机组试运行情况及时了解和总结机组设计中的经验教训，以便改进和优化设计。

（8）安装施工单位负责全场土建与安装工程的施工质量，并负责试运行中的土建与安装的维护、消缺工作。

（9）制造厂的代表对其为电厂提供的设备及系统进行现场技术指导和服务。负责处理由于制造质量发生的问题，对非责任设备问题积极协助处理。

试运行总指挥的工作从试运行开始一直到试运行结束为止。在启委会成立后，总指挥在整套启委会领导下代表启委会主持机组启动试运行的常务指挥工作。启委会闭会期间，代表启委会主持整套启动试运行的常务指挥工作；协调解决启动试运行中的重大问题；组织、领导、检查和协调试运行指挥部各组及各阶段的交接签证工作。移交生产后一个月内，应由总指挥负责，向参加交接签字的各单位报送机组启动验收交接书和整套启动试运行的工作总结。

1.4.4　风电场移交及商业运行

风电场完成单机启动试运行与工程整套启动试运行验收后，应准备进行风电场工程的移交，风电场移交前应进行移交生产验收，此项验收是风电场投入商业生产前的验收，项目法人单位和建设单位应全面总结经验教训，生产单位应认真检查接收，确保已建工程安全运行、正常发电，发挥风电场的应有经济效益。各制造、安装、施工单位在工程质保期内应做好服务工作。

1.4.4.1　风电场移交条件

风电场移交前应具备以下条件：

（1）设备状态良好，安全运行无重大考核事故。

（2）对工程整套启动试运行验收中所发现的设备缺陷已全部消缺。

（3）运行维护人员已通过业务技能考试和安规考试，能胜任上岗。

（4）各种运行维护管理记录簿齐全。

（5）风电场和变电运行规程、设备使用手册和技术说明书及有关规章制度等齐全。

（6）安全、消防设施齐全良好，且措施落实到位。

（7）备品配件及专用工器具齐全完好。

1.4.4.2　风电场移交方式

风电场移交验收一般由项目法人单位筹建成立移交验收组，由主要投资方主持组织风电场生产验收交接工作，审查工程移交生产条件，对遗留问题责成有关单位限期处理。根据工程具体情况，工程移交生产验收组可设组长、副组长。移交生产验收组组长一般由工程主要投资方担任，副组长分别由生产单位、建设单位担任。其成员由项目法人单位、生产单位、建设单位、监理单位和投资方有关人员组成。设计单位、各施工单位、调试及制造厂列席工程移交生产验收，有责任解答验收中的有关问题，并做好工程投产后的服务工作。

风电场移交一般可采取的方式为：移交验收组在现场主持办理移交签证手续；建设单位与生产单位的主要负责人分别在交接现场的签证书上签字。

1.4.4.3　商业运行管理

风电场投入商业运行后，其商业运行管理实质就是利用已建成的风电场，将电能从生产至销售全过程的管理。主要工作是建立健全生产管理系统；根据购售电合同，制订电能生产计划；组织设备、设施及各类生产人员按计划生产电能，并在生产过程中必须对生产设备、设施进行维护，对生产人员进行培训教育，对场内场外生产环境进行优化，使风电场生产出符合市场需求的电能，且生产成本在既定的目标内；对生产的电能进行销售。

风电场商业运行管理涉及风电场、设备、技术、人员、资金、环境等 6 个要素。其主要管理内容有计划管理、人事管理、生产管理、财务管理、营销管理、安全管理（含外部社会环境）。

1.4.4.4　质保期的管理

风电场质保期有关管理工作内容主要有以下方面：

（1）对各阶段验收过程所遗留的缺陷问题督促整改到位。

（2）对运营过程所暴露的建设质量缺陷问题进行记录归类，依据合同，与相关承包商联系，并督促其整改到位。

（3）在质保期限期满后，签署质保期证书或颁发履约证书。

1.4.5　风电场建设项目后评价

风电场建设项目后评价是指对已经完成的项目设定目标、执行过程、效益、作用和影响所进行的系统客观分析，评价项目的成功度，并找出成功的经验及失败的原因，通过及时有效的信息反馈，为未来项目的决策和提高投资决策管理水平提供借鉴，同时也对受评项目实施运营中出现的问题提出改进建议。

风电场建设项目后评价是在项目建成和竣工验收之后进行，对于经营性项目，一般是在项目投产运营 3～5 年后进行后评价。风电场建设项目后评价应由独立的咨询机构或专家完成。风电场建设项目后评价主要程序如下：

（1）委托风电场建设项目后评价单位，并签订相关工作合同或评价协议。

（2）成立后评价工作小组，任命负责人，制订评价计划。

（3）设计后评价调查方案，聘请有关专家。

（4）阅读文件，收集资料。

（5）开展后评价调查工作，进入现场了解与核实情况。

（6）分析资料，形成后评价报告。

（7）提交后评价报告，反馈信息。

1.5　建设单位应担负的法律责任

有关风电场投资建设的法律、法规、部门规章与规范性文件、地方性法规很多，风电场建设单位开展任何业务，必须遵守国家的法律法规，必须依法建设与生产。故风电场建设单位应担负的法律责任繁多，现就风电场建设单位在建设与生产过程所涉及的主要法律责任列举如下。

1.5.1 风电场建设单位有关建筑工程的法律责任

（1）建设单位将建设工程发包给不具备相应资质等级的勘察、设计、施工或委托给不具有相应资质等级的工程监理单位的，责令改正，处 50 万元以上 100 万元以下的罚款。

（2）建设单位将建设工程肢解发包的，责令改正，处工程合同价款 0.5％～1％ 的罚款，对全部或部分使用国有资金的项目，并可以暂停项目执行或暂停资金拨付。

（3）建设单位有迫使施工方以低于成本的价格竞标，任意压缩合理工期，明示或者暗示设计单位或者施工单位违反工程强制性标准降低工程质量，施工图设计文件未经审核或审查不合格，而擅自施工的；建设项目必须实行工程监理而未实行工程监理的，未按国家规定办理工程质量监督手续的；明示或暗示施工单位使用不合格建筑材料、建筑构配件和设备的；未按照国家规定将竣工验收报告、有关认可文件或者准许使用文件报送备案等行为之一的，责令改正，处 20 万元以上 50 万元以下罚款。

（4）建设单位未取得施工许可证或者开工报告未经批准，擅自开工的，限期改正，处工程合同价款 1％～2％ 的罚款。

（5）建设单位未组织竣工验收，擅自交付使用的，验收不合格擅自交付使用的，对不合格的建设工程按照合格工程验收等行为之一的，责令改正并处工程合同价款 2％～4％ 的罚款。

（6）涉及建筑主体或者承重结构变动的装修工程，没有设计方案擅自施工的，责令改正，处 50 万元以上 100 万元以下罚款。

（7）建设工程竣工验收后，建设单位未向建设行政主管部门或其他有关部门移交建设项目档案的责令改正，处 1 万元以上 10 万元以下罚款。

（8）建设单位在工程发包与承包中索贿、受贿、行贿，构成犯罪的，依法追究刑事责任。

1.5.2 风电场建设单位有关安全生产的法律责任

（1）工程项目法人是工程建设安全管理第一责任者，对项目建设全过程的安全生产负总责，承担项目的组织、协调、监督责任。

（2）建设单位不得对勘察、设计、施工、工程监理等单位提出不符合建设工程安全生产法律、法规和强制性标准规定性要求，不得压缩合同约定工期。

（3）建设单位在编制工程概算时，应当确定建设工程安全作业环境及安全施工措施所需费用。

（4）建设单位不得明示或者暗示施工单位购买、租赁、使用不符合安全施工要求的安全防护用具、机械设备、施工机具及配件、消防设施和器材。

（5）建设单位在申请领取施工许可证时，应当提供建设工程有关安全施工措施资料。依法批准开工报告的建设工程，建设单位应当自开工报告批准之日起 15 日内，将保证安全施工的措施报送建设工程所在地的县级以上地方人民政府建设行政主管部门或其他有关部门备案。

（6）建设单位如违反《中华人民共和国安全生产法》《建设工程安全生产管理条例》有关规定，将依法承担限期改正、停产停业整顿、罚款、刑事责任等方面的法律责任。

1.5.3 风电场建设单位有关水土保持的法律责任

（1）建设单位有下列行为之一的，由县级以上人民政府水行政主管部门责令停止违法行为，限期补办手续；逾期不补办手续的，处 5 万元以上 50 万元以下的罚款；对生产建设单位直接负责的主管人员和其他直接责任人员依法给予处分。

1）依法应当编制水土保持方案的生产建设项目，未编制水土保持方案或者编制的水土保持方案未经批准而开工建设的。

2）生产建设项目的地点、规模发生重大变化，未补充、修改水土保持方案或者补充、修改的水土保持方案未经原审批机关批准的。

3）水土保持方案实施过程中，未经原审批机关批准，对水土保持措施作出重大变更的。

（2）水土保持设施未经验收或者验收不合格将生产建设项目投产使用的，由县级以上人民政府水行政主管部门责令停止生产或者使用，直至验收合格，并处 5 万元以上 50 万元以下的罚款。

（3）开办生产建设项目或者从事其他生产建设活动造成水土流失，不进行治理的，由县级以上人民政府水行政主管部门责令限期治理；逾期仍不治理的，县级以上人民政府水行政主管部门可以指定有治理能力的单位代为治理，所需费用由违法行为人承担。

（4）拒不缴纳水土保持补偿费的，由县级以上人民政府水行政主管部门责令限期缴纳；逾期不缴纳的，自滞纳之日起按日加收滞纳部分万分之五的滞纳金，可以处应缴水土保持补偿费 3 倍以下的罚款。

（5）造成水土流失危害的，依法承担民事责任；构成违反治安管理行为的，由公安机关依法给予治安管理处罚；构成犯罪的，依法追究刑事责任。

1.5.4 风电场建设单位有关环保方面的法律责任

风电场建设单位如违反《中华人民共和国环境保护法》规定，将承担以下责任：

（1）建设单位有下列行为之一的，环境保护行政主管部门或者其他依照法律规定行使环境监督管理权的部门可以根据不同情节，给予警告或者处以罚款。

1）拒绝环境保护行政主管部门或者其他依照法律规定行使环境监督管理权的部门现场检查或者在被检查时弄虚作假的。

2）拒报或者谎报国务院环境保护行政主管部门规定的有关污染物排放申报事项的。

3）不按国家规定缴纳超标准排污费的。

4）引进不符合我国环境保护规定要求的技术和设备的。

5）将产生严重污染的生产设备转移给没有污染防治能力的单位使用的。

（2）建设项目的防治污染设施没有建成或者没有达到国家规定的要求，投入生产或者使用的，由批准该建设项目的环境影响报告书的环境保护行政主管部门责令停止生产或者使用，可以并处罚款。

（3）未经环境保护行政主管部门同意，擅自拆除或者闲置防治污染的设施，污染物排放超过规定排放标准的，由环境保护行政主管部门责令重新安装使用，并处罚款。

（4）对违反本法规定，造成环境污染事故的企业事业单位，由环境保护行政主管部门或者其他依照法律规定行使环境监督管理权的部门。根据所造成的危害后果处以罚款；情节较重的，对有关责任人员由其所在单位或者政府主管机关给予行政处分。

（5）建设单位未依法提交建设项目环境影响评价文件或者环境影响评价文件未经批准，擅自开工建设的，由负有环境保护监督管理职责的部门责令停止建设，处以罚款，并可以责令恢复原状。

（6）重点排污单位不公开或者不如实公开环境信息的，由县级以上地方人民政府环境保护主管部门责令公开，处以罚款，并予以公告。

（7）企业事业单位和其他生产经营者有下列行为之一，尚不构成犯罪的，除依照有关法律法规规定予以处罚外，由县级以上人民政府环境保护主管部门或者其他有关部门将案件移送公安机关，对其直接负责的主管人员和其他直接责任人员，处 10 日以上 15 日以下拘留；情节较轻的，处 5 日以上 10 日以下拘留。

1）建设项目未依法进行环境影响评价，被责令停止建设，拒不执行的。

2）违反法律规定，未取得排污许可证排放污染物，被责令停止排污，拒不执行的。

3）通过暗管、渗井、渗坑、灌注或者篡改、伪造监测数据，或者不正常运行防治污染设施等逃避监管的方式违法排放污染物的。

4）生产、使用国家明令禁止生产、使用的农药，被责令改正，拒不改正的。

第2章　风电场建设管理模式

我国的发电站在很长的一段时间里都是以火力发电厂和水力发电站为主，近30年来，由于我国改革开放政策的确立和执行，经济发展进入了快车道，能源需求快速增加，能源供不应求的矛盾越显突出，加之火力发电厂的环境污染、温室效应等问题，使可再生、基本无污染的风电场建设得到高速发展。风电场建设的高速发展必然涉及风电场建设管理模式的研究，从建设指挥部式强调行政职能的建设管理模式，到公司自筹自建式强调公司运作的建设管理模式，再到委托第三方代建强调资金运作的建设管理模式，风电场的建设管理模式正逐步向市场化方向发展。但总体上，风电场建设管理模式是从其他电站建设管理模式引用过来的。风电场建设管理也相当于企业建设管理，分析建设管理模式必须从分析管理理论着手。

2.1　企业管理理论和传统电厂管理

管理是一种社会现象或文化现象，只要有人类社会存在，就会有管理存在。然而，管理活动真正形成理论，是在工业企业产生之后。企业管理是随着资本主义工厂制度的出现而产生的。最早提出科学管理理论的是美国的泰罗，泰罗思想的出现标志着企业管理理论的形成。近百年来，随着资本主义生产的高度发展，企业管理已积累了丰富的经验，并逐步形成一门独立的学科，风电场的建设管理模式正是基于这一理论基础，并综合我国经济体制而逐步形成体系的。

管理学的发展，可以简略分为三个阶段：第一阶段为古典管理理论阶段；第二阶段为现代管理理论阶段；第三阶段为当代管理理论的形成阶段。

2.1.1　古典管理理论

古典管理学派的管理理论，是人类管理思想史上奠基的管理理论。它实际分为两个系统：一个以美国泰罗为代表；另一个以法国法约尔和德国韦伯为代表。

1. 泰罗的科学管理理论

科学管理学派的思想，集中体现在泰罗1911年出版的《科学管理原理》一书中。泰罗重点研究了在工厂管理中如何提高效率，主张一切管理都应用科学的方法加以研究和解决，其科学管理理论的核心是：倡导工人与雇主通过"精神革命"进行合作，并提出了一系列提高效率的科学方法与原则：如工作定额原理、标准化原理、有差别的计件工资制、对工人进行培训、实行管理并执行明确分工、管理控制上的例外原则等。泰罗思想主要侧重于企业生产的现场管理。

泰罗之后，还有一些人对科学管理理论做出了贡献：如甘特，发明了编制作业计划和控制计划的横条图管理技术，使生产组织工作逐步标准化，他还对工资制度进行深一步研究，提出"甘特作业奖金制度"；福特，在1914—1920年首先在汽车工业中创造了流水线生产，把生产的空间组织联系在一起，促进了工业生产的标准化，为实行生产的自动化奠定了基础。

风电场建设管理现行模式与这一管理理论一脉相通。在现行的风电场建设管理中，仍然大量用到了定额管理、网络进度控制技术、专业分工模式等技术经济方法。

2. 法约尔和韦伯的管理组织理论

管理组织学派的代表人物主要是法国的法约尔。法约尔理论的贡献体现在他的著作《工业与一般管理》中，他提出把管理分为五大要素，即计划、组织、协调、指挥、控制等，并提出了管理的十四项原则。他把企业作为一个整体去研究，概括了一般管理的理论、要素、原则，着重研究企业的全面经营管理问题，指出工业企业经营活动可以概括为六个方面，即技术活动、商业活动、财务活动、安全活动、会计活动、管理活动。他认为组织结构和管理原则的合理化，管理人员职责分工的合理化才是企业管理的中心。

另外，德国的韦伯也是管理组织学派的代表人物，他主张建立一种高度结构化、正式的、非人格化的理想行政组织体系，认为这是最理想的组织结构，并提出了三种权力种类，认为其中合理合法的权力是官僚集权组织的基础。其代表作为《社会和经济理论》。韦伯的官僚制组织理论，是为适应传统封建社会向现代工业社会转变的需要而提出的。

科学管理理论不仅在当时起了划时代的作用，而且对以后管理理论的发展也有着深远的影响。它着重研究企业内部的生产管理，提出了科学的工作方法、严格的奖惩制度等，对以后的工作具有一定指导意义，但它忽视社会条件对工作效率的影响，忽视了人际关系的研究等，因而具有一定的局限性。

风电场建设管理现行模式最常用到的是项目管理模式，这一组织模式将项目管理贯穿于整个项目的始终，是对管理组织学派的有力佐证。

2.1.2 现代管理理论

现代管理理论阶段主要指行为科学学派及管理理论丛林阶段，行为科学学派阶段主要研究个体行为、团体行为与组织行为，重视研究人的心理、行为等对高效率地实现组织目标的影响作用。行为科学的主要成果有梅奥的人际关系理论、马斯洛的需求层次理论、赫茨伯格的双因素理论、麦格雷戈的"X理论—Y理论"等。

管理理论丛林阶段指的是第二次世界大战后，由于生产迅速增长，技术进步速度加快，生产社会化程度不断提高，政府干预经济力度也不断加强，从而形成了一系列不同的管理理论观点和流派。鉴于当时的理论观点和流派较多，此阶段被管理学家孔茨称其为"管理理论的丛林阶段"。丛林阶段的管理理论主要研究的对象是社会系统、组织体系和管理决策。本书重点介绍的现代管理理论是行为科学的管理理论，是以人为本的较适合现阶段经济发展的管理理论。

1924年，以美国哈佛大学梅奥教授为代表，创立了"行为科学"的学说，由此管理理论的发展进入行为科学理论的时期。他的代表作是《工业文明的人类问题》，指出调动人的内在积极性才是管理的最佳办法。其主要观点是：不能把工人看成是单纯的"经济人"，他们是复杂的"社会人"；创造良好的工作环境；建立正式组织与非正式组织；强调领导者的能力。

另外，马斯洛的需要层次理论也是行为科学学派的一类。马斯洛认为人是有需要的动物，人的需要有轻重层次，并将人的需要分为五级，即生理的需要、安全的需要、感情的需要、尊重的需要、自我实现的需要，他认为可以通过满足人的不同需要来达到激励人员的作用。美国心理学家弗雷德里克·赫茨伯格于 1959 年提出了双因素理论（激励因素和保健因素），对需要层次理论作了补充。他划分了激励因素和保健因素的界限，分析出各种激励因素主要来自工作本身，这就为激励工作指明了方向。

可见，行为科学理论重视了人在生产中的作用，侧重激发人的创造性。主要研究个体行为、团体行为和组织行为。法约尔的一般管理理论是古典管理思想的重要代表，后来成为管理过程学派的理论基础，也是以后各种管理理论和管理实践的重要依据，对管理理论的发展和企业管理的历程均有着深刻的影响。其中某些原则甚至以公理的形式为人们接受和使用。

风电场的建设环境条件及制约因素，使科学理论得到了有效的应用，人的潜能激发使风电场的建设速度和质量都得到了有效提升。

2.1.3　当代管理理论

20 世纪 70 年代以后，由于国际环境的剧变，尤其是石油危机对国际环境产生了重要的影响。这时的管理理论以战略管理为主，研究企业组织与环境关系，重点研究企业如何适应充满危机和动荡环境的不断变化。迈克尔·波特所著的《竞争战略》把战略管理的理论推向了高峰，他强调通过对产业演进的说明和各种基本产业环境的分析，得出不同的战略决策。

企业再造理论始于 20 世纪 80 年代，该理论的创始人是原美国麻省理工学院教授迈克尔·哈默与詹姆斯·钱皮，他们认为企业应以工作流程为中心，重新设计企业的经营、管理及运作方式，进行所谓的"再造工程"。美国企业从 80 年代起开始了大规模的企业重组革命，日本企业也于 90 年代开始进行所谓的第二次管理革命，这十几年间，企业管理经历着前所未有的、类似脱胎换骨的变革。

20 世纪 80 年代末以来，信息化和全球化浪潮迅速席卷全球，顾客的个性化、消费的多元化决定了企业必须适应不断变化的消费者需要，在全球市场上争得顾客的信任，才有生存和发展的可能。这一时代，管理理论研究主要针对学习型组织而展开。彼得·圣吉在所著的《第五项修炼》中更是明确指出企业唯一持久的竞争优势源于比竞争对手学得更快更好的能力，学习型组织正是人们从工作中获得生命意义、实现共同愿景和获取竞争优势的组织蓝图。

伴随着信息技术和网络技术的快速进步，风电场正在实现从"少人值守"到"无人值守"的方式转变；风电场的维护正在由单场模式向地区区域化转变，由此也带来风电场建设中大量使用信息技术和网络技术。

2.1.4 传统电厂管理

在我国，电厂由于本身的规模不断增大，涉及领域不断增多，其建设管理也日趋复杂。传统电厂的管理，是从电厂工程项目的策划、选择、评估、决策、设计、施工等开始，直到竣工验收、投入生产和交付使用等整个建设过程的管理。

传统电厂的建设管理主要分以下阶段：

（1）项目建设阶段。

（2）调试及试生产阶段。

（3）生产运营阶段。

（4）项目决算。

（5）项目建设评价阶段。

在这5个阶段中主要涉及的管理工作有工程管理、安全和环保管理、工程质量管理、物资（重点是生产原材料）管理、结算管理、节能减排管理、档案管理、运行维护管理等。

传统电厂的建设管理与风电场的建设管理阶段划分基本一致，都是按我国规定的基本建设程序运作，建设管理的内容也基本一致，有工程管理，安全、环保管理，工程质量管理，结算管理，节能减排管理，档案管理，运行维护管理等。其不同的地方是风电场建设管理少了生产原材料的管理，在全寿命期的运行中不受生产原材料（如煤、油、汽）价格和数量波动的影响。

2.2 建设程序及内容

2.2.1 风电场及其构成

风电场是指将风能捕获转换成电能并通过输电线路送入电网的场所，主要由五个部分构成。

（1）风电机组及其基础：风电场的风能采集及发电装置。

（2）道路：风电机组旁的检修通道、变电站站内站外道路、风电场内道路及风电场进出通道、道路及其附属设施。

（3）集电线路：分散布置的风电机组所发电能的汇集、传送通道。

（4）变电站：风电场的电能配送中心。

（5）风电场集控中心：集成了信息与网络技术的风电场群监控中心。

2.2.2 风电场建设程序

风电场建设程序，是客观规律的反映，它遵循国家颁布的有关法规所规定的建设程序。我国的建设程序分为六个阶段，即项目建议书阶段（项目前期"立项"）、可行性研究阶段（包括核准阶段）、设计阶段、建设准备阶段、建设实施阶段和竣工验收阶段（也有人把项目建议书阶段和可行性研究阶段合并为"工程立项阶段"，把建设准备阶段和建设施工阶段合并为"施工段"的）。

对于使用世界银行贷款进行建设的风电场项目，其建设程序按照世界银行贷款项目管理规定的六个阶段，即项目选定、项目准备、项目评估、项目谈判、项目执行与监督、项目的总结评价六个阶段执行。

根据我国建设程序规定和各地实施风电场的建设经验，风电场建设各阶段的工作内容，先后顺序排列大致如下：

（1）根据气象资料、本地区国民经济发展计划、本地区风电发展规划，结合本地区电网建设条件，制订风电场开发方案并初选场址。

（2）编写风电场项目建议书，或者项目前期立项报告，获得地方政府给予开展前期工作的许可（即"小路条"）。

（3）在初选场址地域安装测风塔，并采集不少于一年的风能资料，对风能资源进行分析评估。

（4）选定有合格资质的设计单位或工程师咨询单位进行风电场项目可行性研究，编写可行性研究报告。

（5）获得项目核准前后，成立风电场项目公司或筹建机构。

（6）报批电价，签订上网电价。

（7）筹措建设资金。

（8）选定风电场项目相关技术单位，开展现场勘测、微观选址，进行风电场设计；监理招标，签订委托监理合同。

（9）采购招标，签订各类采购合同。

（10）施工招标，签订施工合同；塔架制造招标，签订塔架制造合同。

（11）进行建设施工准备，办理工程质量监督手续报批开工报告或施工许可证。

（12）风电场工程施工建设；设备到货检验，设备安装、调试。

（13）试运行及风电机组设备验收。

（14）竣工验收。

（15）风电场投入商业化运行。

（16）风电场工程总结、后评价。

2.2.3 风电场建设内容

风电场工程建设项目划分包括设备及安装工程、建设工程和其他措施工程三部分。

2.2.3.1 设备及安装工程

设备及安装工程指构成风电场固定资产的全部设备及其安装工程。主要由以下内容组成。

发电设备及安装工程：其主要包括风电机组的机舱、轮毂及叶片、塔筒（架）、基础环、机组配套电气设备、箱式升压变压器、集电线路、出线设备等及其安装工程。

升压变电设备及安装工程：其包括主变压器系统、高压配电装置、无功补偿系统、站用电系统和电力电缆等设备及其安装工程。

通信和控制设备及安装工程：其包括监控系统、直流系统、通信系统、继电保护系统、远动及计量系统等设备及其安装工程。

其他设备及安装工程：其包括采暖通风及空调系统、照明系统、消防系统、给排水系统、生产车辆、劳动安全与工业卫生工程和全场接地等设备及其安装工程。还包括备品备件、专用工具等上述未列的其他所有设备及其安装工程。

2.2.3.2 建筑工程

建筑工程主要由设备基础工程、升压变电设施工程和其他建筑工程三项组成。

设备基础工程：其主要包括风电机组、箱式变压器等基础工程。

升压变电工程：其主要包括中央控制室和升压变电站等建筑工程。

变配电基础和结构工程：其主要指主变压器、配电设备基础和配电设备构筑物的土石方、混凝土、钢筋及支（构）架等。

2.2.3.3 其他措施工程

其他措施工程主要包括办公及生活设施工程、场内外交通工程、大型施工机械安拆及进出场工程和其他辅助工程。其中其他辅助工程主要包括场地平整、环境保护及水土保护，劳动安全及工业卫生工程，给排水、通风空调等上述未列的其他所有建筑工程；以及变电所大门及围墙、防洪（防淹）排水设施等工程。

2.3 建设管理分类及模式

2.3.1 风电场的建设分类

风电场的建设可分为业主自主建设、代理业主建设（代建制）、委托第三方建设（Engineering Procurement Construction，EPC）、合作共建模式等四大类型。以业主对建设项目的参与方式和参与程度来分判建设模式。

2.3.2 风电场的建设模式

1. 业主组建项目公司建设模式（业主自主建设）

业主为建设风电场，自行组建项目公司，以项目公司为风电场项目的业主单位，履行单个风电场项目的全部建设事宜，如20世纪50—80年代的"项目指挥部"的建设模式。由于有较多的业主不是专业的大型发电集团，组建具有专业人才、专业建管水平的项目公司有相当难度，对开展建设工作也不利。但对于大型发电集团组建的项目公司，由于有集团公司的技术、管理和人才支持，项目公司可以完成单个风电场项目的建设管理职责。随着经济快速发展，加之改革开放的深入，这种自包自揽的建设模式越来越不适应"快速多元、专业协调"的市场经济发展要求，所以逐步被以招、投标方式确定的合同关系的代建制［项目管理模式（Project Management，PM）］模式或EPC模式等所代替。

2. 代建制建设模式

代建制建设模式［或称项目管理（PM）模式］，是业主为建本身不太熟悉的、转大型的、专业化要求很高的工程项目，以合同的方式委托具有专业化管理力量的咨询公司作为项目的管理单位。这种"代建制"建设模式在市场经济不充分，行政管理严格复杂的情况下，运行了一段时期。但随着改革开发的不断深入，政府主导型的市场经济越来越不适合经济"利国利民"需求。所以，党和政府又进行了更加深化的"政企分离"改革，政府"简政放权"，让该由市场调控的事（如项目建设等），按市场经济的规律去办。随着政府不断"放权"，代建制建设模式很快就被 EPC 模式等所代替。

3. EPC 模式

EPC，即设计—采购—建设模式。EPC 模式的主要特点如下：

（1）在 EPC 模式下，由于承包商在设计早期阶段就介入项目，因此能够在施工方法、降低成本、缩短工期、优化设计、设备采购等方面起到专业化、模式化、标准化的积极作用。

（2）由于设计人员和施工人员为同属一个合同范畴内的工作人员，他们在设计阶段接触和交流的机会较多，问题能预先沟通、快速解决，可提高工程建设效率，避免无谓的推诿。

（3）EPC 模式尤其适合大型、复杂、有未知条件、可边设计边施工的工程项目，有利于缩短工期，使项目早日投入使用。同时，由于该模式下承包商负责了全部设计、采购和施工的工作，承包商利润空间相对较大，而业主的总成本也会更低，从而达到双赢。

（4）EPC 模式也具有一定的风险，对承包商来讲，如果设计控制或技术要求出现错误，必须由承包方来承担费用和损失，承包方的责任更重大；但对业主来讲，该模式失去了传统建设模式中原有的许多检查监督机制，降低业主对项目的监控力，也会出现工程质量和工期时间延长的风险。所以，EPC 模式是"双赢"和"风险"并存的建设模式，在实施中需要规范化、专业化、模式化、标准化的管理。

4. 合作共建模式

建设模式由建筑工程管理方式（Fost - Track - Construction Management，CM）、设计—建造方式（Design - Bid - Build，DBM）与交钥匙方式（Turn Key Method，TKM）发展到合作共建模式。合作共建模式是各合作方，根据自身的优势和特长，合作共建某个超大型、涉及面广泛、利益格局多样化的综合项目，如新型社区、开发区、流域区块、新经济试验区、新能源发展示范区、超大型项目链区等。合作共建模式最大的特点就是打破传统项目建设模式中的单一业主融资建设方式，合作各方可根据自身的优势和特长"出钱、出技术、出设备、出管理人才、出资源"等。在风电建设中，由于风电机组占总投资的 70% 左右，业主需为风电机组的采购进行大量融资，生产风电机组的厂商也需去融大量的生产周转资金，而且风电机组的运行、维护是相对专业、复杂的问题。为解决以上主要问题，许多风电项目开发商开始与风电机组生产厂商结成战略合作伙伴关系，实行合作共建模式。这种合作共建模式既解决了部分融资的问题，也解决了投产运行后的维护、大修问题，是"双赢"或"多方共赢"的较好建设模式。

2.3.3　风电场的管理分类

风电场的管理根据使用策略不同可分为建设管理、运营管理和维护管理三大类。

1. **风电场建设管理**

风电场建设是一项多行业、多专业共同参与、协调配合展开的系统工程。按参建单位行业划分，大致可以分为电力、建筑安装、运输、机械制造等行业。风电场的建设管理一般分三步进行。

（1）风电场建设的项目启动管理：大致可以分为前期的规划选址、项目报建、委托勘测设计及建设监理、项目施工招标、材料及设备运载就位、临时设施搭建等管理。

（2）风电场施工管理：包括工程项目施工成本控制、建设工程质量控制、建设工程工期控制、建设工程安全风险控制等管理。

（3）风电场建设工程的后期管理：包括风电机组的运输、安装与调试；风电机组试运行、竣工验收与移交并商业运行等管理。

2. **风电场运营管理**

风电场运营管理是风电场项目的关键，其成功与否，直接影响风电场业主的盈亏。风电场运营管理的主要任务是提高设备可利用率和供电可靠性，保证风电场的安全经济运行和工作人员人身安全，保持输出电能符合电网质量标准，降低各种损耗。运营管理可分为两大管理体系：①利用生产指挥系统保证风机正常运行管理；②依靠规章制度保证风电场安全管理。

生产指挥系统是风电场运行管理的重要环节，是实现场长（总经理）负责制及总工程师为领导的技术负责制的组织措施。它的正常运转能有力地保证指挥有序、有章可循、层层负责、人尽其职，也是实现风电场生产稳定、安全，提高设备可利用率的重要手段，更是严格贯彻落实各项规章制度的有力保证，以实现风电机组工作寿命长、设备损耗小的经济目标。

安全管理是企业生产管理的重要组成部分，是一门综合性的系统科学。风电场因其所处行业的特点，安全管理涉及生产的全过程。必须坚持"安全生产，预防为主"的方针，这是电力生产性质决定的。因为没有安全就没有生产，就没有经济效益。安全工作要实现全员、全过程、全方位的管理和监督，积极开展各项预防性的工作防止安全事故发生。

3. **风电场维护管理**

风电场的维护管理主要是指风电机组的维护管理和场区内输变电设施的维护管理。风电机组的维护主要包括日常故障检查处理、年度例行维护、非常规维护、维护计划的编制和运行维护记录的填写、备品配件管理等。

（1）常规维护。对风电机组进行常规的检测和较小故障的处理。日常例行维护是风电机组安全可靠运行的主要保证。风电场应根据风电机组制造厂家提供的例行维护内容并结合设备运行的实际情况制订出切实可行的常规维护计划。同时，应当严格按照维护计划工作，不得擅自更改维护周期和内容。

（2）非常规维护。非常规维护是指突发性的大型故障，延续发展可能会影响电网的正常输出，必须当机立断，实现非常规维护。非常规维护时，应该首先认真分析故障的产生原因，制订出周密细致的维护计划。采取必要的安全措施和技术措施，保证非常规维护工作的顺利进行。重要部件的非常规维护重要技术负责人应在场进行质量把关，对关键工序的质量控制点按有关标准进行检验，确认合格后方可进行后续工作，一般工序由维护工作负责人进行检验。全部工作结束后，由技术部门组织有关人员进行质量验收，确认合格后进行试运行。由主要负责人编写风电机组非常规维护报告并存档保管，若有重大技术改进或部件改型，还应提供相应的技术资料及图纸。

风电场应编制各项非常规事故的应急预案，并经常组织运维人员进行应急预案的操练。

（3）备品配件的管理。备品配件管理的重要目的是科学合理地分析风电场备品配件的消耗规律，寻找出符合生产实际需求的管理方法。在保证生产实际需求的前提下，减少库存，避免积压，降低运行成本。目前大多数风电场使用的风电机组多是进口机型，加之风电机组备品配件通用性及互换性较差，且购买费用较高、手续繁杂、供货周期长，这就给备品配件的管理提出了较高的要求。

在实际工作中可以根据历年的消耗情况并结合风电机组的实际运行状况制订出年度一般性耗材采购计划，而批量的备品配件采购则应根据实际消耗量、库存量和企业资金状况制订出 3 年或 5 年的中远期采购计划，目的是实现资源的合理配置，保证风电场的正常生产；另外，还应积极搜集相关备品配件的信息，在国内寻找部分进口件替代品，对部分需求较大、进口价格偏高的备品配件还可考虑与国内有关厂家协作，进行国内生产，进一步降低运行成本。

2.3.4　风电场的管理模式

我国的风电场分布区域广，自然环境和工作条件恶劣，且风电场建设规模总量大。加之风电场建设受各行政区域建设管理程序等因素制约，我国风电场建设管理存在多种模式。为更好地推动风电场的开发建设和运营管理，各风电场建设单位（业主）正在不断探索和积累各种风电场建设管理模式的经验，并根据风电企业自身实际情况和特点，力求寻找到适合自己的、能切实提高风电场运营效益的风电场管理模式。

2.3.4.1　建设、运营（维护）分离的管理模式

建设、运营（维护）分离的管理模式是将风电场项目的建设单位、运营（含维护）管理单位的业务分开。风电建设公司主要负责风电场项目的开发建设；风电场项目建设完成后，交由风电运营公司运营。风电运营公司主要负责风电场的运营、维护、检修管理。风电场的运营管理采取运检分离的模式。风电场设办公室、检修班、运行班三个部门。运行实行三班轮换值班，检修实行分组作业轮流值班，确保设备健康平稳运行。

当风电场建设完成初期总会存在一些不足，对此，建设部门和运营部门之间常有不同的认识和观点，但是风电电能质量与千家万户的用电满意度密切相关，这个问题就显得尤为突出。施工单位在建设中难免留下一些后遗症，当建设管理与运行维护合一，而运营管理与开发建设是从属关系，用户会把风电场工程建设遗留问题归咎于运营管理团队，使得运营管理非常被动，举步维艰。因此，建设、运管分开具有很多优点。

1. 建管分开的优点

建管分开促进风电场运营管理健康发展，利于开发建设的速度，也便于公司资本运作，提高资金的利用，有利于专业化分工合作等。作为风电场运营管理企业主观上应该依法管理、合理经营、加强行业自律，客观上也应该给风电场运营管理企业创造一个合理的

生存空间，规范风电场运营管理市场。风电管理进行市场化运作，作为外委运营管理企业，在经济和法律地位上不再隶属于风电场投资商，实现真正意义上的建管分离。这样，风电场运营管理企业有了自由的运作和发展空间，就能够站在客观公正的立场上帮助业主，协调施工企业处理、解决好风电场建设工程遗留问题，也可以集中精力为业主提供质价相符的风电管理服务，从而减少建管纠缠不清的问题。

　　建管分离后，营运管理企业作为独立法人主体直接介入风电场的前期管理和建设。在工程施工阶段及时发现工程质量问题；在设备设施安装、调试、试运行阶段发现设备设施质量问题；尤其对隐蔽工程进行质量跟踪，不仅可以保障隐蔽工程的质量，还可以熟悉了解工程隐蔽的结构、线路，对今后的设备运行和维修大有裨益。营运管理企业把发现的问题及时向业主提出，在工程验收交接时，坚持原则、严格为业主把好关，这样就可以在相当程度上堵住豆腐渣工程，找到质量低劣设备设施的源头，保证风电场及其附属设备设施的质量，提高风电场的使用价值。

　　2. 建管分开的缺点

　　前期在一定程度上业主要处理一些建设质量、设备退件等问题；交接时文字性记录过多；一旦过了保质期，建设施工单位不再参与任何工程维护；管理企业对工程要求过于严格，导致无谓的整改增多；验收时也过于严格。

2.3.4.2　项目自建、运营和维护外委的管理模式

　　此种管理模式是指项目由投资者管理自建，建成后将项目的运行与维护，即发电机组的生产管理、机组运行、设备检修维护、技改等工作以契约的形式，在一定条件和期限内，委托给有专业运维经验的运维公司来承包，运维公司按照合同提供相应的客户化专业服务。

　　初次进入风电领域、合资控股的项目业主一般多采用这种管理模式，其目的在于降低发电成本，提高机组发电能力，使商业利润最大化。项目自建、运营和维护外委模式有其自身特点。

　　1. 这种管理模式的优点

　　（1）控制工程建设的质量、缩短风电场建设期。

　　（2）降低维护成本，总体维护成本低，一些大型的维护设备不用垫资购买，无需进行二次投资就可以直接受益。

　　（3）有利于稳固合作关系，如果是几家合资，借助外委单位运营和维护，在日后的维护成本和销售收益上，也便于公开透明。

　　（4）有利于提高企业的竞争力，委托专业运营维护公司管理，业主方可以得到优质专业的服务，规避经验不足的风险，盈利稳定，尽快实现并网售电，轻松实现资本回收。

　　2. 这种管理模式的缺点

　　（1）管理环节增加，管理效率低，重大维护和经营管理决策需由业主方和运营方、维护方共同商议，达成共识之后实行，增加了落实环节，管理效率低。

　　（2）存在一定的管理岗位人员重复设置问题，人工成本增加。

　　（3）收益分流，运营销售收益的有效回收率比较低，一部分销售收益由运营管理的外委公司分流。

（4）不利于积累技术人才，无法通过项目维护管理培训专业技术人才，不利于积累人力资源，工作运行不能独立，对外委单位的依赖程度太大，导致运行经验较少，积累运行经验较困难。

2.3.4.3　运行自控、维护外委的管理模式

随着国内风电产业的不断发展，风电场建设投资规模越来越大，一些专业投资公司也开始更多地涉足风电产业。这样就出现了既懂得投资兴建风电场，又懂得生产运行和生产销售，但不太熟悉大型风电机组的维护方式，又不具备超高超重吊装能力的投资公司或风电业主。这样的业主，只愿意参与风电场的运营管理，而不愿意将主要精力放在管理具体的设备维护等专业要求非常高的工作上。但是设备维修是提高机组设备健康水平，使系统设备处于良好工作状态的主要手段。提高机组设备运行的可靠性和可利用率，才能保证发电机组安全、稳定、经济运行，实现稳发、满发目标。因此必须定期有计划地进行预防性维护、检修，以便及时消除设备缺陷，消灭潜在事故因素，延长设备使用寿命。维护范围包括风电机组的维护和场区内输变电设施的维护等，需要专业技术设备和技术人员，工作细致，管理繁琐。于是业主便将风电场的维护工作部分或者全部委托给专业运行维护公司负责。目前，这种运行方式在国内还处于起步阶段，承接风电场维护的公司规模有待进一步发展壮大，管理模式有待进一步规范。

1. 这种管理模式的优点

（1）运营信息及时可控。运营风电场自控，能及时控制风电场盈亏动态，掌握清楚相关信息，进行重大管理变动效率高，产生的作用及时。能及时统计和分析风电场的生产销售情况。

（2）维护成本低。不需维护设施，减少投入，节约成本。

（3）人力资源投入小。不用匹配非常专业的技术维护人员。不需要成立专业的维护团队，只需要有技术人员监控运行程序即可。对现场维护管理的要求不高，只需要 1～2 名管理人员现场维护即可。

（4）专业维护公司对风电设备的精心维护，提高了设备的完好率和可利用率，故可增加一定的发电量，从而提高其经济效益。

2. 这种管理模式的缺点

（1）维护成本高。根据市场经济的规律，外委单位接管维护工程，必先对整个工程的设备维护做成本核算和盈利预算。外委企业不接管不盈利的工程，在报价时，外委企业会把维护工程的盈利一并报上。当管理模式启动时，风电场业主实际成本较高，资金消耗偏大。

（2）业主独立性不强。外委单位完全承担技术的监督维护工作，业主不可避免地对外委单位有很高依赖性，业主对于一些故障的排除不能自主掌控，势必影响运营收益，有一定的盈利风险。

（3）存在一定的磨合期。对于业主要求的管理方法、工作思路，外委单位需要一段时间来理解与适应，在具体工作中有达不到预期目标效果的风险。

2.3.4.4　维护业主管理、运行外委的管理模式

风电场业主自行维护是指业主自己拥有一支具有过硬专业知识和丰富管理经验的运行

维护队伍，同时还需配备风电机组运行维护所必需的工具及装备。例如风电设备制造厂家投资风电项目时，本身具有强大的售后维护能力，但他们不具备风电场运行经验或不愿招聘运行人员管理风场，风电场运行由市场上专业公司代管。

某电力集团新能源公司明文规定："对于价值超过十万元人民币、利用率低的仪器、计量设备，由公司统筹安排采购并由生产部专人负责管理，公司所属各风电场可借用。"充分说明了业主拥有多个风电场时，此种方式能节省昂贵的维护设备投资。

1. 这种管理模式的优点

（1）设立专业的技术维护管理人员，利用原有的维护资源，只需要 1～2 名现场管理人员进行现场管理。

（2）运营交给专业的企业，保证了风电场的盈利目标，运营亏损风险小，节约了人力成本。

2. 这种管理模式的缺点

（1）如果是独立的规模小而单一的风电场，需要吊车、试验车、试验仪器等配套设施，加大了投入力度。

（2）单位千瓦的维护成本相对较高，资源消耗较大。

（3）维护工作无法实现真正的独立，对外委单位的依赖性非常强。

（4）不利于掌握盈利性运行经验，积累运营经验困难。

（5）无法彻底准确地统计生产指标精确性以及分析生产指标的深度。

（6）外委单位需要一段时间来理解与适应业主要求的管理方法、工作思路，在具体工作中有可能达不到预期的目标效果。

2.3.4.5 运行、维护全部外委的管理模式

本管理模式适合于风电投资公司，投资方仅作投资，风电场建成后运行、维护工作全部面向市场招标，委托给专业的运行公司、维护公司进行管理。

电力企业运维外包是指电力企业将其运行与维护，即发电机组的生产管理、机组运行、设备检修维护、技改等工作以契约的形式在一定条件和期限内交由专业的运维公司来承包，运维公司按照合同提供相应的客户化专业服务，其目的在于降低发电成本，提高机组发电能力，使商业利润最大化。

例如，某集团新能源公司作为以风力发电为主，积极推进其他清洁能源的开发和利用，积极探索风电运行管理新模式，实施"风电场群集中控制，少人值守，无人值班"管理新模式。按照风电场人员的标准配置为：50MW 风电场配备 25 人，其中管理人员 3 人，外委运行人员 14 人，外委检修人员 5 人，场领导 3 人。真正做到少人值班、无人值守。

1. 这种管理模式的优点

（1）业主省心。

（2）维护方面，不需要吊车、试验车、试验仪器等维护设备及配套设施，减少了资金投入，节约后续支付，有利于控制风电场建设成本。对现场维护管理的要求不高，只需要 1～2 名管理人员照看现场即可。对业主所在企业的专业管理、技术人员要求都不高，不需要专业的维护管理人员、不需要做市场营销分析，不承担营运盈利风险，直接收取风电场稳定的收益。

2. 这种管理模式的缺点

(1) 业主对风电场收益偏低，大部分盈利资金分流给外委企业。

(2) 在维护上，单位千瓦的维护成本相对较高，资源消耗较大，且需要一次性投入较大数额，成本过高。在技术上，外委单位掌握着技术监督的核心工作，风电场业主对外委单位有着强烈的依赖性，无权独立自主掌控全局。在运营上，外委单位将业主要求和工作思路只作为参考，在具体工作中有可能偏向于外委营运企业的利益最大化。

2.4 管理模式评价

2.4.1 管理模式的选择

任何管理模式都离不开人力资源的支持，风电场业主采用什么样的管理模式应该和风电场的远景规划有关。大型、持续发展的风电场，应该培养属于业主本身的管理人员。而小型、短期的风电场则应启用专业的运维服务公司，代理业主建设也是一种可选择的管理模式。

1. 传统运行管理模式

业主培养一支自己的运行维护队伍。其优点是经济效益好，可利用率可控，便于培养人才。管理操作简单，但若要管理好，还是具有一定难度。但是风电场运营成本高，需要考虑员工的衣食住行等基础设施，人员倒班制导致支出费用庞大。企业若想培养合格懂技术的人员，从无到有、从不会到会，培养周期长、成本高，而风电场的地理位置、工作方式等特点，又使得留住员工的困难增大，还会出现培养出来的技术人员辞工现象。要建立一支健全的并属于自己企业的管理队伍，可能会造成机构层次多、人员冗余、员工工作不饱满的现象。但建立自己的运行、维护队伍，积累一定的专业技术经验，便于生产指标深度总结和分析。

对业主而言，这种方式初期一次性投资较大，而且还必须拥有一定的人员技术储备和比较完善的运行维护前期培训，准备周期较长。因此，这种维护方式对一些新建的中小容量电场来说，不论在人员配备还是在工程投资方面都不一定适合。目前国内几家建场历史较长，风电机组装机容量较大的电场多采用此种运行方式。

2. 专业服务公司代理管理模式

专业服务公司可以提供专业化的服务，能保证风电项目收益确定。他们有着完善的工作流程和标准的工作方式，有很强的技术支持和备件渠道。但是，他们无法给风电业主培养人才。

3. 代建制管理模式

一些政府控制的民生项目或小型风电项目，可采用代建制管理模式。代建制管理模式就是项目业主将项目从策划、选择、评估、决策、设计、施工等开始，直到竣工验收、投入生产和交付使用等整个建设过程的管理全责委托给代建单位。一般来说，代建单位具有丰富的成功本业建设管理经验，甚至还有相同或类似的项目建成或运行经验。

4. 值得推荐的管理模式及评价

（1）建营分离管理模式。建设、运营分离管理模式是一种区域管理的探索和尝试，其目的是实现人力资源专业化管理和人员的集中管理、灵活调配，推进规范化管理平台建设，加快人员的调动和备件的流通，从而最大程度地降低人员和备件管理成本，为风电公司提供专业化、标准化、规范化的服务。某风力发电有限公司采取了建设与运营分离的管理模式，较好地推动了风电项目开发建设和风电场运营管理向专业化、市场化方向的发展。

（2）维护自理、营运外委的管理模式。在风电发展形势一片大好的今天，业主投资风电场是一种选择。设备厂家和风电场业主之间因为采购、买卖而存在着千丝万缕的联系，同时也无法做到不相往来。业主自己成立维护队伍、培训专业人才有着得天独厚的有利条件，可以降低维护成本，储蓄人力资源，对企业的未来有着深远的影响和意义。运营交给专业的队伍，有利于达到投资目标，实现收益稳定。

（3）维护、运营全外委管理模式。投资的目的是收益。建设、运营成功分离，是启用新的管理模式的第一步。如果风电场业主除了雄厚的财力之外，既没有维护技术人员，又没有营运专业队伍。那么，最佳的收益保障方式就是实现全外委。维护外委可以降低维护成本，运营外委可以保证盈利稳定。此种方式既省去精神压力，又规避市场风险。唯一不足的就是无法实现收益最优化。对营销经验不足、初入风电场的财团来说，实行维护、运营全外委是最好的选择。

总之，风电场的建管模式虽然很多，但在建管模式的选用上一定要符合自己的实际情况，具体采用哪种建管电模式要根据风电场规模、变电所及风电场岗位定员、外委队伍素质、当地工资收入水平、风电场人员管理水平和专业技术水平等条件综合考虑。决不可一味照搬，教条主义的僵化建管模式是无法实现企业理想收益的。

对于集中开发且装机规模较大的风厂，实行运维分开的建管模式；对于风电场规模一般且位置偏远的风电场采用运维合一的建管模式；对于位置比较偏远同时装机规模较小，则采用整体外委经营的建管模式。

2.4.2 我国现行风电场建设管理中的问题

近年来我国风电发展十分迅速，规模不断扩大，但风电场运行管理中潜在的问题也不断出现，主要表现在四个方面。

1. 电网建设和风电场建设不协调

我国风电开发起步较晚，在小型风电场模式下，形成了比较综合的小团体运行管理模式，对小容量风电场的安全高效运行起到了积极的作用。大规模风电并网对电能质量和电力系统安全运行的影响正在显现，如已投运风电机组对电网故障和扰动的过渡能力不强；多数风电机组还不具备有功、无功调节性能和低电压穿越能力；没有配套完成风电场功率预测预报系统等。电网建设和风电场建设不协调，造成部分风电场不能及时并网或并网后出力受限。

2. 管理制度和模式不规范

我国风电大规模投运的时间很短，风电运行管理主要参照火力发电运行的经验，技术标准及规范不健全，目前风电场运行、检修、安全规程多是 2001 年前制定的，其内容不能完全满足风电开发的需要，尚未形成适合风电场特点的管理模式，安全生产管理制度也不够完善。一些风电场的管理方式是遇事之后再想对策。风电厂维护检修安全措施不规范。

3. 风电各专业技术人才缺乏

时值风电建设规模快速增长，风电行业跨越式发展的进程中，风电行业专业人才数量供不应求，风电各专业人才稀缺。风电项目自身的特点决定了项目处在远离城市、自然环境恶劣、生活条件艰苦的地区。同时风电场维护工作艰辛，加大了风电场留人的困难，高学历专业人才千金难求。即使是基于眼前就业压力而进入风电场的人才，也仅把风电场作为过渡，一旦有了较好的发展机遇或其他符合自身追求的目标就会离去。我国很多风电场的项目企业，还延续着过去的简单运行管理体制，导致风电场缺乏有经验的运行和检修技术人员。

4. 安全事故时有发生

我国每年都有风电场事故发生，经济损失严重。

例如 2008 年 4 月 30 日上午约 9 时，吉林某风电场二期工程，一台风机运行中整体倒塌。报损金额达 650 万元。

2011 年 4 月 17 日，河北张家口某风电场 8 号风机箱式变压器 35kV 送出架空线 B 相引线松脱，与 35kV 主干架空线路 C 相搭接，B、C 相间短路，造成 629 台发电机组脱网，损失风电出力 854MW，华北电网主网频率由事故前的 50.05Hz 降至最低 49.95Hz。

2012 年 2 月 2 日，内蒙古通辽市某风电机组发生着火事故，造成一人死亡，一人失踪。所以，加强风电场运行维护期间的安全管理是非常必要的。

第3章 风电场建设勘察和设计管理

3.1 概 述

3.1.1 勘察设计在工程建设中的地位和作用

项目勘察设计是对工程资源条件、环境状况、技术水平、经济效益等进行综合分析、论证形成工程设计文件的活动。项目勘察设计在工程建设费用中的比重仅占工程总投资的 3%～5%，然而却在工程建设中起着决定性的作用，是项目建设的关键环节、工程建设的龙头。它的地位是由它在工程建设中的作用所决定的。

项目勘察设计的具体作用如下：

（1）勘察设计为项目开发提供决策主要依据。在风电项目前期设计中要进行区域风电场规划、编写风能资源评估报告、完成预可行性研究报告、初步分析风能资源情况、提出初步技术方案、初步分析项目建设条件和制约因素、初步进行投资估算、初步论证项目技术经济可行性等。项目建设单位以这些设计文件为基础，按照内部决策程序决定项目是否立项。如果确定立项，项目建设单位以预可行性研究报告为基础向当地能源主管部门提交《项目开发申请报告》，在项目申请得到省级能源主管部门批准后，项目进入可行性研究阶段，进一步论证项目技术经济和建设条件的可行性，为项目最终投资开发决策提供依据。

（2）勘察设计为项目开工准备提供重要依据。项目开工前设计单位应进行招标设计，工程建设单位依据相关设计文件办理项目征用地、环境保护和水土保持监督、工程建设质量监督、工程建设安全与工业卫生监督等合规手续；落实电力系统接入方案和接入系统建设计划；进行关键设备如风电机组供货商及主体工程施工承包商招标等开工前的准备工作。

（3）勘察设计为项目融资提供重要依据。项目建设单位依据审定的项目投资概算和工程进度计划向银行提出贷款申请，项目可行性研究报告等设计文件也是银行放贷的重要决策依据。

（4）勘察设计为项目采购提供主要依据。设计单位提出的项目采购分标方案、招标文件技术规范、招标工程量清单等技术文件是项目采购的重要依据。

（5）勘察设计为工程施工提供主要依据。设计单位提出的风电场总体布置图、土建施工图、设备安装图等施工图是施工单位的施工依据，施工单位依据施工图制订施工方案和施工保障措施并按图施工。

（6）勘察设计为运行维护提供重要依据。设计文件是制定风电场运行规程、设备操作和维护规程的重要依据。

（7）勘察设计是项目能否达到预期投资效益的重要保证。风电场实际发电量是否达到了微观选址阶段的预期、施工图设计阶段工程量是否得到有效控制、设计方案是否能保证安全运行都是项目能否达到预期投资效益的重要保证。

（8）勘察设计是工程运行安全的重要保证。风电场微观选址阶段对风电机组运行的风力特性安全性复核是否全面、风电机组基础的地质勘探结果是否可靠、升压站电气设备的选择和配置是否合理、集电线路设计安全因素是否充分等都是风电场投产后能否安全运行的重要因素。

3.1.2　风电场项目勘察设计阶段的划分

按照《风电场工程勘察设计收费标准》（NB/T 31007—2011）的规定，将风电场勘察设计划分为项目规划、预可行性研究、可行性研究、招标设计和施工图设计 5 个阶段。一般而言，项目规划、预可行性研究、可行性研究阶段属于工程前期的勘察设计工作；招标设计和施工图设计（包括初步设计）属于项目建设阶段的勘察设计工作。无论如何划分，项目勘察设计活动始终贯穿工程前期、工程施工、工程验收及评价等工程建设全过程。

3.1.3　勘察设计管理目的

项目建设单位对勘察设计的管理是指通过招标方式确定勘察设计单位，根据勘察设计合同界定的工作范围和工作内容，对项目勘察设计各个阶段进行的管理。勘察设计的管理与勘察设计活动一样贯穿工程建设全过程。勘察设计管理的目的是为设计单位提供必要的设计条件，促使设计单位及时提供设计文件，确保工程建设顺利进行。

3.1.4　勘察设计管理的主要内容

不同勘察设计阶段，勘察设计管理的内容是不相同的，总结归纳如下：

（1）选定勘察设计单位。风电项目前期勘察设计工作一般通过询价议标的方式选定；施工阶段的勘察设计工作必须通过公开招标的方式确定。

（2）为设计单位提供必要的资料。如风电场测风资料，政府能源主管部门允许开展前期工作的批复文件，风电场所在地区社会经济概况及发展规划、土地利用规划和电力系统现状及发展规划都是风电项目前期需由项目建设单位提供的重要设计输入资料。

（3）组织设计单位之间及与其他单位之间配合协调。如风电场设计单位与电力接入设计单位之间的协调，设计单位与设备生产厂家的协调，这些配合协调工作地顺利进行是设计文件质量、设计文件提交进度的重要保证。

（4）主持研究和确认重大设计方案。重大设计方案必须由建设单位确认，并进行专题研究，建设单位可委托承担工程设计的设计单位完成，也可委托给其他研究机构，建设单位负责组织评审并最终确认。

（5）组织上报设计文件。有关部门需要审查的设计文件一般由建设单位上报，设计单位予以配合。

（6）跟踪设计进度。建设期间建设单位应有专人负责设计管理，与设计单位保持联系，掌握设计进展，解决设计工程中需要建设单位出面解决的问题，确保设计文件按计划提供。

（7）组织设计交底和施工图会审。建设单位可自己组织设计交底和施工图会审，也可以委托工程监理单位组织完成，但建设单位应该参加并确认设计交底和施工图会审的各项议题。

（8）负责勘察文件的接收、分发、保管和归档工作。

（9）为勘察设计人员现场服务提供必要的工作和生活条件。

（10）向勘察设计单位支付和结算费用。

3.2　勘察设计单位的选择

3.2.1　勘察设计资质的分类

3.2.1.1　工程勘察资质分类和分级

工程勘察资质分为工程勘察综合资质、工程勘察专业资质、工程勘察劳务资质。工程勘察综合资质只设甲级；工程勘察专业资质设甲级、乙级，根据工程性质和技术特点，部分专业可设丙级；工程勘察劳务资质不分等级。取得工程勘察综合资质的企业，可以承接各专业（海洋工程勘察除外）、各等级工程勘察业务；取得工程勘察专业资质的企业，可以承接相应等级相应专业的工程勘察业务；取得工程勘察劳务资质的企业，可以承接岩土工程治理、工程钻探、凿井等工程勘察劳务业务。

由于海洋工程勘察的特殊性，国家为海洋工程勘察制定了《海洋工程勘察资质分级标准》（建设〔2001〕第217号），从事海洋工程勘察必须获得海洋工程勘察的相关资质。海洋工程勘察资质设甲、乙两个等级，在海洋工程测量、海洋岩土勘察和海洋工程环境调查三个分专业同时满足甲级或乙级资质等级要求时，相应定为海洋工程勘察甲级或乙级资质；其中某一分专业满足甲级或乙级资质等级要求时，定为相应专业的甲级或乙级资质。从事海上风电勘察的单位要求获得海洋工程勘察甲级资质。

3.2.1.2　工程设计资质分类和分级

工程设计资质分为工程设计综合资质、工程设计行业资质、工程设计专业资质和工程设计专项资质。工程设计综合资质只设甲级，工程设计行业资质、工程设计专业资质、工程设计专项资质设甲级、乙级。根据工程性质和技术特点，个别行业、专业、专项资质可设丙级，建筑工程专业资质可设丁级。

取得工程设计综合资质的企业，可以承接各行业、各等级的建设工程设计业务；取得工程设计行业资质的企业，可以承接相应行业相应等级的工程设计业务及本行业范围内同级别的相应专业、专项（设计施工一体化资质除外）工程设计业务；取得工程设计专业资质的企业，可以承接本专业相应等级的专业工程设计业务及同级别的相应专项工程设计业务（设计施工一体化资质除外）；取得工程设计专项资质的企业，可以承接本专项相应等级的专项工程设计业务。

电力行业专业设计资质包括火力发电（包括核电）、水力发电、新能源（包括风电、太阳能）及送电工程和变电工程。其中火力发电、水力发电、新能源分甲级和乙级两个等级，送电工程和变电工程专业还设有丙级。

3.2.1.3　与风电项目相关的单项资质

1. 建设项目环境影响评价资质

2005 年国家环境保护总局颁布了《建设项目环境影响评价资质管理办法》（国家环境保护总局令第 26 号），2015 年由环境保护部进行了修订并重新颁布（环境保护部令第 36 号），规定凡接受委托为建设项目环境影响评价提供技术服务的机构应当申请建设项目环境影响评价资质，经国家环境保护总局审查合格，取得建设项目环境影响评价资质证书后，方可在资质证书规定的资质等级和评价范围内从事环境影响评价技术服务。同时规定环评机构应当为依法经登记的企业法人或者核工业、航空和航天行业的事业单位法人，不得申请本资质的机构如下：

由负责审批或者核准环境影响报告书（表）的主管部门设立的事业单位出资的企业法人。

由负责审批或者核准环境影响报告书（表）的主管部门作为业务主管单位或者挂靠单位的社会组织出资的企业法人。

受负责审批或者核准环境影响报告书（表）的主管部门委托，开展环境影响报告书（表）技术评估的企业法人。

前三项中的企业法人出资的企业法人。

这实际上明确了非核工业、航空和航天行业的事业单位和环保系统所属机构不得申请资质，可有效防止"红顶中介"及推动事业单位改制。

本资质等级分为甲级和乙级。评价范围包括环境影响报告书的十一个类别和环境影响报告表的二个类别（具体类别见附件），其中环境影响报告书类别分设甲、乙两个等级。

本资质等级为甲级的环评机构（以下简称甲级机构），其评价范围应当至少包含一个环境影响报告书甲级类别。

本资质等级为乙级的环评机构（以下简称乙级机构），其评价范围只包含环境影响报告书乙级类别和环境影响报告表类别。

2. 水土保持方案编制资质

2008 年中国水土保持协会编制并颁布了《生产建设项目水土保持方案编制资质管理办法》[2008 中水会字第 024 号，2013 年进行了修订（中水会字〔2013〕第 008 号文）]，规定从事方案编制的单位应是中国水土保持学会团体会员单位，取得《生产建设项目水土保持方案编制资格证书》，并在资格证书等级规定的范围内从事方案编制工作。

资格证书分为甲、乙、丙三个等级。取得甲级资格证书的单位，可以承担各级人民政府水行政主管部门审批方案的编制工作。取得乙级资格证书的单位，可以承担所在省（自治区、直辖市）省级以下（含省级）人民政府水行政主管部门审批方案的编制工作。取得丙级资格证书的单位，可以承担所在省（自治区、直辖市）市级以下（含市级）人民政府水行政主管部门审批方案的编制工作。

3. 地质灾害性评估资质

2005 年我国国土资源部颁布了《地质灾害危险性评估单位资质管理办法》（中华人民共和国国土资源部令第 29 号），2015 年进行了修订（2015 年国土资源部令第 62 号），规定地质灾害危险性评估单位资质分为甲、乙、丙三个等级。国土资源部负责甲级地质灾害危险性评估单位资质的审批和管理，省、自治区、直辖市国土资源部门负责乙级和丙级地质灾害危险性评估单位资质的审批和管理。取得甲级地质灾害危险性评估资质的单位，可以承担一、二、三级地质灾害危险性评估项目；取得乙级地质灾害危险性评估资质的单位，可以承担二、三级地质灾害危险性评估项目；取得丙级地质灾害危险性评估资质的单位，可以承担三级地质灾害危险性评估项目。

4．工程安全预评价资质

2009年国家安全生产监督管理总局颁布《安全评价机构管理规定》（国家安全生产监督管理总局第22号令），规定国家对安全评价机构实行资质许可制度。安全评价机构应当取得相应的安全评价资质证书，并在资质证书确定的业务范围内从事安全评价活动。

安全评价机构的资质分为甲、乙级两个等级。取得甲级资质的安全评价机构，可以根据确定的业务范围在全国范围内从事安全评价活动；取得乙级资质的安全评价机构，可以根据确定的业务范围在其所在的省（自治区、直辖市）内从事安全评价活动。下列建设项目或者企业的安全评价，必须由取得甲级资质的安全评价机构承担。

（1）国务院及其投资主管部门审批（核准、备案）的建设项目。

（2）跨省（自治区、直辖市）的建设项目。

（3）生产剧毒化学品的建设项目。

（4）生产剧毒化学品的企业和其他大型生产企业。

5．海域使用论证资质

2002年我国国家海洋局颁布了《海域使用论证资质管理规定》（2004年进行了修订），规定凡从事海域使用论证工作的单位，必须取得海域使用论证资质证书，方可在资质等级许可的范围内从事海域使用论证活动，并对论证结果承担相应的责任。

海域使用论证资质分为甲、乙、丙三个等级，各等级资质条件和承担业务范围由国家海洋局颁布的《海域使用论证资质分级标准》（国家发〔2008〕7号文件颁布，2011年修订）规定。甲级资质单位可承担国务院和地方各级人民政府审批项目用海的海域使用论证工作；乙级资质单位可承担省级以下（包括省级）人民政府审批项目用海的海域使用论证工作；丙级资质单位可承担县级人民政府审批、不改变海域自然属性的项目用海的海域使用论证工作。

6．测绘资质

2014年我国国家测绘地理信息局颁布了《测绘资质管理规定》[国测管发（2014）31号]修订版，规定凡从事测绘活动的单位，必须取得测绘资质证书，并在其资质等级许可的范围内从事测绘活动。

测绘资质分为甲、乙、丙、丁四个等级。测绘资质的专业范围划分为：大地测量、测绘航空摄影、摄影测量与遥感、地理信息系统工程、工程测量、不动产测绘、海洋测绘、地图编制、导航电子地图制作、互联网地图服务。

测绘资质各专业范围的等级划分及其考核条件由《测绘资质分级标准》规定。

国家测绘地理信息局是甲级测绘资质审批机关，负责审查甲级测绘资质申请并作出行政许可决定。

省级测绘地理信息行政主管部门是乙、丙、丁级测绘资质审批机关，负责受理、审查乙、丙、丁级测绘资质申请并作出行政许可决定；负责受理甲级测绘资质申请并提出初步审查意见。

省级测绘地理信息行政主管部门可以委托有条件的设区的市级测绘地理信息行政主管部门受理本行政区域内乙、丙、丁级测绘资质申请并提出初步审查意见；可以委托有条件的县级测绘地理信息行政主管部门受理本行政区域内丁级测绘资质申请并提出初步审查意见。

7. 海洋工程勘察资质

海洋工程勘察资质设甲、乙两个等级，在海洋工程测量、海洋岩土勘察和海洋工程环境调查三个分专业同时满足甲级或乙级资质等级要求时，相应定为海洋工程勘察甲级或乙级资质；其中某一分专业满足甲级或乙级资质等级要求时，定为相应专业的甲级或乙级资质。

甲级海洋工程勘察单位承担海洋工程勘察的业务范围和地区不受限制；甲级分专业海洋工程勘察单位承担本分专业海洋工程勘察的业务范围和地区不受限制。乙级海洋工程勘察单位可承担中、小型海洋工程，勘察业务范围和地区不受限制；乙级分专业海洋工程勘察单位承担本分专业中、小型海洋工程勘察的业务，范围和地区不受限制。

8. 通航安全评估资质

根据《中华人民共和国海事局通航安全评估管理办法》（海通航〔2007〕629 号），对通航安全评价单位实行备案制，直属海事管理机构和省级地方海事管理机构每年年底对备案的通航安全评估报告编制单位进行综合评价、更新、确认，并报中华人民共和国海事局备案。

3.2.2　风电场项目勘察设计的资质要求

3.2.2.1　规划单位的资质要求

《风电开发建设管理暂行办法》规定国务院能源主管部门负责全国风电场工程建设规划（含百万千瓦级、千万千瓦级风电垂地规划）的编制和实施工作，在进行风能资源评价、风电市场消纳、土地及海域使用、环境保护等建设条件论证的基础上，确定全国风电建设规模和区域布局。规划报告编制虽然没有做具体规定，由于规模巨大、协调面广、综合要求高，一般由国家风电建设技术归口管理单位承担。

省级政府能源主管部门根据全国风电场工程建设规划要求，在落实项目风能资源、项目场址和电网接入等条件的基础上，综合项目建设的经济效益和社会效益，按照有关技术规范要求组织编制本地区的风电场工程建设规划与年度开发计划。省级风电规划报告编制单位一般由具有国家综合甲级或电力行业甲级资质的设计单位承担。

3.2.2.2　可行性研究阶段设计单位资质要求

可行性（含预可行性）研究报告编制单位最低要求具有电力行业甲级资质或风力发电专业甲级资质。

可行性研究阶段的一些专题报告编制也要求由具备相应资质的单位承担。

（1）环境影响评价报告。由省级能源主管部门核准的风电项目（装机容量 50MW 以下的陆上风电项目）环境影响评价报告编制机构要求具有建设项目环境影响评价乙级以上资质，由国家能源主管部门核准的风电项目（装机容量50MW及以上陆上风电项目）环境影响评价报告编制机构要求具有建设项目环境影响评价甲级以上资质。海上风电项目环境影响评价报告编制机构要求除环境影响评价甲级以上资质外，同时还应具备相应海洋环境调查甲级资质。

（2）水土保持方案报告。编制单位应有生产建设项目水土保持方案编制资格证书乙级以上资质。

（3）地质灾害危险性评估报告。按《地质灾害危险性评估单位资质管理办法》的规定，编制单位的资质要求取决于项目区域地质灾害级别，而不同区域的风电场地质灾害危险性级别存在很大差异，目前相关风电标准没有统一规定，综合国家部委有关电力工程建设项目规模标准、高耸建筑物建设项目规模标准、风电场工程等级划分及设计安全标准，对不同风电场装机容量、不同升压站电压等级风电场地质灾害危险性评估级别的确定进行了探讨，得出了有一定参考意义的结论，见表3-1。

表3-1　不同风电场工程地质灾害评估级别

风电场等级标准		电力工程标准		高耸建筑物标准	综合判别建筑物重要性	地质环境与评估级别		
						复杂	中等	一般
风电场装机容量/MW	≥300	大（1）型	≥250	大型	中型	重要	一级	一级	一级
	100~300	大（2）型	300~250	大型	中型	重要	一级	一级	一级
			250~100	中型	中型	较重要	一级	二级	三级
	50~100	中型	100~50	中型	中型	较重要	一级	二级	三级
	<50	小型	50~25	中型	中型	较重要	一级	二级	三级
			≤25	中型	中型	较重要	一级	二级	三级
升压站电压等级/kV	500/330	大（1）型	≥330	大型	—	重要	一级	一级	一级
	220	大（2）型	220	大型	—	较重要	一级	二级	三级
	35~110	中型	≤110	小型	—	一般	二级	三级	三级
	35	小型	≤110	小型	—	一般	二级	三级	三级

大（1）型和大（2）型风电场及山区风电场工程建议委托具有甲级评估资质的机构承担评估报告编制，其他规模的风电场可委托具有乙级以上评估资质的机构承担。

（4）安全预评价报告。由省级能源主管部门核准的风电场项目可委托具有乙级评价资质的机构承担，装机容量50MW及以上陆地风电项目和海上风电场项目应委托具有甲级评价资质的机构承担。

（5）海域使用论证报告。应由具备海域使用论证资质为甲级的机构承担。

（6）通航安全评估。建设单位应从海事管理机构备案的通航安全评估报告编制单位库中选取评估报告编制单位。设计单位不得对自行设计的项目进行通航安全评估。

3.2.2.3　建设阶段勘测设计资质要求

国家能源局颁布的《风电开发建设管理暂行办法》（国能新能〔2011〕285号）和《海上风电开发建设管理暂行办法》（国能新能〔2011〕29号）对风电场建设阶段勘测设

计单位资质没有明确规定的，参照电力行业其他标准和国内风电场勘测设计招标实际操作，风电场勘测设计资质分类最低要求见表3-2。

（1）大（1）型和大（2）型陆上风电场工程勘察资质一般要求为工程勘察综合甲级，海上风电场工程要求海洋工程勘察甲级资质。大（1）型和大（2）型风电场工程设计资质一般要求设计综合甲级或电力行业专业甲级（水电、火电）。

（2）中型陆上风电场工程勘察资质要求一般为工程勘察综合甲级，海上风电场工程要求海洋工程勘察甲级资质。中型陆上风电场工程如果升压站电压等级为220kV及以上，其设计资质要求为综合甲级或电力行业专业甲级（水电、火电）；如果升压站电压等级为110kV，其设计资质最低要求为风力发电专项甲级及电力行业专业乙级。

（3）小型风电场工程勘察资质要求一般为工程勘察综合甲级或工程地质专业甲级，海上风电场工程最低要求为海洋工程勘察乙级资质。小型风电场工程设计资质最低要求为风力发电专项甲级及电力行业专业乙级。

表3-2　风电勘测设计资质分类及最低要求

风电场等级标准		勘察资质最低要求		设计资质最低要求
		陆上	海上	
风电场装机容量/MW	≥300　大（1）型	工程勘察综合甲级资质	海洋工程勘察甲级资质	设计综合甲级或电力行业专业甲级资质
	100～300　大（2）型			
	中型 50～100	工程勘察综合甲级资质	海洋工程勘察甲级资质	设计综合甲级或电力行业专业甲级资质①
				风力发电专项甲级及电力行业专业乙级资质②
	小型（容量＜50）	工程地质专业甲级资质	海洋工程勘察乙级资质	风力发电专项甲级及电力行业专业乙级资质

① 升压站等级为220kV时的设计资质最低要求。

② 升压站等级为110kV时的设计资质最低要求。

3.2.3　风电场项目勘测设计分标方案及招标方式

3.2.3.1　前期勘察设计分标方案及招标方式

陆上风电场项目预可行性研究阶段及可行性研究阶段的勘察设计一般作为一个设计标段，由于标的较小、一般合同金额在50万元以下，按招投标法可采用邀请招标的方式确定设计单位，有时由于设计单位掌握了风资源数据并已进行风能资源评价，为加快报告编制进度，也可采用询价直接委托的方式。陆地风电可行性研究阶段一些专题报告编制，如水土保持专题报告、环境影响评价报告、地质灾害评估报告、安全预评价报告等的标的较小，但涉及部门较多，报告编制单位需要取得相应的专项资质，并要求通过政府有关部门或专业机构的审查，取得认可的审查批复意见。一般将专题报告单项通过询价直接委托具备相应专项资质的设计单位或咨询公司完成。也有少数项目将所有前期勘察设计工作包括专题报告编制打包委托一家设计单位完成，这样可以减少建设单位的联系和协调工作量，但对于设计进度特别是专题报告的评审进度建设单位难以控制，而且有些协调工作仍然离不开项目建设单位，可能并不能省时省力，这大概也是打包委托模式并不多见的原因。

海上风电预可行性和可行性研究阶段的勘测设计做一个设计标段，由于标的额较大，一般采用公开招标方式，如果由于技术复杂、只有少量潜在投标人可供选择也可采用邀请招标方式。

海上风电专题报告编制如海洋环境影响评价报告、海域使用论证报告、通航安全评估报告等，由于技术复杂、报告编制单位需要取得相应的专项资质并要求通过政府有关部门或专业机构的审查、海洋环境数据掌握在少数单位手中，同时标的也不小，一般分单项专题采用邀请招标方式确定报告编制单位，条件成熟应采用公开招标方式。

由于电力系统管理的特殊性，同时涉及电网参数和功能配套要求，接入电力系统专题报告一般不进行招标，而是直接通过询价直接委托。

3.2.3.2　建设阶段勘察设计分标方案及招标方式

陆上风电场项目建设阶段勘察设计一般做一个标段，由于合同金额一般超过 100 万元，按照《中华人民共和国招投标法》及其实施条例的规定，必须采用公开招标确定勘察设计单位。也有少数项目为了加快勘察进度，将地形图测量或工程地质勘探另行委托，其缺点是一旦设计方案有变动，很可能造成工作重复，甚至对设计进度造成影响，欲速而不达。

海上风电场项目根据其工程勘察资质要求，可分为工程勘察标和工程设计标，分别进行公开招标确定承担单位；也可将勘察设计作为一个标段进行公开招标，为增加招标的竞争性，最好允许工程勘察分包给具备相应海洋勘察资质的单位。

如果工程设计中需要做专题研究，由于技术复杂，可能涉及专利技术，可选择的范围不大，一般采用询价直接委托的方式。专题研究一般与勘察设计密切相关，甚至是设计依据，为减少协调工作量，建议采用将专题研究包含在勘察设计合同中，由勘察设计单位根据需要外委，建设单位参加中间讨论、课题验收的方式。

3.2.4　勘察设计招标

3.2.4.1　工程建设项目进行勘察设计招标的条件

2003 年中华人民共和国国家发展和改革委员会、中华人民共和国建设部、中华人民共和国铁道部、中华人民共和国交通部、中华人民共和国信息产业部、中华人民共和国水利部、中国民用航空总局、国家广播电影电视总局颁布了《工程建设项目勘察设计招标投标办法》（九部委第 2 号令），2013 年中华人民共和国国家发展和改革委员会、中华人民共和国工业和信息化部、中华人民共和国财政部、中华人民共和国住房和城乡建设部、中华人民共和国交通运输部、中华人民共和国铁道部、中华人民共和国水利部、国家广播电影电视总局、中国民用航空局以第 23 号进行了修改。《工程建设项目勘察设计招标投标办法》规定，依法必须进行勘察设计招标的工程建设项目，在招标时应具备下列条件：①招标人已经依法成立；②按照国家有关规定需要履行项目审批、核准或者备案手续的，已经审批、核准或者备案；③勘察设计有相应资金或者资金来源已经落实；④所必需的勘察设计基础资料已经收集完成；⑤法律法规规定的其他条件。

风电项目如果列入了国家能源局年度开发项目，即可视为取得批准。

3.2.4.2　招标代理

我国招投标法律法规规定招标人具有编制招标文件和组织评标能力的，即招标人具有与招标项目规模和复杂程度相适应的技术、经济等方面的专业人员，可以自行办理招标事宜，同时应当向有关行政监督部门备案。招标人也可委托招标代理机构办理招标事宜，此时，招标人应当与被委托的招标代理机构签订书面委托合同，招标代理机构在其资格许可和招标人委托的范围内开展招标代理业务。

风电场工程勘察设计招标大多由招标代理机构办理招标事宜，招标代理服务费由中标人支付，收费标准按国家收费标准（计价格〔2002〕1980 号文件）的规定，采用差额定率累进计费方式，上下浮动幅度不超过 20％，具体收费额由招标代理机构和招标委托人在规定的收费标准和浮动幅度内协商确定。

3.2.4.3　设计招标程序

（1）招标准备工作。确定招标方式、选择招标代理、编制招标文件。

（2）资格审查。资格审查分资格预审和资格后审，资格预审是指在投标前对潜在的投标人的资质条件、业绩、信誉、技术、资金等多方面情况进行的资格审查，而资格后审是指在开标后对投标人进行的资格审查。

资格预审的程序：发布资格预审公告→发出资格预审文件→对潜在投标人资格的审查和评定→发出资格预审合格通知书。

（3）发布招标公告及报名、出售招标文件、现场查勘、招标文件答疑与补充修改通知。招标人应在国家有关部门认可的媒体上发布招标公告，报名及出售招标文件时间最短不得少于 5 个工作日；招标文件答疑与补充修改通知截止日期一般规定不得晚于开标前 15 天；现场查勘不是必须要求的，可根据项目特点及潜在投标人对工程熟知程度决定是否需要组织查勘，不排除投标人根据需要自行决定是否进行查勘，此时，如有投标人到现场，招标人一般予以配合。

（4）接受投标文件与开标。招标人不接受投标截止时间后递交的投标文件，招标人确定投标截止时间时要充分考虑投标人完成投标文件的时间，规定不得少于 20 天。开标应当在招标文件确定的提交投标文件截止时间的同一时间公开进行；除不可抗力原因外，招标人不得以任何理由拖延开标，或者拒绝开标。

（5）评标与授标。评标工作由评标委员会负责。评标委员会的组成方式及要求，按照《中华人民共和国招标投标法》及《评标委员会和评标方法暂行规定》的有关规定执行。评标委员会推荐的中标候选人应当限定在 1～3 人，并标明排列顺序。招标人应在接到评标委员会的书面评标报告后 15 日内，根据评标委员会的推荐结果确定中标人，一般应当确定排名第一的中标候选人为中标人，如果排名第一的中标人放弃中标、因不可抗拒力不能履行合同，或者未按招标文件规定及时提交履约保证金，或者被查实存在影响中标结果的违法行为等情形，不符合中标条件的，招标人可以按照评标委员会提出的排名顺序确定其他中标候选单位为中标人。依次确定其他中标候选人与招标预期差距较大，或者对招标人明显不利，招标人可以重新招标。

（6）合同谈判与签订。招标人和中标人应及时进行合同谈判，自中标通知书发出之日起 30 日内，按照招标文件和中标人的投标文件订立书面合同，招标人和中标人不得再行订立背离合同实质性内容的其他协议。

3.2.4.4 招标文件主要内容

招标人应当根据招标项目的特点和需要编制招标文件。勘察设计招标文件一般包括以下内容：

（1）投标须知。

（2）投标文件格式及主要合同条款。

（3）项目说明书，包括资金来源情况。

（4）勘察设计范围，对勘察设计进度、阶段和深度要求。

（5）勘察设计基础资料。

（6）勘察设计费用支付方式，对未中标人是否给予补偿及补偿标准。

（7）投标报价要求。

（8）对投标人资格审查的标准。

（9）评标标准和方法。

（10）投标有效期。指招标文件中规定的投标文件有效期，从提交投标文件截止日起计算。以某典型的风电场项目勘察设计招标为例，其文件目录和招标文件附前表实例分别见表 3-3 和表 3-4。

表 3-3 典型的风电场项目勘察设计招标文件目录

章节编号	章节名称	章节编号	章节名称
第 1 章	招标公告	第 4 章	勘察设计合同协议及合同条款
第 2 章	投标须知	第 5 章	投标文件格式
	附前表	5.1	投标函（格式）
2.1	总则	5.2	投标要素表（格式）
2.2	招标文件	5.3	授权委托书（格式）
2.3	投标文件	5.4	商务部分（格式）
2.4	投标	5.5	技术部分
2.5	开标	第 6 章	设计条件及技术要求
2.6	评标	6.1	项目概述
2.7	合同授予	6.2	勘察设计文件技术要求
2.8	重新招标与招标中止	6.3	引用的标准及规范
2.9	纪律与监督	6.4	招标提供的技术文件及资料
第 3 章	评标办法		

表 3 - 4　某风电场项目勘察设计招标文件附前表实例

序号	项目	内　　容
1	工程 综合说明	1. 工程名称：×××风电场二期工程。 2. 建设地点：××。 3. 招标内容：×××工程勘察设计等有关服务。 　　风电场规模：××。 4. 承包方式：总价承包，不得分包、转包。 5. 质量标准：确保编制可研报告的深度满足国家审核需要，所设计项目达到国家有关施工规范的要求。 6. 计划服务期：12 个月，服务期延长或顺延合同价不作调整
2	资金来源	企业自筹资金
3	投标人资格	1. 法人资格：具有中华人民共和国境内注册的独立的企业法人资格。 2. 资质要求：同时具备电力行业工程设计甲级及以上资质和工程勘察甲级资质。 3. 工程业绩：50MW 以上风电场工程勘察设计业绩 3 项以上。 4. 诚信履约：具有良好的商业信誉，服务质量无不良记录，设计项目无重大安全和质量问题；近 3 年内在合同签订、合同履行过程中，未因不诚信履约在处罚期内。 5. 限制条件：最近三年内没有发生骗取中标、严重违约等不良行为；没有处于被责令停业，财产被接管、冻结，破产状态；单位负责人为同一个人或者存在控股和被控股关系的两个及两个以上单位，不得在同一招标项目中投标，否则均作废标处理。 6. 联合体投标：不接受联合体投标
4	投标有效期	90 天
5	投标保证金	1. 金额：壹拾万元。 2. 形式：银行电汇、银行汇票或银行保函，不接受现金。出票单位为投标人，不得由其他单位、组织或个人代为出票，否则，造成的后果和责任由投标人承担。 3. 要求：票据必须有效齐全，开标现场面交，不密封。 4. 联系人：××。 5. 退还办理：中标通知书发出后 10 日（约开标日后 1 个月）内办理投标保证金的退还（无息），若投标单位在开标日后 1 个月仍未收到退还的保证金，可电话联系。投标人若中标，需在合同签字前提供履约保证后退还其投标保证金（无息）
6	投标文件份数	正本 1 份，副本 6 份，电子版 1 份，开标要素表 1 份
7	现场考察与 标前答疑会	招标人不组织现场考察和标前答疑会，由各投标单位根据自己需要自行考察，所发生的费用及可能发生的风险和损失由投标人自行承担，若有疑问以书面形式提出。联系人及联系方式：××
8	投标文件 递交地点	具体地址另行通知
9	投标 截止时间	日期：××××年×月×日；　　时间：9：00（北京时间）
10	开标时间 与地点	时间：××××年×月×日　　　时间：9：00（北京时间） 地点：具体地址另行通知
11	评标方法	综合评定法
12	中标服务费	中标方应在收到中标通知书时，向招标代理机构支付中标服务费［按国家收费标准（计价格〔2002〕1980 号文件），上（下）浮×％
13	其他	投标人提交的用于招标的技术文件必须包括电子文本

3.2.5 勘察设计评标考虑的主要因素

选择一个合适的勘察设计单位对风电场工程能否达到预期建设效果和投资效益至关重要。每个项目都有自身的技术特点、社会自然环境，设计单位对项目的认识和理解、设计单位在项目所在地的社会关系对工程设计同样重要。勘察设计评标需要从技术和商务两个方面综合考虑。

（1）除了具备相应的勘察设计最低资质要求，应有与项目工程特性类似的勘察设计业绩。如山区、沿海、草原地区及戈壁滩的微观选址、地质条件、道路条件、气候条件、当地社会环境等都会有不同的特点，类似风电场的业绩越多，设计单位对这类风电场的特点认识就越充分，设计方案也越有针对性，对一些重大技术问题的处理也会有预见性。尽可能减少甚至避免因为设计原因给风电场安全运行和管理带来的隐患。

（2）设计单位对项目工程特性应有充分认识和理解后，提出关键技术路线、勘察大纲和设计大纲、主要设计方案。这样才会减少设计变更，可能提出最优的设计方案。

（3）除了有一个优秀的设计团队，一个有工程设计经验、协调能力强的设计总工程师至关重要。

（4）设计进度、质量、资源保障及服务。

（5）设计费报价。设计费报价评分一般采用有效投标人平均报价作为评标基准价，对高于基准价和低于基准价的投标报价均可以作为评标计分因素，勘察设计评标一般采用综合评标法给有效投标单位打分，以某典型风电场勘察设计评分标准为例，其打分标准见表 3-5。

表 3-5 典型风电场勘察设计评分标准实例

项　目		分值	评　分　标　准
技术部分（40分）	1. 是否充分体现了对招标文件所提出的项目情况、工作范围、工作内容的理解	10	1. 对项目情况、工作范围、工作内容的理解充分、完整，10～8分。 2. 对项目情况、工作范围、工作内容的理解比较充分，基本完整，7～4分。 3. 对项目情况、工作范围、工作内容的理解不够充分，有重大遗漏，3～0分
	2. 提出的方案设计与本项目要求的符合程度，对下阶段开展工作的指导程度	20	1. 方案设计与本项目要求相符合，对下一阶段工作具有很好的指导作用，20～12分。 2. 方案设计与本项目要求基本符合，对下一阶段工作具有一定的指导作用，11～5分。 3. 方案设计与本项目要求有重大出入，对下一阶段工作的指导作用不大，4～0分
	3. 方案设计的合理性及可行性	10	1. 方案设计合理，满足招标文件要求，符合实际，可行性强，10～8分。 2. 方案设计基本合理，基本满足招标文件要求，比较符合实际，可行性较强，7～4分。 3. 方案设计不合理，不满足招标文件要求，没有可行性，3～0分

续表

项　目		分值	评 分 标 准
商务 部分 (60分)	1. 业绩、信誉	10	
	1.1　业绩	6	1. 近 5 年承担过 1 项及以上风电工程全过程勘察设计、并承担过 2 项及以上 10 万 kW 以上风电项目前期工作并能够提供有效证明，6～4 分。 2. 近 5 年未承担风电工程全过程勘察设计、但承担过 1 项及以上 10 万 kW 以上风电项目前期工作并能够提供有效证明，4～1 分。 3. 无风电工程业绩，1～0 分
	1.2　信誉	4	1. 单位信誉好，近 5 年来获得 1 项及以上省、市级风电项目设计、咨询奖项并能够提供有效证明，4～3 分。 2. 单位信誉较好，无省、市级风电项目设计、咨询奖项，2～1 分。 3. 单位信誉一般，0 分
	2. 设计进度、质量、资源保障及服务	10	
	2.1　设计进度、质量保证	2	1. 设计进度满足招标文件要求、通过 ISO 9001 质量体系认证，质量保障措施合理、完善，2～1 分。 2. 设计进度基本满足招标文件要求、通过 ISO 9001 质量体系认证，质量保障措施较合理、完善，1～0 分
	2.2　资源保障	4	1. 组织保障措施完善、专业人员配备齐全、各专业人员均有风电项目设计经验，4～3 分。 2. 组织保障措施较完善、专业人员配备一般、各专业人员有一定的风电项目设计经验，3～1 分。 3. 组织保障措施一般、专业人员配备不齐全，1～0 分
	2.3　服务措施	4	1. 服务措施完善、设计代表制度健全、对设计工期及现场服务有承诺，4～3 分。 2. 服务措施较完善、设计代表制度健全、对设计工期及现场服务有承诺，3～1 分。 3. 服务措施差，1～0 分
	3. 设计费报价	30	以所有单位设计费报价的平均值为计分基准，各投标人的报价与其相比，每下浮五个百分点扣 0.5 分，上浮五个百分点扣 1 分，中间值按内插法计算，分值小数点后保留一位，第二位四舍五入
	4. 对商务合同条件的响应程度	10	1. 响应合同中规定的商务条件，基本无偏差，10～8 分。 2. 基本响应合同中规定的商务条件，在支付条款、设计和文件交付进度、现场服务和考核等重要商务条件上无重大偏差，7～4 分。 3. 与合同中规定的重要商务条件有重大偏差，3～0 分

3.3 风 电 场 勘 察

3.3.1 风电场勘察的内容

3.3.1.1 风电场地形图测量

风电场可研（预）阶段的地形图一般采用 1：10000 地形图，此类地形图可以从国家测绘部门购买。进入招标设计阶段需要进行风电场场址范围的地形图测量。在这个阶段，风电场陆上场址范围内地形图测量精度一般为 1：2000，地形较平缓时地形图测量精度可为 1：5000，比较复杂的山区地形图测量精度最好为 1：1000；升压站范围地形图测量精度为 1：500。

风电场海底地形测量宜符合《海洋工程地形测量规定》（GB 17501—1998）的要求。

架空集电线路测量按照《35kV～220kV 架空线路测量技术规程》（DL/T 5146—2001）执行。

3.3.1.2 风电场地质勘探

1. 规划阶段

规划阶段工程地质勘察的目的主要是了解规划区的区域地质和地震概况，了解规划区风电场的工程地质条件和主要工程地质问题，分析论证建设风电场的适宜性。

区域地质勘察主要包括收集区域地质和地震资料，确定各风电场的地震动参数；进行区域地质分区；了解区域地形地貌形态、类型，地层分布，地质构造单元、褶皱和断裂展布特征；了解区域大型泥石流、滑坡、喀斯特、移动沙丘等地质灾害现象的发育和分布情况。

风电场地质勘察主要包括了解各风电场的地形地貌特征；了解各风电场的岩土性质，特殊土层的分布等；了解各风电场区的地质构造发育类型、规模、性状，特别是区域断裂及第四纪断层；了解各风电场区的不良地质现象发育情况及环境地质现象；了解各风电场附近的天然建筑材料分布情况；海上风电场还应了解海水深度、海底地形形态、基本地层组成。

2. 预可行性研究阶段

预可行性研究阶段工程地质勘察的目的主要是对规划阶段确定的风电场进行初步工程地质勘察和工程地质初步评价，为选定风电场场址提供初步工程地质资料。

区域地质勘察主要包括进行区域地质资料收集和调查，初步进行区域地质和地震活动性研究，对场地的区域构造稳定性和地震安全性做出评价。

风电场地质勘察主要包括初步查明场址区的地形地貌形态、地层岩性结构特征、地质构造、水文地质；初步查明风电场的工程地质条件和主要工程地质问题，初步提出场址区岩土体的物理力学性质参数和地基承载力，并对风电场场址地基持力层、不均匀沉降、湿陷、地震液化、岩溶塌陷、边坡（海床）稳定性等主要工程地质问题做出初步评价；对风电机组基础型式和地基处理提出初步建议；进行天然建筑材料的普查。

3. 可行性研究阶段

可行性研究阶段工程地质勘察的目的主要是在预可行性研究阶段的基础上，查明风电场场址区、升压站、道路、集电线路的工程地质条件，进行工程地质评价，为风电机组、升压站、道路、集电线路提供工程地质资料。

区域地质勘察主要包括对区域地质和区域构造稳定性进行补充、复核和评价。

风电场地质勘察主要包括查明场址区的地形地貌形态及成因类型和特征；查明场址区第四纪沉积地层的成因类型、物质组成、层次结构、分布规律，特别是软土层、膨胀性土层、湿陷性黄土层、易崩解性土层、红黏土、盐渍土土层、冻土层等特殊性土层的分布范围和厚度；查明风电场的地层组成、各分层厚度、特殊岩土体的分布特征、风电机组基础持力层的埋藏深度及其物理力学指标；查明岩石地基的岩性、分层、地质构造、结构、岩层产状及风化程度；查明软岩、易溶岩、膨胀性岩层和软弱夹层等特殊岩层的分布、厚度，评价对地基稳定性的影响；海上风电场应查明海底一定深度内地层结构，分析评价海床的稳定性；查明地下水类型、埋藏条件、地下水位及与地表水的补排关系；进行岩土室内试验和现场原位试验，提出场址区岩土体的物理力学性质参数；进行水质简分析，评价地下水、地表水（海水）对建（构）筑物的腐蚀性；对场址区地基持力层的埋深、边坡（海床）稳定性、岩溶、不均匀沉降、湿陷、地电阻率、地震液化等主要工程地质问题作出评价，并提出基础型式和地基处理建议；进行施工用水和生活用水水源地初步调查；对升压站、道路和集电线路进行地质调查；进行天然建筑材料的初查。

4. 招标设计阶段

在招标设计阶段之前进行风电场详细工程地质勘察。工程地质详细勘察在可行性研究阶段的基础上详细查明风电场各风电机组、升压变电站、道路及集电线路地基基础的工程地质条件，进行地基工程地质评价，为风电机组、升压变电站、道路及集电线路地基基础设计和编制招标文件提供工程地质资料。

风电场地质详细勘察主要包括详细查明场址区各台风电机组基础地基的岩土体组成、层次结构、分布规律，特别是地基软土层、膨胀性土层、湿陷性黄土层、易崩解性土层、红黏土、盐渍土土层、冻土层等特殊性土层的分布范围和厚度。详细查明岩石地基的岩性、分层、岩层产状、风化程度及软岩、易溶岩、膨胀性岩层和软弱夹层的分布及厚度，评价其对地基稳定性的影响。详细查明风电机组地基断层、夹层、卸荷裂隙带的产状、性质、规模和充填胶结情况。详细查明地基基础地下水类型、埋藏条件、地下水位、地下水与地表水的补排关系，评价地下水对地基稳定性的影响，特别是对膨胀性土层、湿陷性土层、易崩解土层等水敏感性土的影响。进行水质简分析，评价地下水、地表水对风机基础和建（构）筑物的腐蚀性。进行岩土体室内试验和现场试验，确定地基岩土体的物理力学性质参数。对地基持力层的埋深、岩溶特征，边坡稳定性，不均匀沉降，湿陷，地震液化等主要工程地质问题做出评价，并提出基础型式和地基处理建议。详细查明风电机组基础地基的地电阻率。进行天然建筑材料的详查及其质量、储量和开采运输条件评价。

升压站地质详细勘察的主要内容包括详细查明各建（构）筑物的地基岩土类别、层次、厚度、物理力学性质及分布规律。详细查明各建筑地段地下水类型、埋深、变幅及其补排关系。详细查明升压站及其附近的不良地质现象，提出防治措施及建议。对升压站的工程地质条件和主要工程地质问题做出评价，并提出基础持力层、基础形式和地基处理地质建议。进行施工用水和生活用水水源地调查与评价。

场内道路详细地质勘察的主要内容包括配合场内道路定线测量。进行沿线地貌特征分段，详细查明各段的地质结构、岩土类别、岩石风化情况、地下水埋深及变化规律等工程地质及水文地质条件，提供工程设计、施工需要的地质参数。详细查明特殊性岩土的分布范围、性质，提供防治设计需要的地质资料和地质参数。分析路基基底的稳定性、边坡结构形式及稳定性，确定路基设置支挡构造物及排水工程的位置等。

陆地风电场集电线路分为架空线路和地埋线路两种形式。海上风电场集电线路主要为海底电缆。集电线路详细地质勘察的主要内容包括：

（1）场内线路定线测量，确定线路布置方案。

（2）详细查明线路地质结构、岩土类别、岩石风化情况、地下水埋深及变化规律等工程地质及水文地质条件，提供工程设计地质参数。

（3）详细查明地质灾害和特殊性岩土的分布范围、性质，提供防治设计需要的地质参数。

5. 施工图设计阶段

工程地质勘察的目的是在详细勘察基础上，复核详勘阶段的地质资料与结论，补充查明详勘阶段遗留的工程地质问题，为完善和优化设计提供工程地质资料。

施工图设计阶段的工程地质勘察主要包括复核详勘阶段风电场各风电机组、升压站、各辅助建筑物及临时建筑物基础地基工程地质条件和天然建筑材料的主要地质成果；补充查明风电场遗留的工程地质问题、风电场特殊岩土的工程地质问题；论证风电场中专门的工程地质问题，优化、变更设计需要进一步查明的工程地质问题；搜集建筑物场地在施工过程中揭露的地质现象，检验前期的勘察资料；编录建筑物地基基坑的地质现象；进行地基加固和不良工程地质问题处理措施的研究；进行与地质有关的工程验收，及时编写竣工地质报告；做好现场设计配合工作。

3.3.2 风电场勘察的主要技术要求

3.3.2.1 规划阶段

在收集和分析已有资料的基础上，编绘 1：200000～1：500000 区域综合地质图，其范围满足风电场规划方案的要求。

风电场的地质图比例可选用 1：10000～1：50000。

3.3.2.2 预可行性研究阶段

收集风电场场区周围不小于 25km 范围的地层岩性、地质构造、区域性活动断裂和地震活动性资料。在收集和调查分析的基础上，编绘 1：50000～1：100000 区域地质构造纲要图，进行构造单元划分和地震区划分，并评价其区域构造稳定性。对风电场场地等级为一级（复杂场地）和地震基本烈度不小于Ⅶ度的地区应进行场地地震安全性评价。

收集风电场场址区 1：10000 地形图或海图，编绘场址区 1：5000～1：10000 地形图。进行风电场 1：5000～1：10000 的工程地质调查。调查近场区大型滑坡、崩塌、泥石流、岩溶、移动沙丘等地质灾害现象的发育和分布情况，编制近场区 1：10000～1：50000 综合地质图，进行近场区地质灾害评价。

　　勘探工作一般陆地风电主要以槽（坑）探为主，海上风电以钻探为主。每个地貌单元、不同地层、主要地质构造和不良地质作用处均应布置有勘探点。勘探点的间距，对于简单场地不宜大于 2000～3000m；当场地工程地质条件复杂或海上风电场时，不宜大于 1500～2000m。勘探孔深度一般以控制主要受力层为原则确定。取代表性的地下水和地表水进行水质简分析。

　　松散层地基宜根据土的类别进行常规项目的室内试验和原位测试，原位试验主要包括动力触探试验和标准贯入试验等；岩石地基可根据具体情况取样进行室内试验。

3.3.2.3　可行性研究阶段

　　实测场址区 1：2000 地形图，或采用航空摄影测量，绘制场址区 1：2000 地形图，海底地形测量可采用单波束或多波束测深仪测量，地形测量应符合相应的规程规范要求；进行 1：1000～1：2000 风电场的工程地质测绘；风电场根据场址区的地形地貌和地层特点，可选择合适的物探方法进行物探测试，物探剖面线应尽量垂直地貌单元，并结合勘探剖面布置以确定地层组成、地层结构、密实程度、地电阻率等；海上风电场宜采用多波束探测仪探测海底覆盖层厚度等。

　　勘探工作应控制场址区的地层分层、性状、断层破碎带的分布和不良地质现象的分布范围。每个地貌单元、不同地层、主要地质构造和不良地质作用处均应布置有勘探点。勘探点的间距，对于简单场地不宜大于 1500～2000m；当场地工程地质条件复杂时，勘探点的间距一般不宜大于 1000～1500m。钻孔深度一般以控制主要受力层为原则确定；钻进方法可根据地基岩土类别和地下水位等具体情况选用。如遇地下水，应在钻进过程中和终孔后观测地下水位。

　　主要土层要求采取不扰动土试样的数量或进行原位测试的次数不少于 6 件次。在地基主要受力层，对厚度大于 0.5m 的夹层或透镜体，应采取不扰动土试样或进行原位测试，当土层性质不均匀时，应增加取土数量或原位测试次数。对嵌岩桩桩端持力层段的岩层，应采取不少于 6 组的岩样进行天然和饱和单轴极限抗压强度试验。如遇特殊性土，其取样试验应按有关规范的要求确定。采取代表性的地下水和地表水应不少于 6 组（件），并进行水质简分析。

　　对风电场附近的天然建筑材料进行初查，初查储量不小于设计量的 2.5～3.0 倍。

　　升压站宜布置适量的勘探工作，勘探工作以钻孔、槽坑探为主，其勘探深度根据地质条件确定。

　　对场内道路和集电线路进行地质调查。海上风电场对海底电缆处的海床稳定性做出初步勘察与评价。

3.3.2.4　招标设计阶段

　　风电机组根据场址区的工程地质条件和总体布置，在微观选址后，根据设计坐标，进行现场测量放点。海上风电场定位宜采用 DGPS 进行风电机组定位。进行风电场的 1：1000～1：2000 工程地质补充和复核测绘。进行大地电阻率测试，当场地地层差异较大时，宜对每台风电机组地基土的地电阻率进行测试。每台风电机组宜布置 1 个勘探钻孔，钻孔位置距离基础中心不宜大于 3m，必要时在风机基础对角线 10～12m 处布设辅孔或坑槽，以探明每个风电机组基础的工程地质条件和水文地质条件。勘探孔可分为一般性钻孔和控制性钻孔。控制性钻孔数量一般不应少于总孔数的 1/3；桩基础控制性勘探孔应占勘探点总数的 1/3～1/2。钻进方法可根据地基岩土类别、场地条件等具体情况选用。如遇地下水，应在钻进过程中观测地下水位和终孔后观测稳定地下水位。特殊性岩土的勘察应符合相关专业规范。钻孔深度以控制主要受力层确定。地基采取原状土试样和进行原位测试的勘探点宜占勘探点总数的 1/3～1/2。取土或原位测试数量，对于地层层次规律性好的场地，同一地质单元体内，同一主要土层，不应少于 6 件；对于地层层次规律性不强的场地，以建（构）筑物或以建（构）筑物群为单元，每单元主要土层试件的数量不宜少于 6 件。对嵌岩桩桩端持力层段岩层，应采取不少于 6 组岩样进行天然和饱和单轴极限抗压强度试验。桩基和特殊性岩土的勘察应符合现行有关技术标准的规定。

升压站勘探点的平面布置应根据建（构）筑物的特点确定，主控楼沿基础柱列线、轴线或周边布置勘探点，不宜少于 4 个；主变压器沿中心布置勘探点，不少于 1 个；构架场地按方格网布置，勘探点线间距宜为 30～50m；其他建（构）筑物地段，可根据场地条件及建（构）筑物位置，按建筑群布置勘探点。对于简单场地，也可按方格网布置勘探点，且在建（构）筑物地段应有适量勘探点控制；对于海上和复杂场地，应综合地形地貌和地层变化情况加密勘探点。陆地条件适宜时，可布置适量的探井或探槽。一般性勘探点深度应能控制地基主要受力层，控制性勘探点深度应超过地基压缩层的计算深度。海上升压站勘探点深度可参考风电机组相应的基础形式，确定勘探深度。现场原位试验与室内试验要求参照风电场风电机组要求执行。

场内道路的详细地质勘察沿选定线路进行 1：1000～1：2000 地质调查与地质测绘。路基勘探点一般沿路线中线布设，简单场地勘探点间距一般为 1500～2000m，复杂场地勘探点间距一般为 1000～1500m，道路桥涵基础应布置勘探点。路基支挡构造物地基应根据需要布置勘探点。勘探深度结合设计方案的需要确定。勘探点内分层采取代表性样品进行室内试验，试验项目按设计要求需要确定，测试应以软弱地层作为重点。特殊性岩土的勘察应符合相关专业规范的要求。采取岩土试样、水样和原位测试应符合相关规定。提出场内各层岩土体物理力学建议值及开挖坡比建议值。对道路地基、边坡的主要工程地质问题做出评价，提出处理措施及建议。

集电线路的详细地质勘察结合风电场地质调查与地质测绘，进行线路地质调查。线路地质勘探点位置及深度可根据线路形式及沿线工程地质条件、杆塔基础类型、电缆埋深等条件确定。根据需要分层采取代表性样品进行室内试验，试验项目按设计要求需要确定。采取地下水样品进行腐蚀性分析、评价。对集电线路地基的主要工程地质问题做出评价，提出处理措施及建议。

进行天然建筑材料详查，查明储量和质量，说明开采运输条件。储量不宜小于设计量的 1.5～2.0 倍。

3.3.2.5 施工详图阶段

分析详勘阶段的工程地质勘察及实验成果，补充必要的勘探和试验。

专门性工程地质勘察在收集和利用风电场已有的勘探、试验资料后，根据具体情况和要求，进行 1：500～1：2000 工程地质测绘。勘探和试验针对具体设计方案布置，满足设计要求。提出工程地质专题报告。

特殊岩土的工程地质勘察应按照相关专业规范的规定。施工地质方法应采用观察、素描、实测、摄影、录像等手段编录施工中观察到的地质现象。

3.3.3　建设单位职责及对勘察工作的管理

建设单位参与单项工程的地质勘察，负责提供风电场测量控制成果，负责勘探现场协调处理工作，监督见证现场勘探工作，负责对勘察工程质量、工程进度和安全的监督；负责组织勘察项目成果验收；及时发现问题，采取措施，确保工程勘察项目按计划进度完成。

3.4　项目前期阶段设计工作内容及管理

3.4.1　风电场规划

1. 目的

风电场规划的目的是通过规划合理有序地开发当地风能资源，为促进当地经济发展和能源建设提供项目决策依据；同时，通过规划为当地风电的开发与地区的经济、社会、环境和电网发展相协调奠定科学基础，促进风电产业的健康、快速、持续发展。目前风电规划有省级风电规划、地县级风电规划、区域风电规划。风电场规划一般由政府部门主持，委托有相应资质的单位完成，规划报告完成后一般由与规划区域同级政府部门组织审查，审查通过后遵照执行。

2. 主要内容

（1）对规划风电场的建设条件进行调查，取得可靠的基础资料，并进行分析归纳，作为规划的依据。

（2）根据风能资源普查成果及土地利用规划等初步选定各规划风电场场址。

（3）对各规划风电场的风能资源、工程地质、交通运输及施工安装等建设条件进行分析。

（4）初步估算各规划风电场的装机容量。

（5）提出各规划风电场的接入系统方案。

（6）对各规划风电场进行环境影响初步评价。

（7）对各规划风电场进行投资匡算。

（8）经综合比较，确定规划风电场的开发顺序。

3.4.2　风能资源评估

评估风电场的风能资源状况，是开发风力发电项目最基础的工作。进行风资源评估的第一项工作是风资源测量，然后进行风资源评估。

3.4.2.1　风能资源测量

为了进行风能资源测量，要在具有潜在风能资源的地区竖立测风塔进行测风，基本目的是：①确定和验证此区域内是否存在充足的风能资源，以支持进一步的具体场址调查；②比较各区域以辨别相对发展潜力；③获得代表性资料来估计选择的风电机组性能及经济性；④筛选潜在的风电机组安装场址。

1. 测风塔选址

测风塔选址的主要目的是确定有潜力的多风地区同时还具备开发风能的其他条件。选址工作分3个步骤：①确定有风能开发潜力的地区；②对候选场址进行调查和排序；③在候选场址内选择实际立塔位置。选址的基本工作是：

（1）利用已有风能资源数据，包括区域风能资源数据、周边具体站址的测风数据、已有1∶50000地形图、当地土地利用规划图。

（2）考察场址范围，考察内容包括可用土地的范围、目前土地的用途、障碍物的位置、长期在强风作用下的树木变形情况（旗形树）、进场的途径、对当地景观的潜在影响、用于数据传输的手机信号的可靠性、测站的可能位置。

（3）选择测风塔的精确位置要遵循的原则是尽量远离障碍物、选择的位置能够代表场址的主要范围。

（4）办理土地租用手续和使用许可。竖立测风塔不但要得到当地政府有关部门的许可、而且要有当地政府部门和乡镇一级政府部门的支持和配合。

2. 测风塔数量

测风塔数量应满足风电场风能资源评价的要求，并依据风电场地形复杂程度而定。对地形比较平坦的大型风电场，一般在场址中央选择有代表性的点安装1个高70m测风塔。另外，在70m塔周围应再安装3～4个高40m测风塔。对地形复杂的风电场，测风塔的数量应适当增加。

3. 测量参数

必须测量的基本参数有风速、风向、气温、大气压，可选择测量的参数有、太阳辐射、垂直风速、温度随高度的变化。其中风速、风向应测量多个高度，陆上风电场典型测风塔风速测量高度为70m、60m、40m、25m和10m，风向测量高度为70m、40m。部分地区可能要测高度为90m的风速风向。100m海上测风塔风速测量典型高度为100m、90m、80m、65m、40m、25m，风向测量高度为100m、65m、25m。基本参数测量表见表3-6。

表3-6 基本参数测量表

测量参数	测量高度（陆上）	测量高度（海上）
风速	90m、70m、60m、40m、25m和10m	100m、90m、80m、65m、40m、25m
风向	90m、70m、40m	100m、65m、25m
气温	3m	10m
气压	3m	10m

4. 测站设备

基本传感器包括风速仪、风向标、大气温度传感器、气压传感器；可选传感器包括日射强度计、螺旋桨风速仪（测量垂直风速）、温度变化传感器。

设备包括数据采集器、数据存储设备、数据传输设备、电源供应系统、塔架和传感器支撑构建、电缆、接地和防雷保护设备。

5. 测站采购及安装

（1）采购安装合同中应具体说明以下内容：

1）设备和传感器的技术规格表。

2）传感器的类型和数量，含备件。

3）塔架型式和高度。

4）测量参数和高度。

5）采样和记录时间间隔。

6）数据采集器处理需求：逐小时平均和标准偏差、每天最大和最小值。

7）传感器定标文件。

8）对预期环境条件的适应性，中国南方山区必须考虑冬季覆冰情况，应具有一定的抗覆冰能力。

9）数据采集器类型：人工或电信。

10）土壤类型用于选择适当的地锚。

11）保修资料。

12）产品支持（售后服务）。

13）交货日期。

（2）设备验收、调试及安装准备工作。测风仪器设备在现场安装前应经法定计量部门检验合格，在有效期内使用。同时，设备安装前为节省野外安装时间，在室内先对数据采集器、风速风向标、温度传感器、太阳能电池板等设备进行检查和测试、校验；把能安装好的先安装好，为野外安装做好准备工作，这些准备工作包括以下内容：

1）为每个测站配号。

2）把所有有关的测站和传感器信息输入"测站信息记录"。

3）如果需要，用测站和传感器信息（斜率和截距）设置数据采集器。

4）在个人计算机上安装数据管理软件并输入所需信息。

5）在数据采集器中输入正确的日期和时间。

6）把数据卡插入数据采集器中或安装其他适用的存储设备。

7）把所有设备包装好，保证安全运输到现场。

8）包装好所有野外要用的工具。

9）实际操作时，每个零部件至少带一个备用品。

（3）安装。安装队伍中至少有一名经验丰富的安装人员。数据采集的质量很大程度上取决于安装的质量。安装队伍至少由 2 人组成，其中一人起监督作用。这样可以提高效率和安全性。安装工程的安全极为重要，安装人员应该训练有素，具备塔架安装的安全知识和一定的野外救援常识，并严格按照预先制定的安全规程操作和安装。

某测风塔安装实例如图 3-1 所示。

6. 测风塔的运行与维护

测风塔安装投入运行后，现场测量收集数据应至少连续进行一年，并保证采集的有效

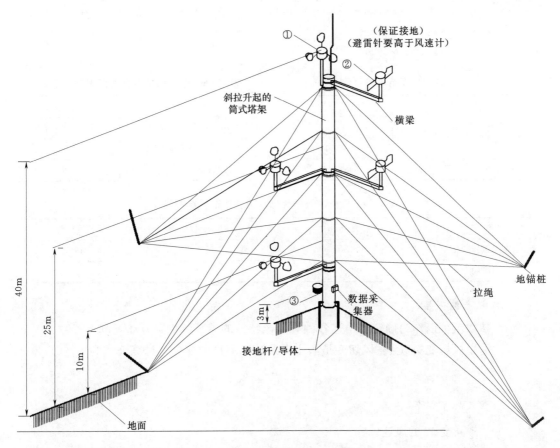

图 3-1　某测风塔安装实例（单位：m）

①—风速计（m/s）；②—风向标（°）；③—温度探测器（℃）

数据完整率达 90％ 以上。为保证收集数据的完整性和准确性，必要的预防性维护相当重要，如气象仪的定期对标。为此，负责测风运行维护的单位应该制定一套简单易行而又完整的运行维护计划及各种质量控制和质量保证措施，同时为所有维护人员提供规程导则。维护人员应当在运行维护项目的各个方面得到全面培训。

7. 数据采集与处理

数据采集方式一般采用移动通信定时远传，同时每隔一段时间现场进行采集，在现场采集的同时检查测风塔运行情况，视情况进行必要的检测和维护。数据收集的时段最长不宜超过一个月，收集的测量数据应作为原始资料正本保存，用复制件进行数据分析和整理。

3.4.2.2　风能资源评估

1. 数据验证

检查风电场测风获得的原始数据，对其完整性和合理性进行判断，检验出缺测的数据和不合理的数据，经过适当处理，整理出风电场连续一年完整的逐小时测风数据。

数据完整性是指数据数量应等于与其记录的数据数量，数据的时间顺序应符合其开始、结束时间，中间应连续，时间至少 1 年，采集数据的时间间隔最长不宜超过一个月。有效数据完整率不得低于 90％，有效数据完整率计算式为

有效数据完整率＝（应测数目－缺测数目－无效数据数目）/应测数目×100％

评判数据合理性的指标有数据合理范围、数据相关性、数据变化趋势，其合理范围参考值见表3-7、表3-8和表3-9。

表3-7 数据合理范围参考值

主 要 参 数	合 理 范 围
小时平均风速/（m/s）	0～40
小时平均风向/（°）	0～360
平均气压（海平面）/kPa	94～106

表3-8 数据相关性合理范围参考值

主 要 参 数	合 理 范 围
40m/25m高度平面风速差值	<2.0m/s
40m/10m高度平面风速差值	<4.0m/s
40m/25m高度风向差值	<20°

表3-9 每小时数据变化趋势合理范围参考值

主 要 参 数	合 理 范 围	主 要 参 数	合 理 范 围
平均风速变化	<6m/s	平均气压变化	<1kPa
平均风向变化	<5°		

2. 基本参数计算

基本参数组可以作为确定和描述各种有用风特性的工具，主要有如下基本参数：

（1）垂直风切变指数 α。风切变是指水平风速随高度的变化，计算公式为

$$\alpha = \frac{\lg(v_2/v_1)}{\lg(z_2/z_1)}$$

式中 v_2——高度 z_2 的风速；

v_1——高度 z_1 的风速。

（2）湍流强度 T_I。风的湍流是风速、风向和垂直分量的快速扰动和不规则变化，计算公式为

$$T_I = \sigma/V$$

式中 σ——风速的标准偏差；

V——平均风速。

（3）空气密度 ρ。空气密度取决于温度和大气压（海拔），并随季节在10％～15％间变化。如果知道现场大气压（例如作为可选参数测量），则相应温度下的每小时空气密度值 ρ（kg/m³）的计算公式为

$$\rho = \frac{P}{RT}$$

式中 P——大气压，Pa 或 N/m²；

R——特定的空气常数，$R=287$J/（kg·K）；

T——开氏温度，K；

ρ——空气密度，kg/m³。

如果不知道现场大气压，空气密度可以利用海拔（z）和温度（T）的函数关系估算：

$$\rho = (353.05/T)\mathrm{e}^{-0.034z/T}$$

（4）风功率密度（*WPD*）。风功率密度是比风速更真实地反映风电场潜在风能的指标。风功率密度综合了风电场风速频率分布、空气密度和风速的影响。*WPD* 定义为每单位风轮叶片扫掠面积可获得的风功率，公式如下：

$$WPD = \frac{1}{2N} \sum_{i=1}^{n} \rho v_i^3$$

式中　　n——平均时段内的记录数目；

　　　　ρ——空气密度，kg/m³；

　　　　v_i——第 i 个风速值，m/s。

3. 风能资源数据评估内容

根据数据处理形成的各种参数，对风电场风能资源进行评估，以判断风电场是否具有开发价值。

（1）风功率密度。风功率密度蕴含风速、风速频率分布和空气密度的影响，是风电场风能资源的综合指标。在《风电场风能资源评估方法》（GB/T 18710—2002）中分为 7 个级别，见表 3-10。

表 3-10　风功率密度分级表

高度	10m		30m		50m		应用于并网风力发电情况
风功率密度等级	风功率密度/(W·m⁻²)	年平均风速参考值/(m·s⁻¹)	风功率密度/(W·m⁻²)	年平均风速参考值/(m·s⁻¹)	风功率密度/(W·m⁻²)	年平均风速参考值/(m·s⁻¹)	
1	<100	4.4	<160	5.1	<200	5.6	
2	100~150	5.1	160~240	5.9	200~300	6.4	
3	150~200	5.6	240~320	6.5	300~400	7.0	较好
4	200~250	6.0	320~400	7.0	400~500	7.5	好
5	250~300	6.4	400~480	7.4	500~600	8.0	很好
6	300~400	7.0	480~640	8.2	600~800	8.8	很好
7	400~1000	9.4	640~1600	11	800~2000	11.9	很好

由表 3-10 可以看出，10m 高处，风功率密度大于 150W/m²、年平均风速大于 5m/s 的区域被认为是风能资源可利用区；年平均风速为 6.0m/s，风功率密度为 200~250W/m² 区域为较好风电场；风速为 7.0m/s，风功率密度为 300~400W/m² 区域为很好风电场。一般来说平均风速越大，风功率密度越大，风能可利用小时数就越多。我国风能区域等级划分的标准如下：

风能资源丰富区：年有效风功率密度大于 200W/m²，3~20m/s 风速的年累积小时数大于 5000h，年平均风速大于 6m/s。

风能资源次丰富区：年有效风功率密度为 200~150W/m²，3~20m/s 风速的年累积小时数为 5000~4000h，年平均风速在 5.5m/s 左右。

风能资源可利用区：年有效风功率密度为 150~100W/m²，3~20m/s 风速的年累积小时数为 4000~2000h，年平均风速在 5m/s 左右。

风能资源贫乏区：年有效风功率密度小于 $100\mathrm{W/m^2}$，$3\sim20\mathrm{m/s}$ 风速的年累积小时数小于 2000h，年平均风速在 4.5m/s。

风能资源丰富区和较丰富区：其具有较好的风能资源，为理想的风电场建设区；风能资源可利用区：有效风功率密度较低，这对电能紧缺地区还是有相当的利用价值。实际上，较低的年有效风功率密度也只是对宏观的大区域而言，而在大区域内，由于特殊地形有可能存在局部的小区域大风区。近年来，由于风机技术的发展，大直径叶轮的风电机组普遍用于低风速风电场，可利用价值的风速不断降低。因此，应具体问题具体分析，通过对这种地区进行精确的风能资源测量，详细了解分析实际情况，选出最佳区域建设风电场。风能资源贫乏区，风功率密度很低，对大型并网型风电机组一般无利用价值。

（2）风向频率及风能密度的方向分布。风电场内机组位置的排列取决于风能密度的方向分布和地形影响。在风能玫瑰图上最好有一个明显的主导风向，或两个方向接近相反的主风向。在山区，主风向与山脊走向垂直为最好。

（3）风速的日变化和年变化。用各月的风速（或风功率密度）日变化曲线图和全年的风速（或风功率密度）日变化曲线图，与当地同期的电网日负荷曲线对比；风速（或风功率密度）年变化曲线图，与当地同期的电网年负荷曲线对比，两者相一致或接近的部分越多越好，表明风电场发电量与当地负荷相匹配，风电场输出电力的变化接近负荷需求的变化。

（4）湍流强度。风电场的湍流特征很重要，因为它对风电机组性能和寿命有直接影响，当湍流强度大时，会减少输出功率，还可能引起极端荷载，最终削弱和破坏风电机组。$IT\leqslant0.10$ 表示湍流相对较小，中等程度湍流的 $IT=0.10\sim0.25$，更高的 IT 值表明湍流过大。对风电场而言，要求湍流强度 $IT\leqslant0.25$。

（5）发电量初步估算。根据当地地形条件、地貌特征和风能资源情况，选择当前成熟的机型初步估算风电场发电量。在扣除空气密度影响、湍流影响、尾流影响、叶片污染、风电机组可利用率、场用电和线损、气候影响停机等各种损耗后，得出风电场年等效满负荷小时，这个参数是判断风电场是否具有开发价值的重要依据之一。

（6）其他气象因素。特殊的天气条件对风电机组提出更多特殊的要求，进一步增加设备成本和运行的管理难度，如最大风速超过 40m/s 或极大风速超过 60m/s；气温低于 $-20℃$；积雪、积冰；雷暴、盐雾、高温或沙尘多发地区；山区风电道路建设条件等。

4. 风能资源评估报告格式

根据以上主要参数和参考判据，对风电场的风能资源做出综合性评估，提出下一步工作建议，并编写风能资源评估报告。风能资源评估报告主要章节见表 3-11。

表 3-11　风能资源评估报告主要章节

章	节
第 1 章　风电场概况	1.1　地理位置
	1.2　社会经济概况
	1.3　气候特征
	1.4　地形地貌

续表

章	节
第2章 风能资源观测情况	2.1 测风塔分布及测风仪器概况
	2.2 测风数据收集
第3章 风能资源分析	3.1 风能资源分析的主要依据
	3.2 测风数据完整性、合理性和相关性验证
	3.3 测风塔风况参数分析
	3.4 测风塔代表性分析和代表年选择
	3.5 风电场80m高度风能资源分析
第4章 场址范围与装机容量	4.1 风电场范围
	4.2 装机容量
第5章 风能资源综合评价	5.1 主要结论
	5.2 建议

3.4.3 预可行性研究

风电场预可行性研究的目的是初步分析项目的可行性，为是否继续开展前期工作，特别是各项专题研究提供决策依据，是项目建议书的主要依据。预可行性研究报告要完成以下任务：

（1）初拟项目任务和规模，并初步论证项目开发必要性。

（2）综合比较，初步选定风电场场址。

（3）风能资源测量与评估。

（4）风电场工程地质勘察与评价。

（5）初选风电机组机型，提出风电机组初步布置方案。

（6）初拟土建工程方案和工程量。

（7）初拟风电场接入系统方案，并初步进行风电场电气设计。

（8）初拟施工总布置和总进度方案。

（9）进行初步环境影响评价。

（10）编制投资估算。

（11）项目初步经济评估。

3.4.4 可行性研究阶段

3.4.4.1 可行性研究的目的

可行性研究报告是根据批准地区风电场规划或项目建议书的要求，对风电场项目的建设条件进行调查和地质勘察工作，在取得可靠资料的基础上，进行方案比较，从技术、经济、社会、环境等方面进行全面分析论证，做出项目可行性评价。

3.4.4.2 可行性研究报告需收集的资料

（1）拟建风电场范围。

（2）项目投资简介。

（3）项目区域 1∶10000 地形图或 1∶50000 地形图。

（4）项目周边区域气象站历年（近 30 年）气象资料。

（5）项目实地测风资料（需测风满一年，并满足风电场项目可行性研究深度要求）。

（6）气象站与项目实地测风同期资料（一年）。

（7）项目投资方对于风电机组拟选机型范围的意见。

（8）项目规划报告和评审意见。

（9）当地电网发展规划报告，包括电网现状图和规划图。

（10）风电场升压变电站建筑风格。

（11）风电场升压变电站生产生活水源取水方式、采暖方式。

（12）项目施工工期计划。

（13）工程管理方案（运营期间职能机构设置及人数）。

（14）项目所在区域交通运输条件现状及规划资料。

（15）项目所在区域土地利用、规划资料，以及土地类型（耕地、林地、建设区）分布图。

（16）项目所在区域有无自然林分布、自然保护区（核心区、缓冲区）和水土保持禁垦区的证明资料。若存在自然林分布、自然保护区（核心去、缓冲区）和水土保持禁垦区，需提供确切的位置和范围（在地形图上标注后提供）。

（17）项目所在区域有无旅游保护范围的证明资料。若存在旅游保护区，需提供确切的位置和范围（在地形图上标注后提供）。

（18）项目对当地军事设施有无影响的文件。

（19）项目所在区域是否存在文物保护范围的证明资料。若存在文物，需提供确切的位置和范围（在地形图上标注后提供）。

（20）项目所在区域有无压覆矿床及采空区的证明资料。若存在压矿或采空区，需提供确切的位置和范围（在地形图上标注后提供）。

（21）项目所在区域征（租）土地价格。

（22）当地主要建筑材料价格。

（23）施工及检修道路占地的使用方案（征用或租用）。

（24）林木等用地的赔偿情况及相关政策，环境保护和水土保持投资估算。

（25）项目预可行性研究报告审查意见。

3.4.4.3 可行性研究报告的主要内容

风电场项目可行性研究报告应根据国家发展改革委颁布的《风电场工程可行性研究报告编制办法》进行编制。

风电场项目可行性研究主要包括以下内容：

（1）论证项目建设的必要性和可行性。

（2）对拟建场址进行全面技术经济比较并提出建议。

（3）进行必要的调查、收资、勘测和试验工作。

（4）落实环境保护、水土保持、土地利用与拆迁补偿原则和范围，以及相关费用、接入系统、交通运输条件。

（5）对场址总体规划、场区总平面规划以及各工艺系统提出工程设想，以满足投资估算和财务分析的要求。对推荐场址应论证并提出主机技术条件，以满足主机招标的要求。

（6）投资估算应能满足控制概算的要求，并进行造价分析。

（7）财务分析所需的原始资料应切合实际。以此确定相应上网参考电价估算值。利用外资项目的财务分析指标，应符合国家规定的有关利用外资项目的技术经济政策。

（8）说明合理利用资源情况，进行节能分析、风险分析及经济与社会影响分析。

项目可行性研究报告初稿完成后，即可委托编制项目环境影响评价、水土保持方案、接入系统设计等专题报告。可行性研究报告为专题报告提供基础资料和数据，同时专题报告也为可行性研究报告提供专项设计依据。在专题报告编制过程中，各设计单位从不同方面对项目建设的可行性提出设计方案，要在充分沟通的前提下保证各报告的一致性。

3.4.4.4 可行性研究阶段的勘察设计内容及深度

可行性研究报告的主要内容及深度要求有以下方面：

（1）论证工程建设的必要性，确定工程的任务和规模。根据风电场所在地区经济现状与近长期发展规划、电力系统现状与发展规划、所在地区的能源供应条件，从发电、替代常规能源和环境保护以及地区特点等方面论述工程的作用和意义，论证本工程开发的必要性。同时，根据电力系统供需现状、负荷增长预测、本项目对系统的影响和要求，以及项目开发条件和项目所在地风资源条件，论证并确定风电场的项目规模。

（2）查明风力资源参数、气象数据、灾害情况、风电场场址工程地质条件，提出相应的评价和结论。

（3）选定风电场场址。选择若干风力发电场作为候选风电场，根据气象条件、对外交通及场内道路建设条件、地质条件、电力系统接入条件、初选风机布置条件下的年发电量，通过技术经济比较选定风电场场址。

（4）确定风电场的装机容量、接入电力系统的方式、电气主接线，初步确定风力发电机组和主要电气设备主要技术参数。

（5）确定工程总体布置及升压站布置、主要建筑物的布置、结构型式和主要尺寸。

（6）拟定风力发电场定员编制。为确定风电场建设方案、测算运行管理成本，风电场定员一般包括管理人员 2～3 人、运行人员 8～12 人、辅助人员 2～3 人。最终实际定员以风电场所属公司运行管理模式确定。

（7）选定对外交通方案、风力发电机组的安装方法、施工总进度。山区风电对外交通方案可能直接决定工程建设的可行性，由于长叶片的普遍使用，有些风电场的进场道路如果采用传统方案运输进行可能不具备可行性，但如果采用举升方式进行叶片运输，工程可能可行，这就要对运输方案进行比较，选择适当的方案。目前，一个 50MW 的风电场施工总工期一般为 12 个月，首批风电机组的发电工期一般为 8～10 个月，山区风电场的建设相对复杂一些，但如果施工组织合理、人员配备得当且无其他意外干扰等，12 个月的总工期也是可行的。

（8）确定工程占地的范围及实物指标。主要确定永久征地面积和临时征地面积，如占有林业用地或农业用地，应确定用地面积和实物指标。除非非常特殊的情况，风电场建设一般不采用拆迁方式获得用地。

（9）评价工程建设对环境的影响。依据本工程的环境影响评价报告及其审查批复意见，对本工程自然环境和社会环境有关因子影响进行预测，得出评价结论。

（10）水土保持方案。依据本工程的水土保持方案报告及其审查批复意见，提出本工程建设期水土保持措施及植被恢复方案。

（11）编制工程概算。根据工程建设方案及可行性研究报告的工程量，按照《风电场工程设计概算编制规定及费用标准》编制工程概算。

（12）财务评价。财务评价主要包括项目投资和资金筹措、总成本费用计算、发电效益计算、清偿能力分析、盈利分析、敏感性分析、财务评价指标汇总等。

（13）社会稳定风险分析。依据工程社会稳定风险分析报告及其审查批复意见，对工程社会稳定风险因素识别，对工程社会稳定风险分析与评价，提出工程社会稳定风险防范对策。

3.4.4.5　可行性研究阶段专题报告及支撑性文件

风电场项目可行性研究阶段专题报告包括接入系统专题报告、环境影响评价报告、水土保持方案报告、安全预评价报告、地质灾害评估报告、社会稳定调查及评价报告，海上风电还包括海域使用论证专题报告、海底电缆路由调查和通航安全评估报告。按有关规定，如果需要还应包括地震安全评价报告。

风电场项目可行性研究阶段的支撑性文件包括无矿产压覆证明、无军事设施证明、无文物保护证明、无航空安全影响证明、土地预审文件、银行贷款承诺等，如风电场场址涉及林区，要有林业用地许可。

3.4.4.6　可行性研究报告审查

1. 审查单位及成员组成

风电场项目可行性研究报告审查一般由省市级能源主管部门委托有一定资质和技术实力的设计或咨询机构主持，中小型风电场项目可由具备甲级资质的设计咨询机构主持；大型风电工程包括海上风电场项目，一般由省级发展和改革委员会和国家级咨询机构共同主持。参与审查的专家由主持单位派遣或邀请，参与审查专家主要包括风能资源、工程地质、土建工程、电气一次和二次、环境保护、安全评价、工程造价、工程经济等方面的专家，对于海上场项目一般还包括海洋水文、海洋工程等方面的专家。参加中小型风电场项目审查的政府部门和单位主要包括工程所在地的县级政府、发展和改革委员会、环保局、气象局、林业局、建设局（住建局）、国土局、地级市电力公司等单位。参加大型海上风电场项目审查的政府部门和单位有当地省市县级发改委（局）、国土资源厅（局）、海洋与渔业局、环境保护厅（局）、电力公司、海事局等。

2. 审查内容及审查重点

风电场项目可行性研究报告审查的主要内容和重点是以下方面：

（1）建设的必要性。由于风能资源是清洁的可再生能源，风力发电是新能源领域中技术最成熟、最具规模开发条件和商业化发展前景的发电方式之一，一般风电项目的社会效益比较显而易见，因此审查的重点是项目开发价值、项目是否与当地土地利用规划或海域功能区划一致，特别是要审查是否与其他资源利用存在冲突。

（2）风能资源条件。审查的重点一般为：

1）对风能资源评估和风电场运行有影响的特殊气候和自然条件，包括低温/高温，最大风速（台风等）、冰冻（覆冰/浮冰）、海拔、雷电、空气（沙尘、盐雾）等。

2）风能资源测量是否满足要求，包括测风点数量、高度及其布置、数据收集时段及其完整率等，以及用于风能资源评估的测风点选取的合理性。

3）实测数据合理性。如现场测风数据进行合理性测试并分析不合理数据产生的原因。

4）代表年修正的合理性。如长系列参考资料选取能否真正代表长系列风能资源的实际变化情况，长期测站与现场观测站的相关性能否用于相关，相关订正结果是否合理。

5）风能资源评估参数成果是否合理。如风速、风功率密度、A 参数、K 参数、切变指数、湍流强度计算是否正确，是否按照实测情况、代表年修正情况、轮毂高度情况分别提出有关参数。

6）机型选择风能资源参数计算是否合理，包括最大风速计算、空气密度、气温分析等。

7）受台风影响的海上风电场，是否根据相关台风资料分析其对工程区的可能影响，是否要求开展相关专题研究做进一步研究。

（3）工程地质。审查重点是区域稳定性评价是否合理，现场地质勘察和地形图测量情况、地形地质分析和地下水分析是否合理，场址地基（岩）土体工程特性评价是否准确，推荐持力层是否合理，是否有需要注意的特殊地质灾害。

（4）工程规模及机型选择。审查重点是电网消纳能力、风电规划规模及分期建设是否合理，输电规划和接入系统工程是否统筹考虑，机组选型依据和方法、机组布置方案是否合理，电量计算各项折减因素是否考虑齐全，取值是否合理。

（5）工程设计方案。审查重点是电气、土建、道路工程、项目施工组织设计、环境保护和水土保持方案等设计方案的合理性、是否符合相关专题报告及其批复意见的要求。

（6）节能降耗。审查重点是节能减排效益分析是否准确，对项目施工期及运行期能耗种类、数量的分析是否准确，主要节能降耗措施是否有针对性。

（7）项目设计概算。审查重点是价格水平年的选择和概算标准的采用是否合理、定员编制是否合理、关键设备和主要材料价格是否合理或符合实际情况、专项投资计列是否符合规定。

（8）项目财务评价及社会经济效益。审查重点是：①资本金是否符合国家规定、利率是否符合现行标准、成本参数是否合适；②增值税、所得税、各项附加的比率是否正确，是否考虑了行业和地区的优惠政策；③收益率是否在合理范围内、表格中数据关系是否准确；④海上风电项目是否提出运行期满后拆除应达到的要求、拆除费用是否合理；⑤海上风电场是否按标准收益率测算上网电价，并对测算结果进行的合理性分析；⑥是否有针对性地提出了社会效果评价。

3.5　招 标 设 计 管 理

3.5.1　风电场项目招标设计主要内容

3.5.1.1　概述

风电场项目招标设计的基本任务是按照工程建设项目招标采购和工程实施与管理的需要，完成微观选址、工程勘测、升压站初步设计、海上风电场工程基础设计、海上风电场项目施工组织设计等专题报告，对工程招标采购进行规划，安排并编制招标文件技术规范书。有的建设单位要求完成风电场初步设计，但政府部门和规程规范并没有此要求。

3.5.1.2　风电场项目招标采购规划

风电场项目招标分标方案和采购计划一般要考虑以下原则。

（1）项目分标应遵循国家相关法律法规。

（2）应依据工程特性、施工工期、施工特性、社会资源条件、建设单位对分标的意见进行标段划分。

（3）标段划分应考虑工程建设管理的要求，有利于工程质量控制、进度控制、投资控制。

（4）标段划分应考虑国内外承包人的施工技术水平和装备条件。有利于发挥承包人的技术优势；有利于合理公平竞争，增强投标的竞争性。

（5）风电场项目分标可采用单元工程划分和专业划分相结合进行，各单元工程可按专业或工程量进一步进行标段划分。单元工程分为风电机组、风电机组基础、风电机组安装、机组变电站、集电线路、交通工程、升压变电站工程等。

（6）采购计划的制订除考虑项目资金计划和工程建设进度外，还应兼顾设计进度，保证设计资料能技术提供，从而保证合理的设计周期。

3.5.1.3　招标文件技术规范书

招标文件技术规范书是招标阶段由设计单位提交的文件，是招标文件的重要组成部分，招标文件技术规范书一般由工程条件、采购范围、技术要求及相关附图组成。能源行业风电标准化委员会风电场规划设计分技术委员会正在组织编写《风电场工程招标设计规定》，将对风电场设备采购招标和建安工程招标技术规范书格式和要求做出规定。

3.5.2　微观选址

3.5.2.1　依据和计算工具

微观选址的计算依据包括风电场场址范围内的 1∶2000 地形图、风电场场址附近分布的测风塔的测风数据、选定风力发电机组主要特征参数和相应空气密度下的功率曲线及推力曲线、风电场工程可行性研究报告及相关成果。

微观选址分析计算的主要工具有测风数据验证与评估软件、风能资源风谱图计算软件（如 Meteodyn WT）、风电场施工道路设计软件（如 Civil 3D 2009 公路设计软件）等。

3.5.2.2 工作原则与程序

1. 工作原则

对于平原地区，微观选址相对比较简单，主要考虑风电机组运行安全和减少占用区域面积进行微观选址。由于山区风电场地形地貌等条件相对比较复杂，本书主要就山区风电场微观选址进行分析论述。微观选址主要考虑的因素有风电场的风况特征、工程地质条件、地形地貌特点、施工平台和施工道路建设条件等，并遵循以下原则：

（1）风电机组布置优先选择风能资源条件好、机组易于集中布置的山脊和山体。

（2）风电机组布置在考虑风能资源条件的同时，充分考虑机组施工运输道路和风机安装平台的经济性。

（3）尽量减小风力发电机组之间的相互影响，满足风电机组之间行、列距的要求，在主风能方向上要求机组间隔（行距）在5倍以上风轮直径，在垂直于主风能方向上要求机组间隔（列距）在3倍以上风轮直径。

（4）为减少风电机组噪声对居民点的影响，风电机组距离居民点应大于300m。

（5）为避免因风电机组发生事故对输电线路的不利影响，风电机组距输电线路的距离按不小于200m考虑。

（6）在满足各种边界约束条件以及工程经济性较为合理的前提下，以整个风电场发电量最大为目标，尽可能控制风电场的平均尾流影响系数不超过8%。如果尾流较大，需与风机供货厂商协商，在运行方式上采取技术措施。

2. 微观选址工作过程

风电场工程微观选址一般分为以下阶段：

（1）资料分析和整理计算，形成风电机组布置方案。根据最新资料对风电场工程微观选址的资料进行整理和分析计算，形成风电机组的布置方案。

（2）现场查勘及技术讨论。根据风电机组生产厂家对风电机组布置的技术要求，对风电场机位进行现场查勘分析确认，并与生产厂家进行技术讨论和分析。本阶段设计单位参与微观选址的专业一般包括风资源专业、地质专业、土建专业、道路专业和电气一次专业。

（3）分析计算。根据现场查勘，对风电机组布置进行调整分析计算，并将风电机组布置图给予项目开发业主和风电机组生产厂家进行安全确认，根据安全确认的反馈意见对风电机组布置进行调整，形成风电场最终风电机组布置成果。

（4）报告编制。根据最终确认的风电机组布置编写风电场工程的微观选址报告。

3.5.2.3 报告的主要内容

微观选址报告主要包括风电场概况、微观选址原则与工作方法、风电场微观选址分析和结论与建议四章。

风电场概况的内容包括工程可行性研究报告的主要结论、风资源条件、工程地质条件、风电场交通和施工条件、风电场接入系统方案。

微观选址原则与工作方法的内容主要包括影响风电场微观选址的主因素、风电场机型选择及适应性分析、微观选址的技术手段和方法、微观选址工作程序和原则等。

风电场微观选址分析的内容主要包括风能资源分析、风电场风电机组布置、上网电量计算、工程地质条件分析、施工条件分析以及综合分析意见。

结论与建议的内容主要包括微观选址成果汇总、主要结论和建议。

3.5.3　初步设计

3.5.3.1　概述

按照《风电场工程勘察设计收费标准》（NB/T 31007—2011），并没有初步设计这个阶段，但在工程建设管理实际操作过程中有的项目增加了初步设计阶段，初步设计阶段的内容也不统一，部分项目建设单位要求完成整个风电场的初步设计，但几乎所有项目必须完成升压站初步设计报告并报电力部门的审查。可以看出不是所有建设单位都要求完成整个工程的初步设计，本书考虑到升压站初步设计及其审查对建设单位而然是一个重要的过程，有不可或缺的协调工作，仍然单列一节对初步设计进行阐述。

风电场工程初步设计要达到的目的是：①工程初步设计概算经审查批准后作为建设单位控制工程总规模和总投资的依据；②按电力系统接入的要求完成升压站初步设计并报电力部门审查批复，确定升压站与电力系统的接入方案并满足主要设备采购的需要；③满足土地征用、建筑物拆迁、进行施工准备的需要。

3.5.3.2　主要内容

风电场工程初步设计的主要内容如下：

（1）确定风电机组机型、风电机组轮毂高度。

（2）完成风电场微观选址，风电机组发电量计算。

（3）完成风电场区域工程地质勘探和调查。

（4）确定设备进场及场内运输方案，并确定风电场进场及场内道路设计方案。

（5）确定风电机组基础型式，初步完成风电机组基础设计。

（6）确定风电机组平台布置及风电机组吊装方案。

（7）确定集电线路方案。

（8）按电力系统接入的要求完成升压站初步设计并报电力部门审查批复。

（9）确定升压站总体布置方案。

（10）完成整工程初步设计概算。

3.6　施工图阶段设计管理

3.6.1　风电场施工图设计文件的主要内容

3.6.1.1　微观选址报告及总图

1. 微观选址报告

根据已经选定的机组综合考虑风电场的风能资源特性、地形、地质、海洋水文、交通运输、集电线路、环境影响及用地、用海要求等因素，采用理论计算和现场逐台查勘复核的方式，通过技术经济比较，优化风电场的风电机组布置方案。在此基础上形成微观选址报告。

经现场复核后的风电机组布置方案由风电机组生产厂家进行安全性复核。在风电机组生产厂家出具安全性复核意见后，建设单位要对布置方案最终确认。

2. 风电场风电机组总体布置图

风电场风电机组总体布置图应该在1:2000地形图上标示风电机组布置位置、风电场内道路布置、升压站布置位置、施工临时设施布置位置等。它不但是其他专业设计的总体依据，而且也是建设单位办理相关手续的依据，如办理征地用地手续、项目开工手续的依据。

3.6.1.2 土建部分施工图设计

1. 风电机组基础及箱变基础施工图设计

风电机组基础设计的工作程序为收集设计资料、确定风电机组基础型式、进行风电机组基础设计、计算出风电机组基础设计施工图。

（1）收集设计资料，需要收集的基本设计资料包括：

1）工程地质参数。其主要有地基承载力标准值、压缩模量、压缩系数、内摩擦角、重力密度等，这些参数在《工程地质勘探报告》中提出。

2）地震动参数。其主要有抗震设防烈度、基本地震加速度、设计抗震分组、场地特征周期等，这些参数在《工程地质勘探报告》中提出。

3）参数。其主要有包括风电机组塔底荷载（塔底正常运行最大荷载、所有运行极大荷载、等效疲劳荷载、地震荷载等）、风电机组质量（风电机组轮毂高度、风电机组塔架质量、风电机组机舱质量、风电机组叶片质量等）。这些参数由风电机组制造厂家提供。

（2）确定风电机组基础形式。一般根据工程地质条件、风电机组厂家技术资料、施工条件，通过技术经济比较确定风电机组基础形式。风电机组基础形式有天然地基基础、复合地基基础或桩基础，基础或承台底板可采用圆形、多边形。

（3）风电机组基础设计计算。一个典型风电场工程风电机组基础设计计算内容包括上部结构传至塔底部的内力标准值、基础底部脱开面积比、承载力复核、下卧层验算、沉降验算、稳定性复核、基础底板悬挑根部配筋计算、基础底板悬挑根部裂缝宽度验算、抗剪验算、抗冲击验算、疲劳强度验算、台柱正截面强度验算、台柱配筋计算等。

（4）风电机组基础施工图。施工图主要内容包括风电机组基础设计总说明、基础平面图、基础剖面图、底（上）部钢筋布置图、基础环支撑及预埋件图、箱变基础图、与电气有关的埋管图、接地图等。典型风电场工程风电机组基础及箱变基础施工图目录见表3-12。

表3-12 风电机组基础及箱变基础施工图目录

图 纸 编 号	图 纸 名 称
XXX-JZ-TJ-A01	风电机组基础设计总说明
XXX-JZ-TJ-A02	风电机组桩基基础模板
XXX-JZ-TJ-A03	风电机组桩基基础开挖图
XXX-JZ-TJ-A04	A-A剖面配筋图、基础环详图
XXX-JZ-TJ-A05	基础顶面配筋图、钢筋形状详图
XXXL-JZ-TJ-A06	基础上台顶部钢筋详图

图 纸 编 号	图 纸 名 称
XXX-JZ-TJ-A07	基础底面配筋图
XXX-JZ-TJ-A08	竖向钢筋底部投影图、钢筋形状详图
XXX-JZ-TJ-A09	PHC管桩设计总说明
XXX-JZ-TJ-A10	风电机组基础桩位布置图、桩与承台连接大样图
XXX-JZ-TJ-A11	风电机组基础桩基一览表
XXX-JZ-TJ-A12	施工平台一览表
XXX-JZ-TJ-A13	基础环支架图
XXX-JZ-TJ-XB1	箱变基础图
XXX-SGT-JZ-D1-01	风电机组基础接地图
XXX-SGT-JZ-D1-02	风电机组基础埋管图
XXX-SGT-JZ-D1-03	风电机组、箱变、主导风向相对位置示意图
XXX-SGT-JZ-D1-04	箱变接地和埋管布置图

2. 风电机组安装平台施工图

平原地区安装平台设计比较简单，主要考虑风电机组塔筒设备布置，结合道路地形布置安装平台。山区相对比较复杂，既有安装要求，同时必须结合地形情况，考虑工程量最优化方案，如果地形比较狭窄，为减少工程量，必须从施工方案上着手，如塔筒、机舱不是预先卸在平台上，而是吊装时运至平台，利用主吊车板卸货直接进行吊装。风电机组安装平台施工图主要包括平面图和平台施工要求。

3. 风电场道路施工图

风电场道路包括进场道路和场内道路，道路设计有以下原则：

（1）需满足风电机组设备和施工设备进场、施工期和运行期的交通要求。

（2）合理布线，少占耕地，在满足设备进场要求的前提下尽量缩短道路长度，控制工程量，降低道路投资。

（3）满足安全与环境保护及水土保持的要求。

道路设计标准为：施工期进场道路和场内道路一般采用碎石路面，路面宽度 6m，两侧土路肩宽度均为 0.5m，路基宽度为 7m，两侧路肩贴草皮进行适当绿化；转弯处转弯半径和道路宽度主要依据叶片长度和塔塔运输的要求确定，设计单位按照设计制造厂商提供的参数进行计算；道路坡度一般要求平均纵坡不大于 6%，最大纵坡不大于 12%。山区风电个别路段因地形限制，为减少工程量，坡度较大，在实际工程中有的甚至超过 20%，这种情况下，建设单位一定要加强安全管理，同时要为运输车辆提供必要的辅助牵引。

风电场道路施工图设计文件主要包括风电场道路设计说明、道路布置图、道路断面图、排水沟及管涵施工详图等。

4. 升压站建筑图

升压站建筑物一般包括设备用房、办公用房、生活用房和附属用房等大部分风电场将设备用房和办公用房合在一起，统称综合楼，主要包括 35kV 高压配电室、站用配电室、继电保护室、通信设备室、蓄电池室、集中控制室、专用工具间、资料室、必要的办公室、会议室以及其他辅助设施。送出工程高压配电设备如果采用户内气体绝缘金属封闭开关设备（Gas Insulated Switchgear，GIS），设备楼则要包括 GIS 配电室。静止无功发生器（Static Var Generator，SVG）也包括户内设备，可单设 SVG 设备室，也可以放在35kV 高压配电室。生活楼主要考虑运行及管理人员住宿、食堂以及适当的娱乐休闲空间，最好同时考虑风电机组厂家现场维护人员的住宿及生活设施，一方面是为了加强维护管理，提高运维效率；另一方面由于风电场地理位置一般比较偏僻，给维护人员提供良好生活条件，也是人性化的体现。附属用房一般有仓库、车库、水泵房等。

升压站建筑图包括建筑设计总说明，总平面布置图，各建筑物平面布置图，建筑物立面图、剖面图以及一些局部大样图等。

5. 升压站建筑物结构图

升压站建筑物结构施工图主要包括结构设计总说明、基础平面图、基础详图、结构平面图、钢筋混凝土构件详图以及楼梯图、预埋件图，特种结构和构筑物包括水池、设备基础如主变基础和户外高压配电设备支架基础、电缆沟等。

6. 升压站给排水施工图

升压站给水包括水泵系统、生活供水、消防供水，排水系统为生活污水和雨水。给排水施工图文件包括平面图、系统图、施工详图、施工说明和设备清单。

3.6.1.3 电气部分施工图设计

1. 电气一次

电气一次施工图设计主要内容有接线图、设备布置图、设备安装图、短路电流计算及设备选择等，施工图分为系统接线及布置图、高压配电部分安装图、主变压器部分安装图、35kV 配电安装图、厂用电部分安装图、动态无功补偿系统［静止无功补偿装置（Static Var Compensator，SVC）或 SVG］安装图、升压站电缆布置及安装图、接地系统布置及安装图、集电线路布置及安装图、箱变布置和安装图、箱变与机组塔筒底部柜接线图及安装图等。某典型风电场工程升压站电气一次施工图分册见表 3-13。

表 3-13　某典型风电场工程升压站电气一次施工图分册

文件编号	图　名	文件编号	图　名
第一册	总的部分	第六册	站用电
第二册	220kV 配电装置	第七册	防雷接地
第三册	主变部分	第八册	电缆敷设、埋管及防火封堵
第四册	35kV 配电装置	第九册	风电场部分
第五册	动态无功补偿装置		

2. 电气二次

电气二次部分图纸主要包含下列系统的控制、保护、测量电路图（包括系统图）、屏柜端子图和安装布置图。

（1）综合自动化系统。这是电气二次部分的核心，应包括综合自动化系统图、电路图、控制室布置图、屏柜端子图。

（2）高压配电设备。如 GIS、户外配电设备、送出线路等保护控制屏柜电路图、布置图、端子图及现场安装接线图。

（3）主变压器。其包括主变压器的辅助屏柜控制电路图、安装图、端子图及变压器本体现场安装接线图。

（4）35kV 配电柜及无功补偿装置。其图纸主要包括 35kV 配电柜及无功补偿装置二次电路图、端子图及安装接线图。

（5）站用电交直流电源系统。这一系统对于交直流一体化系统是一套图纸，如果站用交流电源和直流系统为各自独立的系统，这一系统为两套独立的图纸，一般分独立成册。

（6）电力系统安全自动装置。其是指与电力系统安全稳定有关的装置和系统，如故障录波装置、有功无功功率控制系统、电能质量监视装置等。

（7）电能计量。其包括关口计量和风电场安装的用于核对的计量装置。

（8）风电场控制系统。其图纸包括风电场控制系统图、设备布置图、屏柜安装图等。

（9）风电场视频安防系统。其图纸包括升压站和风机部位视频安防系统图、安装图。

（10）通信系统。其包括 SDH 光传输设备、网层 PCM 接入设备及调度电话等。图纸有系统图、接线图、安装图和光缆路径示意图等。

（11）辅助设备控制。辅助设备包括给（排）水泵、通风设备等，图纸有电路图、屏柜布置图和端子图。

某典型风电场工程升压站电气二次施工图分册见表 3－14。

表 3－14　某典型风电场工程升压站电气二次施工图分册

文件编号	图　册　名	文件编号	图　册　名
第一册	视频安防监控系统	第七册	站用交直流电源系统
第二册	综合自动化系统	第八册	升压站通信系统
第三册	主变保护及测控	第九册	电能计量系统
第四册	220kV 线路保护测控	第十册	风电场监控及通信系统
第五册	GIS 汇控柜	第十一册	辅助设备控制
第六册	35kV 配电装置和无功补偿保护测控		

3. 建筑电气

建筑电气包括低压配电系统、动力照明系统、防雷接地系统、弱电及消防报警系统。图纸类型包括系统图、接线图、安装图。

3.6.1.4　需要报审的专题报告及图纸

风电场消防设计专题报告和消防施工图必须报当地地级消防部门审查备案，土建施工图报审要求各省不尽相同，有的省份要求将升压站土建施工图按建筑工程要求报当地住建局审图中心审查和备案。这些工作由建设单位负责，设计单位密切配合，除及时提交相关被审设计文件外，还应配合建设单位向审查单位进行设计说明，并按审查意见及时进行设计修改并报备案。

3.6.2　设计交底与施工图会审

设计交底是指施工图设计完成并经监理单位审查发放以后，设计单位在设计文件交付实施前，按法律规定的义务就施工图设计文件向施工单位和监理单位做出详细的说明。施工图会审是指设计单位提交施工图设计文件后，项目建设单位、监理单位、施工单位在全面熟悉施工图设计文件后，对设计文件中可能存在的问题与设计单位进行沟通和讨论。设计交底和施工图会审是工程建设工程中的一项重要活动，一般由建设单位组织，也可委托监理单位组织，组织单位应做好设计交底和施工图会审记录。风电场设计交底和施工图会审可分别进行也可以同时进行，但很难保证所有专业能全部一起进行，可以按供图进度和施工进度分专业分批进行。这种情况下，除了本专业人员参加外，相关专业的设计人员即使没有提交图纸，也应参加图纸会审，这样可避免施工遗漏，如风机基础施工图设计交底时风资源专业、地质专业、电气一次专业的人员，因为风机基础涉及主导风向的考虑、基础处理、电气埋管和接地等；升压站土建施工图交底最好安排建筑、结构、建筑电气、消防、给排水等专业施工图交底和会审同时进行，如不能同时进行，在进行建筑和土建交底时，其他专业的设计人员应参加设计交底，这样可以尽可能避免减少空洞预留、基础预埋件的遗漏；电气一次和电气二次专业最好安排同时进行，分批进行时应当相互参加。

设计交底和施工图会审的主要内容、目的及程序包括以下内容：

（1）设计交底的内容包括施工图的组成、设计所采用的标准特别是强制性标准的执行情况、新材料和新工艺的使用情况、对施工工艺和流程的要求、施工过程中设计要求的注意事项、本专业施工图与其他专业的接口关系等。

（2）图纸会审的内容包括设计图纸的完整性、对签署人员有持证要求的施工图签署是否满足要求、所采用标准的适应性特别是强制性标准的执行情况、新材料和新工艺的使用是否存在问题、设计对施工工艺和流程的要求是否符合实际、施工图是否存在缺陷和错误、本专业施工图与其他专业接口是否考虑齐全及是否存在矛盾、施工图是否分批提交及提交时间是否满足施工要求等。

（3）设计交底和施工图会审要的目的。让参建各方了解设计基本依据和设计意图；施工单位了解新材料和新工艺的使用情况、设计对施工工艺和流程的要求、与其他专业的接口关系；设计单位了解施工单位所采取的施工技术措施、施工图设计是否符合工程实际或存在错误，必要时如何进行设计修改使之满足工程实际要求，对设计修改方案进行讨论并达成一致意见，确定设计修改文件提交时间，确定的提交时间既要考虑工程施工进度要求，也要考虑合理设计周期。

（4）设计交底和施工图会审的主要程序。参会人员签到，建设单位或监理单位主持会议，由设计对施工图设计交底；然后由其他各方提问，对施工图细节进一步澄清；接下来分别由建设单位、监理单位、施工单位及其他参会单位（如设备制造厂家）根据施工图文件提出施工图设计的问题，同时，设计单位可逐一解答、共同讨论并达成共识；由会议主持单位起草设计交底和施工图会审记录，各参会单位主要代表签署后即完成全部程序。

（5）设计交底和施工图会审记录和签署。所有参会人员应当签到，形成交底及会审记录后由各参会单位主要代表签署。某典型风电场工程的设计交底记录和施工图会审记录表格见表3-15、表3-16。

表 3 - 15　某典型风电场工程的设计交底记录表

编号：×××

工程名称				
交底部位				
主持单位			主持人	
交底地点			交底日期	
交底内容：				
参与单位 负责人签字	建设单位		主持单位（章）	
	设计单位			
	监理单位			
	施工单位			

表 3 - 16　某典型风电场工程的施工图会审记录表

编号：×××

工程名称				
图纸会审部位			图纸张数	
主持单位			主持人	
会审地点			会审日期	
序号	会审中发现的问题		处理情况或意见	
1				
2				
参加会审单位代表签名				
单位	单位名称		代表签名	日期
建设单位				
设计单位				
监理单位				
施工单位				
其他单位				

3.6.3　设计联络会

设计单位在设计过程中，需要对其他单位设计方案、外部接口关系通过某种形式进行确认，设计联络会则是比较普遍采用的形式。设计联络会除讨论与设计有关的问题外，同时也讨论设备试验、出厂验收、安装要求、现场试验及调试等议题。设计联络会一般由建设单位主持，会议地点根据会议主题确定，如会议主题以某个设备为主，则可安排在设备制造所在地。会议主题以设计接口为主，涉及多个设备供货商，则可安排在设计单位所在地。设计联络时间一般根据设计进度要求安排。

3.6.4　设计变更管理

3.6.4.1　设计变更定义

设计变更是指设计单位在项目建设阶段对原施工图和设计文件中所表达状态的改变和修改。产生设计变更的原因很多：有外部条件发生变化，如地质条件发生变化，场址在灰岩地区的风电场因地质原因导致风电机组基础甚至风电机组机位变化的设计变更并不少见；设计本身缺陷和施工缺陷、合理化建议以及功能变化等也是导致设计变更的原因。无论什么原因，设计变更都会对工程质量、安全、进度、费用等产生一定的影响，根据影响程度将设计变更分为一般设计变更和重大设计变更，其中：重大设计变更是指涉及工程安全、质量、功能、规模、概算以及对环境、社会有重大影响的设计变更；除此之外的其他设计变更为一般设计变更。

3.6.4.2　风电场工程重大设计变更界定

目前，风电相关规程规范及国家部委的规定都未对风电场重大设计变更做出界定，可以参考其他行业的相关规定对风电场重大设计变更做一个粗略的界定，即属于风电场工程重大设计变更的有以下方面：

（1）风电场工程开发规模发生变化。这种变化更多是由于外部因素或风能资源导致开发规模与先前核准的规模不同。

（2）风电场场址范围发生变化。这种变化往往与风电场开发规模的变化原因相同，如由于外部因素或风能资源改变，在工程规模不变时，可能需要改变场址范围，一般是场址范围扩大或者部分调换。

（3）风电机组型式发生变化。风电机组型式的变化包括单机容量、轮毂高度、叶轮直径的变化等。这种变化将导致一系列的设计变更，如风电机组布置、风电机组基础、风电机组变压器、风电场道路、集电线路等都会产生设计变更。

（4）风电机组机位布置变化。社会因素、地质原因、风能资源条件以及风电机组型式都可能导致风机机位调整，这种变化将导致风电场道路和集电线路的局部变更。

（5）集电线路型式和路径改变。架空线路改电缆埋设或相反调整，将引起较大的费用变化，路径改变也会引起工程量的变化，而且两者都有可能造成征地补偿的变化。

（6）风电场道路路径改变。道路路径的改变将引起道路工程量的变化和道路征地补偿的变化。

（7）风电场接入系统方式、电气主接线改变。这种改变由于接入系统手续需要重新办理，最直接的结果是将引起接入系统工程的延迟，从而引起整个工程投产的延期。

（8）升压站站址或范围改变。此变更可能导致工程建设用地规划的调整，必须慎重。

（9）升压站主体建筑物结构形式变化。此变更可能导致工程量变化，如果施工图需要报规划部门审查，需重新审查。

（10）升压站主要设备型式变化。如高压配电设备布置、主变压器型式、无功补充容量或型式等改变，这些变化将导致升压站总体布置、设备基础设计甚至升压站范围的变化。

（11）环境保护和水土保持工程措施的重大变化。此变更将导致环境保护和水土保持的重新审批，导致工程建设费用增加，并可能导致工程建设进度的延迟。

（12）征地范围调整及重要实物指标的较大变化。此变更将导致项目建设用地和征地补偿的调整。

3.6.4.3　设计变更的提出

重大设计变更必须由建设单位提出，即使是因为设计失误或施工错误造成的变更，由当事单位报告建设单位，经建设单位评估后提出设计变更，并按规定程序办理变更手续。建设单位、设计单位、监理单位和施工单位均可提出一般设计变更，经建设单位批准后按规定程序实施。

需要指出的是国家有关部门明确要求：严禁借设计变更变相扩大工程建设规模、增加建设内容，提高建设标准；严禁借设计变更，降低安全质量标准，损害和削弱工程应有的功能和作用；严禁分解设计变更内容，规避审查。

3.6.4.4　设计变更管理程序

1. 重大设计变更

对于重大设计变更，正式提出前建设单位应与设计、监理和施工单位进行沟通，内部按其公司管理流程进行初步评估后，要求设计单位提出设计变更文件，这些文件的主要内容包括：

（1）工程概况。

（2）重大设计变更的缘由和必要性、变更的项目和内容、与设计变更相关的基础资料及试验数据。

（3）设计变更与原勘察设计文件的对比分析。

（4）变更设计方案及原设计方案在工程量、工程进度、造价或费用等方面的对照清单和相应的单项设计概算文件。

（5）必要时，还应包含设计变更方案的施工图设计及其施工技术要求。

建设单位收到设计变更文件后，内部一般要进行评审，评审通过后按规定程序报相关部门审查，得到批复后再有设计单位出设计变更施工图，经过设计交底和图纸会审后由施工单位实施。

2. 一般设计变更

一般设计变更只要经建设单位批准后，由设计单位出变更通知单，经监理单位审查后即可由施工单位实施。

3.6.5 设计代表管理

在工程建设期间，风电场勘察设计单位应当派常驻设计代表，在工地参与工程建设。对于大型风电场工程及海上风电场工程，设计单位应成立设计代表处（组），并任命设计代表处（组）长，由于项目设计总工程师对项目比较了解，同时对设计团队有较强的协调能力，一般由项目设计总工程师担任设计代表处长或组长较为合适，如果项目设计总工程师确实不能常驻现场，也可以要求设计单位任命一位副处（组）长常驻现场，负责设代处（组）的管理工作。现场服务的专业技术人员根据工程进度派遣，负责本专业的现场配合工作。风电场工程一般不要求设立设代处（组），但要求有设计代表常驻工地，设计代表至少应为本项目主要专业的主设人员。

设计代表的职责主要有：

（1）设计代表为设计单位派驻施工现场的全权代表，行使施工现场设计技术和质量管理职责。此职责主要是重点了解施工进度及质量情况，并做好记录。发现问题及时向业主反映，发现重大施工质量问题或不按设计图纸施工时，必须书面向业主和监理单位反映。若业主和监理不予解决，设代处（组）可以以备忘录的形式提交业主和监理单位。

（2）在施工现场负责地质交底、基础验槽、设计交底、设计变更、现场配合、参与基础和隐蔽工程验收、配合工程质量检查及安全鉴定、协助项目业主解决重大工程技术问题等工作。

现场配合的主要工作为参加业主、监理及施工单位的有关会议，听取并研究工程施工对设计的要求，解决施工过程中的设计问题、技术难题；主动征求业主、监理及施工单位对设计工作的意见，协调解决施工过程中发现的设计问题，对重大技术问题一般应上报设计单位本部研究解决。

配合工程质量检查的工作之一是配合电力工程建设质量监督，设计代表应在电力质检各个阶段准备设计汇报材料并参加电力质检。

项目建设单位要将设计代表处（组）及设计代表作为设计管理的一部分纳入工程建设管理，设计单位应建立设计代表处（组）及设计代表管理制度和工作程序，在工地服从建设单位的统一管理，同时建设单位也应为设代人员在工作、生活和交通方面给予帮助和便利。

3.6.6 设计进度管理

建设单位与设计单位签订勘测设计合同时，一般会规定供图计划，设计单位应严格按供图计划和施工进度提供施工图。建设单位也要配合设计及时提交或督促相关单位及时提交勘察设计所需的资料，特别是设备厂家技术资料。为保证厂家资料及时、准确，一方面建设单位应及时组织招标，确定设备供应商；另一方面，建设单位要及时组织审查，必要时召开设计联络会，集中解决可能存在的设计接口问题。在风电场工程管理中，由于除风电机组外的风电场设备技术并不复杂，常有建设单位因不重视设计联络和协调而造成建设单位和设计单位不能按工程进度供图并相互指责的现象。常见的情况是，设计资料提交较晚或来回修改较多，设计人员没有合理的设计周期，给工程施工造成困扰。

3.6.7　设计优化

设计优化往往能带来工程建设成本的降低，设计优化是通过新技术、新材料的使用，降低工程量或替代成本高的材料，从而降低工程建设成本。如优化风电机组的塔筒设计和基础设计等，都可能达到设计优化的目的。通过多个设计方案的综合比选，寻找最优方案，可以达到降低成本和加快施工进度的目的，如风电场微观选址、风电场内道路路径选择都可以通过多方案比较达到设计优化的目的。设计单位要有良好的职业精神主动进行设计优化，建设单位也要采取一定的奖励措施鼓励设计优化，比较多见的是限额设计、优化提成。在设计优化方面，工程建设管理者要营造一种建设单位、设计单位以及施工单位多赢的局面。

3.7　竣工图阶段设计管理

3.7.1　竣工图概念

竣工图是建设工程在施工过程中所绘制的一种"定型"图样。它是工程实施结果在图纸或图形数据上的客观反映，是真实的记录，是工程建设档案的核心。竣工图包括纸质竣工图和竣工图电脑文件。

纸质竣工图原则上由施工单位负责编制，因重大变更需要重新绘制的竣工图，可由责任方负责编制，其中：因设计原因所造成的，由设计单位负责重新绘制；由施工单位所造成的，由施工单位负责重新绘制；由建设单位所造成的，由建设单位会同设计单位及施工单位协商处理。竣工图电脑数据可由建设单位委托设计院根据施工单位所编纸质竣工图进行编制，此项内容也可以包含在勘察设计合同中。

3.7.2　纸质竣工图的编制要求

《电力工程竣工图文件编制规定》（DL/T 5229—2005）对竣工图编制、会签、加盖公章等做了详细的规定，风电场工程竣工图编制一般应遵照此规范执行。但有的地方由于升压站房建施工图需要当地房建主管部门审图，在办理升压站房屋产权手续时可能对包括竣工图在内的工程建设资料进行审核，即地方主管部门可能要求执行房屋建筑行业的规范，因此在竣工图编制前，建设单位要与主审部门沟通，确定所采用的竣工图编制标准。对于竣工图编制的一般要求有以下方面：

（1）竣工图的绘制工作，由绘制单位工程技术负责人组织、审核、签字、并承担技术责任。由设计单位绘制的竣工图，需施工单位技术负责人审查、核对后加盖竣工图章。所有竣工图均需施工单位在竣工图章上签字认可后才能作为竣工图。

（2）竣工图的绘制，必须依据在施工过程中确已实施的图纸会审记录、设计修改变更通知单、工程洽商联系单以及隐蔽工程验收或对工程进行的实测实量等形成的有效记录进行编制，确保图物相符。

（3）竣工图的绘制（包括新绘和改绘）必须符合国家制图标准，使用国家规定的法定单位和文字；深度及表达方式与原设计图相一致。坐标高程系统应采用深圳坐标、黄海高程，非深圳坐标、黄海高程的应提供与之换算的公式。

（4）在原施工图上进行修改补充的，要求图面整洁，线条清晰，字迹工整，使用黑色绘图墨水进行绘制，严禁用圆珠笔或其他易褪色的墨水绘制或更改注记。所有的竣工图必须是新蓝图。

（5）各种市政管线、道路、桥、涵、隧道工程竣工图，应有严格按比例绘制的平面图和纵断面图。平面图应标明工程中线起始点、转角点、交叉点、设备点等平面要素点的位置坐标及高程。沿路管线工程还应标明工程中线与现状道路或规划道路中线的距离。

（6）工程中采用的部级以上国家标准图可不编入竣工图，但采用国家标准图而有所改动的应编制入竣工图。

3.7.3 纸质竣工图的汇总

工程竣工验收前，建设项目实行总承包的各分包单位应负责编制所分包范围内的竣工图，总承包单位除应编制自行施工的竣工图外，还应负责汇总分包单位编制的竣工图，总承包单位移交时，应向建设单位提交总承包范围内的各项完整准确竣工图；建设项目由建设单位分别发包给多个施工单位承包的，各施工单位应负责编制所承包工程的竣工图，建设单位负责汇总，也可委托设计单位汇总。

第4章　风电场建设采购管理

4.1　概　　述

4.1.1　工程项目采购管理概述

建设工程采购市场是市场体系中的重要组成部分，主体包括发包人（业主）、承包商以及各种中介机构等；客体包括有形的建设工程产品（建筑物、构筑物、设备等）和无形的建设工程产品（咨询、监理等各种智力型服务）；建设工程采购市场的主要行为是招标投标。

招标投标实质是在市场经济条件下进行工程建设、货物买卖、财产出租、中介服务等经济活动的一种竞争形式和交易方式，是引入竞争机制订立合同（契约）的一种法律形式。招标投标法律体系，是现行的与招标投标活动有关的法律法规和政策组成的有机联系整体。

本章介绍的工程项目采购管理是指发包人为满足建设工程项目需求，在满足国内现行法律体系规定的前提下，在国内建设工程采购市场上采取的有利于达到工程项目建设目的的采购方法和程序。

4.1.2　国内采购法律依据

4.1.2.1　法律沿革

我国招标投标制度是伴随着改革开放而逐步建立并完善的。1984年，国家计划委员会（现名：国家发展和改革委员会）、城乡建设环境保护部联合下发了《建设工程招标投标暂行规定》，倡导实行建设工程招投标，我国由此开始推行招投标制度。

（1）1991年11月21日，建设部（现称：中华人民共和国住房和城乡建设部）、国家工商行政管理总局联合下发《建筑市场管理规定》，明确提出加强发包管理和承包管理，其中发包管理主要是指工程报建制度与招标制度。在整顿建筑市场的同时，建设部还与国家工商行政管理总局共同制订了《建设工程施工合同（示范文本）》（GF—1999—0201）及其管理办法，于1991年颁发，以指导工程合同的管理。1992年12月30日，建设部颁发了《工程建设施工招标投标管理办法》。

（2）1994年12月16日，建设部、国家体改委（中华人民共和国国家经济体制改革委员会，已终止运行）再次发出《全面深化建筑市场体制改革的意见》，强调了建筑市场管理环境的治理。文中明确提出大力推行招标投标，强化市场竞争机制。此后，各地也纷纷制订了各自的实施细则，使我国的工程招投标制度趋于完善。

（3）1999年，我国工程招标投标制度面临重大转折。首先是1999年3月15日全国人大通过了《中华人民共和国合同法》，并于同年10月1日起生效实施，由于招标投标是合同订立过程中的两个阶段，因此，该法对招标投标制度产生了重要的影响。然后是

1999 年 8 月 30 日全国人大常委会通过了《中华人民共和国招标投标法》，并于 2000 年 1 月 1 日起施行。这部法律基本上是针对建设工程发包活动而言的，其中大量采用了国际惯例或通用做法，这必将带来招标体制的巨大变革。

（4）2000 年 5 月 1 日，国家计委发布了《工程建设项目招标范围的规模标准规定》；2000 年 7 月 1 日国家计委又发布了《工程建设项目自行招标试行办法》和《招标公告发布暂行办法》。

（5）2001 年 7 月 5 日，国家计委等七部委联合发布《评标委员会和评标办法暂行规定》。其中有三个重大突破：关于低于成本价的认定标准；关于中标人的确定条件；关于最低价中标。第一次明确了最低价中标的原则，与国际惯例接轨。这一评标原则必然给我国现行的定额管理带来冲击。在这一时期，建设部也连续颁布了《工程建设项目招标代理机构资格认定办法》（第 79 号令）、《房屋建筑和市政基础设施工程施工招标投标管理办法》（第 89 号令）以及《房屋建筑和市政基础设施工程施工招标文件范本》（2003 年 1 月 1 日施行）、《建筑工程施工发包与承包计价管理办法》（第 107 号令，2001 年 11 月施行）等，对招投标活动及其承发包中的计价工作做出进一步的规范。

（6）政府招标采购法。2002 年 6 月 29 日，第九届全国人民代表大会常务委员会第二十八次会议通过《中华人民共和国政府采购法》（中华人民共和国主席令 2002 年第 68 号），并于 2003 年 1 月 1 日起施行。

（7）工程建设项目施工招标投标办法。2003 年 3 月 8 日，国家计委、建设部、铁道部、交通部、信息产业部、水利部、民航总局发布《工程建设项目施工招标投标办法》（七部委第 30 号令），并于 2003 年 5 月 1 日起施行。

（8）工程建设项目勘察设计招标投标办法。2003 年 6 月 12 日，国家发展和改革委员会、建设部、铁道部、交通部、信息产业部、水利部、民航总局、广电总局发布《工程建设项目勘察设计招标投标办法》（七部委第 2 号令），并于 2003 年 8 月 1 日起施行。

（9）工程建设项目货物招投标办法。2005 年 1 月 18 日，国家发展改革委、建设部、铁道部、交通部、信息产业部、水利部、民航总局发布《工程建设项目货物招标投标办法》（简称《货物招标投标办法》）（七部委第 27 号令），并于 2005 年 3 月 1 日起施行。

（10）招投标实施条例。2011 年 11 月 30 日，国务院第 183 次常务会议通过，2011 年 12 月 20 日发布《中华人民共和国招标投标法实施条例》（简称《招标投标法实施条例》）（中华人民共和国国务院令第 613 号），并于 2012 年 2 月 1 日起施行。

（11）政府采购非招标管理办法。2013 年 10 月 28 日，财政部部务会议审议通过，2013 年 12 月 19 日发布《政府采购非招标采购方式管理办法》（中华人民共和国财政部令第 74 号），并于 2014 年 2 月 1 日起施行。

4.1.2.2　采购范围

1. 必须招标的范围

《中华人民共和国招标投标法》（简称《招标投标法》）指出，凡在中华人民共和国境内进行的工程建设项目，包括项目的勘察、设计、施工、监理以及与工程建设有关的重要设备材料等的采购，必须进行招标。必须招标的工程项目如下：

（1）大型基础设施、公用事业等关系社会公共利益、公共安全的项目。

（2）全部或者部分使用国有资金投资或国家融资的项目。

（3）使用国际组织或者外国政府贷款、援助资金的项目。

国家计委对上述工程建设项目招标范围和规模标准又做出了具体规定：

（1）关系社会公共利益、公众安全的基础设施项目，包括：

1）煤炭、石油、天然气、电力、新能源等能源项目。

2）铁路、公路、管道、水运、航空以及其他交通运输业等交通运输项目。

3）邮政、电信枢纽、通信、信息网络等邮电通信项目。

4）防洪、灌溉、排涝、引（供）水、滩涂治理、水土保持、水利枢纽等水利项目。

5）道路、桥梁、地铁和轻轨交通、污水排放及处理、垃圾处理、地下管道、公共停车场等城市设施项目。

6）生态环境保护项目。

7）其他基础设施项目。

（2）关系社会公共利益、公众安全的公用事业项目，包括：

1）供水、供电、供气、供热等市政工程项目。

2）科技、教育、文化等项目。

3）体育、旅游等项目。

4）卫生、社会福利等项目。

5）商品住宅，包括经济适用住房。

6）其他公用事业项目。

（3）使用国有资金投资的项目包括：

1）使用各级财政预算资金的项目。

2）使用纳入财政管理的各种政府性专项建设基金的项目。

3）使用国有企业事业单位自有资金，并且国有资产投资者实际拥有控制权的项目。

（4）国家融资的项目，包括：

1）使用国家发行债券所筹资金的项目。

2）使用国家对外借款或者担保所筹资金的项目。

3）使用国家政策性贷款的项目。

4）国家授权投资主体融资的项目。

5）国家特许的融资项目。

（5）使用国际组织或者外国政府资金的项目，包括：

1）使用世界银行、亚洲开发银行等国际组织贷款资金的项目。

2）使用外国政府及其机构贷款资金的项目。

3）使用国际组织或者外国政府援助资金的项目。

（6）以上第（1）条至第（5）条规定范围内的各类工程建设项目，包括项目的勘察、设计、施工、监理以及与工程建设有关的重要设备、材料等的采购，达到下列标准之一的，必须进行招标：

1）施工单项合同估算价在200万元人民币以上的。

2）重要设备、材料等货物的采购，单项合同估算价在100万元人民币以上的。

3）勘察、设计、监理等服务的采购，单项合同估算价在 50 万元人民币以上的。

4）单项合同估算价低于第 1）、2）、3）项规定的标准，但项目总投资额在 3000 万元人民币以上的。

2. 可以邀请招标的范围

(1)《招标投标法》规定。

国务院发展计划部门确定的国家重点项目和省、自治区、直辖市人民政府确定的地方重点项目不适宜公开招标的，经国务院发展计划部门或者省、自治区、直辖市人民政府批准，可以进行邀请招标。

(2)《招标投标法实施条例》规定。

国有资金占控股或者主导地位的依法必须进行招标的项目，应当公开招标；但有下列情形之一的，可以邀请招标：

1）技术复杂、有特殊要求或者受自然环境限制，只有少量潜在投标人可供选择；

2）采用公开招标方式的费用占项目合同金额的比例过大。

有前款第二项所列情形，属于本条例第七条规定的项目，由项目审批、核准部门在审批、核准项目时作出认定；其他项目由招标人申请有关行政监督部门作出认定。

(3) 工程建设项目《施工招标投标办法》规定。

国务院发展计划部门确定的国家重点建设项目和各省、自治区、直辖市人民政府确定的地方重点建设项目，以及全部使用国有资金投资或者国有资金投资占控股或者主导地位的工程建设项目，应当公开招标；有下列情形之一的，经批准可以进行邀请招标：

1）项目技术复杂或有特殊要求，只有少量几家潜在投标人可供选择的。

2）受自然地域环境限制的。

3）涉及国家安全、国家秘密或者抢险救灾，适宜招标但不宜公开招标的。

4）拟公开招标的费用与项目的价值相比，不值得的。

5）法律、法规规定不宜公开招标的。

(4)《工程建设项目货物招标投标办法》规定。

国务院发展改革部门确定的国家重点建设项目和各省、自治区、直辖市人民政府确定的地方重点建设项目，其货物采购应当公开招标；有下列情形之一的，经批准可以进行邀请招标：

1）货物技术复杂或有特殊要求，只有少量几家潜在投标人可供选择的。

2）涉及国家安全、国家秘密或者抢险救灾，适宜招标但不宜公开招标的。

3）拟公开招标的费用与拟公开招标的节资相比，得不偿失的。

4）法律、行政法规规定不宜公开招标的。

(5)《工程建设项目勘察设计招标投标办法》规定。

依法必须进行勘察设计招标的工程建设项目，下列情况可以进行邀请招标：

1）项目的技术性、专业性较强，或者环境资源条件特殊，符合条件的潜在投标人数量有限的。

2）如采用公开招标，所需费用占工程建设项目总投资的比例过大的。

3）建设条件受自然因素限制，如采用公开招标，将影响项目实施时机的。

招标人采用邀请招标方式的，应保证有 3 个以上具备承担招标项目勘察设计的能力，并具有相应资质的特定法人或者其他组织参加投标。

3. 可以不招标的情形

(1)《招标投标法》规定。

1) 涉及国家安全、国家秘密、抢险救灾或者属于利用扶贫资金实行以工代赈、需要使用农民工等特殊情况，不适宜进行招标的项目，按照国家有关规定可以不进行招标。

2) 施工单项合同估算价在 200 万元人民币以下；或重要设备、材料等货物的采购，单项合同估算价在 100 万元人民币以下；或勘察、设计、监理等服务的采购，单项合同估算价在 50 万元人民币以下；且项目总投资额在 3000 万元人民币以下的。

(2)《招标投标法实施条例》规定。

除《招标投标法》第六十六条规定的可以不进行招标的特殊情况外，有下列情形之一的，可以不进行招标：

1) 需要采用不可替代的专利或者专有技术。

2) 采购人依法能够自行建设、生产或者提供。

3) 已通过招标方式选定的特许经营项目投资人依法能够自行建设、生产或者提供。

4) 需要向原中标人采购工程、货物或者服务，否则将影响施工或者功能配套要求。

5) 国家规定的其他特殊情形。

(3)《工程建设项目施工招标投标办法》规定。

需要审批的工程建设项目，有下列情形之一的，由本办法第十一条规定的审批部门批准，可以不进行施工招标：

1) 涉及国家安全、国家秘密或者抢险救灾而不适宜招标的。

2) 属于利用扶贫资金实行以工代赈需要使用农民工的。

3) 施工主要技术采用特定的专利或者专有技术的。

4) 施工企业自建自用的工程，且该施工企业资质等级符合工程要求的。

5) 在建工程追加的附属小型工程或者主体加层工程，原中标人仍具备承包能力的。

6) 法律、行政法规规定的其他情形。

(4)《工程建设项目勘察设计招标投标办法》规定。

按照国家规定需要政府审批的项目，有下列情形之一的，经批准，项目的勘察设计可以不进行招标：

1) 涉及国家安全、国家秘密的。

2) 抢险救灾的。

3) 主要工艺、技术采用特定专利或者专有技术的。

4) 技术复杂或专业性强，能够满足条件的勘察设计单位少于 3 家，不能形成有效竞争的。

5) 已建成项目需要改、扩建或者技术改造，由其他单位进行设计影响项目功能配套性的。

4.2 采购内容及方式

4.2.1 风电场工程采购范围及标段划分

4.2.1.1 工程招标分类

工程项目招标投标多种多样，按照不同的标准可以进行不同的分类。

1. 按照工程建设程序分类

按照工程建设程序，可以将建设工程招标分为建设项目前期咨询招标、工程勘察设计招标、材料设备采购招标、施工招标等。

（1）建设项目前期咨询招标是指对建设项目的可行性研究任务进行的招标。投标方一般为工程咨询企业。中标的承包方要根据招标文件的要求，向发包方提供拟建工程的可行性研究报告，并对其结论的准确性负责。承包方提供的可行性研究报告，应获得发包方的认可。认可的方式通常为专家组评估鉴定。

部分项目投资者缺乏建设管理经验，通过招标方式选择具有专业管理经验的工程咨询单位，为其制订科学、合理的投资开发建设方案，并组织控制方案的实施。这种集项目咨询与管理于一体的招标类型的投标人一般也为工程咨询单位。

（2）工程勘察设计招标指根据批准的可行性研究报告，择优选择勘察设计单位的招标。勘察和设计是两种不同性质的工作，可由勘察单位和设计单位分别完成。勘察单位最终提供施工现场的地理位置、地形、地貌、地质、水文等在内的勘察报告。设计单位最终提供设计图纸和成本预算结果。设计招标还可以进一步分为建筑方案设计招标、施工图设计招标。当施工图设计不是由专业的设计单位承担，而是由施工单位承担时，一般不进行单独招标。

（3）材料设备采购招标指在工程项目初步设计完成后，对建设项目所需的建筑材料和设备（如电梯、供配电系统、空调系统等）采购任务进行的招标。投标方通常为材料供应商、成套设备供应商。

（4）施工招标指在工程项目的初步设计或施工图设计完成后，用招标的方式选择施工单位的招标。施工单位最终向业主交付按招标设计文件规定的建筑产品。

国内外招投标现行做法中，经常采用将工程建设程序中各个阶段合为一体进行全过程招标，通常称为总包。

2. 按工程项目承包的范围分类

按工程承包的范围可将工程招标划分为项目总承包招标、设计施工招标、PC承包招标、工程分承包招标及专项工程承包招标。

（1）项目总承包招标，即选择项目总承包人招标，这种又可分为两种类型：①工程项目实施阶段的全过程招标；②工程项目建设全过程的招标。前者是在设计任务书完成后，从项目勘察、设计到施工交付使用进行一次性招标；后者则是从项目的可行性研究到交付使用进行一次性招标，业主只需提供项目投资和使用要求及竣工、交付使用期限，其可行性研究、勘察设计、材料和设备采购、土建施工设备安装和调试、生产准备和试运行、交付使用，均由一个总承包商负责承包，即所谓"交钥匙工程"。承揽"交钥匙工程"的承包商被称为总承包商，绝大多数情况下，总承包商要将工程部分阶段的实施任务分包出去。

无论是项目实施的全过程还是某一阶段或程序，按照工程建设项目的构成，可以将建设工程招标投标分为全部工程招标投标、单项工程招标投标、单位工程招标投标、分部工程招标投标、分项工程招标投标。全部工程招标投标，是指对一个建设项目（如一所学校）的全部工程进行的招标。单项工程招标，是指对一个工程建设项目中所包含的单项工程（如一所学校的教学楼、图书馆、食堂等）进行的招标。单位工程招标是指对一个单项工程所包含的若干单位工程（如实验楼的土建工程等）进行招标。分部工程招标是指对一项单位工程包含的分部工程（如土石方工程、深基坑工程、楼地面工程、装饰工程等）进行招标。

应当强调的是，为防止对将工程肢解后进行发包，我国一般不允许对分部工程招标，允许特殊专业工程招标，如深基础施工、大型土石方工程施工等。但是，国内工程招标中的所谓项目总承包招标往往是指对一个项目施工过程全部单项工程或单位工程进行的总招标，与国际惯例所指的总承包尚有相当大的差距，为与国际接轨，提高我国建筑企业在国际建筑市场的竞争能力，深化施工管理体制的改革，造就一批具有真正总包能力的智力密集型龙头企业，是我国建筑业发展的重要战略目标。

（2）设计施工招标，指选择同时承担工程设计和施工的承包人，工程所需的主要设备由工程建设另行采购的方式。由于工程设计和施工由同一承包人进行管理，可以将设计和施工有效衔接，减少了各环节之间可能出现的偏差，同时有利于减轻工程建设单位的现场管理压力。

（3）PC 承包招标，指对工程施工和部分或全部设备采购进行统一招标，设计单位另行委托的方式。由于工程所需设备由承包人代为采购，承包人可以有效地协调设备的生产制造、供货周期、安装计划，便于工程进度的控制和土建与安装工程的衔接，有利于现场的管理。

（4）工程分承包招标，指中标的工程总承包人作为其中标范围内工程任务的招标人，将其中标范围内的工程任务，通过招标投标的方式，分包给具有相应资质的分承包人，中标的分承包人只对招标的总承包人负责。

（5）专项工程承包招标，指在工程承包招标中，对其中某项比较复杂或专业性强、施工和制作要求特殊的单项工程进行单独招标。

3. 按行业或专业类别分类

按与工程建设相关的业务性质及专业类别划分，可将工程招标分为土木工程招标、勘察设计招标、材料设备采购招标、安装工程招标、建筑装饰装修招标、生产工艺技术转让招标、咨询服务（工程咨询）及建设监理招标等。

（1）土木工程招标是指对建设工程中土木工程施工任务进行的招标。

（2）勘察设计招标是指对建设项目的勘察设计任务进行的招标。

（3）材料设备采购招标是指对建设项目所需的建筑材料和设备采购任务进行的招标。

（4）安装工程招标是指对建设项目的设备安装任务进行的招标。

（5）建筑装饰装修招标是指对建设项目的建筑装饰装修施工任务进行的招标。

（6）生产工艺技术转让招标是指对建设工程生产工艺技术转让进行的招标。

（7）工程咨询和建设监理招标是指对工程咨询和建设监理任务进行的招标。

4. 按工程承发包模式分类

随着建筑市场运作模式与国际接轨进程的深入，我国承发包模式也逐渐呈多样化，主要包括工程咨询承包、交钥匙工程承包模式、设计—施工承包模式、设计—管理承包模式、建造—运营—移交（Build－Operate－Transfer，BOT）工程模式、建设管理（Construction Management，CM）模式。

按承发包模式分类可将工程招标划分为工程咨询招标、交钥匙工程招标、设计—施工招标、设计—管理招标、BOT工程招标。

（1）工程咨询招标是指以工程咨询服务为对象的招标行为。工程咨询服务的内容主要包括工程立项决策阶段的规划研究、项目选定与决策；建设准备阶段的工程设计、工程招标；施工阶段的监理、竣工验收等工作。

（2）交钥匙工程招标即承包商向业主提供包括融资、设计、施工、设备采购、安装和调试直至竣工移交的全套服务。交钥匙工程招标是指发包商将上述全部工作作为一个标的招标，承包商通常将部分阶段的工程分包，亦即全过程招标。

（3）设计—施工招标是指将设计及施工作为一个整体标的以招标的方式进行发包，投标人必须为同时具有设计能力和施工能力的承包商。我国由于长期采取设计与施工分开管理的体制，目前具备设计、施工双重资质的施工企业数量较少。

设计—建造模式是一种项目组管理方式：业主和设计—建造承包商密切合作，完成项目的规划、设计、成本控制、进度安排等工作，甚至负责项目融资。使用一个承包商对整个项目负责，避免了设计和施工的矛盾，可显著减少项目的成本和工期。同时，在选定承包商时，把设计方案的优劣作为主要的评标因素，可保证业主得到高质量的工程项目。

（4）设计—管理招标是指以设计管理为标的进行的工程招标。由同一实体向业主提供设计和施工管理服务的工程管理模式。使用这种模式时，业主只签订一份既包括设计也包括工程管理服务的合同。在这种情况下，设计机构与管理机构是同一实体。这一实体常常是设计机构施工管理企业的联合体。

（5）BOT模式是指东道国政府开放本国基础设施建设和运营市场，吸收国外资金，授给项目公司以特许权并由该公司负责融资和组织建设，建成后负责运营及偿还贷款。在特许期满后将工程移交给东道国政府。BOT工程招标即是对这些工程环节的招标。

5. 按照工程是否具有涉外因素分类

按照工程是否具有涉外因素，可以将建设工程招标分为国内工程招标和国际工程招标，其中：①国内工程招标是指对本国没有涉外因素的建设工程进行的招标；②国际工程招标是指对有不同国家或国际组织参与的建设工程进行的招标。国际工程招标包括本国的国际工程（习惯上称涉外工程）招标和国外的国际工程招标两个部分。国内工程招标和国际工程招标的基本原则是一致的，但在具体做法有差异。随着社会经济的发展和与国际接轨的深化，国内工程招标和国际工程招标在做法上的区别已越来越小。

按不同标准进行的工程项目招标分类如图4-1所示。

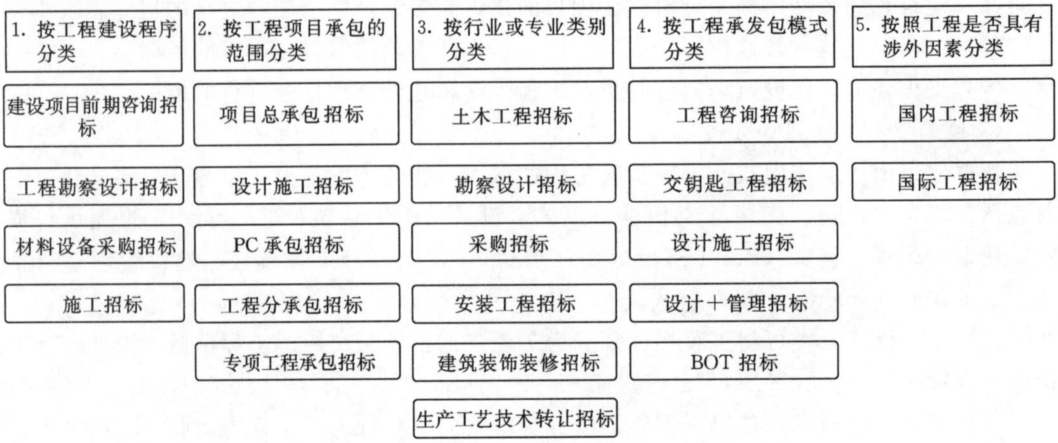

1. 按工程建设程序分类	2. 按工程项目承包的范围分类	3. 按行业或专业类别分类	4. 按工程承发包模式分类	5. 按照工程是否具有涉外因素分类
建设项目前期咨询招标	项目总承包招标	土木工程招标	工程咨询招标	国内工程招标
工程勘察设计招标	设计施工招标	勘察设计招标	交钥匙工程招标	国际工程招标
材料设备采购招标	PC 承包招标	采购招标	设计施工招标	
施工招标	工程分承包招标	安装工程招标	设计＋管理招标	
	专项工程承包招标	建筑装饰装修招标	BOT 招标	
	生产工艺技术转让招标			

图 4-1　工程项目招标分类

4.2.1.2　工程招标内容和标段划分及特殊说明

1. 招标内容和标段划分

风电场工程招标采购是采购内容比较全面的工程建设项目，勘察设计、设备材料采购、土建和安装工程都有涉及，经过几年的发展均相对成熟。各风电场工程招标采购的主要内容大致相同，但是不同业主有不同的考虑，标段划分原则不尽相同。通用的标段划分见表 4-1。根据工程不同情况，各标段的内容可以合并或重新组合。

表 4-1　通用的标段划分

序号	标 段 名 称
1	××公司××省××风电场×期（××MW）工程勘察设计
2	××公司××省××风电场×期（××MW）工程监理
3	××公司××省××风电场×期（××MW）工程风电机组设备采购
4	××公司××省××风电场×期（××MW）工程塔筒及附件采购
5	××公司××省××风电场×期（××MW）工程道路施工
6	××公司××省××风电场×期（××MW）工程风电机组基础施工和吊装
7	××公司××省××风电场×期（××MW）工程升压变电站土建及安装、场内集电线路施工及箱变安装
8	××公司××省××风电场×期（××MW）工程风电机组基础接地设计及施工
9	××公司××省××风电场×期（××MW）工程接入系统设计及施工
10	××公司××省××风电场×期（××MW）工程×期（××MW）工程电缆采购
11	××公司××省××风电场×期（××MW）工程主变压器及附属设备采购
12	××公司××省××风电场×期（××MW）工程箱式变压器设备采购
13	××公司××省××风电场×期（××MW）工程高低压开关柜和一次设备采购
14	××公司××省××风电场×期（××MW）工程动态无功补偿装置采购
15	××公司××省××风电场×期（××MW）工程综合自动化系统设备采购

2. 特殊说明

（1）根据工程的难易程度及管理需要，在标段划分中风电机组基础施工和吊装工程、接入系统设计和施工可以分开单独作为两个标段招标。另外如果风电场高压一次开关设备选用 GIS 装置时，建议高低压开关柜和一次设备采购作为两个标段分别单独采购。

（2）按照国家法律规定：招标人对招标项目划分标段的，应当遵守《招标投标法》的有关规定，不得利用划分标段限制或者排斥潜在投标人；依法必须进行招标的项目的招标人不得利用划分标段规避招标。

4.2.2 风电场工程采购方式

4.2.2.1 招标采购

1. 招标方式

国家法律规定的招标采购方式主要包括公开招标和邀请招标两种。

（1）公开招标。

1）定义。公开招标又称为无限竞争招标，是由招标单位通过报刊、广播、电视等方式发布招标广告，有投标意向的承包商均可参加投标资格审查，审查合格的承包商可购买或领取招标文件，参加投标的招标方式。

2）公开招标的特点。公开招标方式的优点是投标的承包商多、竞争范围大，业主有较大的选择空间，有利于降低工程造价，提高工程质量和缩短工期。其缺点是由于投标的承包商多，招标工作量大，组织工作复杂，需投入较多的人力、物力，招标过程所需时间较长，因而此类招标方式主要适用于投资额度大，工艺、结构复杂的较大型工程建设项目。不难看出，公开招标有利有弊，但优越性十分明显。

3）公开招标存在的问题。

我国在推行公开招标实践中，存在不少问题，需要认真探讨和解决。

公开招标的公告方式不具有广泛的社会公开性。

a. 公开招标不论采取何种招标公告方式，都应当具有广泛的社会公开性。可是，目前我国各地发布公开招标公告部分还不通过大众新闻媒介，而只是在单一的工程交易中心发布招标公告。而工程交易中心现在只是一个行政区域才有一个，且相互信息不通，区域局限性十分明显。由于工程交易中心本身的区域局限性，使其发布的招标公告不能广为人知。同时，即使对知情的投标人来讲，必须每天或经常跑到一个固定地点来看招标信息，既不方便也增加了成本。所以，只在工程交易中心发布招标公告，不能算作真正意义上的公开招标。解决这个问题的办法，是将公开招标公告直接改为由大众传媒发布，或是将现有的工程交易中心发布的招标公告与大众传播媒体联网，使其像股市那样，具有广泛的社会公开性，人们能方便、快捷地得到公开招标公告信息。总之，只有具有广泛社会公开性的公告方式，才能被认为是公开招标的符合性方式。

b. 公开招标的公平、公正性受到限制。公开招标的一个显著特点，是投标人只要符合某种条件，就可以不受限制地自主决定是否参加投标。而在公开招标中对投标人的限制条件，按照国际惯例，只应是资质条件和实际能力。可是，目前我国建设工程的公开招标中，常常出现因地方保护等原因对投标人附加了许多苛刻条件的现象。如有的限定，只有某地区、某行业或获得过某种奖项的企业，才能参加公开招标的投标等，这种做法是不妥当的。公开招标对投标人参加投标的限制条件，原则上只能是名副其实的资质和能力上的要求。如某项工程需要一级资质企业承担的，在公开招标时对投标人提出的限制条件，只应是持有一级资质证书，并有相应的实际能力。至于其他方面的要求，只应作为竞争成败（评标）的因素，而不宜作为可否参加竞争（投标）的条件。如果允许随意增加对投标人的限制条件，不仅会削弱公开招标的竞争性、公正性，而且也与资质管理制度的性质和宗旨背道而驰。

c. 招标评标实际操作方法不规范。由于我国处于市场经济完善阶段，法制建设不完善，招投标过程中有些不规范的行为，包括投标人经资格审查合格后再进行抓阄或抽签才能投标；串标、陪标等暗箱操作等。例如，有的地方认为公开招标的投标人太多，影响评标效率，采取在投标人经资格审查合格后先进行抓阄或抽签、抓阄与业主推荐相结合的办法，淘汰一批合格者，只有剩下的合格者才可正式参加投标竞争。资格审查合格本身就是有资格参加投标竞争的象征，人为采取任何办法进行筛选，都违背了招投标法的公开、公平、公正的原则，且有悖公开招标的无限竞争精神。

公开招标实践中出现上述问题，究其原因是多方面的。从客观上讲，主要是资金紧张，甚至有很大缺口，或工程盲目上马，工期紧迫等。从主观上讲，主要是嫌麻烦，怕招标投标周期长、矛盾多、劳民伤财，舍不得花时间、花钱，也不排除极个别的想为个人牟私预留操作空间和便利等。出现上述问题的结果，不仅限制了竞争，而且不能体现公开招标的真正意义。实际上，程序复杂、费时、耗财，都是公开招标的特点，否则无法形成无限竞争的局面。所以，目前在我国还需要进一步培育和发展工程建设竞争机制，进一步规范和完善公开招标的运作制度。

（2）邀请招标。

1）定义。邀请招标又称为有限竞争性招标。这种方式不发布广告，业主根据自己的经验和所掌握的各种信息资料，向有承担该项工程施工能力的 3 个以上（含 3 个）承包商发出投标邀请书，收到邀请书的单位有权利选择是否参加投标。邀请招标与公开招标一样都必须按规定的招标程序进行，要制订统一的招标文件，投标人都必须按招标文件的规定进行投标。

2）邀请招标的特点。邀请招标方式的优点是参加竞争的投标商数目可由招标单位控制，目标集中，招标的组织工作较容易，工作量比较小；其缺点是由于参加的投标单位相对较少，竞争性范围较小，使招标单位对投标单位的选择余地较少，如果招标单位在选择被邀请的承包商前所掌握信息资料不足，则会失去发现最适合承担该项目承包商的机会。

在我国工程招标实践中，过去常把邀请招标和公开招标同等看待。一般没有特殊情况的工程建设项目，都要求必须采用公开招标或邀请招标。由于目前我国各地普遍规定公开招标和邀请招标的适用范围相同，所以这两种方式并重，在实际操作中由当事人自由选择。应当说，这种状况充分考虑了我国建筑市场的发展历史和现实情况。

邀请招标和公开招标的区别主要有以下方面：

a. 邀请招标程序上比公开招标简化，如无招标公告及投标人资格审查的环节。

b. 邀请招标在竞争程度上不如公开招标强。邀请招标参加人数是经过选择限定的，被邀请的承包商数目在 3～10 个，不能少于 3 个，也不宜多于 10 个。由于参加人数相对较少，易于控制，因此其竞争范围没有公开招标大，竞争程度也明显不如公开招标强。

c. 邀请招标在时间和费用上都比公开招标节省。邀请招标可以省去发布招标公告费用、资格审查费用和可能发生的更多的评标费用。但是，邀请招标也存在明显缺陷。它限制了竞争范围，由于经验和信息资料的局限性，会把许多可能的竞争者排除在外，不能充分展示自由竞争、机会均等的原则。鉴于此，国内外都对邀请招标的适用范围和条件，作出有别于公开招标的指导性规定。

2. 工程建设项目招标采购的特点

工程招标采购的特点是：①通过竞争机制，实行交易公开；②鼓励竞争、防止垄断、优胜劣汰，实现投资效益；③通过科学合理和规范化的监管机制与运作程序，可有效地杜绝不正之风，保证交易的公正和公平。

政府及公共采购领域通常推行强制性公开招标的方式来择优选择承包商和供应商。但由于各类建设工程招标投标的内容不尽相同，因而它们有不同的招标投标意图或侧重点，在具体操作上也有细微的差别，呈现出不同的特点。

工程建设项目招标投标的意义主要有：

（1）招标人通过对各投标竞争者的报价和其他条件进行综合比较，有利于节省和合理使用资金，保证招标项目的质量。

（2）招标投标活动要求依照法定程序公开进行，有利于遏制承包活动中行贿受贿等腐败和不正当竞争行为。

（3）有利于创造公平竞争的市场环境，促进企业间公平竞争。采用招投标制，体现了在商机面前人人平等的原则。

4.2.2.2 非招标采购

目前国家招投标法律法规中只是规定了可以不招标的情形和条件，未对非招标采购方式和操作程序进行规定，而财政部颁布的《政府采购非招标采购方式管理办法》（中华人民共和国财政部令第74号）中对非招标采购方式适用的条件、可以采用的采购方式和操作程序有详细的规定，虽然此办法只适用于政府机关和事业单位，但是企业在不违背招投标相关法规的前提下可以参照。

《政府采购非招标采购方式管理办法》中规定的非招标采购方式主要有竞争性谈判、询价采购、单一来源采购。

1. 法律规定可以不招标的情形

归纳招投标相关法律法规中条款，可以不招标的条件如下：

（1）不属于依法必须招标的项目。

（2）需要采用不可替代的专利或者专有技术。

（3）采购人依法能够自行建设、生产或者提供。

（4）已通过招标方式选定的特许经营项目投资人依法能够自行建设、生产或者提供。

（5）需要向原中标人采购工程、货物或者服务，否则将影响施工或者功能配套要求。

（6）技术复杂或专业性强，能够满足条件的勘察设计单位少于3家，不能形成有效竞争的。

（7）已建成项目需要改、扩建或者技术改造，由其他单位进行设计影响项目功能配套性的。

（8）施工企业自建自用的工程，且该施工企业资质等级符合工程要求的。

（9）在建工程追加的附属小型工程或者主体加层工程，原中标人仍具备承包能力的。

（10）涉及国家安全、国家秘密、抢险救灾或者属于利用扶贫资金实行以工代赈、需要使用农民工等特殊情况不适合进行招标的。

（11）法律、行政法规规定的其他情形。

2．非招标采购方式说明

（1）竞争性谈判。竞争性谈判是指谈判小组与符合资格条件的供应商就采购货物、工程和服务事宜进行谈判，供应商按照谈判文件的要求提交响应文件和最后报价，采购人从谈判小组提出的成交候选人中确定成交供应商的采购方式。

（2）询价采购。询价采购是指询价小组向符合资格条件的供应商发出采购货物询价通知书，要求供应商一次报出不得更改的价格，采购人从询价小组提出的成交候选人中确定成交供应商的采购方式。

（3）单一来源采购。单一来源采购是指采购人从某一特定供应商处采购货物、工程和服务的采购方式。

4.3　采　购　程　序

4.3.1　采购计划和审批

4.3.1.1　风电场工程采购特点

由于风电场工程建设周期相对其他工程项目建设时间偏短，平均在 8 个月左右，也就是说要在一年的周期内完成所有手续办理、招标采购、施工建设，具有工程建设周期短、施工紧凑密集的特点，其对招标采购的要求也比较严格，具体需要注意以下方面：

（1）项目未核准的时候就需启动招标准备工作，缩短采购时间，待项目核准就可以进入建设节奏。

（2）招标采购的依据是项目的初步设计，而工程留给招标采购的时间不多，所以项目的设计工作必须提前，尤其是涉及招标的设备技术规范、施工工程量等。

（3）施工工期紧凑，需在招标采购时计划好各标段的招标采购先后顺序、施工计划工期、设备排产交货时间。

（4）组织好招标方案设计，规划好标段划分和各标段工作界面等内容。

4.3.1.2　招标采购计划

采购计划一般是指在年初制订的本年度所有工程建设项目需要招标采购的计划，计划包含每个工程需要采购的具体标段、每个标段的名称、计划投资规模、采购方式、采购内容、实施时间等信息。此环节需注意的是：①仔细梳理各项目所有已采购标段和未采购标段，确保年内需要采购的标段列入计划；②认真复核每个标段的预计投资规模，确保最终采购金额在计划之内。

4.3.1.3　招标采购方案

风电场工程工程建设周期短，需要提前安排好招标采购方案。

1. 各标段采购顺序

（1）提前阶段。针对风电场工程，需要最先确定的是设计单位，因为后续所有的招标采购都是建立在设计成果的基础上，所以建议在项目核准前确定厂区和接入系统设计单位，派发设计委托书先开始设计工作，项目核准后签订设计合同。

（2）第一阶段。设计单位确定后，风电场工程首先可以采购的是风电机组设备采购和工程监理。

（3）第二阶段。当初步设计基本完成，接入系统设计已批复，各自动化、继电保护和涉网设备参数已定，此时风电场工程可以进行主变、箱变、开关柜、一次、二次、电缆、无功补偿等电气设备采购标段的招标采购工作。

因涉及与电网沟通或复核问题，一般情况下一次、二次、无功补偿设备可能会晚于其他设备采购时间。

（4）第三阶段。此阶段初步设计审查完成，风电机组已经确定型号，各施工标段的设计工程量已定，此时风电场工程可以进行场内道路、基础施工、吊装工程、升压站土建及安装工程、集电线路工程、基础接地工程、塔筒采购等标段的招标采购工作。如果送出工程设计经过评审，设计满足采购要求，此阶段也可开展招标采购。

如果设计进度满足采购要求，升压站土建及安装工程标段可以提前到第一阶段，这样可以确保升压站提前启用，解决人员食宿问题。

（5）第四阶段。过程中的零星采购，可根据需要工程建设进度随时进行。

以上提到的各标段招标时段均为正常一般情况下的节奏进度，如工程本身有特殊要求可根据实际情况进行调整。

2. 各标段采购方式

（1）风电场工程建设划分的各标段，其预计投资金额按照现行法规规定均应采用公开招标方式进行采购。

（2）零星采购可根据需要选择非招标采购方式进行。

（3）对于光伏组件、逆变器等比较成熟且规格统一的设备，在适宜的条件下可选择采用两阶段招标方式；对需同时采购的不同项目的同类设备或零散小额采购，可选择采用打捆集中采购。

4.3.1.4　采购立项

根据工程建设进度在需要开展某一标段的招标采购工作时，需先完成立项审批工作。立项审批时主要考虑的是：①招标范围划分是否明确；②立项金额是否合理；③招标方式是否合乎规定；④评标办法是否适用；⑤投标人资格条件设置是否满足标段的要求，同时是否有排斥潜在投标人的条款；⑥立项说明是否清楚地说明项目情况及采购依据。

采购立项是一个审批的过程，如有特殊需求，需要在立项说明中写明理由。采购人在立项申请时一般应提交以下材料：

（1）采购人名称、采购项目名称。

（2）拟采用的采购方式、合同类型。

（3）采购项目的具体采购内容、预算金额。

（4）拟邀请的供应商资质条件要求和名单（除单一来源方式和供应商不足 3 家的情况外，供应商一般不少于 3 家）。

（5）立项说明。主要包括项目前期工作情况（项目核准和接入系统批复情况、公司内部投资决策进展情况）、采购内容和时间计划（具体采购数量、计划采购实施时间）、采购方式及原因（拟采用的采购方式、邀请对象、原因说明）。

4.3.2　采购文件编制及审查

1. 招标文件编制一般规定

（1）招标人应当根据招标项目的特点和需要编制招标文件。招标文件应当包括招标项目的技术要求、对投标人资格审查的标准、投标报价要求和评标标准等所有实质性要求和条件以及拟签订合同的主要条款。国家对招标项目的技术、标准有规定的，招标人应当按照其规定在招标文件中提出相应要求。

（2）招标项目需要划分标段、确定工期的，招标人应当合理划分标段、确定工期，并在招标文件中载明。

（3）招标文件不得要求或者标明特定的生产供应者以及含有倾向或者排斥潜在投标人的其他内容。

（4）暂估价超过招标限额必须招标。

2. 招标文件审查要点

招标立项后或者立项过程中即可开展招标采购文件编制工作，一般情况下各企业各标段的招标采购文件都有标准范本，国家也有相应的施工和设备采购的标准招标文本，可在此基础上根据项目实际情况进行编制。招标文件审查的要点主要有以下方面：

（1）招标范围描述是否正确，分界点是否明确。

（2）工期或交货期设置是否满足工程建设进度要求，是否与乙方实力相匹配。

（3）投标人资格条件是否满足国家和行业的规定，是否有足够的潜在投标人并具有竞争性。

（4）评标办法是否合理，评审原则及评分细项是否全面把握要点，描述是否清晰明确、有据可依，方便评标专家评审。

（5）合同文本中的支付方式等内容是否有特殊要求。

（6）技术部分通用条件设置是否满足公司规范和相关单位批复文件。

4.3.3　采购流程

4.3.3.1　招标采购流程

1. 公告及招标文件发售

（1）招标人采用公开招标方式的，应当发布招标公告。依法必须进行招标的项目，其招标公告应当通过国家指定的报刊、信息网络或者其他媒介发布。在不同媒介发布的同一招标项目的资格预审公告和招标公告的内容应当一致。

（2）招标公告应当载明招标人的名称和地址、招标项目的性质、数量、实施地点和时间以及获取招标文件的办法等事项。

（3）招标人采用邀请招标方式的，应当向 3 个以上具备承担招标项目的能力、资信良好的特定法人或者其他组织发出投标邀请书。

（4）招标人可以根据招标项目本身的要求，在招标公告或者投标邀请书中，要求潜在投标人提供有关资质证明文件和业绩情况，并对潜在投标人进行资格审查；国家对投标人的资格条件有规定的，依照其规定。

（5）编制依法必须进行招标的招标文件，应当使用国务院发展改革部门会同有关行政监督部门制定的标准文本。

（6）招标人应当按照招标公告或者投标邀请书规定的时间、地点发售招标文件。招标文件的发售期不得少于 5 日。

（7）招标人编制的招标文件内容违反法律、行政法规的强制性规定，违反公开、公平、公正和诚实信用原则，影响潜在投标人投标的，依法必须进行招标的项目的招标人应当在修改招标文件后重新招标。

2. 确定开评标工作手册

（1）依法必须进行招标的项目，其评标委员会由招标人的代表和有关技术、经济等方面的专家组成，成员人数为 5 人以上单数，其中技术、经济等方面的专家不得少于成员总数的 2/3。

（2）前款专家应当从事相关领域工作满 8 年并具有高级职称或者具有同等专业水平，由招标人从国务院有关部门或者省、自治区、直辖市人民政府有关部门提供的专家名册或者招标代理机构专家库内的相关专业专家名单中确定；一般招标项目可以采取随机抽取方式，特殊招标项目可以由招标人直接确定。特殊招标项目是指技术复杂、专业性强或者国家有特殊要求，采取随机抽取方式确定的专家难以保证胜任评标工作的项目。

（3）除《招标投标法》第三十七条第三款规定的特殊招标项目外，依法必须进行招标的项目，其评标委员会的专家成员应当从评标专家库内相关专业的专家名单中以随机抽取方式确定。任何单位和个人不得以明示、暗示等任何方式指定或者变相指定参加评标委员会的专家成员。依法必须进行招标的项目招标人非因《招标投标法》规定的事由，不得更换依法确定的评标委员会成员。更换评标委员会的专家成员应当依照前款规定进行。评标委员会成员与投标人有利害关系的，应当主动回避。

（4）监督部门应当按照规定的职责分工，对评标委员会成员的确定方式、评标专家的抽取和评标活动进行监督。监督部门的工作人员不得担任本部门负责监督项目的评标委员会成员。评标委员会成员的名单在中标结果确定前应当保密。

3. 开标

（1）开标应当在招标文件确定的提交投标文件截止时间的同一时间公开进行；开标地点应当为招标文件中预先确定的地点。

（2）开标由招标人主持，邀请所有投标人参加。

（3）开标时，由投标人或者其推选的代表检查投标文件的密封情况，也可以由招标人委托的公证机构检查并公证；经确认无误后，由工作人员当众拆封，宣读投标人名称、投标价格和投标文件的其他主要内容。

（4）招标人在招标文件要求提交投标文件的截止时间前收到的所有投标文件，开标时都应当众予以拆封、宣读。

（5）开标过程应当记录，并存档备查。

4. 评标

（1）评标由招标人依法组建的评标委员会负责。

（2）招标人应当向评标委员会提供评标所必需的信息，但不得明示或者暗示其倾向或者排斥特定投标人。

（3）招标人应当根据项目规模和技术复杂程度等因素合理确定评标时间。超过 1/3 的评标委员会成员认为评标时间不够的，招标人应当适当延长。

（4）评标过程中，评标委员会成员有回避事由、擅离职守或者因健康等原因不能继续评标的，应当及时更换。被更换的评标委员会成员作出的评审结论无效，由更换后的评标委员会成员重新进行评审。

（5）评标委员会成员应当依照《招标投标法》和《招标投标法实施条例》的规定，按照招标文件规定的评标标准和方法，客观、公正地对投标文件提出评审意见。招标文件没有规定的评标标准和方法不得作为评标的依据。

（6）评标委员会成员不得私下接触投标人，不得收受投标人给予的财物或者其他好处，不得向招标人征询确定中标人的意向，不得接受任何单位或者个人明示或者暗示提出的倾向或者排斥特定投标人的要求，不得有其他不客观、不公正履行职务的行为。

（7）招标项目设有标底的，招标人应当在开标时公布。标底只能作为评标的参考，不得以投标报价是否接近标底作为中标条件，也不得以投标报价超过标底上下浮动范围作为否决投标的条件。

（8）有下列情形之一的，评标委员会应当否决其投标：

1）投标文件未经投标单位盖章和单位负责人签字。

2）投标联合体没有提交共同投标协议。

3）投标人不符合国家或者招标文件规定的资格条件。

4）同一投标人提交两个以上不同的投标文件或者投标报价，但招标文件要求提交备选投标的除外。

5）投标报价低于成本或者高于招标文件设定的最高投标限价。

6）投标文件没有对招标文件的实质性要求和条件作出响应。

7）投标人有串通投标、弄虚作假、行贿等违法行为。

（9）投标文件中有含义不明确的内容、明显文字或者计算错误，评标委员会认为需要投标人作出必要澄清、说明的，应当书面通知该投标人。投标人的澄清、说明应当采用书面形式，并不得超出投标文件的范围或者改变投标文件的实质性内容。评标委员会不得暗示或者诱导投标人作出澄清、说明，不得接受投标人主动提出的澄清、说明。

（10）评标完成后，评标委员会应当向招标人提交书面评标报告和中标候选人名单。中标候选人应当不超过 3 个，并标明排序。

（11）评标报告应当由评标委员会全体成员签字。对评标结果有不同意见的评标委员会成员应当以书面形式说明其不同意见和理由，评标报告应当注明该不同意见。评标委员会成员拒绝在评标报告上签字又不书面说明其不同意见和理由的，视为同意评标结果。

5. 定标

（1）国有资金占控股或者主导地位的依法必须进行招标的项目，招标人应当确定排名第一的中标候选人为中标人。排名第一的中标候选人放弃中标、因不可抗力不能履行合同、不按照招标文件要求提交履约保证金，或者被查实存在影响中标结果的违法行为等情形，不符合中标条件的，招标人可以按照评标委员会提出的中标候选人名单排序依次确定其他中标候选人为中标人，也可以重新招标。

（2）中标候选人的经营、财务状况发生较大变化或者存在违法行为，招标人认为可能影响其履约能力的，应当在发出中标通知书前由原评标委员会按照招标文件规定的标准和方法审查确认。

中标人的投标应当符合下列条件之一：

1）能够最大限度地满足招标文件中规定的各项综合评价标准。

2）能够满足招标文件的实质性要求，并且经评审的投标价格最低；但是投标价格低于成本的除外。

招标人根据评标委员会提出的书面评标报告和推荐的中标候选人确定中标人。招标人也可以授权评标委员会直接确定中标人。

（3）依法必须进行招标的项目，招标人应当自收到评标报告之日起 3 日内公示中标候选人，公示期不得少于 3 日。投标人或者其他利害关系人对依法必须进行招标项目的评标结果有异议的，应当在中标候选人公示期间提出。招标人应当自收到异议之日起 3 日内作出答复；作出答复前，应当暂停招标投标活动。

（4）中标人确定后，招标人应当向中标人发出中标通知书，并同时将中标结果通知所有未中标的投标人。

（5）中标通知书对招标人和中标人具有法律效力。中标通知书发出后，招标人改变中标结果的，或者中标人放弃中标项目的，应当依法承担法律责任。

6. 合同订立

（1）招标人和中标人应当自中标通知书发出之日起 30 日内，按照招标文件和中标人的投标文件订立书面合同。招标人和中标人不得再行订立背离合同实质性内容的其他协议。

（2）招标文件要求中标人提交履约保证金的，中标人应当提交。

（3）中标人应当按照合同约定履行义务，完成中标项目。中标人不得向他人转让中标项目，也不得将中标项目肢解后分别向他人转让。中标人按照合同约定或者经招标人同意，可以将中标项目的部分非主体、非关键性工作分包给他人完成。接受分包的人应当具备相应的资格条件，并不得再次分包。中标人应当就分包项目向招标人负责，接受分包的人就分包项目承担连带责任。

（4）招标人和中标人应当依照《招标投标法》和《招标投标法实施条例》的规定签订

书面合同，合同的标的、价款、质量、履行期限等主要条款应当与招标文件和中标人投标文件内容一致。招标人和中标人不得再行订立背离合同实质性内容的其他协议。招标人最迟应当在书面合同签订后 5 日内向中标人和未中标的投标人退还投标保证金及银行同期存款利息。

（5）招标文件要求中标人提交履约保证金的，中标人应当按照招标文件的要求提交。履约保证金不得超过中标合同金额的 10％。

4.3.3.2　非招标采购流程

1. 竞争性谈判

采用竞争性谈判方式采购的，应当遵循下列程序：

（1）成立谈判小组。

（2）制定谈判文件。谈判文件应当明确谈判程序、谈判内容、合同草案的条款以及评定中选的标准等事项。

（3）谈判邀请。向立项确定的拟邀请供应商（不少于 3 家）提供谈判文件。

（4）谈判并形成谈判报告。谈判小组集中与单一供应商分别进行谈判，谈判中任何一方不得透露与谈判有关的其他供应商的技术资料、价格和其他信息。谈判结束后，谈判小组应当要求所有参加谈判的供应商在规定时间内进行最后报价和相关承诺，并从满足采购文件实质性响应要求的供应商中，按照最后报价由低到高的顺序推荐 3 名中选候选人，并编写谈判报告，所有谈判小组成员签字认可。其主要内容包括：

1）项目概况和采购具体内容。

2）邀请供应商参加采购活动的具体方式和相关情况，以及参加采购活动的供应商名单。

3）谈判日期和地点，谈判小组和监督人员组成。

4）谈判情况记录和说明，包括对供应商的资格审查情况、供应商响应文件评审情况、谈判情况、报价情况等。

5）提出的中选候选人的名单及理由。

6）附件提供谈判小组及监督人员的签到表、首次报价和最终报价一览表、各谈判对象最终报价和响应承诺等文件。

（5）确定中选供应商。将评审结果报相应决策机构确定中选供应商，并将结果通知所有参加谈判的未中选供应商。

2. 询价采购

采取询价方式采购的，应当遵循下列程序：

（1）成立询价小组。

（2）制定询价通知书。询价通知书应当明确采购内容、报价文件组成要求、合同草案的条款以及评定中选的标准等事项。

（3）询价通知。向立项确定的拟询价供应商（不少于 3 家）发询价通知书。

（4）被询价单位提交报价文件。询价小组要求被询价的供应商一次报出不得更改的价格。

（5）询价采购评审。询价小组根据采购需求对各报价人的报价文件进行评审，并从质量和服务均能满足采购文件实质性响应要求的供应商中，按照报价由低到高的顺序提出 3 名以上中选候选人，并编写询价采购评审报告，所有询价小组成员签字认可。其主要内容包括：

1）项目概况和采购具体内容。

2）邀请供应商参加采购活动的具体方式和相关情况，以及参加采购活动的供应商名单。

3）评审日期和地点，询价小组和监督人员组成。

4）评审情况记录和说明，包括对供应商的资格审查情况、供应商响应文件评审情况、报价情况等。

5）提出的中选候选人的名单及理由。

6）附件提供询价小组及监督人员的签到表、报价一览表等文件。

（6）确定中选供应商。将评审结果报相应决策机构确定中选供应商，并将结果通知所有被询价未中选的供应商。

3. 单一来源采购

采取单一来源方式采购的，应当遵循下列程序：

（1）成立采购小组。

（2）起草合同草案及谈判要点。

（3）协商谈判。采购小组与立项时确定的协商谈判对象按照约定时间进行协商谈判，协商谈判对象在规定时间内提交最后报价和相关承诺文件，在保证采购项目质量和双方商定合理价格的基础上进行采购。

（4）采购小组评审。采购小组根据采购需求对协商谈判对象的报价和相关承诺进行评审，并编写单一来源采购协商谈判评审报告，所有采购小组成员签字认可。主要内容包括：

1）项目概况和采购具体内容。

2）邀请供应商参加采购活动的具体方式和相关情况，以及参加采购活动的供应商名单。

3）协商谈判日期和地点，协商谈判人员和监督人员组成。

4）供应商资质、业绩、谈判情况、报价情况等。

5）供应商成本、同类项目合同价格以及相关专利、专有技术等情况说明。

6）合同主要条款及价格商定情况。

7）提出的中选推荐意见及理由。

8）附件提供协商谈判对象的最终报价和合同承诺事项。

（5）确定中选供应商。将评审结果报相应决策机构确定中选供应商。

4. 采购小组组成原则

非招标采购小组应经采购人批准组建，且由采购人代表和评审专家共 3 人以上单数组成，其中技术、经济方面的评审专家人数不得少于非招标采购小组成员总数的 2/3。涉及金额重大或采购方义务承担重大的竞争性谈判采购项目，应邀请法律专业人员参与。监督人员不作为非招标采购小组专家参加采购活动。

4.4　实　　例

为更好地阐述风电场工程采购管理，以某 49.5MW 风电场新建工程为例，详述从采购计划到合同签订的过程。

此风电场工程 2013 年 12 月取得核准文件，建设规模为 49.5MW，安装 33 台单机容量为 1500kW 的风力发电机组，就地通过箱变升压，以 35kV 的架空集电线路汇集到升压站高压开关柜 35kV 母线，然后在升压站通过主变升压到 220kV 以一回架空送出线路接入到对端 220kV 变电站接入间隔。

4.4.1　招标计划

（1）2013 年 10 月，在项目核准前接入系统方案已通过批复，业主履行相应的投资决策程序，将此项目列入 2014 年建设任务中。

（2）投资决策确定后，立即委托招标代理机构，通过公开招标方式分别确定风电场勘察设计单位和接入系统勘察设计单位。

（3）业主编制招标计划，初步确定招标时间安排、标段划分、各标段招标内容、招标方式、预计投资金额等内容。

4.4.2　招标方案

2013 年 12 月项目核准后，项目建设管理单位根据核准文件和接入系统批复等批复文件和现场实际施工条件，提出具体的招标采购方案，明确招标采购标段划分及各标段采购内容、各标段评标办法及合同类型、招标采购预算金额、分批次招标的时间安排等内容。

招标方案通过业主评审后，形成相关方案文件。

4.4.3　招标立项

2014 年 1—2 月项目初步设计成稿经过审查后（最好是施工图数据），根据初步设计按照招标计划的招标时间，分批次开展招标立项工作。

第一批次：工程监理、风力发电机组设备采购（可以适当提前到初步设计之前）。

第二批次：主变、箱变、高压开关柜、一次装置、综合自动化、无功补偿、电缆等设备采购（电网公司和设计院设备技术参数确定后）。

第三批次：道路、基础和吊装工程、升压站土建及安装工程、集电线路工程（风力发电机组设备厂家和型号确定并提资后）。

第四批次：接入系统工程施工（接入系统设计通过审查，图纸和概算已确定）。

4.4.4　招标文件编制

2014 年 2—3 月，招标立项完成后，可以根据各标段的紧急程度，分批次开展招标文件编制和审查工作。招标文件应在国家标准范本或者参照国家范本制定模板上进行编制，商务部分可以由招标代理公司编制，技术部分可以由设计院编制，编制完成后应组织相关技术和商务方面的专家进行审核，招标人和招标代理根据专家意见对招标文件进行修改和完善并最终定稿。

4.4.5　发布招标公告并发售招标文件

2014 年 2 月 5 日，发布工程监理和风电机组设备采购的招标公告并发售招标文件，招标文件发售一周，一周后安排现场踏勘，20 天后开标。

2014 年 2 月 10 日，发布主变、箱变、高压开关柜、一次装置、综合自动化、无功补偿、电缆等设备采购的招标公告并发售招标文件，招标文件发售一周，一周后安排现场踏勘，20 天后开标。

2014 年 3 月 10 日，风电机组设备厂家和型号确定后，发布道路、基础和吊装施工工程、升压站土建及安装、集电线路施工工程的招标公告并发售招标文件，招标文件发售一周，一周后安排现场踏勘，20 天后开标。

2014 年 3 月 10 日，送出线路施工图纸审核后，发布接入系统施工工程的招标公告并发售招标文件，招标文件发售一周，一周后安排现场踏勘，20 天后开标。

4.4.6　确定评标方案

开标截止日期前两天，确定评标方案，主要包括开标、评标时间，评标委员会专家和工作人员，评标流程，其他要求等，具体的评标大纲样本如下：

评 标 大 纲 样 本

一、总则

（一）评标工作依据

1.《中华人民共和国招标投标法》及国家颁布实施的其他有关法律法规。

2. 业主企业相关招标工作管理办法。

3. 本项目招标文件及其书面补遗通知。

4. 本项目有效的投标文件。

5. 评标过程中经对投标文件澄清后，投标人的书面澄清说明和承诺文件，以及其他补充说明。

（二）评标办法

综合评估法、最低评标价法。评标细则摘自相关招标文件。

（三）评标工作组织机构及职责

设立招标领导小组，下设评标委员会和综合组，评标委员会包括技术专家、商务专家和业主代表。

1. 组织机构。组织机构框图如下：

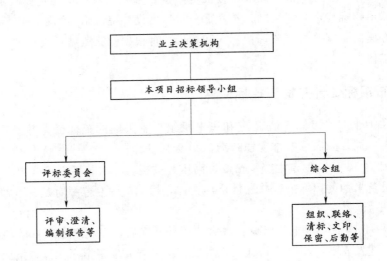

2. 职责划分

(1) 招标领导小组（组长、副组长）主要职责：

1) 组织协调评标委员会和综合组的工作。

2) 控制评标工作进度。

3) 评标期间的监督工作。

4) 审查评标过程中的重要问题。

5) 审查评标报告。

6) 向业主汇报评标情况。

(2) 评标委员会主要职责。

1) 按照招标文件规定评审投标文件。

2) 提出澄清问题清单。

3) 遵守评标纪律，提出评审意见，并编制评标报告，评标报告应当由全体评标委员签字。

4) 完成评标委员会规定的其他工作。

(3) 综合组职责：

1) 承担评标过程中的组织、联络、清标、文印、保密和后勤等工作，以及评标文件资料的管理等工作。

2) 根据授权负责清标工作，提供商务、技术有关汇总对比资料。

3) 在招标领导小组授权范围内负责评标评分的统计（如果有），协助编写评标报告。

4) 对评标专家进行考核评价。

5) 完成招标领导小组及评标委员会交办的其他工作。

(4) 评标监督：

1）为保证评标工作在有效监督下进行，将由监督人员对评标工作全过程进行监督。

2）监督人员由业主纪检部分或者相关纪检机关派出，监督人员参加招标领导小组及评标委员会有关会议。

3）负责提出纪检监督意见，出具监督报告。

二、评标工作的保密规定

根据《中华人民共和国保守国家秘密法》的规定，为确保本项目招标评标工作的顺利进行，防止因泄露评标秘密或其他意外而造成不良后果，特制定本评标工作保密规定，请全体参与评标工作的人员增强保密意识，遵守保密规律，认真执行本规定。

（一）对参加评标人员的保密要求

1. 本次评标地点、组织机构、参与人员、联系电话、时间安排、评标资料、分项报价、评标方法、评标委员会决定、表格等均属保密内容，不准向无关人员泄露（包括自己家属、子女和所在单位的领导）。

2. 评标人员及一般工作人员不得在公共场合谈论有关评标内容，也不得打听、了解与自己工作无关的情况。

3. 凡参加评标人员，在本次评标期间，不准以任何方式私下与投标单位或代理人联系、接触，更不准接受邀请、宴请、娱乐和接受礼品、礼金等。

4. 在评标、谈判直至授予合同的期间内，评标人员和工作人员不得对外报道、公布评标的任何内容，若确有需要则须经评标委员会批准，统一对外。

（二）对评标文件的保密要求

1. 在评标期间使用的所有专用资料，包括投标文件、补充资料、来往信件、传真、软盘等，均属本次评标专用，由综合组统一保管，投标文件正本与副本核对完毕后，正本由招标公司存档，副本由专家组借用。评标文件的收发、保管、清理、销毁和归档由综合组统一负责；未经综合组组长的签字批准，任何人不得对所借阅资料的内容进行复印。

2. 评标工作所分发的文件、资料、表格等仅限于评标场所使用，不准带出评标地点，用后收回。所有的文件、资料一律编号登记，分发给评标专家。

3. 评标人员必须使用综合组统一分发的稿纸，在离开评标场所时评标人员应将稿纸交还综合组。

4. 评标工作用的草稿、废纸等不得乱丢乱扔，可用碎纸机销毁，或交综合组保密员协助销毁。

5. 所有需投标人澄清的问题必须统一由专家组组长负责汇总交给综合组，经评标委员会审查同意后由指定的联系人发给有关投标人。严禁个人与投标人或其所派人员私下联系和接触。

（三）通信保密要求

评标人员不准使用任何通信工具透露有关评标内容的事情。

（四）评标会议室的保密要求

1. 评标人员凭证进入会议室，无关人员不准进入。

2. 会议室凭综合组通知使用。会议中间休息应由综合组指定一名同志负责照看。会议中间用餐，会议室应锁好门，关好窗，严禁无关人员进入，确保资料安全。

（五）对来访人员的保密要求

1. 评标工作期间严禁会客。

2. 对因事前来的客人，应由综合组安排，客人不准进入评标场所。

（六）保密组织机构及措施

1. 保密工作由评标委员会统一领导，评标监督人员具体负责督促检查评标期间的保密工作。

2. 评标监督人员和各组组长应经常督促检查本组人员认真执行保密规定。发现问题及时汇报，并采取补救措施。

3. 评标人员发生泄密或遗失资料等事件时，应及时向评标委员会主任报告，并迅速采取补救措施。泄密事件经查清后，按有关规定追究责任。

三、评标报告要点

（1）概述（项目及招标范围简介、招标与评标过程）。

（2）商务评价意见。

（3）技术评价意见。

（4）推荐的中标候选人。

四、有关建议

略。

五、评标工作安排

评 标 工 作 安 排

序号	内　　容	时　　间	地　　点
评标准备	评标准备工作		
	接收投标文件		
	清标		
	（1）专家报到。 （2）签署保密协议。 （3）讲标		
初步评审	（1）核查资格条件。 （2）核查投标文件符合性。 （3）确定详细评审名单		
详细评审	（1）审查投标文件，提出澄清问题清单。 （2）检查分析投标人的澄清答复文件。 （3）综合评比。 （4）编写评标报告		
报审	（1）评标委员会通过评标报告。 （2）向招标领导小组汇报		

注：本计划可根据实际进度予以调整。

六、招标领导小组、评标委员会、评标监督及综合组成员名单

（一）招标领导小组

组长：

副组长：

评标监督：

（二）评标委员会（以7人为例）

1. 评标委员会组成方案：计划专家库抽取专家5人，招标人代表2人；评标委员会成员中，设主任1人，由招标人指定或评标委员会成员推举。

2. 抽取方案如下表（在监督下按顺序依次联系，直至满足专家组成人数。如仍未满足人数要求，将在剩余人数中重新抽取专家）：

（1）外部抽取方案信息

编号	地域	省份	专家专业	职称	产生方式	需求人数	单位性质	是否在职	专家类别
1					随机抽取	1			商务类
2					随机抽取	4			技术类

（2）招标人代表

序 号	招标人代表	备 注
1		
2		
备选		

（3）综合

组长：

成员：

七、评标工作注意事项

1. 评标人员应遵守评标期间评标委员会制定和颁发的有关制度和规定。

2. 评标人员应在评标中坚持"公平、公正、合理、科学"的原则，维护国家和公司的利益和声誉。

3. 评标期间，参加人员应统一认识、集中精力、积极主动、认真仔细、高效地完成所承担的任务。

4. 评标人员应认真对待每一份投标文件，讨论和评价投标文件要有理有据。

5. 评标人员不准私下接触投标人，不准接受投标人的馈赠，不准参加投标人组织的宴请、娱乐、旅游等活动。

6. 参加评标的所有人员应佩戴由综合组统一发放的标志，以便于出入评标场所。

7. 评标期间的资料复印和打印工作由综合组派专人统一负责，任何人不得擅自复印资料和文件。专家组所需复印资料和打印文件须凭专家组组长签字，由综合组派专人办理。

8. 评标人员可向综合组提出工作上和生活上的要求，综合组应按规定及时解决有关问题，保障评标人员身体健康。参加评标的人员不得随意中途退出或更换。

八、评标期间资料管理办法

1. 在评标期间使用的所有专用资料，包括投标文件、补充资料、来往信件、电传、传真、软盘等，均属本次评标专用，由综合组统一编号保管。

2. 上述资料在借阅时应向综合组办理借阅手续。

3. 本次投标文件份数为一份正本。正本由招标代理存档。

4. 专家组在借阅资料期间，应妥善保管，确保资料的完整和齐全，编号和内容一致。未经专家组组长或综合组组长的签字批准，任何人不得对所借阅资料的内容进行复印。

5. 在评标中途休会期间和评标后，所有借出的资料必须全部归还给综合组保管。

4.4.7　开标评标

2014 年 2 月 25—26 日，工程监理和风电机组设备采购标段开标评标，评标委员会专家组形成评标报告明确推荐意见。评标委员会专家为 9 人，其中招标人代表 3 人，从招标公司专家库中抽取的商务专家 2 人，技术专家 4 人。评标综合组工作人员由招标公司和招标人相关工作人员组成。监督人员由招标人纪检监督部门委派。

2014 年 3 月 2—5 日，主变、箱变、高压开关柜、一次装置、综合自动化、无功补偿、电缆等设备采购标段开标评标，评标委员会专家组形成评标报告明确推荐意见。评标委员会专家为 7 人，其中招标人代表 2 人，从招标公司专家库中抽取的商务专家 1 人，技术专家 4 人。评标综合组工作人员由招标公司和招标人相关工作人员组成。监督人员由招标人纪检监督部门委派。

2014 年 4 月 1—3 日，道路、基础和吊装施工工程、升压站土建及安装、集电线路施工工程标段开标评标，评标委员会专家组形成评标报告明确推荐意见。评标委员会专家为 7 人，其中招标人代表 2 人，从招标公司专家库中抽取的商务专家 1 人，技术专家 4 人。评标综合组工作人员由招标公司和招标人相关工作人员组成。监督人员由招标人纪检监督部门委派。

2014 年 4 月 1—3 日，送出线路施工标段开标评标，评标委员会专家组形成评标报告明确推荐意见。评标委员会专家为 5 人，其中招标人代表 1 人，从招标公司专家库中抽取的商务专家 1 人，技术专家 3 人。评标综合组工作人员由招标公司和招标人相关工作人员组成。监督人员由招标人纪检监督部门委派。

4.4.8　定标

2014 年 3 月 1—2 日，招标人决策机构召开决标会，确定工程监理和风电机组设备采购标段中标单位，并向招标公司出具决策意见。

2014 年 3 月 10 日，招标人决策机构召开决标会，确定主变、箱变、高压开关柜、一次装置、综合自动化、无功补偿、电缆等设备采购标段中标单位，并向招标公司出具决策意见。

2014 年 4 月 8 日，招标人决策机构召开决标会，确定道路、基础和吊装施工工程、升压站土建及安装、集电线路施工工程标段中标单位，并向招标公司出具决策意见。

2014 年 4 月 8 日，招标人决策机构召开决标会，确定送出线路施工标段中标单位，并向招标公司出具决策意见。

第 5 章　风电场建设合同管理

5.1　概　　述

5.1.1　工程合同的基本概念

《中华人民共和国民法通则》第八十五条规定：合同是当事人之间设立、变更、终止民事关系的协议；《中华人民共和国合同法》第二条规定：合同是平等主体的自然人、法人、其他组织之间设立、变更、终止民事权利义务关系的协议。建设工程合同为众多合同类型中的一种，《中华人民共和国合同法》第二百六十九条规定：建设工程合同是承包人进行工程建设，发包人支付价款的合同。在工程勘察、设计、施工过程中，承包人根据合同要求进行工程建设，发包人按合同约定给予承包人相应的酬金或费用，在特殊情况下双方可根据约定进行合同变更或终止合同。

5.1.2　工程建设合同的特征

在工程建设过程中，承包人接受发包人的委托进行工程的勘察、设计、施工，发包人向承包人支付合同价款。从广义上来说，工程建设合同是承揽合同中的一种，但是由于工程建设合同对社会及国民经济影响较大，我国《中华人民共和国合同法》将工程建设合同单独划分为一类，并在分则第十六章中做出相应的法律规定，同时也指出在该章没有规定的，适用于承揽合同的有关规定。工程建设合同在具备承揽合同特征的同时也拥有其特殊性，在法律、资格、标的、范围、时间、人员、责任、支付等方面有着自身独有的特征。

1. 法律特征

工程建设合同当事人应是具备相应资格的法人，工程建设应符合不同阶段及各项工作的先后次序，必须遵守国家及当地的法律法规、行业标准和规范等。

2. 资格特征

发包人的建设工程应经过相关建设管理部门的批准并已落实资金来源，承包人应具备相应的勘察、设计、施工资质和其他相关资格。

3. 标的特征

建设工程合同包括勘察、设计、施工合同，勘察、设计合同的标的主要为技术报告和图纸的编制及相关咨询，施工合同的标的主要为按照勘察设计文件完成相应工程的实施。

4. 范围特征

建设工程涉及的行业及专业较多，要求的知识面较广、质量较高、技术能力较强，因此其合同范围较复杂，需要根据实际情况合理划分，避免由于合同界面不清导致的争议与纠纷以及合同范围的缺漏或重复导致的资源投入不足或浪费，影响工程建设的顺利进行。

5. 时间特征

建设工程的规模较大、工序衔接复杂、分部分项联系紧密，因此在合同实施前后须进行充分的分析和研究，建设周期较长，须合理计划和安排各分部分项的开始和完成时间，以保证工程建设连续性和目标的顺利实现。

6. 人员特征

建设工程包括的专业种类较多，专业性较强，因此相关作业人员必须经过专业的学习和培训并通过相应的考试与测试，取得相关资质和资格，才能保质保量地完成专业任务，避免工程事故的发生，承包人也才能保证有效的履行合同义务。

7. 责任特征

建设工程发包人和承包人在合同中分别有各自的义务并承担相应的责任，发包人应按合同约定向承包人提供相关条件，承包人应按合同约定完成合同范围内的工作内容，双方在未能按合同要求履行合同义务时均要承担相应的责任。

8. 支付特征

不同于普通的买卖合同，建设工程周期一般都较长，如果支付方式过于简单可能会增加发包人的风险或者不利于承包人的资金周转，一般采用计量支付或节点支付。

5.1.3　建设合同管理组织

国际咨询工程师联合会（Fédération Internationale Des Ingénieurs Conseils，FIDIC）是国际上最有权威并被世界银行认可的咨询工程师组织，该组织于 1913 年由欧洲 5 国独立的咨询工程师协会在比利时根特成立，主要职能机构有执行委员会、土木工程合同委员会、业主与咨询工程师关系委员会、职业责任委员会和秘书处等，拥有众多成员国协会。FIDIC 成立以来编制了《业主/咨询工程师标准服务协议书》（白皮书）、《土木工程施工合同条件》（红皮书）、《电气与机械工程合同条件》（黄皮书）、《工程总承包合同条件》（橘黄皮书）等著名合同条件，已被世界银行、亚洲开发银行等国际和区域发展援助金融机构作为实施项目的合同协议范本，对国际范围的工程建设项目合同管理起到了重要作用，对我国建设合同管理的规范也有一定的推动作用。

根据《中华人民共和国建筑法》（简称《建筑法》）第一章第六条规定："国务院建设行政主管部门对全国的建筑活动实施统一监督管理。"随着我国改革开放和市场经济的发展，FIDIC合同条件得到了较为广泛的使用，经过各行各业长期的实践，形成了适合我国国情的建设工程合同管理制度。国务院建设行政主管部门颁布了各种标准的合同示范文本，如住房和城乡建设部、国家工商行政管理总局针对我国建设工程市场，制定了《建设工程勘察合同（示范文本)》、《建设工程设计合同（示范文本)》、《建设工程委托监理合同（示范文本)》、《建设工程施工合同（示范文本)》、《建设项目工程总承包合同示范文本（试行)》等标准合同范本；国家商务部机电和科技产业司针对国际工程机电设备采购，编制了《机电产品采购国际竞争性招标文件示范文本》；电力、水利、交通、市政、工民建等行业主管部门针对自身的特殊条件，均形成了系统的合同示范文本和管理制度，在建设合同管理中推广使用。

5.1.4　风电场工程建设合同的分类

为避免或减少风电场各分部分项工程实施期间的相互牵制和干扰，充分发挥不同专业承包人的技术和行业优势，更加有效地对工程建设进行管理和控制，风电场工程一般以总进度关键技术路线上技术难度大的项目为核心，根据项目划分为设备采购、建筑及安装、技术服务及其他等类别，在此基础上根据专业又划分为基础处理、房屋建筑及装修、交通、输变电、送变电、大型设备起重等类别。

1. 设备采购类合同

根据不同专业制造厂家的技术能力和优势，国内风电场设备采购类合同一般分为风电机组、塔筒及基础环、箱式变压器、主变压器、户外/内高压配电设备、户内高压开关设备、无功补偿系统、综合自动化系统、站用变设备、交直流设备、工业电视及监控系统、风功率预测系统、线路保护设备、电能计量系统、电力电缆及光缆、电缆附件、辅助设备等采购合同。

2. 建筑及安装类合同

根据分标方案和建筑及安装专业对资质及资格要求的不同，国内风电场建筑及安装类合同一般分为风电机组及箱变基础工程、集电线路工程、升压站土建工程、升压站设备安装工程、场内施工道路及吊装平台工程、风电机组和塔筒吊装工程、风电机组及升压站接地工程等施工合同。

3. 技术服务类合同

根据技术服务专业对资质和资格要求的不同，国内风电场技术服务类合同一般分为勘察设计、工程建设监理、工程造价咨询、沉降观测、水保及环保评估等技术服务合同。

4. 其他类合同

除上述主要类别合同外，国内风电场一般还包括永久和临时用地补偿、工程一切险及第三者责任险保险、生产准备及试运行服务等合同。

除上述合同分类外，对于采用设计采购施工（Engineering Procurement Construction，EPC）总承包管理方式的风电场工程，EPC总承包合同作为一项重要的合同分类，成为连接建设单位和上述合同承包人的纽带。《中华人民共和国建筑法》第二十四条总承包原则规定：提倡对建筑工程实行总承包，禁止将建筑工程肢解发包。在我国法律的倡导下，随着社会主义市场经济的发展，工程EPC总承包逐渐成为工程发包的主流模式。总承包商根据业主委托负责组织实施风电场建设项目的设计、采购、施工等全部工作内容，按照EPC总承包合同要求全面负责工程项目的质量、工期、投资、安全等，同时其分包商按照分包合同对总承包商负责。

风电场工程建设合同的分类如图5-1所示。

5.1.5　风电场工程建设合同签订条件及程序

5.1.5.1　签订条件

风电场工程建设项目都有策划、评估、决策、设计等前期工作，在工程开工前必须根据国家相关法律法规的要求签订合同，其主要条件有以下方面：

1. 取得风电场工程项目核准批复

风电场工程开工前，建设单位必须按国家相关法律法规完成规划、预可行性研究及可行性研究工作，取得主管部门的项目核准批复。

图 5-1　风电场工程建设合同分类图

2. 制订分标方案和实施计划

为准确、高效、有序地开展各项工作并按核准工期完成工程建设，建设单位或 EPC 总承包商应选择合适的发承包方式，制订切实可行的分标方案和实施计划。对于依法应招标的标段，招标计划应满足法律规定，发包人应合理安排工程进度计划与招标计划的衔接。

3. 依法招标并择优选择中标人

根据《中华人民共和国招标投标法》（简称《招标投标法》）及《建筑法》，对于依法实行招标的，建设单位应当依照法定程序和方式择优选择中标人；对于实行直接发包的，承包人应当具有相应的资质和资格。

5.1.5.2 签订程序

在满足合同签订条件后，发承包人应依法履行合同签订手续，签订合同的程序如下：

（1）合同双方充分会商，不断完善合同约定。中标人接到中标通知后在中标通知书规定的时间内到指定地点履行合同签订手续，合同双方应就初拟合同中不尽完善的内容充分会商，细化双方的权利和义务以及相关技术方面的要求并补充合同未尽事宜。

（2）召开合同评审会议，分析识别合同风险。在拟定合同后，应组织并邀请商务、技术、法律、财务等方面的专家对初拟合同召开评审会议，分析并识别合同中的计量与支付、变更与索赔、违约与责任、支付与税务等方面的风险，通过弥补合同漏洞进一步完善合同。

（3）报告合同会商及评审情况，确定最终的合同文本。在完成合同会商及评审并完善合同签订手续后，项目执行部门应向其单位或企业主管部门报告相关情况，根据其批示确定最终的合同文本并进行合同签订的后续工作。

（4）约定签约时间和地点，统一签字和盖章方式。在确定最终的合同文本后，合同双方在约定的时间和地点完成合同签字盖章手续，双方应认真核对合同文本，签字和盖章的方式应统一。对于合同正本，合同封页应予以注明，合同每页应由授权代表签字，签字完成后在要求盖章的页面上加盖单位公章或经授权的合同专用章（可能有多页），最后加盖骑缝章。

5.1.6 合同管理的法律体系

风电场工程建设合同当事人主要包括发包人（项目业主、EPC 总承包商等）和承包人（EPC 总承包商、施工方、供货方、设计方、监理方等）。根据工程建设合同的特征，规范合同当事人行为和关系需要建立建设法规和合同法规等方面的法规，实行招标的项目还应遵循招标投标相关法规。我国通过并公布了《建筑法》、《中华人民共和国合同法》（简称《合同法》）、《招标投标法》，现已在国内施行多年。对于建设工程，上述法律规定相辅相成，形成了一个完善的法律体系。

5.1.6.1 中华人民共和国建筑法

为了加强对建筑活动的监督管理，维护建筑市场秩序，保证建筑工程的质量和安全，促进建筑业健康发展，1997 年 11 月 1 日，第八届全国人民代表大会常务委员会第二十八次会议通过并公布了《建筑法》（主席令第 91 号），该法自 1998 年 3 月 1 日起施行。

《建筑法》包括总则、建筑许可、建筑工程发包与承包、建筑工程监理、建筑安全生产管理、建筑工程质量管理、法律责任、附则八章内容，共计 85 条法律规定，简要介绍如下。

第一章　总则

本章为第 1~6 条，对立法目的、使用范围、建筑活动要求、国家扶持、从业要求、管理部门等方面的内容进行了规定。

第二章　建筑许可

本章为第 7~14 条，分为"建筑工程施工许可"和"从业资格"两大部分，其中："建筑工程施工许可"对许可证的领取、申领条件、开工期限、施工中止与恢复、不能按期施工处理等方面的内容进行了规定；"从业资格"对从业条件、资质等级、执业资格的取得等方面的内容进行了规定。

第三章　建筑工程发包与承包

本章为第 15~29 条，分为"一般规定""发包"和"承包"三大部分，其中："一般规定"对承包合同、活动原则、禁止行贿和索贿、造价约定等方面内容进行了规定；"发包"对发包方式、公开招标、开标方式、招标组织和监督、发包约束、禁止限定发包、总承包原则、建筑材料采购等方面的内容进行了规定；"承包"对资质等级许可、共同承包、禁止转包和分包、分包认可和责任制等方面的内容进行了规定。

第四章　建筑工程监理

本章为第 30~35 条，对监理制度推行、监理委托、监理监督、监理事项通知、监理范围与职责、违约责任等方面的内容进行了规定。

第五章　建筑安全生产管理

本章为第 36~51 条，对管理方针和目标、工程设计要求、安全措施编制、现场安全防范、地下管线保护、污染控制、须审批事项、安全生产管理部门、施工企业安全责任、现场安全责任单位、安全生产教育培训、施工安全保障、企业承保、变动设计方案、房屋拆除安全、事故应急处理等方面内容进行了规定。

第六章　建筑工程质量管理

本章为第 52~63 条，对工程质量管理、质量体系认证、工程质量保证、工程质量责任制、工程勘察设计职责、建筑材料供给、施工质量责任制、建筑材料设备检验、地基和主体结构质量保证、工程验收、工程质量保修、质量投诉等方面的内容进行了规定。

第七章　法律责任

本章为第 64~80 条，对擅自施工处罚、非法发包和承揽处罚、非法转让承揽工程处罚、转包处罚、行贿和索贿刑事责任、非法监理处罚、擅自变动施工处罚、安全事故处罚、质量降低处罚、非法设计处罚、非法施工处罚、不保修处罚及赔偿、行政处罚机关、非法颁证处罚、限包处罚、非法颁证及验收处罚、损害赔偿等方面的内容进行了规定。

第八章　附则

本章为第 81~85 条法律规定，对适用范围补充、监管收费、施工范围特别规定、军用工程特别规定、生效日期等方面的内容进行了规定。

5.1.6.2　中华人民共和国合同法

为了保护合同当事人的合法权益，维护社会经济秩序，促进社会主义现代化建设，1999 年 3 月 15 日，第九届全国人民代表大会第二次会议通过并公布了《合同法》（主席令 9 届第 15 号），该法自 1999 年 10 月 1 日起施行。

《合同法》包括总则、分则、附则三大部分，共计 23 章内容、428 条法律规定，简要介绍如下。

总则

本部分为第 1~8 章、第 1~129 条法律规定，包括一般规定、合同的订立、合同的效力、合同的履行、合同的变更和转让、合同的权利义务终止、违约责任、其他规定等规定。

分则

本部分为第 9～23 章、第 130～427 条法律规定，包括买卖合同，供用电、水、气、热力合同，赠与合同，借款合同，租赁合同，融资租赁合同，承揽合同，建设工程合同，运输合同，技术合同，保管合同，仓储合同，委托合同，行纪合同，居间合同等规定。

附则

本部分为第 248 条法律规定，规定了本法的施行时间和同时应废止的法律法规。

5.1.6.3　中华人民共和国招标投标法及实施条例

为了规范招标投标活动，保护国家利益、社会公共利益和招标投标活动当事人的合法权益，提高经济效益，保证项目质量，1999 年 8 月 30 日，第九届全国人民代表大会常务委员会第十一次会议通过并公布了《招标投标法》（主席令 9 届第 21 号），自 2000 年 1 月 1 日起施行。

《招标投标法》包括总则、招标、投标、开标和评标及中标、法律责任、附则等六章内容，共计 68 条法律规定，简要介绍如下。

第一章　总则

本章为第 1～7 条法律规定，对立法目的、适用范围、招标要求、不得规避招标、招标投标活动原则、不得非法干涉事项、招标投标活动监督等方面的内容进行了规定。

第二章　招标

本章为第 8～24 条法律规定，对招标人资格、项目批准和资金来源、招标方式、邀请招标条件、招标事宜办理及备案、招标代理机构应具备的条件、招标代理机构的资格、招标代理机构的行为、招标公告、投标邀请书、投标人资格审查、招标文件编制、招标文件禁忌、现场踏勘、招标人保密、招标文件澄清或修改、投标文件编制的合理时间等方面的内容进行了规定。

第三章　投标

本章为第 25～33 条法律规定，对投标人资格、投标人能力、投标文件编制、投标文件的递交、投标文件的补充及修改或撤回、分包载明、联合体投标、投标人禁忌等方面的内容进行了规定。

第四章　开标、评标和中标

本章为第 34～48 条法律规定，对开标时间和地点、开标参与人、开标程序、评标程序、评标保密、投标文件澄清或说明、评标方法、中标人应符合的条件、否决投标和重新招标的条件、招标人不得提前谈判情况、评标委员会成员义务、中标通知书的发出、订立书面合同、招标投标情况报告、中标人义务和责任等方面的内容进行了规定。

第五章　法律责任

本章为第 49～64 条法律规定，对招标人非法规避招标的处理、招标代理机构违法的处理、招标人限制或排斥投标的处理、招标人泄密的处理、投标人串通或行贿的处理、投标人弄虚作假的处理、招标人违法谈判的处理、评标委员会成员受贿的处理、招标人非法确定中标人的处理、中标人非法转让的处理、非法订立合同的处理、中标人不履约的处理、行政监督部门的权利和责任、违法后重新招标等方面的内容进行了规定。

第六章　附则

本章为第 65～68 条法律规定，对异议或投诉、不适宜招标的条件、不适用的情况、施行时间等方面的内容进行了规定。

此外，2011年11月30日，国务院第183次常务会议通过了《中华人民共和国招标投标法实施条例》（国务院令第613号），在《招标投标法》的基础上进行了补充和细化，该法于2011年12月20日公布，自2012年2月1日起施行。

5.2 合同结构及内容

5.2.1 合同体系

风电场工程建设合同的种类繁多，不仅有 EPC 总承包合同，还有风电机组及箱变基础工程施工合同、升压站土建工程施工合同、集电线路工程施工合同、场内道路及吊装平台工程施工合同、风电机组及塔筒吊装合同、升压站设备安装合同、风电机组及附属设备

图 5-2 风电场工程合同体系图

采购合同、塔筒及基础环设备采购合同、箱式变压器设备采购合同、电力电缆采购合同、升压站电气一次及二次设备采购合同、勘测设计合同、监理合同、劳务合同等分承包合同。在风电场建设过程中，上述各类合同不是独立的，存在着一定的联系和交叉，形成一个完整的风电场工程合同体系，图5-2表示了风电场工程总承包方式的下合同体系。

5.2.2　合同结构及组成

风电工程合同主要包括 EPC 总承包合同、勘察设计合同、工程建设监理合同、设备采购合同、建筑及安装合同等，根据目前国内行政及建设管理部门推行使用的示范文本，这些合同的结构和文件的组成有相同部分的同时也有不同的侧重点，风电场工程合同结构及文件组成如图5-3所示。

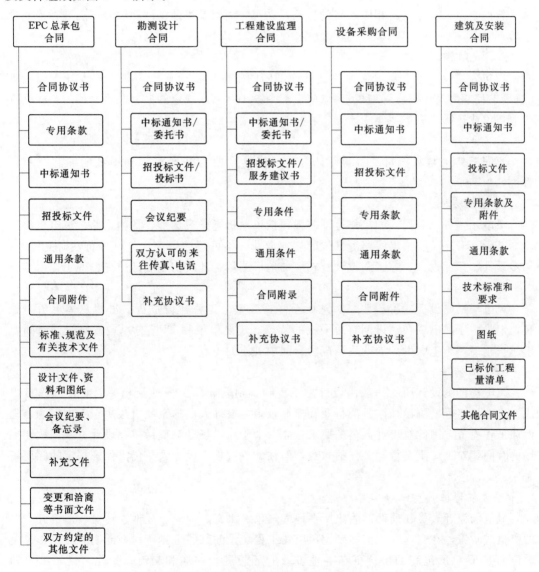

图5-3　风电场工程合同结构及文件组成

5.3　勘察设计合同及管理

5.3.1　合同的特征

风电场工程勘察设计一般由建设单位或 EPC 总承包商委托具有相关资质的勘察设计单位完成。为了明确双方的权利义务关系，建设单位或 EPC 总承包商应与勘测设计单位签订勘测设计合同。风电场工程勘测设计合同与风电场其他类型合同相比相对简单，其主要特征如下：

1. 法律特征

合同当事人应是具备相应资格的法人，并遵守国家及当地的法律法规、行业标准和规范等。

2. 资格特征

发包人建设工程应经过相关建设管理部门的批准并已落实资金来源，设计人应具备《建设工程勘察设计资质管理规定》（建设部令第 160 号）规定的勘察和设计资质，根据发包人要求或还需具有类似业绩。

3. 标的特征

不同于其他类型合同，勘测设计合同的标的主要为技术报告和图纸的编制及相关咨询。

4. 范围特征

风电场工程勘测设计的工作范围一般包括风电机组微观选址、场内道路、风电机组及箱变基础、升压站、集电线路等部位的规划设计、预可行性研究设计、可行性研究设计、初步设计、招标设计、施工图设计及相应的地形测量、地质初勘和地质详勘等工作内容。

5. 时间特征

风电场勘测设计的阶段明显，从始至终贯穿整个工程建设过程。虽然总体上历时较长，但是由于风电场在建设期有短平快的特点，建设单位和 EPC 总承包商对设计时间要求越来越高，施工图设计周期逐渐成为合同中关注的焦点。

6. 人员特征

风电场勘测设计团队一般由设计总工程师、副设计总工程师及相关专业设计人员组成。风电场工程勘测设计涉及的行业和专业较多，设计人员的素质直接决定着方案的合理性和工程投资，因此对设计人员的要求较高。由于风电场勘测设计重在设计方案，故驻现场的时间相对来说不是合同关注的焦点，但在施工过程中设计人员仍需保证一定的驻现场时间。

7. 责任特征

风电场设计人员在前期需收集所在地的气象、水文、地质、征地、环保、造价等方面的资料或政策，在工程开工前需确定风电场工程建设的红线范围等，在此期间需要在建设单位和 EPC 总承包商的协调下与各地方政府部门进行沟通和交流。为此，建设单位和 EPC 总承包商应为设计人提供必要的方便和条件。与此同时，设计人应按合同要求保质保量完成勘测设计任务。合同中应明确双方的权利和义务及违约后应承担的责任。

8.支付特征

不同于建筑安装工程合同，勘测设计成果不便于按完成工作量计量支付，一般根据勘测设计进度分期分批支付。

5.3.2 合同结构及组成

1.合同协议书

合同协议书是发包人和设计人对双方的权利、义务及其相关事项的约定，《勘察设计合同协议书》结构及内容见表5-1。

表5-1 《勘察设计合同协议书》结构及内容

编号	名　称	主　要　内　容
1	签订依据	风电场勘察设计合同应遵守《合同法》《建筑法》及国家和地方有关勘察设计的法律法规，合同签订前应取得建设工程批准文件
2	设计依据	风电场工程勘测设计应以委托书、招投标文件及发包人提供的基础资料为依据，采用风电及相关行业的标准及规范
3	合同文件优先顺序	为避免不同合同组成文件的同一约定发生冲突时解释不清，风电场工程勘测设计发包人及设计人应就合同文件的优先顺序进行约定。合同文件的优先顺序一般为：合同协议书＞中标通知书/委托书＞投标文件/投标书＞其他合同文件，优先顺序相同的按时间先后顺序在后的为准
4	项目概况及设计内容	为明确勘测设计的合同标的及具体内容，合同协议书应根据风电场特点描述项目名称、规模、投资及设计内容等
5	互提资料或文件	在风电场勘测设计过程中，发包人应向设计人提交所需资料，同时设计人应向发包人交付设计文件，合同协议书中应明确相关资料或文件的名称和提交的份数、时间及地点
6	费用	合同双方可协商或按经认可的投标报价确定合同费用，勘测设计费的调整也可协商或按已接受的投标文件确定。风电场设计人一般需要通过招标决定其合同费用在投标报价的基础上确定。除非工程规模、设计内容等重大条件发生变化，合同费用一般不做调整
7	支付方式	风电场勘测设计费一般按勘测设计进度分期分批支付，施工图完成后结清合同费用
8	双方的责任	风电场勘测设计合同发包人和设计人有着不同的权利和义务：发包人应按合同约定向设计人提供基础资料及文件，并为驻现场设计人员提供便利，按合同规定支付设计费；承包人应按国家规定和合同约定向发包人交付设计文件，并负责设计联络和交底，双方应对各自的违约行为负责
9	保密	合同双方应保护对方的知识产权，泄密方应承担后果及责任
10	仲裁	合同双方应协商解决合同履行过程中发生的争议，协商不成的可提交仲裁或依法起诉
11	合同生效	风电场勘测设计合同一般在合同双方签字盖章后即生效，必要时可加入提交履约保函的前提条件

2.中标通知书/委托书

通过招标方式决定设计人的，中标通知书应构成合同的组成部分；直接发包委托设计人的，发包人的委托书应构成合同的组成部分。

3. 招投标文件/投标书

通过招标方式决定设计人的，发包人发出的招标文件及中标人的投标文件应构成合同的组成部分；直接发包委托设计人的，设计人的投标书应构成合同的组成部分。

4. 会议纪要

会议纪要为发包人和设计人就相关合同事宜通过会议形式达成一致的决议，应构成合同的组成部分。

5. 双方认可的来往传真、电报

经双方认可的来往传真、电报与合同具有同等法律效力，应构成合同的组成部分。

6. 补充协议书

经双方协商一致，可就未尽事宜签订补充协议书，与合同具有同等效力，应构成合同的组成部分。

5.3.3　合同范本简介

5.3.3.1　建设工程勘察/设计合同（示范文本）

为了加强工程勘察设计咨询市场管理，规范市场行为，我国原建设部、国家工商行政管理总局制定了《建设工程勘察合同（示范文本）》（GF—2000—0203）和《建设工程设计合同（示范文本）》（GF—2000—0210），并在国内行政和建设管理机构、国务院有关部门、总后营房部中试行。上述示范文本结合我国法律体系编写，符合我国国情，推荐在国内风电场工程勘测设计项目中采用，《建设工程勘察合同（示范文本）》简介、《建设工程设计合同（示范文本）》简介见表 5-2、表 5-3。此两表是对《建设工程勘察合同（示范文本）》和《建设工程设计合同（示范文本）》中合同条件的简化描述，在使用示范文本时请参考原文。

表 5-2　《建设工程勘察合同（示范文本）》简介

编号	名　　称	主要内容简介
第一条	工程概况	工程项目的名称、地点、规模和特征，勘察任务的文号、日期、内容、技术要求、承接方式和预计工作量
第二条	发包人提供资料	发包人应向勘察人提供的各类文件资料
第三条	勘察人提交成果	勘察人应向发包人提交的勘察成果资料及份数
第四条	开工及提交勘察成果资料的时间	工程勘察工作开工时间、成果资料提交时间、收费标准及付费方式
第五条	发包人、勘察人责任	发包人、勘察人的权利和义务
第六条	违约责任	发包人、勘察人未按约定履行合同应承担的违约责任及处理办法
第七条	补充协议	补充协议的签订及效力
第八条	其他约定	发包人和勘察人约定的其他特殊事项
第九条	争议解决	合同争议的处理原则和方式
第十条	合同生效及终止	合同生效及终止的条件

表 5 – 3 《建设工程设计合同（示范文本）》简介

编号	名　称	主要内容简介
第一条	本合同签订依据	应遵守的法律法规和批准文件
第二条	设计依据	文件和资料依据以及应采用的技术标准
第三条	合同文件的优先次序	合同文件的组成及有限次序
第四条	项目概况及设计内容	项目名称、规模、阶段、投资及设计内容
第五条	发包人提供资料	发包人向设计人提交的资料、文件名称及时间
第六条	设计人交付文件	设计人向发包人交付的设计文件名称、份数、地点及时间
第七条	费用	设计费用金额、收费依据和计算方法以及调整原则
第八条	支付方式	设计费支付时间、批次及比例
第九条	双方责任	发包人、设计人的权利与义务及违约责任
第十条	保密	发包人、设计人应承担的保密义务及泄密责任
第十一条	仲裁	合同争议的处理原则及方式
第十二条	合同生效及其他	合同生效的条件及份数、合同的其他组成部分及效力、合同服务期限及其他相关合同约定

5.3.3.2 业主/咨询工程师标准服务协议书（白皮书）

1990 年，FIDIC 在《设计和施工监督协议书国际范本及通用规则》（1979 年）和《业主与咨询工程师项目管理协议书国际范本及通用规则》（1980 年）的基础上编制了《业主/咨询工程师标准服务协议书》（通称 FIDIC"白皮书"）以代替上述文件。该白皮书用于投资前研究、可行性研究、设计及施工管理、项目管理，在国际范围内普遍适用，推荐在国际风电场工程勘察设计项目中采用，《业主/咨询工程师标准服务协议书》简介见表5-4。

表 5 – 4 《业主/咨询工程师标准服务协议书》简介

编号	名　称	主要内容简介
	协议书	协议书主要明确以下约定： 1. 业主、咨询工程师名称； 2. 咨询工程师服务内容； 3. 协议书的组成部分； 4. 协议签订时间、地点
第一部分	标准条件	标准条件是对业主和咨询工程师权利义务作出的原则性约定
	定义与解释	
1	定义	对项目、服务、工程、业主、咨询工程师、协议书、商定的补偿等合同名词和用语赋予相应含义
2	解释	协议书中的规定若产生矛盾，按时间先后顺序以后者为准
	咨询工程师的义务	
3	服务范围	咨询工程师应履行与项目有关的服务，服务范围在附件 A 中约定
4	正常的、附加的和额外的服务	明确正常的、附加的和额外的服务，其中正常的和附加的服务在附件 A 中约定

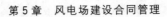

续表

编号	名　称	主要内容简介
5	尽责内容和行使职权内容	咨询工程师履行义务、行使权力或履行授权职责的行为约定
6	业主的财产	界定了业主财产的范围，对其移交做出约定，移交应被视为附加的服务
业主的义务		
7	资料	关于业主向咨询工程师提供资料的约定
8	决定	关于业主就咨询工程师提交的事宜做出决定的约定
9	协助	关于业主对咨询工程师提供协助的约定
10	设备和设施	业主应无偿向咨询工程师提供规定的设备和设施，设备和设施的具体内容在附件 B 中约定
11	业主的职员	业主可无偿为咨询工程师提供职员，此类职员只应接受咨询工程师的指示，业主职员的具体内容在附件 B 中约定
12	其他人员的服务	业主自费安排其他人员提供服务，咨询工程师应与其合作，但不对其负责。其他人员的具体内容在附件 B 中约定
职员		
13	职员的提供	咨询工程师的职员应适应本职工作，其资格应得到业主认可。业主提供的职员也应得到咨询工程师的认可，若业主未提供必需的职员或其他人员，咨询工程师可作为附加的服务增加相应人员
14	代表	合同双方应指定各方代表
15	职员的更换	关于职员更换的条件及费用的承担
责任和保险		
16	双方之间的责任	
16.1	咨询工程师的责任	若咨询工程师违反了第 5 条，则应负责向业主赔偿
16.2	业主的责任	若业主违反了相关责任，则应负责向咨询工程师赔偿
16.3	赔偿	明确负有责任一方的赔偿原则，赔偿数额不超过第 18.1 款规定的限额
17	责任的期限	提出索赔的时间不应迟于合同约定的或法律可能规定的时间，合同约定的时间在特殊应用条件中约定
18	赔偿的限额和保障	
18.1	赔偿的限额	关于赔偿限额及放弃索赔的条件及索赔不成立的处理
18.2	保障	业主应在法律允许的前提下保障咨询工程师免受一切索赔所造成的不利影响
18.3	例外	关于第 18.1 和 18.2 款不适用的情况，包括故意违约或粗心、未按合同履行义务等
19	对责任的保险与保障	业主可书面要求咨询工程师对相关责任进行保险
20	业主财产的保险	咨询工程师应对业主财务的损失或损害以及使用该财产而引起的责任进行保险
协议书的开始、完成、变更与终止		
21	协议书的生效	咨询工程师收到中标函之日或协议书所需最后签字之日，以日期较晚者为准

编号	名 称	主要内容简介
22	开始和完成	服务应在规定的时间或期限内开始并完成，具体时间或期限在特殊应用条件中约定
23	更改	经双方书面同意后可对协议书进行更改
24	进一步的建议书	咨询工程师应根据业主要求提供变更服务建议书，此类建议书视为附加的服务
25	延误	关于业主或其承包商原因使服务受到障碍或延误后的处理原则
26	情况的改变	关于非咨询工程师原因导致全部或部分服务不能履行的处理原则
27	撤销、暂停或终止	
27.1	业主的通知	关于业主发出暂停服务或终止协议通知的条件
27.2	咨询工程师的通知	关于咨询工程师发出通知及自行暂停与终止协议的条件
28	额外的服务	咨询工程师有权得到为履行额外服务所需的额外时间和费用
29	各方的权利和责任	协议书的终止不损害或影响各方应有的权利或索赔以及责任
支付		
30	对咨询工程师的支付	关于业主向咨询工程师支付正常的、附加的、额外的服务报酬的原则，支付的具体内容在附件 C 中约定
31	支付的时间	业主应按规定的时间向咨询工程师支付到期款项，否则应支付补偿，规定的时间在特殊应用条件中约定
32	支付的货币	关于使用协议书货币或其他货币支付的处理原则，货币的具体内容在特殊应用条件中约定
33	有关第三方对咨询工程师的收费	关于政府或授权的第三方对咨询工程师收费的处理原则
34	有争议的发票	业主可就发票中有异议的部分发出通知并说明理由，但不应延误支付其他部分
35	独立的审计	除固定总价支付外，业主可要求会计事务所对咨询工程师申报金额进行审计，咨询工程师应保存相关记录
一般规定		
36	语言和法律	关于协议书的语言及所遵循的法律，具体内容在特殊应用条件中约定
37	立法的变动	若履行服务所在地的法规发生变动或增加，应调整商定的报酬和完成时间，履行服务所在地的名称在特殊应用条件中约定
38	转让和分包合同	关于转让条件和分包合同的服务条件
39	版权	关于咨询工程师编制文件的版权所有权以及业主使用或复制的原则
40	利益的冲突	规定了咨询工程师获得利益和报酬的范围和条件，并不得参与可能与业主利益相冲突的活动
41	通知	关于通知的形式、生效条件及送达，通知的送达地点在特殊应用条件中约定
42	出版	规定了出版有关工程和服务书籍的标准条件，也可在特殊应用条件中另行约定
43	对损失或损害的索赔	关于对违反或终止协议书所引起的损失或损害的赔偿处理原则

续表

编号	名　　称	主要内容简介
44	仲裁	有关争议或索赔的解决方式
第二部分	特殊应用条件	
A	参阅第一部分条款	
1	定义	指定建造工程的项目名称
17	责任的期限	明确具体的责任期限及开始时间
18.1	赔偿的限额	明确具体的赔偿限额
22	开始和完成	明确协议书的开始和完成的具体时间
31	支付的时间	明确当地货币、外币的支付期限以及商定的逾期支付补偿标准
32	支付的货币	明确支付的货币及协议书中货币的汇率
36	语言和法律	明确协议书的主导语言和遵循的法律
37	立法的变动	明确履行服务所在地的名称
41	通知	明确业主及咨询工程师的地址、电话及传真号码
44	仲裁规则	明确仲裁的具体规则
B	附加条款	根据需要补充的其他相关约定
附件		
附件 A	服务范围	明确咨询工程师服务的范围和内容
附件 B	业主提供的职员、设备、设施和其他人员的服务	明确业主提供的职员、设备、设施和其他人员的服务的具体情况
附件 C	报酬和支付	明确报酬和支付的具体内容

　　注　本表是对《业主/咨询工程师标准服务协议书》中合同条件的简化描述，在使用标准服务协议书时请参考原文。

5.3.4　合同管理要点

　　1. 加强设计交底

　　风电场设计人员在完成施工图纸并交付发包人后，发包人或委托监理人应尽快组织设计交底，与各承包人、现场实施人员就图纸和技术要求的相关问题进行交流与沟通，确保工程建设按照图纸和设计的真实意图实施，避免由于理解不当或疏漏造成返工，对工程建设和合同工期造成不利影响，最终都无法取得自身的经济效益。

　　2. 规范设计变更

　　在风电场工程建设过程中，不可避免地会发生一系列的设计变更：或由于外部环境导致部分工程建设条件发生变化，或由于发包人要求变化导致某分部分项工程的功能或结构发生变化，或由于承包人原因导致设计变更，或设计人合理的设计优化导致的设计变更。上述变更对工程费用有一定影响，给发包人和承包人带来一定的合同变更和索赔，是各方关注的焦点。因此，发包人和设计人应规范设计变更程序，设计人应及时发出设计变更通知单，发包人应留存备份并按时梳理设计变更，分析投资差异及风险，在发生索赔或对设计进行考核时作为重要依据。

3. 紧跟设计进度

风电场勘测设计进度与工程建设进度联系紧密，直接决定着工程建设的有序开展。在既定且合理的设计进度制定完成后，设计人应按照相关约定按期提供设计文件。对于工期要求异常紧迫的项目，发包人应结合工程实施情况分析各个设计环节的轻重缓急，合理考虑设计人为加快设计周期增加的投入，及时跟踪设计进度并建立相应的考核制度，为工程建设进度目标的实现保驾护航。

4. 重视设计优化

工程设计作为工程项目的龙头，是建设项目进行全面规划和具体描述实施意图的过程，是确定与控制工程投资的重点阶段，风电场工程也不例外。风电场工程设计费仅占工程总投资的不到1%，但对工程造价却有着至关重要的影响。若能对设计优化建立相应的奖惩制度，可在一定程度上提高工程设计技术创新的积极性，主动寻求用最低的寿命周期成本满足项目的功能需求，从而提高设计项目的价值，达到投资控制的目的，实现最大经济效益。

5.4 监理合同及管理

5.4.1 合同特征

根据《中华人民共和国建筑法》第四章第三十条规定：国家推行建筑工程监理制度。风电场工程监理人受建设单位或 EPC 总承包单位的委托，依据项目核准文件、建设工程监理规范、风电场工程设计文件、工程建设监理合同及其他建设合同，分别对风机及基础、升压变电站、集电线路、场内道路、环境保护及水土保持等分部分项工程的土建及安装实施监理。监理的主要内容可用"四控、两管、一协调"来概括，即对风电场工程投资、建设工期、工程质量、工程安全进行控制，对风电场工程信息和建设合同进行管理，对风电场工程参建单位之间的工作关系进行协调。

监理阶段可分为设计监理和施工监理：设计监理是在设计阶段对设计项目所进行的监理，其主要目的是确保设计质量和时间等满足业主的要求；施工监理是在施工阶段对施工项目所进行的监理，其主要目的在于确保施工安全、质量、投资和工期等满足业主的要求。目前国内风电场工程监理局限于招标和施工图设计阶段，未参与项目核准前的工程设计阶段。

风电场工程建设监理合同是委托人与其聘请的监理人在工程建设过程中的上述监理范围和阶段既定的条件下，为了进一步明确双方权利和义务并最终达成一致的协议，是双方共同遵守并受法律保护的约定，其主要特征如下：

1. 法律特征

建设单位或 EPC 总承包单位与监理单位应具备法人资格，合同的订立必须符合风电场工程各项工作的先后次序，必须遵守国家和行政主管部门颁布的有关工程建设的法律法规、行业标准和规范等。

2. 资格特征

建设单位或 EPC 总承包单位与监理人一般是取得法人资格的企事业单位。作为委托人，工程建设单位或 EPC 总承包单位应取得国家批准的项目核准文件，项目资金来源已落实。作为受托人，监理人应具备《工程监理企业资质管理规定》（建设部第 158 号令）规定的监理资质，根据委托人要求或还需具有类似业绩。

3. 标的特征

风电场工程监理合同属于咨询服务合同范畴，不同于风电场工程勘测设计合同、设备采购合同、建筑及安装合同，风电场工程监理合同没有新的物质或信息成果产出，监理单位凭借自身的知识、经验、技能为委托人提供监督和管理的技术服务。

4. 范围特征

根据建设单位或 EPC 总承包需要，监理单位一般对风电场的风机及基础、升压变电站、集电线路、场内道路、环境保护及水土保持等分部分项工程的土建及安装进行监控并对所有参建单位之间的关系进行协调，必要时对招标和施工图设计以及风机、塔筒、箱变、主变等主要设备制造进行监理。

5. 时间特征

风电场工程建设监理服务期限一般从风电场工程开工时起至竣工验收时止，监理的人员及工作时间安排应满足工程进度要求。

6. 人员特征

风电场工程建设监理人员一般由总监理工程师、总监理工程师代表或副总监理工程师、专业监理工程师、监理员构成，各类人员的资格要求及在工程中扮演的角色各不相同：总监理工程师应具备国家注册监理工程师资格，全面负责管理工程项目监理机构的工作；总监理工程师代表或副总监理工程师负责总监理工程师指定的监理工作，并在总监理工程师的授权范围内行使总监理工程师的职责和权力；专业监理工程师负责本专业的监理工作；监理员在专业工程师的指导下开展现场监理工作。

7. 责任特征

风电场工程监理委托人根据合同约定向监理人有偿或无偿提供资料及生活、工作条件，如设计文件及图纸、分包合同、招投标文件、办公及生活用房和设施、各项检测和试验仪器设备等。监理人根据发包人的授权范围和合同约定完成相应的监理工作。

8. 支付特征

风电场工程监理合同不同于建筑安装工程合同，没有创造新的物质或信息成果，因此对于监理服务费用不能按完成工作量计量支付，一般根据其人员进场情况及现场服务时间按月或季度支付。对于监理附加工作的酬金，工程建设监理合同应对其计算及支付方式做出相应约定。

5.4.2　合同结构及组成

5.4.2.1　合同协议书

合同协议书是合同双方对主要合同要素达成一致的约定，主要合同要素如下：

1. 工程概况

一般对风电场工程名称、地点、规模、设计概算或建筑安装工程投资等情况作简单介绍。

2. 组成文件

合同的组成文件应包括合同协议书、中标通知书（适用于招标项目）/询价文件（适用于议标项目）/委托书（适用于直接委托项目）、投标文件（适用于招标项目）/报价文件（适用于议标项目）/监理服务建议书（适用于直接委托项目）、专用合同条款、通用合同条款、附录及合同双方依法签订的补充协议。

3. 总监理工程师

总监理工程师应是监理单位在投标或议标或委托阶段拟投入的、经建设单位或EPC总承包单位认可的监理人员。总监理工程师是风电场监理工作的核心，在工程建设监理过程中的作用至关重要，根据建设单位或EPC总承包单位需要，合同协议书一般应将项目经理的姓名、身份证号、监理工程师注册号等信息明确。

4. 监理酬金

监理酬金应是监理单位在投标或议标或委托阶段提出的、经建设单位或EPC总承包单位认可的服务费用。监理酬金是监理单位取得酬劳的依据，也是建设单位或EPC总承包单位支付的基础，合同协议书应明确不同阶段的监理及其他服务酬金金额。

5. 监理期限

监理期限应是建设单位或EPC总承包单位在招标或询价或委托文件中根据工程建设需要提出的、经监理单位响应的服务时间。风电场工程监理期限一般从风电场工程开工时起至工程通过竣工验收时止，合同协议书应明确不同阶段的监理及其他服务的期限。

6. 合同订立

合同协议书需明确合同签订时间、地点及合同份数。在无特别约定的情况下，合同签订时间关系着合同生效、支付及监理人员安排等，合同签订地点关系着争议解决地点、税务相关地点等。

5.4.2.2 合同条款

合同条款是合同双方对各自权利和义务及相关合同事宜的约定，主要合同条款如下：

1. 定义与解释

为了便于双方准确地理解并履行合同，合同条款需首先将组成合同全部文件中的部分名词和用语赋予相应的含义，对其概念的内涵或语词的意义做出简要而准确的描述，如工程、委托人、监理人、承包人、监理、正常工作、附加工作、项目监理机构、总监理工程师、书面形式、不可抗力等。

此外，合同条款还需对合同语言及组成文件的优先顺利做出解释。一般来说，建设单位或EPC总承包单位根据其需要确定中文或其他语言文字的解释顺序，若合同组成文件对同一约定的描述出现冲突，其解释顺序一般按时间先后以时间在后的优先，若时间相同，则按上述文件排序前后以排序在前的优先。

2. 监理人的义务

监理范围和工作内容作为监理人的义务之一，应在合同条款中明确，必要时可根据建设单位或 EPC 总承包单位的需要制定相应的服务目标。合同条款还应明确监理与相关服务过程中使用的依据，对监理机构和人员做出相关要求，对监理人应履行的职责做出约定。此外，对于监理与相关服务报告的提交、现场文件资料的保留与归档、委托人财产的无偿使用和保管及归还等监理人义务，也应在合同条款中做出相应约定。

3. 委托人的义务

建设单位或 EPC 总承包单位应在合同条款中明确监理人、总监理工程师及项目监理机构的权限，明确无偿或有偿向监理人提供的有关工程资料、生活及办公条件、外部条件，确定与监理人联系的授权代表。为了风电场工程建设管理的准确性和及时性，建设单位或 EPC 总承包单位的意见和要求一般由监理人向承包人发出指令；对于监理人书面形式提交并要求做出决定的事宜，建设单位或 EPC 总承包单位应按约定的时间给予书面答复；建设单位或 EPC 总承包单位还应按合同约定向监理单位支付酬金，上述委托人义务均应在合同条款中做出明确要求。

4. 违约责任

对于委托人或监理人未履行合同义务的，应明确应承担的责任，并在合同条款中约定索赔或赔偿金额的确定方法或计算方式，如因监理人过失或管理不力给委托人造成损失的，可按直接经济损失乘以报酬率计算，报酬率为监理酬金占相应部分施工合同价格的百分比；因委托人延期支付监理服务酬金的，可以延期支付的监理服务酬金金额为基数，按同期中国人民银行活期存款利率计算并赔偿逾期付款违约金。一般来说，因不可抗力导致合同全部或部分不能履行时，委托人和监理人各自承担因此造成的损失、损害。

5. 支付

合同支付是委托人的义务之一，也是监理人取得报酬的依据之一。因此，合同条款中应明确合同支付货币的种类、比例和汇率，一般全部以人民币进行支付。此外，正常工作酬金的支付时间、比例及金额也应在合同中明确。对于附加工作酬金、合理化建议奖励金额及费用（若有），可根据实际情况在合同条款中明确其支付条件。

6. 合同生效

合同生效是合同双方履行合同的起点，是委托人支付和监理人进场的重要依据，因此合同条款中应明确合同生效的条件，一般为委托人和监理人的法定代表人或授权代理人在合同协议书上签字并盖单位章，或同时还需要监理人提供履约保函。

7. 合同变更

不同于火电及水电机组布置较为集中，对区域内居住条件影响较大，在完成移民拆迁后施工区域相对集中且干扰较少，而风电机组的布置较为分散，施工地点较分散、区域相对广阔，南北或东西长动辄十余公里，对区域内居住条件影响较小，不可能也没必要对整个风电场区域进行移民拆迁，虽然在选择风机机位时应尽量避免移民拆迁，但由于场内道路经过部分地方居民居住地，仍对风电场建设有一定干扰。因此，在其监理过程中可能会不可避免地发生变更，主要有以下情况：

（1）因非监理人原因（不可抗力除外），如由于社会关系或外部条件不良造成场内道路施工和风机、塔筒吊装严重窝工甚至停工，或由于施工操作不当造成某分部分项工程完成后不得不拆除重新施工，导致监理人服务期限延长、内容增加。

（2）因实际情况发生变化，如建设单位或 EPC 总承包单位与其分包商解除合同导致工程整体或部分停工，使得监理人不能完成全部或部分工作。

（3）因风电场工程规模、监理范围的变化导致监理人的正常工作量变化。

（4）其他非监理人原因，如法律法规、规程规范及标准颁布或修订等，造成监理服务范围、时间、酬金变化。

当上述情况发生时，所造成的监理服务正常工作酬金的调整和附加工作酬金的增加方法应在合同条款中存在相应的约定。

8. 合同暂停与解除

合同履行过程中，可能会出现合同一方无正当理由不履行合同义务或无能力继续履行合同义务或继续履行已无意义的情况，因此合同条款中应明确合同暂停与解除的条件，并确定暂停与解除后违约方应承担的责任。

9. 合同终止

合同履行有始有终，合同条款应明确合同的终止条件，一般为合同工作已全部完成并已结清并支付全部酬金。

10. 争议解决

委托人和监理人可通过合同条款约定选择解决争议的方式，解决争议的方式主要有协商、调解、仲裁或诉讼等方式。选择调解时应明确调解部门，选择仲裁时应明确具体的仲裁委员会，选择诉讼时应明确具体的人民法院。

11. 其他

合同条款可对合理化建议奖励、保密事项等未尽事宜进行补充。

5.4.3 合同范本简介

常见的国内工程监理合同范本有住房和城乡建设部、国家工商行政管理总局编制的《建设工程监理合同（示范文本）》（GF—2012—0202），常见的国际工程监理合同范本有 FIDIC 编制的《业主/咨询工程师标准服务协议书条件》，上述合同范本均适用于风电场工程，其中国内风电场工程一般使用国内范本，国际风电场工程一般使用 FIDIC 合同条件，现对上述示范文本简要介绍如下。

5.4.3.1 《建设工程监理合同（示范文本）》

为规范建设工程监理活动，维护建设工程监理合同当事人的合法权益，住房和城乡建设部、国家工商行政管理总局制定了《建设工程委托监理合同（示范文本）》，并在国内行政和建设管理机构、国务院国有资产监督管理委员会所属企业推广使用。本示范文本结合我国法律体系编写，符合我国国情，推荐在国内风电场工程监理项目中采用，《建设工程监理合同（示范文体）》简介见表 5-5。

表5-5 《建设工程监理合同（示范文本）》简介

编号	名 称	主要内容简介
第一部分	协议书	协议书主要明确以下约定：①委托人、监理人名称；②工程名称、地点、规模、概算投资的简要说明；③合同文件的组成部分；④总监理工程师的姓名、身份证号码、注册号；⑤勘察、设计、保修阶段的监理及相关服务酬金；⑥勘察、设计、保修阶段的监理及相关服务期限；⑦合同订立时间、地点、份数及双方的相关信息
第二部分	通用条件	通用条件是对委托人和监理人权利义务作出的原则性约定
1	定义与解释	
1.1	定义	对工程、委托人、监理人、承包人、监理、相关服务、正常工作、附加工作、项目监理机构、总监理工程师、酬金、正常工作酬金、附加工作酬金、不可抗力等合同名词和用语赋予相应含义
1.2	解释	语言文字、合同文件、补充协议的解释顺序
2	监理人的义务	
2.1	监理的范围和工作内容	对普遍适用的监理工作内容做出约定，如监理实施细则编制、参加图纸会审和设计交底会议、主持监理例会、审查施工组织设计、检查质量和安全及资格、签发开工令、审核支付申请等。其他监理工作内容及监理范围在专用条件中约定，相关服务范围在附录A中约定
2.2	监理与相关服务依据	对普遍适用的监理依据做出约定，如法律法规、标准规范、设计文件、合同文件等，其他监理依据可根据工程特点在专用条件中约定
2.3	项目监理机构和人员	监理机构应满足工作需要并配备必要的检测设备，主要人员应具有相应资格条件。对总监理工程师和监理人员的更换做出相应约定
2.4	履行职责	提出了监理人应履行的职责，如处理委托人和承包人提出的意见和要求；分包合同争议时提供证明资料；处理分包合同变更事宜；要求调换承包人员等。对于要求调换承包人员的职责，专用条件可另行约定
2.5	提交报告	监理人应提交监理与相关服务报告，其种类、时间和份数在专用条件中约定
2.6	文件资料	监理人应在现场保留相关文件，竣工后按规定归档
2.7	使用委托人的财产	监理人应妥善使用、保管并移交委托人财产。无偿使用的派遣人员、房屋、资料、设备在附录B中约定，移交的时间和方式在专用条件中约定
3	委托人的义务	
3.1	告知	委托人应明确有关监理的权限，变更时应及时通知
3.2	提供资料	委托人应提供最新工程资料，无偿提供的工程资料在附录B中约定
3.3	提供工作条件	委托人应提供必要的外部条件，无偿使用的派遣人员、房屋、资料、设备在附录B中约定
3.4	委托人代表	委托人应授权代表负责与监理人联系，更换时应提前通知监理人
3.5	委托人意见或要求	委托人对承包人的意见或要求应通知监理人，由监理人向承包人发出相应指令

编号	名 称	主要内容简介
3.6	答复	委托人应对监理人的书面要求给予书面答复,时间限制条件在专用合同条件中约定。必须注意的是,逾期未答复的,视为委托人认可
3.7	支付	委托人应向监理人支付酬金,与支付相关的约定详见合同条件第5条
4	违约责任	
4.1	监理人的违约责任	监理人应负责赔偿因自身违约给委托人造成的损失及其索赔不成立给委托人带来的费用,赔偿金额的确定方法在专用条件中约定
4.2	委托人的违约责任	委托人应负责赔偿因自身违约给监理人造成的损失及其索赔不成立给监理人带来的费用,应支付因逾期付款产生的利息,逾期付款利息的确定方法在专用条件中约定
4.3	除外责任	监理人不承担因非自身原因造成的损失,因不可抗力造成的损失由双方各自承担
5	支付	
5.1	支付货币	酬金以人民币支付,专用条件可另行约定采用其他货币,但须明确货币种类、比例和汇率
5.2	支付申请	监理人应按合同约定向委托人提交支付申请书
5.3	支付酬金	支付酬金包括正常工作酬金、附加工作酬金、合理化建议奖励金额及费用,酬金的支付批次、时间、比例、金额在专用条款中约定
5.4	有争议部分的付款	委托人应书面通知监理人对支付申请书的异议,有异议部分款项按合同条件第7条约定处理
6	合同生效、变更、暂停、解除与终止	
6.1	生效	双方法定代表人或其授权代理人在协议书上签字并盖单位章后合同生效,专用条款可另行约定合同生效条件
6.2	变更	明确发生下列情况时的变更原则(不可抗力除外):①非监理原因导致合同期限延长、内容增加;②实际情况变化造成停工后的善后及恢复的准备;③相关法律法规、标准颁布或修订造成服务变化;④非监理人原因造成工程投资或费用增加;⑤工程规模、监理范围变化导致工作量减少。 其酬金调整的确定方法在专用条件中约定
6.3	暂停与解除	明确合同暂定与解除的前提条件与处理方式及合同解除后仍然有效的合同条件
6.4	终止	当合同工作全部完成且酬金结清并支付时,合同终止
7	争议解决	可通过协商、调解、仲裁或诉讼等方式,具体的调解人、仲裁机构、人民法院在专用条款中约定
8	其他	对外出考察费用、检测费用、咨询费用、奖励、守法诚信、保密、通知、著作权等通用约定进行补充
第三部分	专用条件	专用条件根据工程特点约定,是通用条件的补充和细化
1	定义与解释	

续表

编号	名　　称	主要内容简介
1.2	解释	明确中文外的合同语言及合同文件的解释顺序
2	监理人义务	
2.1	监理的范围和内容	明确具体的监理范围和工作内容
2.2	监理与相关服务依据	补充其他必要的监理与相关服务依据
2.3	项目监理机构和人员	补充更换监理人员的其他情形
2.4	履行职责	明确对监理人的授权范围及要求承包人调换其他人员的限制条件
2.5	提交报告	明确监理人应提交报告的种类、时间和份数
2.7	使用委托人的财产	明确委托人无偿提供的房屋、设备的所有权及移交的时间和方式
3	委托人义务	
3.4	委托人代表	明确委托人代表
3.6	答复	明确委托人给予监理人书面答复的时间限制
4	违约责任	
4.1	监理人的违约责任	明确监理人赔偿金额的确定方法
4.2	委托人的违约责任	明确委托人逾期付款利息的确定方法
5	支付	
5.1	支付货币	明确支付币种、比例及汇率
5.3	支付酬金	明确正常工作酬金的支付批次、时间、比例和金额
6	合同生效、变更、暂停、解除与终止	
6.1	生效	明确合同生效条件
6.2	变更	明确酬金调整的确定方法
7	争议解决	明确具体的调解机构、仲裁委员会、人民法院
8	其他	明确检测费用和咨询费用支付时间、奖励金额确定方法、保密事项和期限、著作权期限及限制条件，补充其他必要的条款
附录 A	相关服务的范围和内容	明确不同阶段监理服务的范围和内容，包括勘察阶段、设计阶段、保修阶段、其他阶段等
附录 B	委托人派遣的人员和提供的房屋、资料、设备	明确委托人派遣的人员名单，包括名称、数量、工作要求、提供时间等；委托人提供的房屋，包括房屋名称、数量、面积、提供时间等；委托人提供的资料，包括资料名称、份数、提供时间等；委托人提供的设备，包括设备名称、数量、型号、规格、提供时间等

注　本表对《建设工程监理合同（示范文本）》（GF—2012—0202）中合同条款的简化描述，在使用示范文本时请参考原文。

5.4.3.2　《业主/咨询工程师标准服务协议书（白皮书）》

本白皮书在国际范围内普遍适用，推荐在国际风电场工程监理项目中使用，其主要内容简介见第 5.3.3.2 节。

5.4.4　合同管理要点

5.4.4.1　采用招标方式确定监理人

随着监理服务的市场化以及监理咨询单位的日益增加，监理服务的市场竞争越来越激烈。根据我国招投标法并结合目前国内风电场工程监理服务费用水平，装机容量在50MW左右及以上的风电场工程一般应通过公开招标方式确定监理人。虽然工程监理费用占工程总投资比重不大，但却具有重大作用。通过公开、公平、公正的招投标程序，可有效防范监理合同风险、避免监理合同纠纷、控制监理服务费用。采用公开招标方式不仅仅是为了符合法律的要求，更重要的是为了保障委托人和监理人的合法权益，促进监理服务的合理有序，推进工程项目的顺利进行。因此，采用招标方式确定监理人十分必要。

5.4.4.2　做好合同准备及责任分解

在监理合同签订前委托人应做好相关准备工作，如确定监理服务的范围、内容和期限；落实无偿向监理人派遣的人员及提供的房屋、资料、设备；附加、额外的服务范围及酬金的确定方法等。准备工作做的好与坏，直接关系到监理人对委托人真实意图理解的准备与否：准备工作做得好，监理人对委托人的真实意图得到了充分理解，合同履行阶段合同纠纷少，监理合同管理有序进行；准备工作不充分，监理人对委托人的真实意图缺乏理解甚至产生误解，合同履行阶段双方各执一词，合同纠纷不断，不但监理合同的管理无法得到有效控制，甚至会对风电场工程建设产生不利影响。

在监理合同签订后，监理合同管理者应认真分析合同双方的权利和义务，严格区分合同双方的责、权、利，以便在合同履行阶段迅速判断各方责任，避免由于责任方不明导致的损失与损害，同时在索赔的处理上也可避免赔偿责任的误判，更准确、更有效地进行合同索赔管理。

5.4.4.3　重视总监理工程师的选择

总监理工程师是履行监理合同的主要责任人，在风电场工程监理中扮演着重要的角色。风电场工程建设战线长、周期短，总监理工程师应具有丰富的风电场监理经验，对建设过程中的重难点有充分的认识，还需熟悉风电场土建及电气等专业技术知识，熟悉风电场建设相关的法律法规，具有高度的责任感和事业心，具备较强的领导和组织协调能力，才能准确无误地发布各项指令，在短时间内对大范围内各个环节实施有效控制并带领其监理团队圆满完成监理任务。当然，对于总监理工程师，注册监理工程师的资格是必要的。因此，建设单位或EPC总承包单位在招标过程应加强对总监理工程师的资料和业绩的审查，并在评标过程中对其面试，必要时可向其曾经服务过的项目业主进行了解。

5.4.4.4　加强对监理人员和细则的审查

监理合同签订后，监理单位的人员和机构也随之组建，建设单位或EPC总承包单位应对总监理工程师人选、监理人员的数量和配置、监理人员资格进行审查，发现不符合合同约定的或不合格时应果断要求监理单位给予更换或调整，为监理合同的履行做好充分的准备，为工程建设的有效控制奠定坚实的基础。

在确保监理人员和机构满足要求后，建设单位或EPC总承包单位应对监理细则的目标、组织方案、控制措施、协调方式等内容进行审查，对于不明确、不完善甚至不符合合同内容的，应督促监理单位将监理细则具体化、明细化，确保监理目标的制定和分解满足合同要求，同时为监理过程的实施指明方向。

5.4.4.5　充分发挥监理人主观能动性

在监理合同签订时，建设单位或 EPC 总承包单位应合理地给予监理单位充分的授权。在监理合同履行过程中，建设单位或 EPC 总承包单位不应过多地干涉监理单位的工作，甚至剥夺合同中已授予的相关权力。建设单位或 EPC 总承包单位应充分信任并支持监理单位的工作，使其丰富的经验和智慧为己所用。否则，监理单位的工作积极性和主动性将受到挫伤，甚至将导致监理单位形同虚设，不但工程建设管理的工作量和难度不断增加，而且工程建设过程也不能得到有效控制。当然，充分的信任与支持应建立在诚信守约的基础上，对于不称职或缺乏廉洁意识的监理人员应及时要求更换。

5.4.4.6　建立完善的行文及档案管理制度

在工程建设监理过程中，监理人要求委托人做出决定的事宜应以书面形式提交，委托人对此的回复也应以书面形式，除此之外，对于重大问题的通知、意见或要求一般均以书面形式呈现。这些书面文件均是合同履行过程的见证和记录，在未来可能发生的合同索赔和争议中将发挥重大作用。因此，建设单位或 EPC 总承包单位应建立规范的文函收发管理制度并建立档案统一收集整理并保管，确保在发生索赔或争议时有理可依、有据可查。

5.5　设备采购合同及管理

5.5.1　合同特征

风电场工程设备主要包括风电机组及其附属设备、塔筒及基础环设备、箱式变压器设备、主变压器及中性点设备、无功补偿设备、高压户内/外开关设备，户内开关柜设备、综合自动化设备、交直流设备、视频安防设备、风功率预测设备等。根据《中华人民共和国合同法》，风电场工程设备采购合同应为买卖合同和运输合同的综合，设备卖方将其制造设备的所有权转移给工程发包人并运输至发包人指定地点，发包人向设备卖方支付相应的价款。风电场工程设备采购合同的主要特征如下：

1. 法律特征

合同当事人应是具备相应资格的法人，并遵守国家及当地的法律法规、行业标准和规范等，设备的参数及数量应符合建设工程批准文件的规定。

2. 资格特征

发包人的建设工程应经过相关建设管理部门的批准并已落实资金来源，设备卖方应具备相关设备的制造或经销能力，根据发包人要求或还需具有类似业绩。对于风电机组，还应就低电压穿越试验取得相关权威部门的检验合格报告。

3. 标的特征

风电场工程设备采购合同的标的为按合同技术要求制造的、满足风电场运行条件的设备和相关备件、工具及技术服务等。

4. 范围特征

风电场工程设备采购合同的范围一般为设备的设计、制造、出厂前的试验、校验、包装、运输、现场开箱交接、现场安装指导、联调试运行以及对运行维护人员的培训等。

5. 时间特征

由于风电场所在地的风能资源情况不一，风电机组设备选型也不完全相同，与之相应的塔筒和箱变也各有差异。此外，由于接入系统不同，其升压站设备配置也略有差异。因此风电场工程设备没有成品可用，应考虑合理的制造周期。

6. 人员特征

风电场工程设备采购合同卖方除了提供合同设备外，还应提供现场安装指导及培训等技术服务等，相关人员应具备相应的资格和能力。

7. 责任特征

根据风电场施工组织情况，风电场设备一般为车板交货，到达交货地点后的卸车由安装承包人负责。此外，各标段设备既相互独立又有必然的联系，部分设备还存在一定的交叉和对接。因此，发包人要对设备卖方、安装承包人、设计人与自身的责任界面进行划分，避免由于疏漏对设备调试及运行产生不利影响。

8. 支付特征

风电场工程设备价款支付一般在合同签订、投料、交货、调试运行、质量保证期满等不同阶段按合同总金额的一定比例支付。对于风电机组、塔筒、箱式变压器、电缆等数量较多且合同总金额较大的采购合同，为了缓解设备卖方的资金周转压力，可考虑在各阶段分批次按比例支付。

5.5.2　合同结构及组成

1. 合同协议书

合同协议书是买卖双方对合同基本内容的声明，主要包括双方的名称、合同设备和服务范围、合同价格、合同的组成部分、双方的基本义务、签订代表及时间等。合同协议书是风电场工程设备采购合同的重要组成部分。

2. 中标通知书

通过招标方式确定设备卖方的，其中标通知书受到法律保护，应构成合同的组成部分。

3. 招投标文件

招标人以招标文件的形式向各投标人发出邀约，各投标人按照邀约以投标文件的形式响应发包人，最终招标人仅接受中标人的投标文件。因此招标文件和投标文件是合同双方都接受的文件，是合同签订的基础，应构成合同的组成部分。

4. 合同条款

合同条款是合同双方就各自的权利和义务及合同履行期间的相关事项的具体约定，主要包括对合同设备检验、测试、包装、装运、交货、保险、伴随服务、备件、保证等方面的要求；对发包人支付方式和条件的约定；对变更、索赔、违约的处理方法等。合同条款是买卖双方的行为指南，构成了合同的重要组成部分。

5. 补充协议书

合同签订后，合同双方可就合同中的未尽事宜签订补充协议书，补充协议书构成合同的组成部分，与合同具有同等效力。

5.5.3　合同范本简介

我国商务部机电和科技产业司于 2008 年编制了《机电产品采购国际竞争性招标文件（示范文本）》，其中的合同条款示范文本可用于风电场设备采购工程，《机电产品采购通用合同条款（示范文本）》简介见表 5-6。

表 5-6　《机电产品采购通用合同条款（示范文本）》简介表

编号	名　称	主要内容简介
一	合同协议书	合同协议书主要明确以下内容：①买卖双方的国家（地区和城市）及名称；②合同货物和服务的简介；③合同货币的币种、合同价；④合同的组成部分；⑤协议签署日期和签字代表
二	合同通用条款	通用条款是对买卖双方权利义务作出的原则性约定
1	定义	对合同、合同价、货物、伴随服务、合同通用条款、合同专用条款、买方、卖方、项目现场等合同术语做出解释
2	适用性	若合同通用条款的相关条款内容在合同其他部分另有约定，则通用条款相关条款不再适用。
3	原产地	对原产地和货物做出解释，对货物及服务的原产地做出要求
4	标准	约定货物标准及计量单位
5	合同文件和资料的使用	对合同文件和资料的保密、使用提出要求
6	知识产权	卖方应保证买方免受第三方相关起诉
7	履约保证金	约定了卖方提交履约保证金的金额、用途、时间和方式及买方退还履约保证金的条件和时间
8	检验和测试	明确了买方检验和测试的权利和卖方义务及货物有缺陷或不合格时的处理方式
9	包装	约定货物包装的具体要求
10	装运标记	约定货物装运标记的具体要求
11	装运条件	在 CIF/CIP、EXW、船上交货价（Free On Board，FOB）/Insert named port of shipment，货交承运人（Free Carrier，FCA）等不同合同条件下的装运条件约定
12	装运通知	在 CIF/CIP、EXW、FOB/FCA 等不同合同条件下的装运条件约定
13	交货和单据	约定了卖方的交货条件及提供的单据
14	保险	约定保险的内容及在 CIF/CIP、EXW、FOB/FCA 等不同合同条件下的保险办理
15	运输	在 CIF/CIP、EXW、FOB/FCA 等不同合同条件下的运输办理及负责划分
16	伴随服务	关于伴随服务的范围及费用约定
17	备件	卖方应按合同要求提供备件，必要时应提供与备件有关的材料、通知和资料
18	保证	对卖方保证的内容、期限及缺陷的处理做出约定

续表

编号	名　　称	主要内容简介
19	索赔	关于索赔事宜解决方法的约定
20	付款	付款方法和条件在合同专用条款中的约定
21	价格	关于货物和伴随服务价格
22	变更指令	关于买方变更的范围及处理方法
23	合同的修改	关于合同修改的条件
24	转让	关于卖方合同义务转让的条件
25	分包	对卖方的分包做出要求
26	卖方履约延误	对卖方交货和提供伴随服务提出要求，约定拖延情况的处理方式
27	误期赔偿费	关于误期赔偿费扣除的条件及标准
28	违约终止合同	关于买方提出终止合同的条件，及终止后的处理办法
29	不可抗力	关于不可抗力事件及发生后的处理方式
30	因破产而终止合同	卖方破产或无清偿能力，买方可终止合同
31	因买方的便利而终止合同	买方可出于自身便利终止合同，约定了终止合同后的处理办法
32	争端的解决	关于协商、仲裁等争端解决办法的约定
33	合同语言	明确合同语言及解释顺序
34	适用法律	明确适用法律
35	通知	明确通知的形式及送达地址和生效日期
36	税和关税	明确税费的范围和相应的负担方
37	合同生效及其他	明确合同生效条件、出口许可证办理、合同附件及效力
三	合同专用条款	对通用合同条款原则性约定的细化、完善、补充、修改或另行约定
四	合同附件	
附件1	供货范围及分项价格表	最终确定的合同供货范围及分项价格表
附件2	技术规格	关于合同货物的技术规格要求
附件3	交货批次及交货时间	最终确定的交货批次及交货时间
附件4	履约保证金保函	卖方按买方要求格式出具的履约保证金保函，买方可对出具保函银行提出相关要求
附件5	预付款银行保函	卖方按买方要求格式出具的预付款银行保函，买方可对出具保函银行提出相关要求
附件6	信用证	信用证通过买方指定的银行转递，包括支付方法及条件等说明
五	中标通知书	卖方在合同签订前收到的中标通知

注　1. 本表是对《机电产品采购国际竞争性招标文件（示范文本）》中通用合同条款内容的简化描述，在使用示范文本时请参考原文。

2. EXW-卖方工厂交货，Ex Works；FOB-指定装运港船上交货，Free On Board，Insert named port of shipment；FCA-货交承运人，Free Carrier；CIF-成本加运费保险费，Cost，Insurance and Freight；CIP-运费、保险费付至，Carriage and Insurance Paid to。

5.5.4　合同管理要点

5.5.4.1　加强设备采购策划

风电场工程设备既相互独立又有必然的联系。在风能作用下，风力发电机组发出低电压等级的电能，经箱式变压器初次升压后，经场内集电线路送至升压站，通过相应电压等级母线上的高压开关柜控制，经主变压器再次升压，最终通过相应电压等级的户外或户内高压配电装置［空气绝缘开关（Air Insulated Switchgear，AIS）或气体绝缘金属封闭开关设备（Gas Insulated Switchgear，GIS）］送出升压站。与此同时，风电机组计算机监控系统和升压站计算机监控系统对全过程进行控制，两套系统功能各自独立但数据又相互通信。风电场工程设备的安装也有一定次序，其安装与土建还存在一定的交叉，如塔筒吊装在前，风机吊装在后，其次是箱变安装；升压站电气一次设备安装在前，电气二次设备安装在后；塔筒中的基础环安装在风机基础混凝土浇筑前完成；风机安装前须完成相应道路施工；升压站设备安装前须完成设备基础施工。因此，在风电场工程设备采购之初就应做好设备采购策划，合理划分各类工程设备的范围，结合工程进度计划网络图有序编排采购计划，确保设备到货时间与安装时间及相关土建工期匹配，避免由于工作面的交叉导致的不良施工干扰，为风电场顺利调试运行创造有利的前提条件。

5.5.4.2　公开招标择优选择

风电场工程设备的专业性较强，设备制造厂家仅针对部分设备有一定的技术和行业优势，不能制造并供应所有的风电场设备，因此各类设备应分别选择具有相应技术能力的设备制造商。随着风电的不断发展，与之相配套的设备制造商越来越多，竞争越来越激烈，市场价格也越来越透明。公开招标是相关法律法规的要求，也是市场发展的必然。在公开招标的过程中，发包人应本着公开、公平、公正的原则，对各投标人的投标文件进行详细评审，在众多投标人中择优选择中标人。通过公开招标，发包人可选择技术力量雄厚、装备能力强的设备制造商承担风电场设备供应，同时也会推动风电设备制造行业的技术革新，通过技术创新以降低设备成本，提高企业竞争力，间接促进整个行业生产力的良性发展。

5.5.4.3　选派人员驻厂监造

风电场风电机组、塔筒、主变、箱变等主要设备的生产进度制约着风电场工程建设进度，其产品质量又关系着运营期的发电效益，因此发包人应选派专业人员常驻设备制造厂家进行设备监造。相关专业人员应实时跟踪设备投料情况及生产进度，全面掌握设备制造过程并及时处理存在的问题，做好现场的签证和记录，定期向发包人汇报设备制造进度和质量控制情况。发包人可根据设备监造专业人员的汇报情况，主动开展设备管理工作，与设备制造厂家及时沟通与协商，共同确保合同设备保质保量按期交货，更加顺利地推进工程建设。

5.5.4.4　制定台账确保按期交货

风电场工程设备种类繁多，设备供应商复杂，设备采购合同数量也相应较多。为预防设备交货延误、保证设备交货进度，在设备采购合同签订后，发包人应实时清理和统计各类设备的合同交货时间和进度，制定相应的设备台账并及时更新，根据设备监造人员的汇报情况记录设备生产情况，在合同设备生产出现问题时进行预判和分析，及时根据合同约定与设备供应商协商，更加有效地对设备采购合同进行管理。

5.5.4.5　重视重、大件运输方案

在风电场建设过程中，尤其是山区风电场，机舱、主变等重件设备及叶片、塔筒等大件设备的运输是一个比较突出的问题。由于山区风电场地形地貌较复杂，风机机位的选择较分散，为保证风机、塔筒设备的安装须修建较长的场内道路。修建道路的费用较高，而风电场技术经济指标却是有限的，若要使道路标准去适应落后的运输车辆，代价是比较大的，甚至会影响到项目的可行性，唯一的办法就只能依靠运输机械设备的技术创新来适应现有的场内道路标准。目前，针对风机叶片的山区运输，国内已研发相关特种运输机械，通过将叶片倾斜放置来降低叶片运输对扫空半径和转弯半径的要求。采用特种运输机械设备虽然在机械使用费上有一定增加，但是却大大降低了场内道路建设标准，在一定程度上节省了土建部分投资和工期。因此，发包人因重视风电场重、大件设备运输方案，主动或通过设备厂家寻求优化方案以降低工程建设成本，避免由于运输方案疏漏造成设备无法运输至交货地点，对工程建设带来不利影响。

5.5.4.6　规范验收及支付程序

风电场工程设备采购合同对设备的出厂试验和检验、交货验收、初步验收、最终验收都有相应的约定，每一次签证都代表对相应环节的认可，同时关系着合同款项的支付。发包人应根据管理要求规范相应的验收及支付程序，包括制定相关管理办法、授权双方的签字代表、规定申请和签证的格式、明确现场签证和支付申请的流程等。通过规范验收及支付程序，可为合同支付提供可靠的依据，避免合同双方在合同履行期间的争议，增加合同变更与索赔的可追溯性。

5.6　建筑及安装工程合同管理

5.6.1　合同特征

发包人根据工程建筑及安装工程合同委托承包人按照施工图纸及设计文件要求完成各分部分项工程的实施，并支付承包人相应的价款。建筑及安装工程合同主要包括风电机组基础工程施工合同、集电线路土建及安装工程施工合同、升压站土建及设备安装工程施工合同、场内施工道路及吊装平台工程施工合同、风机和塔筒吊装工程施工合同、风电机组及升压站接地工程施工合同等。风电场工程建筑及安装合同的主要特征如下：

1. **法律特征**

合同当事人应是具备相应资格的法人，工程的实施须遵守国家及当地的法律法规、行业标准和规范等，合同的签订须符合建设工程批准文件的规定。

2. **资格特征**

发包人建设工程应经过相关建设管理部门的批准并已落实资金来源，承包人应具备《建筑业企业资质管理规定》（建设部令第159号）规定的相关专业工程承包资质，根据发包人要求或还需具有类似业绩。

3．标的特征

风电场建筑及安装工程合同的标的为各分部分项工程，主要包括风电机组基础工程、集电线路工程、升压站工程、场内道路工程等。

4．范围特征

风电场建筑安装工程合同的范围一般为各分部分项的土建或安装施工，还包括相应的施工辅助、施工期环境保护与水土保持措施、安全文明施工措施、施工人员及机械保险等工作内容。

5．时间特征

风电场工程风电机组机位分散，建设战线长，各分部分项施工有一定的交叉。为避免相互干扰，不同建筑及安装工程合同的工期应合理计划，有序衔接各道施工工序。

6．人员特征

风电场建筑及安装工程实施人员一般包括项目经理、项目总工、专业技术和施工人员等，其中，项目经理和项目总工应具有相关资格、职称和经历；专业技术和施工人员应经过专业培训并取得上岗证书。对于风机和塔筒吊装的高空作业，安全风险较高，对项目经理和安全工程师的要求较高。

7．责任特征

承包人应按施工图纸、技术要求及合同约定完成合同范围内的工作内容，服从发包人的现场管理，并承担相应的违约责任。发包人应根据合同约定向承包人提供施工用地、施工图纸、工程材料和设备等，及时支付合同价款，组织工程验收，并承担相应的违约责任。

8．支付特征

风电场建筑及安装工程合同价格一般通过清单计价，其合同范围内的工作内容是可计量的，计量方法在合同中有明确规定。对于合同工作量较大、作业周期较长的项目，合同支付可根据合同规定的计量方式按月支付；对于合同工作量不大、作业周期较短的项目，合同支付可按合同价格的比例分批支付；发包人和承包人也可协商根据工程形象进度按节点支付。

5.6.2　合同结构与组成

1．合同协议书

合同协议书一般重点说明工程概况、合同工期、质量标准、签约合同价和合同价格形式、项目经理、合同文件构成、承诺以及合同生效条件等内容，集中约定合同当事人基本的合同权利义务，是风电建筑及安装工程合同的重要组成部分。

2．中标通知书

中标通知书是确定承包人的重要依据，构成风电场建筑及安装工程合同的组成部分。

3．投标文件

投标文件是对招标文件的响应和补充，经发包人接受后成为风电场建筑及安装工程合同的组成部分。

4. 合同条款

合同条款是风电场建筑及安装工程合同的核心组成部分，是根据法律法规的规定，就工程建设的实施及相关事项，对合同当事人的权利义务作出的原则性约定，包括发包人和承包人的权利和义务、监理人的权限和工作范围，对工程质量、安全文明施工与环境保护、工期和进度、材料与设备、试验与检验做出的相关要求，对变更、价格调整、合同价格、计量与支付、验收和工程试车、竣工结算、缺陷责任与保修、违约、索赔和争议解决处理办法的相关约定等。合同条款应考虑现行法律法规对工程建设的有关要求，还需考虑建设工程施工管理的特殊需要。

5. 技术标准和要求

技术标准和要求是承包人应当遵守的或指导施工的国家、行业或地方的技术标准和要求，是项目实施的重要依据，构成风电建筑及安装工程合同的组成部分。

6. 图纸

图纸是发包人按照合同约定提供或经发包人批准的设计文件、施工图、鸟瞰图及模型等，构成风电建筑及安装工程合同的组成部分。

7. 已标价工程量清单

已标价工程量清单是由承包人按照规定的格式和要求填写并标明价格的工程量清单（包括说明和表格），是确定合同价格及完工结算的重要依据，构成风电建筑及安装工程合同的组成部分。

8. 其他合同文件

其他合同文件是经合同当事人约定的与工程施工有关的具有合同约束力的文件或书面协议，构成风电建筑及安装工程合同的组成部分。

5.6.3　合同范本简介

5.6.3.1　《建设工程施工合同（示范文本）》

为规范建筑市场秩序，维护建设工程施工合同当事人的合法权益，我国住房和城乡建设部、国家工商行政管理总局制定了《建设工程施工合同（示范文本）》（GF—1999—0201），并在国内有关行政和建设管理机构、中央企业中执行。示范文本于1999年制定，2012年进行了修订，可用于国内风电场建筑安装工程施工合同，《建设工程施工合同（示范文本）简介》见表5-7。

表5-7　《建设工程施工合同（示范文本）》简介表

编号	名　　称	主要内容简介
第一部分	合同协议书	共13条，主要包括工程概况、合同工期、质量标准、签约合同价和合同价格形式、项目经理、合同文件构成、承诺以及合同生效条件等重要内容，集中约定了合同当事人基本的合同权利义务
第二部分	通用合同条款	共20条，是合同当事人根据《建筑法》《合同法》等法律法规的规定，就工程建设的实施及相关事项，对合同当事人的权利义务作出的原则性约定

编号	名　称	主要内容简介
1	一般约定	共 13 节，包括词语定义与解释、语言文字、法律、标准和规范、合同文件的优先顺序、图纸和承包人文件、联络、严禁贿赂、化石、文物、交通运输、知识产权、保密、工程量清单错误的修正等内容
2	发包人	共 8 节，包括许可或批准、发包人代表、发包人人员、施工现场、施工条件和基础资料的提供、资金来源证明及支付担保、支付合同价款、组织竣工验收、现场统一管理协议等内容
3	承包人	共 8 节，包括承包人的一般义务、项目经理、承包人人员、承包人现场查勘、分包、工程照管与成品、半成品保护、履约担保联合体等内容
4	监理人	共 4 节，包括监理人的一般规定、监理人员、监理人的指示、商定或确定等内容
5	工程质量	共 5 节，包括质量要求、质量保证措施、隐蔽工程检查、不合格工程的处理、质量争议检测等内容
6	安全文明施工与环境保护	共 3 节，包括安全文明施工、职业健康、环境保护等内容
7	工期和进度	共 9 节，包括施工组织设计、施工进度计划、开工、测量放线、工期延误、不利物质条件、异常恶劣的气候条件、暂停施工、提前竣工等内容
8	材料与设备	共 9 节，包括发包人供应材料与工程设备、承包人采购材料与工程设备、材料与工程设备的接受与拒收、材料与工程设备的保管与使用、禁止使用不合格的材料和工程设备、样品、材料与工程设备的替代、施工设备和临时设施、材料与设备专用要求等内容
9	试验与检验	共 4 节，包括检验设备与试验人员，取样，材料、工程设备和工程的试验和检验，现场工艺试验等内容
10	变更	共 9 节，包括变更的范围、变更权、变更程序、变更估价、承包人的合理化建议、变更引起的工期调整、暂估价、暂列金额、计日工等内容
11	价格调整	共 2 节，包括市场价格波动引起的调整、法律变化引起的调整等内容
12	合同价格、计量与支付	共 5 节，包括合同价格形成、预付款、计量、工程进度款支付、支付账户等内容
13	验收和工程试车	共 6 节，包括分部分项工程验收、竣工验收、工程试车、提前交付单位工程的验收、施工期运行、竣工退场等内容
14	竣工结算	共 4 节，包括竣工结算申请、竣工结算审核、甩项竣工协议、最终结清等内容
15	缺陷责任与保修	共 4 节，包括工程保修的原则、缺陷责任期、质量保证金、保修等内容
16	违约	共 3 节，包括发包人违约、承包人违约、第三人造成的违约等内容
17	不可抗力	共 4 节，包括不可抗力的确认、不可抗力的通知、不可抗力后果的承担、因不可抗力解除合同等内容
18	保险	共 7 节，包括工程保险、工伤保险、其他保险、持续保险、保险凭证、未按约定投保的补救、通知义务等内容
19	索赔	共 5 节，包括承包人的索赔、对承包人索赔的处理、发包人的索赔、对发包人索赔的处理、提出索赔的期限等内容

续表

编号	名 称	主要内容简介
20	争议解决	共5节，包括和解、调解、争议评审、仲裁或诉讼、争议解决条款效力等内容
第三部分	专用合同条款	专用合同条款是对通用合同条款原则性约定的细化、完善、补充、修改或另行约定的条款。合同当事人可以根据不同建设工程的特点及具体情况，通过双方的谈判、协商对相应的专用合同条款进行修改补充
	附件	共11项，包括承包人承揽工程项目一览表、发包人供应材料设备一览表、工程质量保修书、主要建设工程文件目录、承包人用于本工程施工的机械设备表、承包人主要施工管理人员表、分包人主要施工管理人员表、履约担保、预付款担保、支付担保、暂估价一览表等

注 本表是对《建设工程施工合同（示范文本）》（GF—2013—0201）中合同条款的简化描述，在使用示范文本时请参考原文。

5.6.3.2 施工合同条件（新红皮书）

《土木工程施工合同条件》（通称FIDIC"红皮书"）由FIDIC制定，第一版于1957年面世。为了适应国际工程业和国际经济的不断发展，FIDIC对其合同条件进行多次修改和调整，于1999年在原合同条件基础上出版了《施工合同条件》（通称FIDIC"新红皮书"），用于发包人设计或委托设计的房屋建筑或工程，承包人一般应按照发包人提供的设计施工，工程中的某些部分也可能由承包人设计。新红皮书推荐在国际风电场工程建筑及安装工程项目中使用，《施工合同条件》简介见表5-8。

表5-8 《施工合同条件》简介表

编号	名 称	主要内容简介
第一部分	通用条件	共20条，是合同当事人就工程建设的实施及相关事项，对合同当事人的权利义务作出的原则性约定
1	一般规定	共14节，包括定义、解释、通信联络、法律和语言、文件的优先次序、合同协议书、转让、文件的保管和提供、拖延的图纸或指示、雇主使用承包商的文件、承包商使用雇主的文件、保密事项、遵守法律、共同的与各自的责任等内容
2	雇主	共5节，包括进入现场的权利，许可、执照和批准，雇主的人员，雇主的资金安排，雇主的索赔等内容
3	工程师	共5节，包括工程师的职责和权力、工程师的授权、工程师的指示、工程师的撤换、决定等内容
4	承包商	共24节，包括承包商的一般义务，履约保证，承包商的代表，分包商，分包合同利益的转让，合作，放线，安全措施，质量保证，现场数据，接受的合同款额的完备性，不可预见的外界条件，道路通行权和设施，避免干扰，进场路线，货物的运输，承包商的设备，环境保护，电、水、气，雇主的设备和免费提供的材料，进度报告，现场保安，承包商的现场工作，化石等内容
5	指定分包商	共4节，包括指定分包商的定义、对指定的反对、对指定分包商的支付、支付的证据等内容

续表

编号	名　称	主要内容简介
6	职员和劳工	共 11 节，包括职员和劳工的雇用、工资标准和劳动条件、为他人提供服务的人员、劳动法、工作时间、为职员和劳工提供的设施、健康和安全、承包商的监督、承包商的人员、承包商的人员和设备的记录、妨碍治安的行为等内容
7	永久设备、材料和工艺	共 8 节，包括实施方式、样本、检查、检验、拒收、补救工作、对永久设备和材料的拥有权、矿区使用费等内容
8	开工、延误和暂停	共 12 节，包括工程的开工时间、竣工时间、进度计划、竣工时间的延长、由公共当局引起的延误、进展速度、误期损害赔偿费、工程暂停、暂停引起的后果、暂停时对永久设备和材料的支付、持续的暂停、复工等内容
9	竣工检验	共 4 节，包括承包商的义务、延误的检验、重新检验、未能通过竣工检验等内容
10	雇主的接收	共 4 节，包括对工程和区段的接收、对部分工程的接收、对竣工检验的干扰、地表需要恢复原状等内容
11	缺陷责任	共 11 节，包括完成扫尾工作和修补缺陷、修补缺陷的费用、缺陷通知期的延长、未能补救缺陷、清除有缺陷的部分工程、进一步的检验、进入权、承包商的检查、履约证书、未履行的义务、现场的清理等内容
12	测量和估价	共 4 节，包括需测量的工程、测量方法、估价、省略等内容
13	变更和调整	共 8 节，包括有权变更、价值工程、变更程序、以适用的货币支付、暂定金额、计日工、法规变化引起的调整、费用变化引起的调整等内容
14	合同价格和支付	共 15 节，包括合同价格、预付款、期中支付证书的申请、支付表、用于永久工程的永久设备和材料、期中支付证书的颁发、支付、延误的支付、保留金的支付、竣工报表、申请最终支付证书、结清单、最终支付证书的颁发、雇主责任的终止、支付的货币等内容
15	雇主提出终止	共 5 节，包括通知改正、雇主提出终止、终止日期时的估价、终止后的支付、雇主终止合同的权力等内容
16	承包商提出暂停和终止	共 4 节，包括承包商有权暂停工作、承包商提出终止、停止工作及承包商设备的撤离、终止时的支付等内容
17	风险和责任	共 6 节，包括保障、承包商对工程的照管、雇主的风险、雇主的风险造成的后果、知识产权和工业产权、责任限度等内容
18	保险	共 4 节，包括有关保险的总体要求、工程和承包商设备的保险、人员伤亡和财产损害的保险、承包商人员的保险等内容
19	不可抗力	共 7 节，包括不可抗力的定义、不可抗力的通知，减少延误的责任，不可抗力引起的后果，不可抗力对分包商的影响，可选择的终止、支付和返回，根据法律解除履约等内容
20	索赔、争端和仲裁	共 8 节，包括承包商的索赔、争端裁决委员会的委任、未能同意争端裁决委员会的委任、获得争端裁决委员会的决定、友好解决、仲裁、未能遵守争端裁决委员会的决定、争端裁决委员会的委任期满等内容
第二部分	专用条件	是对通用合同条款原则性约定的细化、完善、补充、修改或另行约定的条款。合同当事人可以根据不同建设工程的特点及具体情况，通过双方的谈判、协商对相应的专用合同条款进行修改补充

续表

编号	名　称	主要内容简介
附件	保证格式	包括母公司保函、投标保函、履约保证——即付保函、履约保证——担保书、预付款保函、保留金保函、雇主开具的支付保函的范例格式
其他	其他格式	包括投标函及附录、合同协议书、争端裁决协议书的范例格式

注　本表是对《施工合同条件》中合同条款的简化描述，在使用示范文本时请参考原文。

5.6.4　合同管理要点

5.6.4.1　加强合同前期管理

合同管理最有效的方法就是对可能发生事件的预见和预防，使可能的索赔事件消失在其发生之前。风电场建筑及安装工程合同管理也不例外，在前期应注意下列问题：

1. 重视合同签订前的准备工作

风电场建筑及安装工程合同管理的整个过程可概括为签订合同和履行合同两个阶段，这两个阶段紧密联系，不可分割，签订合同是履行合同的基础，而履行合同又是签订合同的延续，两者缺一不可。合同的签订是否合理，直接影响到建设工程项目实施的成败和经济效益，签订一个无利可图的或责权利失衡的合同，不但承包人合同履行艰难，而且发包人的经济效益也很难实现。合同双方在合同签订前均应做好相关准备工作，避免盲目签约。

2. 搞好合同交底工作

在风电场建筑及安装工程合同签订后，主要执行者往往并不全都参与了合同签订。因此合同交底较为重要，只有认真领会各合同条款，对合同进行分析，熟悉合同中的主要内容、各种规定及要求、管理程序，了解作为发包人或承包人的合同责任、工程范围以及法律责任，才能在执行合同时不出或少出偏差。

3. 分解合同责任

合同分析是进行风电场建筑及安装工程合同管理的前提，在进行合同管理之前必须对合同进行系统分析，合同分析涉及合同的签订、合同的效力、合同的履行及履行后的分析等，直接影响到建设工程项目实施的成败和经济效益。此外，对于合同间的界面也应一一梳理、分解，从而减少合同纠纷，实现合同双方共赢。

5.6.4.2　规范合同管理制度

风电场建筑及安装工程合同管理井然有序的基础是合理的合同管理制度。合同管理制度是发包人现场机构管理制度的一部分，只有建立、健全、完善合同管理制度，才能保证现场合同管理人员有制度可依、有章可循，现场的合同管理才能有条不紊地施行，这不仅保证了合同履行的正确方向，而且更加有利于工程的顺利推进，实现合同管理带来的经济效益。

5.6.4.3　严控合同执行过程

1. 对合同的实施进行严格的控制

在风电场建筑及安装工程开工之初，应合理划分标段并落实到每个承包人。分解后的各个标段的合同执行情况直接关系到工程质量和总目标，因此合同执行过程的控制显得尤为重要。合同的实施过程经常会受到外界的干扰，且合同本身也在不断变化，这就需要及时发现，并加以调整。

2. 对合同的实施进行实时跟踪和监督

在风电场建筑及安装工程建设进行的过程中，由于实际情况千变万化，导致合同实施与预定目标发生偏离，这就需要对合同实施进行跟踪和监督，不断找出偏差并予以调整，确保合同按照目标值实施。

5.6.4.4　分析防范合同风险

对于发包人，合同风险主要来源于承包人的技术、报价、资金和经营风险；对于承包人，合同风险主要来源于发包人的资信、经济、资格和手续风险；对于合同双方，共同的合同风险有自然或社会环境方面的风险，还有来自合同条款中工期、价款、变更及其他方面的风险。为了加强风电场建筑及安装工程合同管理，需要增强风险意识以预防和规避工程风险，在合同签订及合同履约阶段可采取如下措施。

（1）合同签订阶段：做好调研工作，完善合同专用条款；避免合同中的矛盾或歧义解释；采用银行担保避免资金风险；实行全过程全方位的合同管理。

（2）合同履约阶段：深入研究合同，预测工程风险；加强现场施工管理；加强安全管理；注意和重视索赔资料的收集和准备；注意索赔方法和策略。

5.6.4.5　加强合同变更管理

合同内容的变更是风电场建筑及安装工程合同的特点之一，变更的内容主要包括工作内容的增减或取消、工作标准或性质的改变、建筑物结构尺寸的改变、额外工作的追加等。因建筑安装合同形式的多样性，其变更往往比较频繁和复杂。合同双方应加强合同变更管理，规范和完善合同变更程序，在合同变更时迅速、全面、系统地做出处理，避免合同变更对工程建设产生不利影响。

5.6.4.6　加强合同索赔管理

在合同实施过程中，合同一方可依据法律、合同对另一方违约情况造成的损失提出给予补偿或赔偿。风电场建筑及安装工程合同索赔产生的原因主要有在施工准备过程中，由于发包人原因不能按合同约定的开工日期按时开工而产生的工期索赔；在进度控制过程中，由于发包人或承包人的责任导致工期延长或停工而引起的工期和费用索赔；在质量控制中，由于发包人提高材料、设备和工程质量标准而引起的工期和费用的索赔；在工程管理中，由于发包人、承包人或监理人管理行为不当，对工程造成不利影响导致的工期和费用索赔。针对上述不同情况下的合同索赔，发包人和承包人均应加强合同索赔管理，注重合同变更与索赔资料的收集与整理，分析产生索赔的根本原因，合理处理合同索赔，避免合同纠纷。

5.6.4.7　加强合同信息管理

在合同履行过程中，发包人和承包人之间有大量的合同信息，而要对这些信息进行有效的管理，就必须建立合同信息管理体系，对合同管理过程中的有关信息进行详细记录和链接，在管理团队内部实现资源共享，加快信息流通，提高合同管理的工作效率以及合同执行的严密性。

5.6.4.8　完善合同行文制度

发包人、监理人、承包人的沟通一般以书面形式进行，或以书面形式为最终依据。在风电场建筑及安装工程合同履行过程中，合同双方的任何协商、意见、请示、指示都应落实在纸上，使工程活动有据可依。这既是合同的要求，也是经济法律的要求，更是工程管理的需要。实践证明，完善的行文制度可促进合同的有效管理。

5.7 其他服务合同及特殊协议的管理

5.7.1 生产准备及试运行合同

为了保证风电场在倒送电至风机投运 250h 期间的顺利运行，发包人可委托有相关资质和经验的服务方提供风电场生产准备及试运行服务，其工作内容主要包括运行规程、安全管理制度、典型操作票的编写；设备和系统编号的编写；设备和系统标志、设备标牌、塔筒标识喷漆、巡回检查路线、安全通道标识的制作与安装；设备和系统标牌的制作与安装；安排运行人员 24h 值班操作；提交总结报告等。

风电场生产准备及试运行合同应包括技术服务的目标、内容、方式、地点、期限、进度、质量要求；甲方向乙方提供的工作条件和协作事项；技术服务报酬及支付方式；双方应遵守的保密义务；合同变更的范围及处理方式；技术服务工作成果的验收标准和方式；新技术成果的所有权；违约责任；联系人及承担的责任；合同解除的条件及处理办法；争议的解决方式；合同名词和技术术语的定义和解释；合同的组成；合同的生效等。

为促进科技成果转化，规范技术合同交易活动，提高技术交易质量，依法保护技术合同当事人的合法权益，根据《合同法》的有关规定，我国科学技术部编制了《技术合同示范文本》，于 2001 年 7 月 18 日以"国科发政字〔2001〕244 号"文发布。该示范文本附件 8《技术服务合同》可用作风电场生产准备及试运行合同拟定的参考，在一定程度上提高合同的签订质量。

5.7.2 土地征用及补偿合同

风电场建设用地一般由建设单位与当地政府协调解决，国家对各地的土地征用及补偿有不同的标准和政策，土地的征用应当遵守相关法律法规及政策。土地征用及补偿合同应包括土地征用的具体范围和面积及期限、地面附着物及苗木的处理方法、土地征用及补偿费用标准及支付方式、双方在合同履行中的权利和义务等，合同的签订及履行一般在当地政府的监督和协调下进行。

5.7.3 工程保险合同

工程保险包括发包人负责投保的工程一切险、第三者责任险和承包人负责投保的人员和机械险。工程保险合同应包括被保险人名称和地址、保险金额、每次事故免赔额、保险期限、保险费率及保险费、保险条款、附加条款、保险服务方案、保险单等内容，其中保险合同条款及附加条款为标准条款，经中华人民共和国保险监督管理委员会审查并批准，受行业保护，一般不做修改，投保人可与保险公司协商确定其他合同内容。

5.7.4　沉降观测服务合同

为实时观测风机基础的高程变化，掌握风机基础的沉降稳定情况，发包人可委托具有相关资质和经验的服务方在风机设备吊装前进行初测，在风机设备安装后按一定的频次进行观测，并提供相关技术服务成果报告。

风电场工程沉降观测服务合同应包括技术服务的目标、内容、方式、地点、期限、进度、质量要求；甲方向乙方提供的工作条件和协作事项；技术服务报酬及支付方式；双方应遵守的保密义务；合同变更的范围及处理方式；技术服务工作成果的验收标准和方式；新技术成果的所有权；违约责任；联系人及承担的责任；合同解除的条件及处理办法；争议的解决方式；合同名词和技术术语的定义和解释；合同的组成；合同的生效等。合同的拟定可参考《技术合同示范文本》中的附件 8《技术服务合同》。

5.7.5　水土保持及环境保护评估合同

风电场工程建设需取得水土保持及环境保护相关主管部门的批准，在项目实施完成后还应通过相关验收方可正式运营。为确保风电场工程水土保持及环境保护专项的顺利批准和验收，发包人可委托具有相关资格的单位或部门对已实施的水土保持及环境保护措施进行评估，提出相关意见和建议供发包人整改落实，提交相关验收评估报告和工作总结报告，协助水土保持和环境保护设施的验收工作。合同内容应包括技术服务的目标、内容、方式、地点、期限、进度、质量要求；甲方向乙方提供的工作条件和协作事项；技术服务报酬及支付方式；双方应遵守的保密义务；合同变更的范围及处理方式；技术服务工作成果的验收标准和方式；新技术成果的所有权；违约责任；联系人及承担的责任；合同解除的条件及处理办法；争议的解决方式；合同名词和技术术语的定义和解释；合同的组成；合同的生效等。合同的拟定可参考《技术合同示范文本》中的附件 8《技术服务合同》。

5.7.6　造价咨询合同

为了合理控制工程投资、有效进行合同管理，发包人可就风电场工程全过程造价咨询服务或部分造价咨询服务（如合同管理、完工结算、竣工决算等）委托给具有相关资质和能力的造价咨询机构，充分发挥造价工程师的作用，从工程立项、设计、发包、施工到竣工全过程，实现对造价的动态控制。

我国住房城乡建设部于 2014 年 10 月 8 日印发了《住房城乡建设部关于进一步推进工程造价管理改革的指导意见》（建标〔2014〕142 号），文中指出了"完善工程计价活动监管机制，推行工程全过程造价服务"和"建立健全工程造价全过程管理制度，实现工程项目投资估算、概算与最高投标限价、合同价、结算价政策衔接"的目标，从国家层面提出了造价咨询服务的重要性。

风电场工程造价咨询合同应包括：技术咨询内容、要求、方式和进度；甲方向乙方提供的工作条件和协作事项；咨询报酬及支付方式；双方应遵守的保密义务；合同变更的范围及处理方式；咨询工作成果的验收标准和方式；违约责任；咨询工作成果造成损失的处理方式；新技术成果的所有权；联系人及承担的责任；合同解除条件及处理办法；争议的解决方式；合同名词和技术术语的定义和解释；合同的组成；合同的生效等。合同的拟定可参考《技术合同示范文本》中的附件 7《技术咨询合同》。

5.8 EPC 总承包合同

5.8.1 合同特征

风电场发包人根据工程 EPC 总承包合同委托承包人完成工程项目的勘察、设计、采购、施工、试运行、竣工验收等全过程的实施，并支付承包人相应的价款，承包人对风电场工程的安全、质量、工期、造价等全面负责。EPC 总承包合同主要特征如下：

1. 法律特征

合同当事人应是具备相应资格的法人，工程实施须遵守国家及当地的法律法规、行业标准和规范等，合同的签订须符合建设工程批准文件的规定。

2. 资格特征

发包人建设工程应经过相关建设管理部门的批准并已落实资金来源，承包人应具备发包人要求的设计或施工等资质和业绩。

3. 标的特征

风电场工程 EPC 总承包合同标的一般为风电场勘测设计、设备采购及建筑安装等。

4. 范围特征

风电场工程 EPC 总承包合同范围一般包括风机基础，升压站，场内道路，集电线路等分部分项工程的设计、采购、施工、试运行等工作内容。

5. 时间特征

风电场工程 EPC 总承包合同时间一般为合同生效时起至风电场工程最终验收时止。

6. 人员特征

风电场工程 EPC 总承包合同的实施人员一般包括勘测设计专业人员、施工专业人员、现场管理及监理等技术服务人员，各类人员应具有相应的资格和经历。

7. 责任特征

总承包商应按合同约定及发包人管理要求完成合同范围内的设计、采购及施工等工作内容，并承担相应的违约责任。发包人应根据合同约定完成提供建设用地、支付合同价款、组织工程验收、协调反送电调试等工作内容，并承担相应的违约责任。

8. 支付特征

风电场工程 EPC 总承包合同价格一般采用固定总价，合同工作量大，作业周期相对较长，合同支付可根据工程形象进度按节点支付，各节点应在合同中明确。

5.8.2 合同结构与组成

5.8.2.1 合同协议书

合同协议书是合同双方当事人对合同基本权利、义务的集中表述，主要包括建设项目的功能、规模、标准和工期的要求、合同价格及支付方式等内容。

5.8.2.2 合同条款

合同条款是合同双方当事人根据相关法律法规，就工程建设的实施阶段及其相关事项，对双方的权利、义务做出的约定，包括关于进度计划、延误和暂停、技术与设计、工程物资、施工、竣工试验、工程接受、竣工后试验、质量保修责任、变更和合同价格调整、合同总价和付款、保险、工程竣工验收等方面的约定，还应明确违约索赔和争议、不可抗力以及合同解除的处理办法等。

5.8.2.3 中标通知书

中标通知书是确定总承包商的重要文件，是合同签订的基础，构成风电场工程 EPC总承包合同的组成部分。

5.8.2.4 招投标文件

招投标文件是合同签订前双方均认可的文件，是合同签订的依据，构成风电场工程EPC 总承包合同的组成部分。

5.8.2.5 标准、规范及有关技术文件

标准、规范及有关技术文件是指导项目实施的根据，由国家、行业或地方制定，总承包商须遵照执行，构成风电场工程 EPC 总承包合同的组成部分。

5.8.2.6 设计文件、资料和图纸

设计文件、资料和图纸包括发包人提供和由承包人完成并经发包人认可的设计文件、资料和图纸，构成风电场工程 EPC 总承包合同的组成部分。

5.8.2.7 会议纪要、备忘录

会议纪要、备忘录是合同双方根据合同执行过程中可能或已经出现的具体情况，通过谈判、协商对合同约定进行的细化、完善、补充、修改或增加，构成风电场工程 EPC 总承包合同的组成部分。

5.8.3 合同范本简介

5.8.3.1 《建设项目工程总承包合同示范文本（试行）》

为促进建设项目工程总承包的健康发展，规范工程总承包合同当事人的市场行为，我国住房和城乡建设部、国家工商行政管理总局联合制定了《建设项目工程总承包合同示范文本（试行）》（GF—2011—0216），自 2011 年 11 月 1 日起在国内行政和建设管理机构、国资委所属企业试行。《建设项目工程总承包合同示范文本（试行）》简介见表 5－9。

表 5－9 《建设项目工程总承包合同示范文本（试行）》简介表

编号	名 称	主要内容简介	条款类别
第一部分	合同协议书	合同双方当事人对合同基本权利、义务的集中表述，主要包括建设项目的功能、规模、标准和工期的要求、合同价格及支付方式等内容	
第二部分	通用条款	合同双方当事人根据《建筑法》《合同法》以及有关行政法规的规定，就工程建设的实施阶段及其相关事项，双方的权利、义务作出的原则性约定	

续表

编号	名称	主要内容简介	条款类别
第1条	一般规定	共7节，包括定义与解释、合同文件、语言文字、适用法律、适用标准、适用规范、遵守法律、保密事项等内容	核心条款
第2条	发包人	共5节，包括发包人的义务和权利、发包人代表、监理人、安全保证、保安责任等内容	合同执行阶段的干系人条款
第3条	承包人	共8节，包括承包人的义务和权利、项目经理、工程质量保证、安全保证、职业健康和环境保护保证、进度保证、现场保安、分包等内容	合同执行阶段的干系人条款
第4条	进度计划、延误和暂停	共6节，包括项目进度计划、设计进度计划、采购进度计划、施工进度计划、误期赔偿、暂停等内容	核心条款
第5条	技术与设计	共5节，包括生产工艺技术、建筑，设计，设计阶段审查，操作维修人员的培训，知识产权等内容	核心条款
第6条	工程物资	共6节，包括工程物资的提供，检验，进口工程物资的采购、报关、清关和商检，运输与超限物资运输，重新订货及后果，工程物资保管与剩余等内容	核心条款
第7条	施工	共8节，包括发包人的义务，承包人的义务，施工技术方法，人力和机具资源，质量与检验，隐蔽工程和中间验收，对施工质量结果的争议，健康、安全、环境保护等内容	核心条款
第8条	竣工试验	共7节，包括竣工试验的义务、竣工试验的检验和验收、竣工试验的安全和检查、延误的竣工试验、重新试验和验收、未能通过竣工试验、竣工试验结果的争议等内容	核心条款
第9条	工程接收	共4节，包括工程接收、接收证书、接收工程的责任、未能接收工程等内容	核心条款
第10条	竣工后试验	共8节，包括权利与义务、竣工后试验程序、竣工后试验及试运行考核、竣工后试验的延误、重新进行竣工后试验、未能通过考核、竣工后试验及考核验收证书、丧失生产价值和使用价值等内容	核心条款
第11条	质量保修责任	共2节，包括质量保修责任书、质量保修金额等内容	保障条款
第12条	工程竣工验收	共2节，包括竣工验收报告及完整的竣工资料、竣工验收等内容	合同执行阶段的干系人条款
第13条	变更和合同价格调整	共8节，包括变更权、变更范围、变更程序、紧急性变更程序、变更价款确定、建议变更的利益分享、合同价格调整、合同价格调整的争议等内容	保障条款

续表

编号	名　称	主要内容简介	条款类别
第 14 条	合同总价和付款	共 12 节，包括合同总价和付款、担保、预付款、工程进度款、质量保修金额的暂扣与支付、按月工程进度申请付款、按付款计划表申请付款、付款条件与时间安排、付款时间延误、税务与关税、索赔款项的支付、竣工结算等内容	保障条款
第 15 条	保险	共 3 节，包括承包人的投保、一切险和第三方责任险、保险的其他规定等内容	保障条款
第 16 条	违约、索赔和裁决	共 3 节，包括违约责任、索赔、争议和裁决等内容	违约、索赔和争议条款
第 17 条	不可抗力	共 2 节，包括不可抗力发生时的义务、不可抗力的后果等内容	不可抗力条款
第 18 条	合同解除	共 3 节，包括由发包人解除合同、由承包人解除合同、合同解除后的事项等内容	合同解除条款
第 19 条	合同生效与终止	共 3 节，包括合同生效、合同份数、后合同义务等内容	合同生效与合同终止条款
第 20 条	补充条款	双方可对通用条款进行补充或修改，在专用条款中约定	补充条款
第三部分	专用条款	合同双方当事人根据不同建设项目合同执行过程中可能出现的具体情况，通过谈判、协商对相应通用条款的原则性约定细化、完善、补充、修改或另行约定的条款	

注　1. 核心条款是确保建设项目功能、规模、标准和工期等要求得以实现的实施阶段条款，共 8 条；保障条款是保障核心条款顺利实施的条款，共 4 条；合同执行阶段的干系人条款是根据建设项目实施阶段的具体情况，依法约定的发包人、承包人的权利和义务，共 3 条。

　　2. 表 5 - 9 是对《建设项目工程总承包合同示范文本（试行）》（GF—2011—0216）中合同条款的简化描述，在使用示范文本时请参考原文。

5.8.3.2　FIDIC 设计采购施工（EPC）合同条件（银皮书）

　　《设计采购施工（EPC）/交钥匙工程合同条件》（Conditions of Contract for EPC/Turnkey Projects）由 FIDIC 于 1999 年出版，简称"银皮书"。该文件可适用于以交钥匙方式提供工厂或类似设施的加工或动力设备、基础设施项目或其他类型的开发项目，采用总价合同。这种合同条件下，项目的最终价格和要求的工期具有更大程度的确定性；由承包商承担项目实施的全部责任，雇主很少介入。即由承包商进行所有的设计、采购和施工，最后提供一个设施配备完整、可以投产运行的项目。银皮书推荐在国际风电场工程 EPC 合同中使用，《设计采购施工（EPC）合同条件》简介见表 5 - 10。

表 5 - 10　《设计采购施工（EPC）合同条件》简介表

编号	名　称	主要内容简介
	通用条件	
1	一般规定	共 14 节，包括定义、解释、通信交流、法律和语言、文件优先次序、合同协议书、权益转让、文件的照管和提供、保密性、雇主使用承包商文件、承包商使用雇主文件、保密事项、遵守法律、共同和各自的责任等内容

续表

编号	名　称	主要内容简介
2	雇主	共 5 节，包括现场进入权，许可、执照或批准，雇主人员，雇主的资金安排，雇主的索赔等内容
3	雇主的管理	共 5 节，包括雇主代表、其他雇主人员、受托人员、指示、确定等内容
4	承包商	共 24 节，包括承包商的一般义务，履约担保，承包商代表，分包商，指定的分包商，合作，放线，安全程序，质量保证，现场数据，合同价格的充分性，不可预见的困难，道路通行权与设施，避免干扰，进场通路，货物运输，承包商设备，环境保护，电、水和燃气，雇主设备和免费供应的材料，进度报告，现场保安，承包商的现场作业，化石等内容
5	设计	共 8 节，包括设计义务一般要求、承包商文件、承包商的承诺、技术标准和法规、培训、竣工文件、操作和维修手册、设计错误等内容
6	员工	共 11 节，包括员工的雇用、工资标准和劳动条件、为雇主服务的人员、劳动法、工作时间、为员工提供的设施、健康和安全、承包商的监督、承包商人员、承包商人员和设备的记录、无序行为等内容
7	生产设备、材料和工艺	共 8 节，包括实施方法、样品、检验、试验、拒收、修补工作、生产设备和材料的所有权、土地（矿区）使用费等内容
8	开工、延误和暂停	共 12 节，包括工程的开工时间、竣工时间、进度计划、竣工时间延长、当局造成的延误、工程进度、误期损害赔偿费、暂时停工、暂停的后果、暂停时对生产设备和材料的付款、持续的暂停、复工等内容
9	竣工试验	共 4 节，包括承包商的义务、延误的试验、重新试验、未能通过竣工试验等内容
10	雇主的接收	共 3 节，包括工程和分项工程的接收、部分工程的接收、对竣工试验的干扰等内容
11	缺陷责任	共 11 节，包括完成扫尾工作和修补缺陷、修补缺陷的费用、缺陷通知期的延长、未能修补的缺陷、移出有缺陷的工程、进一步试验、进入权、承包商调查、履约证书、未履行的义务、现场清理等内容
12	竣工后试验	共 4 节，包括竣工后试验的程序、延误的试验、重新试验、未能通过的竣工后试验等内容
13	变更和调整	共 8 节，包括变更权、价值工程、变更程序、以适用货币支付、暂列金额、计日工作、因法律改变的调整、因成本改变的调整等内容
14	合同价格和付款	共 15 节，包括合同价格、预付款、期中付款的申请、付款价格表、拟用于工程的生产设备和材料、期中付款、付款的时间安排、延误的付款、保留金支付、施工报表、最终付款的申请、结清证明、最终付款、雇主责任的中止、支付的货币等内容
15	由雇主终止	共 5 节，包括通知改正、由雇主终止、终止日期时的估价、终止后的付款、雇主终止的权利等内容
16	由承包商暂停和终止	共 4 节，包括承包商暂停工作的权利、由承包商终止、停止工作和承包商设备的撤离、终止时的付款等内容
17	风险与职责	共 6 节，包括保障、承包商对工程的照管、雇主的风险、雇主风险的后果、知识产权和工业产权、责任限度等内容
18	保险	共 4 节，包括有关保险的一般要求、工程和承包商设备的保险、人身伤害和财产损害险、承包商人员的保险等内容

续表

编号	名　称	主要内容简介
19	不可抗力	共 7 节，包括不可抗力的定义，不可抗力的通知，将延误减至最小的义务，不可抗力的后果，不可抗力影响分包商，自主选择终止，支付和解除，根据法律解除履约等内容
20	索赔、争端和仲裁	共 8 节，包括承包商的索赔、争端裁决委员会的任命、对争端裁决委员会未能取得一致、取得争端裁决委员会的决定、友好解决、仲裁、未能遵守争端裁决委员会的决定、争端裁决委员会任命期满等内容

注　本表是对《设计采购施工（EPC）/交钥匙工程合同条件》的简化描述，在使用示范文本时请参考原文。

5.8.4　合同的管理要点

5.8.4.1　公开招标确定总承包商

　　风电场工程 EPC 总承包合同额较大，总承包商在风电行业的专业、技术能力直接决定着风电场工程建设的成败，因此选择一个合适的总承包商尤为重要。国内风电场总承包商有设计咨询单位、施工企业、设备制造商等不同的实施主体，各总承包商仅在风电场工程的部分专业上具有一定优势，其他相关专业仍需分包或联合。随着市场经济的发展以及企业的多元化，不同专业、不同行业的各类企业均参与到风电场工程总承包活动中来。通过公开招标的方式，可增加发包人的选择范围，激发投标人的竞争力，促进总承包市场的良性发展。因此，采用公开招标是确定总承包商的重要方式，也是工程建设的保障。

5.8.4.2　加强总承包商资格审查

　　合格的总承包商对风电场工程建设有着至关重要的作用，发包人应在招标阶段对总承包商的企业资质、技术装备能力、专业及行业优势、工程业绩、拟投入人员资格与经历进行详细审查，确保可满足工程需要和相关法律规定。在项目实施阶段，发包人应将总承包商的现场管理人员与投标阶段的拟投入人员进行仔细核对，在人员不符或不能胜任相关工作的情况下，应及时提出撤换的要求。

5.8.4.3　加强设计方案审查

　　合理的设计方案可保证项目业主在运营期间取得良好的经济效益，不良的设计方案不但不能取得预期的经济效益，还可能会带来运营期间维护的不便和费用的增加。发包人应加强设计方案审查，及时组织设计阶段审查会议，邀请相关专家及人员或单位参与审查，确保设计方案符合国家有关部门、行业工程建设标准规范的要求，确保工程设计方案可行、经济、合理，保证工程的功能及各项标准满足总承包合同约定。

5.8.4.4　采用合适的合同范本

　　发包人应根据工程特点采用合适的权威合同范本，选用的合同范本既要考虑到通用的条件，又要兼顾本工程特有的条件。权威的合同范本是国内外技术工作者、经济工作者、法律工作者、工程建设管理者等各行各业专家智慧的结晶，合同文字经过长时间的不断推敲编写，具有合法、严谨、规范等特点，在使用过程中可结合工程特有条件进行完善、细化、补充和增减。合适的合同范本可为合同履行提供清晰的依据，有效地避免合同纠纷，合理处理合同双方的争议，在一定程度上促进总承包项目的合同管理。

5.8.4.5　细化合同范围与界面

发包人应根据工程建设管理特点细化合同双方的合同范围与工作界面，如发包人提供工程设备、基础资料、建设用地、外部环境等条件的范围与界面；承包人完成的设计、采购、施工、试运行等合同内容的范围与界面。通过细化合同范围与界面，合同双方可进一步明确各自的权利与义务，清晰分辨变更与索赔的责任，为合同的准确履行提供可靠的依据。

5.8.4.6　合理制订节点支付计划

合理的资金投入方案是工程顺利进行的保证，总承包商应根据合同约定保证一定的流动资金以避免违约，发包人应按合同约定的方式向总承包商支付合同价款。在双方协商并确定节点支付计划时，应充分结合工程实施进度计划，合理划分各项支付节点及相应支付金额，既能保证发包人投资控制的有利条件，又能确保总承包商在工程实施期间资金使用，避免由于资金投入不合理导致的工程延误或停滞。

5.8.4.7　加强变更索赔管理

风电场工程 EPC 总承包合同应就变更索赔的范围、计算标准及处理办法进行明确、合理的约定，以利于在发生合同变更和索赔时有据可依，避免合同争议与纠纷。同时合同双方在合同履行期间应妥善保管相关变更索赔资料，整理并分析相关费用及影响，在偏离程度较大时应及时采取措施，以保证变更索赔的有效管理。

5.9　合同风险管理

5.9.1　合同风险类别

5.9.1.1　政治风险

政治风险主要来源于政府和政策的不稳定性、战争、革命、社会动乱等。如果国家的政局不稳定，由此导致工程的合同主体缺失甚至工程搁浅等将造成巨大的政治、经济和社会的风险与损失。因此，在风电场的建设与开发之前，业主单位和承包人应提前了解并掌握相关信息，分析工程所在国的政局和政策，预防并避免政治风险给自身带来的损失。

5.9.1.2　环境风险

环境风险主要包括社会环境风险和自然环境风险，其中：社会环境风险主要来源于地方民风民俗不同、法律意识缺乏；自然环境风险来源于异常恶劣的气候条件、洪水、地震等灾害、不可预见的地质条件等。对于风电场工程建设，社会环境风险主要存在于场内道路施工及征地过程中，自然环境风险主要存在于风机、塔筒设备吊装过程中，由此导致的工程无法开工及承包人窝工将带来大量的索赔。发包人应在工程前期做好地方民风民俗的调研，深入收集风电场区域内地质及气象资料。

5.9.1.3　经济风险

经济风险主要来源于利率浮动、通货膨胀、税率变化、资金短缺等。我国经济目前正处于稳步增长阶段，国内风电场的利率浮动、通货膨胀、税率变化的风险较小，几乎可不考虑；对于部分经济不稳定的国家，利率浮动、通货膨胀、税率变化的风险较高。对于资金短缺的风险，可通过合理的支付条件和违约条款来预防或避免。

5.9.1.4　设计风险

设计风险主要来源于勘测数据不准确、设计技术能力不足、质量水平不高、设计方案和施工组织设计不合理、技术方案及说明不明确、重大设计变更等，由此导致的工程返工、重建或资源浪费将给发包人带来较大的经济损失，甚至对风电场工程运营期间的发电效益产生不良影响。发包人应确保勘测数据的准确性，严格审查设计单位及人员资质，选择资质过硬、经验业绩丰富和有较强技术能力的设计人。

5.9.1.5　采购风险

采购风险主要来源于设备制造厂家技术和装备能力不足、设备缺陷和故障、重大件设备运输缺乏保障，由此导致的设备安装承包人窝工、风电场运行不稳定将带来大量的索赔和发电效益损失。发包人应严格审查设备制造厂家的资格与能力，深入研究重大件设备运输方案，加强设备驻厂监造与过程监控。

5.9.1.6　施工风险

施工风险主要来源于材料采购缺陷、施工技术水平低下、设备安装失误、施工难度大、调试难度大等，由此导致的工期延误、工程返工或重复、运行不稳定将给发包人带来重大的经济损失和发电效益损失。发包人应严格审查施工单位及人员资质，选择施工技术能力较强的承包人，充分发挥工程监理的作用，加强施工过程管理和控制。

5.9.1.7　管理风险

管理风险主要来源于项目管理制度不健全、组织机构不稳定、领导能力不足、人员素质不足、团队内部缺乏沟通、各标段之间的协调不足、参建各方的关系不和谐、与地方关系不融洽等，由此导致的管理效率低下、项目决策失误、管理指令错误、施工干扰及地方阻力将严重影响工程的进度和质量，项目实施举步维艰，预期的目标难以达到。

5.9.2　合同风险控制

5.9.2.1　重视招标资格审查

为了公开、公平、公正地选择理想的合作方，避免由于暗箱操作导致的采购风险，采用公开招标方式十分必要。在招标及项目实施过程中，应重视各投标人的资格审查，确保满足招标项目的需要，避免由于企业资质、人员资格或能力不足导致的设计风险、采购风险、施工风险及管理风险等。

5.9.2.2　采用合适的合同示范文本

对于有适用的国家主管部门或国际权威组织发布的示范文本，合同条款的拟定应推广使用，合同中应按照示范文本的要求明确合同范围、条件及界面，避免由于语意不清或歧义导致的合同争议，同时可规范合同双方的履约行为，通过严谨的合同约定带动现场合同管理工作，有效地避免一定的管理风险。

5.9.2.3　落实工程安全施工措施

安全无小事，一旦发生重大安全事故，合同双方均须承担相应的责任，不但企业效益难以实现，而且还会影响自身在行业内的名誉，甚至其生存都岌岌可危。因此，在风电场工程建设过程中，应制订工程的安全预案，落实各项安全施工措施，确保工程安全，避免由此导致的施工风险及管理风险等。

5.9.2.4 完善担保及保险制度

担保和保险是合同风险转移的重要方式。担保主要包括投标担保、履约担保、预付款担保、保留金担保、支付担保等，不同情形采用合适的担保可在一定程度上转移自身的合同风险，减免合同对方违约给自身带来的损失；保险主要包括工程一切险、第三者责任险、施工人员和机械险，通过投保可在一定程度上减免由于不可抗拒的风险给自身带来的损失。

5.9.2.5 加强方案审查及交底

加强方案审查可有效避免结构设计或施工组织设计不合理导致的风险，加强设计交底可进一步明确设计意图及技术要求，避免未按图纸或技术要求施工的风险。

5.9.2.6 加强变更及索赔管理

在项目实施过程中，应加强变更及索赔管理，理清变更及索赔的合同界面，预测变更及索赔的不良影响，实时掌握工程投资的偏离程度，及时采取措施预防和避免相关风险。

5.9.2.7 加强参建各方及地方协调

发包人应充分发挥自身及监理的协调作用，加强与各参建单位、地方政府及居民的沟通，各参建单位也应在发包人或监理的协调下相互沟通，避免由于交流和沟通不足所造成的合同风险。

第6章 风电场建设投资控制

6.1 投资控制的基本原则和方法

风电场建设投资控制，就是对风电场建设投入的资金或资源及投入的过程所进行的调节和控制，主要是通过项目的决策阶段、设计阶段、项目实施阶段、竣工验收阶段，把风电场建设项目的总投资控制在一定的限额内，使建设项目取得较好的经济效益、社会效益和环境效益。

6.1.1 基本原则

风电场建设投资控制是每个投资者所关心的重要内容之一，就工程项目建设而言，投资控制应贯穿于项目建设的全过程。从目前的投资控制来看，通过对项目建议书和可行性研究阶段投资估算的审批和项目法人负责制的实行，投资规模得到了有效控制。

为了对工程建设项目进行有效投资控制，除要运用控制论的一般原理外，还需坚持以下基本原则：

（1）抓住重点。风电场的投资占比中，风力发电设备占比最高，其次是发配电设施。

（2）动态对比。风力发电设备项目前期可研、初步设计及招标阶段是一个逐步深入的过程，一旦招标确定了风机设备，此部分造价也就基本确定。

（3）强调专业性。确定一个风电场的机型设备及风电机组布局，都涉及风电场特有的微观选址技术，平坦地形的风电场微观选址技术相对简单，但随着风电场项目"上山下海"，地形条件、气候条件的相对复杂。同时，制约风电场选址的外部条件越来越多、越来越复杂，因此，微观选址技术的优劣对风电场建设投资控制起到了相当重要的作用。

（4）技术经济比选方法的动态化、常态化应用。大到微观选址方案的比选，小到某个电力设备的技术经济比选，应根据工况条件，结合不同阶段进行常态化技术经济比选，以确保风电场建设项目投资始终在技术经济最合理状态。

风电场建设项目投资的有效控制是工程项目建设管理的重要组成部分。但是，由于全过程、全方位投资控制的理念尚未形成，投资管理的各个层面不够完善，工程投资中损失浪费的现象比较普遍，工程建设投资失控的现象也普遍存在。

6.1.2 基本方法

6.1.2.1 全过程控制

一个风电场项目从立项开始，涉及投资决策阶段、设计阶段、工程承发包阶段、施工实施阶段、竣工验收等项目建设全过程，每一个环节都影响项目的投资。

1. 决策阶段的投资控制

如果对一个风电场工程项目开展全过程控制，那么在项目决策阶段进行可行性研究时，首先就要对风电场的选定、所建项目的规模、建设标准、建设地点和周边环境因素的影响等相关内容进行多方案比较，最终选择技术上可行、经济上合理的建设方案。这对控制建设投资和项目建成后的经济效益具有决定性的影响。

2. 设计阶段的投资控制

投资控制的重点在于施工前的投资决策设计阶段，而在项目做出投资决策后，投资控制的关键就在于设计。对风电场而言，现阶段的设计费一般低于建设项目全寿命费用的1%，但是对工程造价的影响度占75%以上。要有效控制工程投资，就要重视工程设计对控制项目投资的作用，加强设计工作，提高设计质量。

在设计阶段对设计方案进行优化选择，不仅是从技术上，更重要的是从技术与经济相结合的角度，进行充分的论证。在进行方案比选时，可以采用最优风电场设计技术和成本效益分析方法。在满足工程结构及使用功能的前提下，依据经济指标选择设计方案。而设计方案（特别是风电场微观选址）一经确定，又可采用价值工程方法，千方百计降低工程造价。价值工程就是通过对产品的功能分析，使之以最低的总成本，可靠地实现产品的必要功能，从而提高产品价值的一套现代化科学手段。运用这一方法，就可能通过功能细化，把多余的功能去掉，对造价高的功能实施重点控制，从而最终降低工程投资，实现建设项目的最佳经济效益、社会效益和环境效益。

3. 工程承发包阶段的投资控制

风电场建设期应重点关注一些不可控因素和超预期因素的变动，以及由此产生的工程费用变化。进入风电场工程承发包阶段，由于主要机电设备和设施已经确定，占比较大的设备投资已经明确，而风电场土建和机电工程相对占比并不高，主要针对如下几个重点进行控制。大件运输和吊装风险控制、恶劣气候破坏预案、微观选址机位的变更处理、道路工程的选线问题等均存在超预期的因素，因此，做好技术和经济两方面的准备是必要的。

4. 施工实施阶段的投资控制

风电场建设阶段应严格控制设计变更，对必要的变更项目要预先作工程量和造价的增减分析，加强现场签证的审核，签证发生后应根据合同规定及时办理；加强合同管理，防止或减少索赔。

5. 竣工验收后的投资控制

项目竣工后，加强对工程竣工决算的审计。建设项目竣工决算审计，是合理确定工程项目最终工程造价的重要环节。

6.1.2.2 完善相关制度的约束机制

（1）按照相关的计费依据，采用限额计费，如按可行性研究确定概算为限额设计基数，按施工中标价为施工监理限额基数等，并对采取措施减少投资的给予充分的技术经济方案比选。

（2）风电场项目决算后对项目进行后评价或后评估，对项目管理单位、设计单位、招标代理单位、工程监理、施工单位的管理进行评价，促进有关单位加强投资控制意识，提高工程管理水平。

总之，风电场建设投资控制的最终目的是在保证工程质量的前提下以最为合理的投入，取得最大的投资效益。风电场建设投资控制应贯穿于建设项目管理的全过程，包括项目决策阶段、设计阶段、招标阶段、施工阶段和竣工阶段，把节约投资的理念融入项目管理中。

6.2　投　资　控　制　内　容

　　通常来说，风电场建设程序如下：

　　（1）风电场建设施工前期准备工作。主要工作包括项目报建、编制风电场项目建设计划，招标确定风电场建设工程和设备招标等，组织设备订货，员工培训等。

　　（2）风电场工程施工。主要工作包括工程施工许可、"三通一平"、工程监理、质量、进度、安全管理等。

　　（3）风电发电机组的运输、安装及试运行。

　　（4）发配电设备的调试和试运行。

6.2.1　投资构成

　　根据上述风电场建设的程序安排，风电场建设通常由风电机组、集电工程、房屋建筑工程等组成。风电场建设投资以风机设备投资占比为主，表 6-1 为某典型装机容量 49.5MW 的风电场投资构成表。

表 6-1　某装机容量 49.5MW 的风电场投资构成表

序号	工程或费用名称	设备购置费/万元	安装工程费/万元	建筑工程费/万元	其他费用/万元	合计/万元	占投资额/%
一	设备及安装工程	30886.14	2631.85			33517.99	75.91
（一）	发电设备及安装工程	28934.14	2044.10			30978.24	70.16
（二）	升压变电设备及安装工程	1093.50	103.75			1197.25	2.71
（三）	通信和控制设备及安装工程	418.00	144.10			562.10	1.27
（四）	其他设备及安装工程	440.50	339.90			780.40	1.77
二	建筑工程			5679.88		5679.88	12.87
（一）	发电设备基础工程			1856.50		1856.50	4.21
（二）	变配电工程			20.50		20.50	0.05
（三）	房屋建筑工程			95.45		95.45	0.22
（四）	交通工程						
（五）	施工辅助工程			3043.62		3043.62	6.89
（六）	其他			663.81		663.81	1.50
三	其他项目				4090.52	4090.52	9.26
（一）	建设用地费				1218.24	1218.24	2.76
（二）	建设管理费				1480.08	1480.08	3.35

续表

序号	工程或费用名称	设备购置费/万元	安装工程费/万元	建筑工程费/万元	其他费用/万元	合计/万元	占投资额/%
（三）	生产准备费				393.37	393.37	0.89
（四）	勘察设计费				872.00	872.00	1.97
（五）	其他				126.84	126.84	0.29
四	一～三部分投资合计					43288.39	98.04
五	基本预备费					865.77	1.96
六	静态投资					44154.16	100.00
七	涨价预备费						
八	建设投资					44154.16	
九	建设期利息					1077.81	
十	总投资					45231.97	
十一	静态投资/(元·kW^{-1})					9198.78	
十二	动态投资/(元·kW^{-1})					9423.33	

从表 6-1 中可以看出，设备及安装工程占比超过 70%，当然，其中的主要设备价格也会随着市场变化而波动，但主要电力设备及电力设施在风电场建设投资中的权重很高。而风电场项目前期及设计工作启动后，根据风电场建设的实际情况，适合风电场建设条件的风电机组、主要电力设备和主要设施基本已经定型。因此，应十分重视项目前期（设计开始前）和设计阶段的投资控制工作。

投资控制过程及偏差情况如图 6-1 所示。

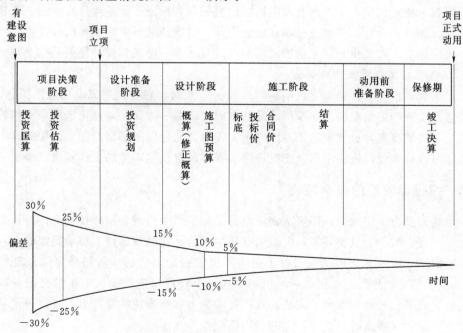

图 6-1　投资控制过程及偏差情况

从图 6-1 可以看出，一个项目的前期及设计阶段，可能的偏差会很高，而风电场建设投资则不同，前期及设计阶段，风电机组设备选型工作确定，尤其是在初步设计完成，通过招标确定了风电机组、主要电力设备和主要电力设施后，一个风电场的建设投资就已经确定 70％左右的造价了。

6.2.2 设计阶段的投资控制

一般投资项目设计阶段的投资控制主要是从设计招标与设计竞赛、标准设计、限额设计、价值工程等方面进行优化，而风电场建设项目则有其一定的特殊性，这主要表现为微观选址工作的深入程度，不仅仅影响风电场机位布局问题，更对风电场风电机组设备出力、集电线路布线以及投资均有至关重要的影响。

1. 风电场微观选址工作

风电场微观选址工作是风电场布局的基础。风电场布局需考虑的因素比较多，风电场以发电为主要任务，风电机组的发电性能则作为首要考虑因素，其次是结合风电场地形、用地性质、土建工程、电气工程等配套工程的可行性进行布置。

风能资源评估是风电场选址第一步必做的关键步骤，风能资源评估的准确性对风电场以后运行的效益至关重要。风电场选址是同风能资源评估同样重要的工作，基于数值模拟技术的不断进步，无论在风电场宏观选址还是在风电场不同阶段的微观选址中，数值模拟技术已经越来越被广泛地应用。

2. 复杂条件下的微观选址工作

复杂条件下的风电场微观选址技术研究，正是基于结合场址地形、合理的建模方法、主要指标的控制来进行的。针对不同阶段深度的要求，进行流场动态设计，计算更为翔实的设计资料，能对机位点主要涉及风电机组出力、节约投资、设备运行安全的主要技术参数进行拟合和验证设计，能够进行场点验证设计，微观选址成果详细列出设计机位点环境湍流、尾流影响、入流角、切变指数、极值阵风系数等，给工程设计提供基础支持。

3. 微观选址工作对投资的影响

通过微观选址工作，确定了风电场的布局：一方面，它决定了风电场总图工作基础，其中的道路工程和集电线路主要指标已经基本确定；另一方面，通过比选风电机组轮毂高度，确定了塔架高度，也就确定了总体塔架工程量。通过以上平面量和立体量的确定，对风电场建筑投资来说，道路工程、集电线路工程和风电机组塔架的工作量也就确定了。

6.2.3 招投标阶段的投资控制

风电场初步设计完成后，即可编制风电机组和主要电力设备招标技术文件，这也是风电场建设过程中的一个重要环节，因为风电机组机位是在微观选址工作中确定的，只有机位位置确定了才能开展征地工作，由于在实际机位确定以前的风电场微观选址工作是按"点征面控"的原则进行的，因此，风电场的初步设计成果应明确风电机组机位，即应包含微观选址成果。当然，通常的做法会在控制的风电机组数位的基础上，进行一定量的冗余设计，以保证在实施阶段，有一定的备用机位点。

一般投资项目工程招标阶段主要是根据设计概算进行合同价形式的确定，如总包价合同、单价包干合同。同时标底的编制有预算或清单工作量模式。

风电场建设项目中的建筑和电力工程部分基本上也是按上述方式进行的，但风电机组在招标阶段采取的模式一般不同于传统的机电设备招标方式，更不同于一般模式下的建筑工程招标模式，下面主要介绍一下风电机组招标的情况。

风电机组及附属设施的招标，应对工程项目的基本情况明确定义，如工程所在地的基本情况、交通运输情况、工程地质条件、风能资源情况以及装机规模都要有明确的介绍。风电场设计的一次、二次技术方案均已经完成，是保障风电机组接口的重要问题。一个完整的风电机组招标内容应包括且不止于风电机组部分、监控系统、技术服务、工具、备品备件、耗材等。

风电机组招标的成功与否，对风电场建设投资起着十分重要的作用。参考以上内容，风电机组的招标可参考机电设备招标方案，并考虑按综合评价法或以设备寿命周期成本为基础的评标价法，而对风电机组招标项目进行评标时，通常可采用单位千瓦投资、单位度电成本、单位度电投资、单位面积出力等单一指标或综合指标来进行评价。

1. 单位千瓦投资

$$单位千瓦投资＝风电机组设备总投资/总装机容量$$

通过这一个指标，可以初步评价风电场建设的单位千瓦造价水平。

2. 单位度电成本

单位度电成本是一个比率，计算公式为

$$单位度电成本[元/(kW \cdot h)]＝总成本(元)/总发电量(kW \cdot h)$$

而成本费用计算步骤有：

（1）计算风电场风力发电设备形成的固定资产原值：固定资产原值＝固定资产投资＋建设期利息。

（2）总风电成本归集包括三个项目：①年折旧费 ＝ 固定资产原值×综合折旧率；②年维修费＝固定资产原值×年维修费率，考虑到风电机组设备磨损问题，这一值应逐年递增；③年运行成本，包括材料费、管理费、工资及福利费、输变电成本、财务费用、保险费、监测费用等费用的比率分摊。

（3）计算年发电量：需要清楚了解每年的风力发电成本状况，以及每年风力发电成本的变动情况及原因。

3. 单位度电投资

$$单位度电投资＝（风电机组采购价＋配套工程投资）/发电量。$$

4. 单位面积出力

$$单位面积出力＝发电量/风电机组总的扫风面积$$

目前，我国陆上风电开发成本在 $0.45 \sim 0.6$ 元/(kW \cdot h)，风电在电力结构中的比重逐步增加，恰恰是建立在风电度电成本已接近火电成本基础之上，即从经济角度具备了产业化开发价值。由此类推，设备招标体制也应以预期度电成本作为设备中标的主要依据，即根据风场实测的风频曲线，各个厂商和独立咨询单位估算其投资设备的年发电量和总投资，继而推算其设备的预期度电价格，并对业主做出发电量承诺，由此作为评标依据。

风电机组每千瓦造价一目了然，而度电成本要结合功率曲线、可利用率、预期发量、可靠性、风电场资源等因素在 20 年的寿命期综合计算，既加大了工作量又平添了诸多不确定性，在实际中具有一定的可参考性。

国家能源局组织特许权招标项目时，中标原则是开发商报电价，价低者中标。在这个过程中，开发商必然要计算风电场的度电成本。

6.2.4　施工阶段的投资控制

风电场建设项目施工阶段除风力发电设备合同不同于一般设备订货合同外，其他设备和设施工作基本与一般投资项目施工阶段的投资控制相似，主要包括资金使用计划的编制、工程计量与计价控制、工程款的支付、合同价的调整、工程变更费用控制、索赔控制、投资偏差动态分析 。

施工阶段的投资控制目的是通过资金的合理分配，将工程造价控制在批准的投资额以内，并利用有限的投资获得最大的经济效益。根据以上目的，风电场建设项目施工阶段应重点做好以下工作：①确定分年投资计划和控制额度；②对当年完工的项目进行合理分项划分；③做好进度结算和价款调整的控制工作。

值得注意的是，考虑到风电场建设项目的施工条件和环境的限制，应重点关注以下内容。

（1）外业工作量的超预期变化，如在山地的道路工程、集电线路的外线工程、风电机组基础场址平整工程等，施工过程中存在地质情况不能充分把握、核算工作量出现变动、地表附着物调查不详等情况，有时还存在与军事、政治、宗教等出现冲突而一票否决的情况，对此应有充分的预备量。

（2）季节变动对工作量的影响，如一些地方会出现长时间的雨季，山洪对新建工程的破坏及重复修复的工作量；台风期间，台风对临建工程的破坏及重复修复的工作量。

（3）施工条件的不可控对工期和费用变动的影响，如大件吊装及台风期工期合理变动对主要机工具占有费的影响等，在北方，由于冬季对施工期的限制，可能会存在重复进出场费用等问题。

6.3　投资控制内容、流程及措施

6.3.1　风电场建设投资阶段内容

随着风电场工作开展深度的不同，风电场的投资控制也有对应的深度要求，风电场建设投资实质上是对各个不同深度研究成果的检查和比较。具体来说，各个不同深度阶段投资控制的主要内容如下：

1. 投资估算

投资估算是指在整个投资决策过程中，依据现有的资料和一定方法对风电场建设项目所需的投资额进行估算。估算的方法常采用单位千瓦指标估算法、近似工程量法及单元法。投资估算可由业主委托设计单位或咨询单位编制，也可由业主单位有关人员编制。

投资估算在投资决策相应阶段作用不一。但当可行性研究报告批准后，投资估算作为批准下达的投资限额对初步设计概算及整个工程造价起着控制作用，同时也是编制投资计划、进行资金筹措及申请建设贷款的主要依据。

2. 设计概算

风电场建设项目总概算包括项目从筹建到竣工验收全过程的全部建设费用。它由设计单位在设计阶段根据设计文件规定的工规总图布置及各单项工程的主要建筑结构、设备清单和其他工程的费用综合而成。经批准后的总概算是确定建设项目总投资额、编制固定资产投资计划、签订贷款合同与控制建设拨款的依据，同样也是考核设计经济合理性及控制预算的依据。

总概算由建设项目各子工程项目的综合概算及其他工程费用概算汇总而成。

3. 施工图预算

施工图预算是设计单位在建设项目开工前，根据施工图设计确定的工程量、预算定额及取费标准等编制的。施工图预算经审定后，是确定工程预算造价的依据；同时，对实行招投标的工程，预算也是签订建筑安装工程承包合同及编制标底的依据。施工图预算是依据体现当时社会平均生产水平的预算定额，经正确套用与计算而得。

4. 工程价款的结算

工程价款的结算是业主依据施工承包合同规定的内容，在施工任务完成后向施工承包单位办理的结算。结算的方式包括预付款、中间结算（工程款的计量支付）、竣工结算及其他结算方式。对于合同外的工程变更、材料与设备价格调整、不可抗力的灾害损失等，在竣工结算时根据双方签证的资料据实结算。

5. 竣工决算

竣工决算是反映建设项目竣工后的实际成本和为核定新增固定资产价值，考核分析投资效果，办理交付使用验收的依据，也是竣工报告的重要组成部分。

6.3.2 风电场建设投资控制流程

风电场建设投资控制流程见表 6-2，建设投资控制流程也是对风电场建设投资的一个管理过程。

表 6-2 风电场建设投资控制流程表

投资控制阶段	对应的建设过程	主要方法	主要作用
投资估算	项目前期	单位千瓦指标估算法	对项目的必要性和可行性进行论证
设计概算	初步设计阶段	概算指标法	确定建设项目总投资额
施工图预算	施工图设计阶段	预算定额或工程量清单	确定工程预算造价的依据
工程价款的结算	施工验收阶段	预算定额或工程量清单	对承发包合同进行结算
竣工决算	竣工决算阶段	预算定额或工程量清单	考核分析投资效果，办理交付使用验收的依据

6.3.3 投资控制措施

风电场建设投资控制工作是建设经济的重要工作之一，也是每个投资者关心的重要内容之一，对我国新能源建设发展起着重要作用。实践证明，做好工程建设项目投资控制工作不仅要具有建设项目投资控制的高素质专门人才，做到全方位、全过程有重点的控制，而且建设项目投资控制和监督更应从组织、技术、经济、合同等多方面采取措施。

6.3.3.1　组织措施

（1）通过建立合理的项目组织结构，在项目管理班子中落实投资控制的人员、任务分工和职能分工。

（2）委托或聘请有关咨询单位或有经验的工程经济人员做好工程造价控制及管理工作。

（3）积极推行项目设计、施工、材料采购等的招投标制度。

（4）做好工程监理和（预）后评估管理工作。

6.3.3.2　技术措施

（1）做好设计方案的技术经济论证，优选最佳设计方案。

（2）积极推行限额设计和价值工程分析。

（3）做好施工图预算和工程招标标底的审查工作。

（4）采用节能、提高工效的新设备、新工艺、新技术、新材料。

6.3.3.3　经济措施

（1）编制资金使用计划，确定、分解投资控制目标。

（2）进行工程计量和工程量清单计价的奖罚规则。

（3）复核工程付款账单，签发付款证书。

（4）在施工过程中进行投资跟踪控制，定期进行投资实际支出值与计划目标值的比较；发现偏差，分析产生偏差的原因，采取纠偏措施。

（5）对工程施工过程中的投资支出做好分析与预测，经常或定期向业主提交项目投资控制及其存在问题的报告。

6.3.3.4　合同管理

（1）做好工程施工记录，保存各种文件图纸，特别是注有实际施工变更情况的图纸。注意积累素材，为正确处理可能发生的索赔提供依据，参与处理索赔事宜。

（2）参与合同修改、补充工作，着重考虑它对投资控制的影响。

6.3.3.5　信息管理

定期收集工程项目投资规划信息，投资耗用情况信息，已完成的任务量情况信息和建筑市场人、材、物等数据，定期进行投资对比分析。

6.4　投资控制重点

6.4.1　主要设备——主变方案比选

为了清楚说明主变方案的变化对投资的影响，本节通过分析一个实例进行介绍。某风电场总装机容量 48MW，其中 110kV 变电站升压侧电气主接线为：共 3 回 35kV 进线，以一回110kV线路接入当地电网，初拟采用两个接线方案进行比较。

方案一：一台主变压器方案。35kV母线采用单母线接线，110kV侧采用变压器线路组接线，风电场全部发电容量经一台50000kVA的主变送出。

方案二：两台主变压器方案。35kV母线采用单母线分段接线，每段母线与一台主变压器连接，风电场全部发电容量经两台30000kVA的主变压器送出，110kV侧采用单母线接线。

该风电场主接线方案比较见表6-3。

表6-3 风电场主接线方案比较表

序号	项 目	方 案 一	方 案 二
1	接线简图		
2	主变压器规格及数量	SFZ$_{11}$-50000/110，1台	SFZ$_{11}$-30000/110，2台
3	110kV户外复合式组合电器（Hybrid Gas Insulated Switchgear，HGIS）间隔	1个	3个
4	35kV间隔	7个	12个
5	设备投资差/万元	0	+335
5.1	主变压器	0	+50
5.2	110kV户外复合式组合电器（HGIS）	0	+160
5.3	35kV间隔	0	+125
6	优点	接线简单，控制简单方便，运行维护简单，投资省	运行灵活，一台主变故障时，仍能保证风电场50%的出力
7	缺点	主变故障或检修时，全场停产	投资较高，控制复杂，运行维护难度较大
8	推荐方案	推荐	

从经济上比较，方案一比方案二节省投资约 335 万元，从技术性能分析，方案二有两台主变压器，一台主变压器故障或检修时仍有一半的电力送出，可靠性、运行灵活性优于方案一，但实现其控制较为繁琐，后期运行维护不方便。考虑 110kV 系统送出线路只有一回，综合风电场发电效益、土建投资和设备投资，推荐方案一，即一台主变压器方案：35kV 采用单母线接线，经一台变压器升压至 110kV，110kV 采用线路变压器组。

6.4.2　主要设施——集电线路方案比选

风电场建设集电线路方案比选，主要是从集电线路的技术可行性、经济合理性以及工况环境的适应性等方面进行比选，风电机出口电压经过机舱集成变压器（如 VES-TAS2M、GEMASA2M 等）或地上后配箱变（目前国产风电机组较常用的模式）升压为高压，再经过集电线路汇到升压站母线柜，它主要应考虑的是箱式变电站高压侧接线方式的确定问题和集电线路电缆敷设与架空敷设的比选问题。

1. 箱式变电站高压侧接线方式

箱式变高压侧合适的电压等级有 6.3kV、10.5kV、35kV。通常来说，确定风电场箱变高压侧电压选择的技术经济指标有箱式变额定电压（kV）、输送容量（MW）、主要电缆截面（mm²）、回路数、电缆总长（km）、线路电压损失（%）、线路电能损耗（万 kW·h/年）、开关柜数量以及相关设备的投资等。

为了更好地说明上述指标情况，本书选取一个 50MW 左右装机规模的风电场工程作为案例。本案例风电场场地较长，长度约 8km，箱变 33 台，由于 6.3kV 电压较低，使得电能损耗较大，设备投资较多，明显不合理。35kV 和 10.5kV 比较见表 6-4。

表 6-4　35kV 和 10.5kV 方案比较表

序号	项　　目	方案 1	方案 2	备注
1	技术指标			
1.1	箱式变额定电压/kV	10.5	35	
1.2	输送容量/MW	49.5	49.5	
1.3	主要电缆截面/mm²	3×240	3×240	
1.4	回路数	7	3	
1.5	电缆总长/km	36	20	折算成三相
1.6	线路电压损失/%	8.5	2.1	最严重的一个回路
1.7	线路电能损耗/（万 kW·h·a⁻¹）	110	22	
1.8	开关柜数量	12	8	
2	经济指标			
2.1	开关柜投资/万元	115	150	
2.2	箱变投资/万元	825	1155	
2.3	电缆投资/万元	1720	980	
2.4	投资合计/万元	2660	2285	
	投资差	375	0	

可见，35kV 方案比 10.5kV 方案损耗小、投资省，因此，箱式变高压侧的电压选择 35kV 较为合适。

2. 电缆敷设与架空线路的比选

根据风电机组布置情况和总装机容量，按照集电线路合理并均匀分配容量、控制线路投资、减少电压和功率损失、保证风电机组的可靠运行和电能的输送，同时，综合考虑集电线路与环境的适应性等因素，集电线路常用方案为采用电缆直埋方式和采用架空线方式。

根据表 6-4 中两方案比选，通常应考虑的技术经济指标为电缆规格及造价、架空线方式及造价、土建投资、对环境的影响、设计可靠度、施工难度、运行维护及检修费用、其他因素等。

从经济的角度分析，同一风场中电缆直埋方式相对架空线方式投资会高一些。以一个 5 万 kW 规模的山区风电场为例，35kV 风电场集电线路采用电缆直埋方式的综合造价约为 65 万元/km，电缆敷设长度约为 40km；采用架空线路方式的综合造价约为 110 万元/km，电缆敷设长度约为 17km。经计算，采用电缆直埋方式的总造价为 2600 万元，而采用架空线路方式的总造价为 1870 万元，初步的结论是采用架空线路较优。

进一步的研究表明，在我国北方和中西地区高山一带风电场建设工程集电线路时，还应考虑严重覆冰问题。当考虑增设融冰装置约 800 万元/套时，本案例反而是直埋电缆方式较优。另外，我国华南一带的风电场，考虑到架空线路应能抵御设计水平年极端风速的破坏，通常应提高架空线路设计标准，也会增加一些投资。因此，应对本案例两方案进行综合比选。

从其他影响因素分析，直埋电缆的架空方式对环境以及施工难度上的影响差别不大，但直埋电缆方案在维护、检修方面比架空线路难度大，运行方面则要安全一些。从更为详细的技术角度来分析，按短路容量方法进行计算，在压降、损耗及与接入电网相关的技术指标方面，两个方案也存在进一步分析的必要，本节主要侧重对投资影响的重点内容。

6.4.3 风电机组设备选型的技术经济比选

6.4.3.1 风电机组设备选型的技术分析

我国幅员辽阔，南北风资源差别较大。按照现行变桨距风力发电机的最大功率捕获原理，风力发电机从切入风速（Cut - in Wind Speed）到额定风速（Rated Wind Speed）这一过程中，通过变桨技术可以实现风力发电机工况下的最优化，从实际风速分布统计情况来看，风力发电机运行最多的时段基本上集中在这一工况，且这一工况下的出力最多。风力发电机风能最优捕获曲线如图 6-2 所示。

从图 6-2 中可以看到，随着风速 v 的增加，通过控制叶片变桨，即改变叶片的迎风攻角，可以保持风电机组在各个风速 N_{max} 时达到其出力最大化，多条风速曲线表达了这一变化过程。而在实际工作中，一般将测得的逐时风速按风频数来统计，某典型风电场的风速分布为一个威布尔（Weibull）分布及其瑞利（Rayleigh）分布，典型风电场的风速分布如图 6-3 所示，图 6-3 中分别列出了陆上风速和海上风速典型分布情况。

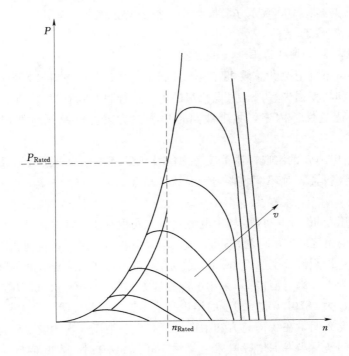

图 6-2　风力发电机风能最优捕获曲线

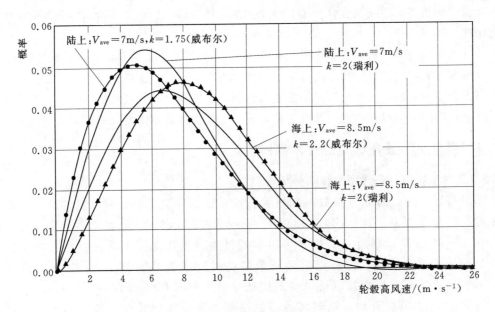

图 6-3　某典型风场的风速分布图

　　其中威布尔分布所控制分布宽度的形状参数 k 值和控制平均风速分布的尺度参数 C 值（C 由真值推算出，为简化理解，C 与 V_{max} 和 V_{ave} 相关）是实际工作中主要关注的两个参数。一般来说，在研究风电场址区的风速分布情况后，会根据风电机组分级的相关规定以及平均风速值、湍流计算值和极大风速推算值等，来确定风电机组及主要部件的选型。从安全的角度来说，这种做法是值得肯定的，但随着风电设备装机规模的不断扩大，越来越多的专业人士对风电机组出力这一指标给予了高度关注。而决定某台风电机组出力指标的是其对风能的捕获能力和利用效率，这些参数与风能资源紧密相关。

在某风电场区的风能资源参数已定的情况下，为了达到最优出力，风电设备选型的一个重要技术指标就是确定其额定风速 v_N，通过不同风场、多台风电机组的出力对比研究发现，v_N 取值为 A 和 k 值的乘积，即 $v_N = Ak$，这是一个简单而有效的计算公式。图 6-3 中的陆上风电场风电设备应选取额定风速 $v_N = 12 \sim 13 \text{m/s}$，而海上风电场区风电机组应选取额定风速 $v_N = 15 \sim 16 \text{m/s}$。基于对这一点的理解，风电机组安装在海上时可以越来越大型化，因为其要求的额定风速相对较高，而安装在陆上的风电机组却不能一味求大，单机组功率过大的风电机组即使采用了很多先进技术，如加大其低风速的捕风性能，但由于其额定风速较高，牺牲了整机性能，结果还是得不偿失。

6.4.3.2　风电设备选型的主要经济指标分析

实际工作中，对风电设备选型时，既要做到风电设备选型满足风电场的技术要求，也要考虑设备价格波动对风电投资所产生的影响。现阶段有些风电项目，无论拟建场址区的风能资源情况如何，风电设备选型上都以兆瓦级机组为目标，以 $1.5 \sim 2 \text{MW}$ 机组选型为最多。

评价一个风电项目的主要风险变量有上网电量、固定资产投资、上网电价。在风电项目固定资产投资中，风电设备选型对投资影响最大，风电设备选型及其组合方案与风电项目规模的关联是最主要因素。通过对风电项目风电设备选型时的多方案比较，发现风电设备选型与风电项目规模相关联。采用不同的组合方案，对风电设备投资的控制、风电设备的可利用率等主要经济指标都能实现优化目标。

6.4.3.3　工程案例分析

以某风电场风电设备选型为例，按 49.5MW 装机容量考虑，从技术经济的角度来分析多种组合方式下的选型情况。结合目前国产、合资、外资本土化等风电机组设备制造情况，提出可供选择的方案如下：

方案一：用国产基本上已经定型且成熟的 750kW 风电机组，设备单位千瓦造价的工程投资将大幅降低，这一方案选用的概率为 10%。

方案二：用国产基本上已经定型且成熟的 750kW 风电机组和 1500kW 风电机组组合，其装机容量投资也有下降，这一方案可以在电价不理想时使用，选用概率为 20%。

方案三：用国产已定型 1500kW 风电机组，选用的概率为 50%。

方案四：用合资生产且满足国产化 70% 要求的 1500kW 风电机组时，其装机容量投资在方案三的基础上有一定幅度的上升，这一方案由于受多方影响，选用的概率为 20%。

方案五：用进口 2000kW 风电机组时，设备造价和其装机容量投资将大幅度提升，根据现行可能的价格政策和上述技术分析情况来看，投入此种机型将导致投资收益率和回报率不高，对本项目来说，将选用其的概率暂定为 0%。

某 49.5MW 风电场风电设备可供选型方案见表 6-5。

表 6-5 某 49.5MW 风电场风电设备可供选型方案

序号	方 案	设备造价/万元	基准率/%	设备投资浮动率/%	工程总投资浮动率/%	设备单价/(元·kW^{-1})	说 明	备注
一	750kW 机组	19800	62.50	−37.50	−23.38	4000	按 66 台国产单机容量 750kW	国产
二	750kW 机组和 1500kW 机组混合方案	25920	81.82	−18.18	−11.33	4000 (750kW 机),6400 (1500kW 机)	按 32 台单机容量 750kW 和 17 台国产单机容量 1.5MW 的组合方式	国产
三	1.5MW 机组	31680	100.00	0	0	6400	按 33 台国产单机容量 1.5MW	国产
四	1.5MW 机组	38610	121.88	21.88	15.02	7800	按 33 台合资或独资达到国产化率 70%要求的单机容量 1.5MW	合资
五	2MW 机组	50000	157.83	57.83	38.63	10000	按 25 台合资或独资达到国产化率 70%要求的单机容量 2MW	进口机型

根据表 6-5 所列参数，在不同组合方案下，工程总投资的变动量非常大，每一级组合情况下都有大于 10%的差距，而采用各种组合方式计算的上网电量差要小于 10%。也就是说，在相同上网电价的情况下，功率较小一些的组合方案，如方案二，上网电量降低导致投资回报的变化带来的相对于投资降低对投资回报来说影响较小，也就是说方案二的投资回报要好于方案三的投资回报；反之，在规模一定、上网电价还没有明确的情况下，方案二将比方案三具有更有竞争力的上网电价。

另一个需要考虑的是风电场的规模效应问题。以现阶段风电机组单机容量分析，过小的装机容量，如风电场的设计装机容量小于 20MW 时，不适宜进行多种规格风电设备的混装。无论是从风电设备采购、运输、安装、运行维护等方面，还是从组合的效益方面，风电设备选型一定要进行包括投资、上网电量、上网电价三者的优化组合分析；而对于一个设计规模较大、投资分期进行的风电项目，则可以考虑按前段组合方案来实施。一般而言，风电场的上网电价是可以确定的，不会有太大的变动，选择适合于本风电场风能资源特点的一系列规格风电设备则是较优方案。在我国很多地区，风电场的建设并不都是一次性完成的，一般较大的风电场都是经过单机试运行、多机小规模运行、中等规模的装机，直到大规模装机的过程。在这一过程中，风电设备的选型基本上都包括了对上述技术经济及其相关问题的分析考虑。

综上所述，风电设备选型时主要技术经济指标的准确和有效评价，对风电项目投资行为起着至关重要的作用，风电设备选型及其组合方案与风电项目规模效应存在关联，风电设备设计选型时应用简单而有效的评价方法，找出风电设备选型组合方案与风电投资规模效应的内在联系，通过这些方法的实际应用，能更好地提高风电项目的经济性和整体效益。

6.5 投资风险控制

6.5.1 风电场建设投资风险控制主要内容

风电项目相对于火电、水电项目，其单位千瓦投资比较大、电价高，存在较大投资风险。风电属新型产业，技术发展较快，设备规格更新换代快、设备制造企业存续不稳定，再加上目前风能资源评价的真实性与准确性难以掌握，导致风电项目的投资风险进一步加大。当然，风电场建设是一项系统工程，各环节控制、衔接的好坏也将产生项目投资风险。

项目的风险主要体现在风能资源风险、风力发电技术风险、电价政策风险、送出工程风险、操作管理风险、运行维护风险。就这些风险提出相应管理对策。

（1）针对风能资源风险，项目应通过选择资深测风单位、先进测风仪器、加密测风塔，参考相近气象数据，召开专家论证会等进行风险管理，保证风能资源评估的真实性和准确性。

（2）针对风力发电技术风险，项目应通过深入调研设备制造企业，做好设备招投标工作，重视风电场建设辅助新技术的应用，加强合同管理等措施，进行风险管理，降低风电技术对本项目的影响。

（3）针对电价政策风险，项目应通过利用地区优势、项目核准制优势、法律政策等降低电价对本项目的影响。

（4）针对送出工程风险，项目应提前与电网公司做好沟通，降低风险。

（5）针对操作管理风险，项目应通过选用各类优秀人才、成立筹建处、建立流程制度、充分发挥专业中介作用、营造和谐友好的施工环境等方式降低风险。

（6）针对运行维护风险，项目应结合风能资源情况，优选小风期进行维护，对极端气候（如台风、极寒）应有预案管理措施，对可能产生疲劳损坏的扇区，应做好扇区管理等。

6.5.2 工程变更价款的确定

工程变更是指合同文件任何部分的变更，其中涉及最多的是施工条件变更和设计变更。

6.5.2.1 工程变更的控制原则

（1）无论是业主单位、施工单位或监理工程师提出工程变更，无论是何内容，工程变更指令均需由监理工程师发出，并确定工程变更的价格和条件。

（2）工程变更要建立严格的审批制度，切实把投资控制在合理的范围以内。

（3）对设计修改与变更（包括施工单位、业主单位和监理单位对设计的修改意见）应通过现场设计单位代表请设计单位研究。设计变更必须进行工程量及造价增减分析，经设计单位同意，如突破总概算必须经有关部门审批。严格控制施工中的设计变更，健全设计变更的审批程序，防止任意提高设计标准，改变工程规模，增加工程投资费用。设计变更经监理工程师会签后交施工单位施工。

（4）在一般的建设工程施工承包合同中均包括工程变更的条款，允许监理工程师有权向承包单位发布指令，要求对工程的项目、数量或质量工艺进行变更，对原标书的有关部分进行修改。

工程变更也包括监理工程师提出的新增工程，即原招标文件和工程量清单中没有包括的工程项目。承包单位对这些新增工程，也必须按监理工程师的指令组织施工，工期与单价由监理工程师与承包方协商确定。

（5）由于工程变更所引起的工程量变化，都有可能使项目投资超出原来的预算投资，必须予以严格控制，密切注意其对未完工程投资支出的影响以及对工期的影响。

（6）施工条件的变更往往是指未能预见的现场条件或不利的自然条件，即在施工中实际遇到的现场条件同招标文件中描述的现场条件有本质的差异，使施工单位向业主单位提出施工价款和工期的变化要求，由此而引起索赔。

工程变更均会对工程质量、进度、投资产生影响，因此应作好工程变更的审批，合理确定变更工程的单价、价款和工期延长的期限，并由监理工程师下达变更指令。

6.5.2.2　工程变更程序

工程变更程序主要包括提出工程变更、审查工程变更、编制工程变更文件及下达变更指令时。工程变更文件要求包括以下内容：

（1）工程变更令。应按固定的格式填写，说明变更的理由、变更概况、变更估价及对合同价款的影响。

（2）工程量清单。填写工程变更前、后的工程量、单价和金额，并对未在合同中规定的方法予以说明。

（3）新的设计图纸及有关的技术标准。

（4）涉及变更的其他有关文件或资料。

6.5.2.3　工程变更价款的确定

对于工程变更的项目：一种类型是不需确定新的单价，仍按原投标单价计付；另一种类型需变更为新的单价，包括变更项目及数量超过合同规定的范围，虽属原工程量清单的项目，其数量超过规定范围。变更的单价及价款应由合同双方协商解决。

合同价款的变更价格是在双方协商的时间内，由承包单位提出变更价格，报监理工程师批准后调整合同价款和竣工日期。审核承包单位提出的变更价款是否合理，可考虑以下原则：

（1）合同中有适用于变更工程的价格，按合同已有的价格计算变更合同价款。

（2）合同中只有类似变更情况的价格，可以此作为基础，确定变更价格，变更合同价款。

（3）合同中没有适用和类似的价格，由承包单位提出适当的变更价格，监理工程师批准执行。批准变更价格，应与承包单位达成一致，否则应通过工程造价管理部门裁定。

经双方协商同意的工程变更，应有书面材料，并由双方正式委托的代表签字；涉及设计变更的，还必须有设计部门的代表签字，均作为以后进行工程价款结算的依据。

6.5.3　风电场投资变动分析

针对风电场建设投资变动的客观性，应做好投资变动量及原因的统计工作，风电场投资变动分析方法见表6-6。

表6-6　风电场投资变动分析方法

某风电场工程投资分析表

编号	工程或费用名称	批准概算 /万元	竣工决算 /万元	投资变化 原因分析	备注
Ⅰ	风电场工程				
一	机电设备及安装工程				填合计数
1	发电设备及安装工程				
2	升压变电设备及安装工程				
3	通信和控制设备及安装工程				
4	其他设备及安装工程				
二	建筑工程				填合计数
1	发电设备基础工程				
2	变配电工程				
3	房屋建筑工程				
4	交通工程				
5	施工辅助工程				
6	其他				
三	其他费用				填合计数
1	建设用地费				
	其中：永久用地面积				
	临时用地面积				
2	建设管理费				
3	生产准备费				
4	勘察设计费				
5	其他				
	一～三项合计				
	基本预备费				
	涨价预备费				
	建设期利息				
	静态投资				
	工程总投资				
Ⅱ	送出工程				

续表

编号	工程或费用名称	批准概算 /万元	竣工决算 /万元	投资变化 原因分析	备注
	送出工程				
	基本预备费				
	建设期利息				
	静态总投资				
	总投资				
Ⅲ	总投资合计				
	静态总投资				
	总投资				

第7章 风电场建设质量控制

7.1 概 述

7.1.1 质量管理基本概念

质量是企业的生命，是企业发展的灵魂和竞争核心。"百年大计，质量第一"是人们对建设工程项目质量重要性的高度概括。产品及工程质量的高低是一个国家经济、科技、教育和管理水平的综合反映，已成为影响国民经济的和对外贸易发展的重要因素之一。目前，我国产品质量、工程质量、服务质量总体水平还不能满足人民生活水平日益提高和社会不断发展的需要，与经济发达国家相比仍有较大差距。近年来，国家采取了一系列措施，以提高产品质量、工程质量、服务质量。

建设工程项目从本质上说是一项拟建或在建的建筑产品，它和一般产品具有同样的质量内涵。建设工程的质量特性主要表现在以下方面：

（1）适应性。即功能，是指工程满足使用目的的各种性能。包括力学性能（如强度、弹性、硬度等）、理化性能（尺寸、规格、酸碱度、腐蚀性）、结构性能（风电机组基础强度、稳定性）和使用性能（发电量等）。

（2）耐久性。即寿命，是指工程在规定的条件下，满足规定功能要求使用的年限，也就是工程竣工后的合理使用寿命周期。一般来说，由于建筑材料（如混凝土）的老化对正常发挥规定功能的工作时间有一定限制。发电设备（如风电机组等）也可能由于达到疲劳状态或机械磨损、腐蚀等原因而限制其寿命。

（3）安全性。工程产品的安全性是指工程产品在使用和维修过程中的安全程度。在工程施工和运行过程中，应能保证人身和财产免受危害，风机应有足够的抗地震能力、防火等级，以及发电设备安装运行后的操作安全保障能力等。

（4）可靠性。可靠性是指工程在规定时间内符合规定的条件下，完成规定功能能力的大小和程度。符合设计质量要求的工程，不仅要求在竣工验收时达到规定的标准，而且在一定的时间内要保持应有的正常功能。

（5）经济性。工程产品的经济性表现为工程产品的造价或投资、生产能力或效益及其生产使用过程中的能耗、材料消耗和维修费用的高低等。对风电工程而言，应首先从精心的规划工作开始，在详细研究各种资料的基础上，作出合理、切合实际的可行性研究报告，并据此提出设计任务书，然后采用新技术、新材料、新工艺，优化设计，并精心组织施工，节省投资，以创造优质工程。在工程投入运行后，应加强工程管理，提高生产能力，降低运行、维修费用，提高经济效益。所谓工程产品的经济性，应体现在工程建设的全过程中。

（6）与环境的协调性。是指工程与其周围生态环境协调，与所在地区经济环境协调以及与周围已建工程相协调，以适应可持续发展的要求。

7.1.2　工程质量控制

7.1.2.1　工程形成各阶段对质量的影响

要实现对工程建设质量的控制，就必须严格执行工程建设程序，对工程建设过程中各阶段的质量进行严格的管理。工程项目具有建设周期长等特点，好的工程质量不是朝夕之间形成的。工程建设各阶段衔接紧密，互相制约和影响，所以工程建设的每一个阶段均会对工程质量的优劣产生十分重要的影响。

1. 项目可行性研究阶段

项目可行性研究是运用技术经济学原理，在对有关技术、经济、社会、环境等所有方面进行调查研究的基础上，对各种可能的拟建方案和建成投产后的经济效益、社会效益和环境效益等进行技术经济分析、预测和论证，确定项目建设的可行性，并在可行的情况下提出最佳建设方案作为决策、设计的依据。在此阶段，需要确定工程项目的质量要求，这就要求项目可行性研究对以下内容进行论证：①综述；②项目建设的必要性；③建设目标与任务；④建议方案；⑤方案论证；⑥可行性分析；⑦建设与运行管理；⑧投资估算及资金筹措；⑨效益分析与评价；⑩结论与建议。

2. 工程设计阶段

工程项目设计阶段，是根据已确定的质量目标和水平，通过工程设计使其具体化。设计在技术上是否可行、工艺是否先进、经济上是否合理、设备是否配套、结构是否安全可靠等，都将决定风电工程项目建成后的使用价值和功能。因此，设计阶段是影响工程项目质量的决定性环节。国务院 2000 年颁布的《建设工程质量管理条例》确立了施工图纸设计文件的审批制度，目的是为了强化设计质量的监督管理。

3. 施工阶段

工程项目施工阶段，是根据设计文件和图纸的要求，通过施工形成工程实体。施工阶段直接影响工程的最终质量。因此，施工阶段是工程质量控制的关键环节。

4. 工程竣工验收阶段

工程项目竣工验收阶段，就是对项目施工阶段的质量进行试运转、检查评定，考核质量目标是否符合设计阶段的质量要求。这一阶段是工程建设向生产转移的必要环节，影响工程能否最终形成生产能力，体现了工程质量水平的最终结果。因此，工程竣工验收阶段是工程质量控制的最后一个重要环节。

综上所述，工程项目质量的形成是一个系统的过程，即工程质量是项目可行性研究、工程设计、施工和工程竣工验收各阶段质量的综合反映。只有有效地控制各阶段的质量，才能确保工程项目质量目标的最终实现。

7.1.2.2　工程质量的影响因素

建设工程项目质量的影响因素，主要是指在项目质量目标策划、决策和实现过程中影响质量形成的各种客观因素和主观因素，包括人的因素、机械因素、材料因素、方法因素和环境因素等。

1. 人的因素

在工程项目质量管理中，人的因素起决定作用。工程项目的质量控制应以控制人的因素为基本出发点。影响项目质量的人的因素，包括两个方面：①直接履行项目质量职能的决策者、管理者和作业者个人的质量意识及质量活动能力；②承担项目策划、决策或实施的建设单位、勘察设计单位、咨询服务机构、工程承包企业等实体组织的质量管理体系及其管理能力。前者是个体的人，后者是群体的人。我国实行建筑业企业经营资质管理制度、市场准入制度、执业资格注册制度、作业及管理人员持证上岗制度等，从本质上说，都是对从事建设工程活动的人的素质和能力进行必要的控制。人，作为控制对象，人的工作应避免失误；作为控制动力，应充分调动人的积极性，发挥人的主导作用。因此，必须有效控制项目参与各方的人员素质，不断提高人的质量活动能力，才能保证项目质量。

2. 机械的因素

机械包括工程设备、施工机械和各类施工器具。工程设备是指组成工程实体的工艺设备和各类机具，如各类生产设备、装置和辅助配套的电梯、泵机，以及通风空调、消防、环保设备等，他们是工程项目的重要组成部分，其质量的优劣，直接影响到工程使用功能的发挥。施工机械和各类工器具是指施工过程中使用的各类机具设备，包括运输设备、吊装设备、操作工具、测量仪器、计量器具以及施工安全设施等。施工机械设备是所有施工方案和工法得以实施的重要物质基础，合理选择和正确使用施工机械设备是保证项目施工质量和安全的重要条件。

3. 材料的因素

材料包括工程材料和施工用料，又包括原材料、半成品、成品、构配件和周转材料等。各类材料是工程施工的基本物质条件，材料质量是工程质量的基础，材料质量不符合要求，工程质量就不可能达到标准。所以加强对材料的质量控制，是保证工程质量的基础。

4. 方法的因素

方法的因素也可以称为技术因素，包括勘察、设计、施工所采用的技术和方法，以及工程检测、试验的技术和方法等。从某种程度上说，技术方案和工艺水平的高低，决定了项目质量的优劣。依据科学的理论，采用先进合理的技术方案和措施，按照相关标准进行勘察、设计、施工，必将能很好地保证项目结构安全和满足使用功能，对组成质量因素的产品精度、强度、平整度、清洁度、耐久性等物理、化学特性等方面起到良好的促进作用。例如建设主管部门近年在建筑业中推广应用的 10 项新的应用技术，包括地基基础和地下空间工程技术、高性能混凝土技术、高效钢筋和预应力技术、新型模板及脚手架应用技术、钢结构技术、建筑防水技术等，对消除质量通病、保证建设工程质量起到了积极作用，收到了明显的效果。

5. 环境的因素

影响项目质量的环境因素，又包括项目的自然环境因素、社会环境因素、管理环境因素和作业环境因素。

(1) 自然环境因素主要指工程地质、水文、气象条件和地下障碍物以及其他不可抗力等影响项目质量的因素。

（2）社会环境因素主要是指会对项目质量造成影响的各种社会环境因素。

（3）管理环境因素主要是指项目参建单位的质量管理体系、质量管理制度和各参建单位之间的协调等因素。

（4）作业环境因素主要指项目实施现场平面和空间环境条件，各种能源介质供应，施工照明、通风、安全防护设施，施工场地给排水，以及交通运输和道路条件等因素。

7.1.2.3　工程质量的特点

工程项目建设涉及面广，是一个极其复杂的综合过程，特别是大型工程，具有建设期长、影响因素多、施工复杂等特点。因此，工程项目的质量不同于一般工业产品的质量，主要表现在以下 5 个方面。

1. 影响因素多

工程项目质量的影响因素多，如决策、设计、材料、机械、施工工序、操作方法、技术措施、管理制度及自然条件等，都直接或间接地影响到工程项目的质量。

2. 质量波动大

因为工程建设不像工业产品生产那样有固定的生产流水线、规范化的生产工艺和完善的检测技术，以及成套的生产设备和稳定的生产环境，所以工程项目本身的复杂性、多样性和单件性，决定了其质量的波动性大。

3. 质量隐蔽性

工程项目在施工过程中，由于工序交接多、中间产品多、隐蔽工程多，若不及时检查并发现其存在的质量问题，很容易产生第二类判断失误，即将不合格的产品误认为是合格的产品。

4. 终检的局限性

工程项目建成后不可能像一般工业产品那样依靠终检来判断产品质量，或将产品拆卸、解体来检查其内在的质量，或对不合格零部件可以更换。而工程项目的终检（竣工验收）无法通过工程内在质量的检验发现隐蔽的质量缺陷。因此，工程项目的终检存在一定的局限性。这就要求工程质量控制应以预防和过程控制为主，防患于未然。

5. 评价方法的特殊性

工程质量的检查评定及验收是按检验批、分项工程、分部工程、单位工程进行的。检验批的质量是分项工程乃至整个工程质量检验的基础，检验批合格质量主要取决于主控项目和一般项目经抽样检验的结果。隐蔽工程在隐蔽前要检查合格后验收，涉及结构安全的试块、试件以及有关材料，应按规定进行见证取样检测，涉及结构安全和使用功能的重要分部工程要进行抽样检测。工程质量是在施工单位按合格质量标准自行检查评定的基础上，由监理工程师（或建设单位项目负责人）组织有关单位、人员进行检验确认验收。这种评价方法体现了"验评分离、强化验收、完善手段、过程控制"的指导思想。

7.1.2.4　质量控制的主体

工程质量控制体现了主体多元化的特点，质量监督单位、建设单位、监理单位、设计单位、勘察设计单位、施工单位等均对建设项目的质量控制负有责任。各个主体是相互联系和制约的，在质量控制上，既要独立地承担责任，又要相互支持，还要按规定接受应有的监督。

7.1.2.5 质量控制的原则

工程项目质量控制过程中，应遵循以下 4 个原则。

1. 质量第一

工程质量必须达到设计要求和标准规范的规定。对工程项目的质量要严格要求，达不到标准要求的，应坚决返工，甚至推倒重建。

2. 以人为本

人是质量的创造者，质量控制必须"以人为本"，把人作为控制的动力，调动人的积极性、创造性，增强人的责任感，树立"质量第一"观念，提高人的素质，避免人的失误，以人的工作质量保证工序质量、工程质量。

3. 以预防为主

工程建设工序繁多，施工周期长，控制工序质量以预防为主尤为重要。在各工序施工过程中，进行抽样检测，统计分析，控制质量动态，发现质量不稳定时，分析原因，采取措施，消除隐患，达到事先预防的目的。

4. 坚持质量标准，严格检查

质量标准是评价产品质量的尺度，数据是质量控制的基础和依据，产品质量是否符合质量标准，必须严格检查，用数据说话。

7.1.3 工程质量的政府监督管理

7.1.3.1 工程质量的政府监督管理体制和职能

《建设工程质量管理条例》明确规定：国家实行建设工程质量监督管理制度。国务院建设行政主管部门对全国的建设工程质量实施统一监督管理。县级以上政府建设行政主管部门和其他有关部门履行检查职责时，有权要求被检查的单位提供有关工程质量的文件和资料，有权进入被检查单位的施工现场进行检查，在检查中发现工程质量存在问题时，有权责令改正。

政府的工程质量监督管理具有权威性、强制性、综合性的特点。

7.1.3.2 工程质量管理制度

1. 施工图设计文件审查制度

施工图审查的各个环节可按以下步骤办理：①建设单位向建设行政主管部门报送施工图，并作书面登录；②建设行政主管部门委托审查机构进行审查，同时发出委托审查通知书；③审查机构完成审查，向建设行政主管部门提交技术性审查报告；④审查结束，建设行政主管部门向建设单位发出施工图审查批准书；⑤报审施工图设计文件和有关资料应存档备查。

2. 工程质量监督制度

国家实行建设工程质量监督管理制度。工程质量监督管理的主体是各级政府建设行政主管部门和其他有关部门。工程质量监督管理由建设行政主管部门或其他有关部门委托的工程质量监督机构具体实施。工程质量监督机构是经省级以上建设行政主管部门或有关专业部门考核认定，具有独立法人资格的单位。它受县级以上地方人民政府建设行政主管部门或有关专业部门的委托，依法对工程质量进行强制性监督，并对委托部门负责。

工程质量监督机构的主要任务：①根据政府主管部门的委托，受理建设工程项目的质量监督；②制订质量监督工作方案；③检查施工现场工程建设各方主体的质量行为；④检查建设工程实体质量；⑤监督工程质量验收；⑥向委托部门报送工程质量监督报告；⑦对预制建筑构件和商品混凝土的质量进行监督；⑧受委托部门委托按规定收取工程质量监督费；⑨政府主管部门委托的工程质量监督管理的其他工作。

3. 工程质量检测制度

在建设行政主管部门领导和标准化管理部门指导下开展检测工作，其出具的检测报告具有法定效力。法定的国家级检测机构出具的检测报告，在国内为最终裁定，在国外具有代表国家的性质。

4. 工程质量保修制度

建设工程承包单位在向建设单位提交工程竣工验收报告时，应向建设单位出具工程质量保修书，质量保修书中应明确建设工程保修范围、保修期限和保修责任等。

在正常使用条件下，建设工程的最低保修期限为：①基础设施工程、房屋建筑工程的地基基础和主体结构工程，为设计文件规定的该工程的合理使用年限；②屋面防水工程、有防水要求的卫生间、房间和外墙面的防渗漏，为 5 年；③供热与供冷系统，为 2 个采暖期、供冷期；④电气管线、给排水管道、设备安装和装修工程，为 2 年。

保修期自竣工验收合格之日起计算。

7.1.4　风电场工程质量责任体系

对于风电场工程，参与工程建设的各方应根据国家颁布的《建设工程质量管理条例》《电力建设工程质量监督规定（暂行）》以及合同、协议和有关文件的规定承担相应的责任。

1. 质量监督部门的质量责任

质量监督部门代表政府对建设项目的质量负监督和评定等级责任，在监督中要做到未经持证设计单位设计或设计不合格的工程，一律不准施工；无出厂合格证明和没有按规定复试的原材料，一律不准使用；不合格的建构配件，一律不准出厂使用；所有工程都必须按照国家规范、标准施工和验收，一律不准降低标准；质量不合格的工程机构件，一律不准报竣工面积和产量，也不计算产值；没有经持证单位进行认真勘探，不准进行设计。

2. 建设单位的质量责任

建设单位应根据国家和电力部门有关规定依法建立，主动接受电力工程质量监督机构对其质量体系的监督检查；建设单位应根据工程规模和工程特点，按照电力部门有关规定，通过资质审查招标选择勘测设计、施工、监理单位并实行合同管理；在合同文件中，必须有工程质量条款，明确图纸、资料、工程、材料、设备等质量标准及合同双方的质量责任；建设单位必须向有关勘察、设计、施工、工程监理等单位提供与建设工程有关的原始资料，原始资料必须真实、准确、齐全；实行监理的建设工程，建设单位应委托具有相应资质的工程监理单位进行监理；建设单位应组织设计和施工单位进行设计交底，施工过程中应对工程质量进行检查，工程完工后，应及时组织有关单位进行工程质量验收、签证。

3.勘察、设计单位的质量责任

（1）从事建设工程勘察、设计的单位应当依法取得相应等级的资质证书，并在其资质等级许可的范围内承揽工程。

（2）勘察、设计单位必须按照工程建设强制性标准进行勘察、设计，并对其勘察、设计的质量负责。

（3）勘察单位提供的地质、测量、水文等勘察成果必须真实、准确。

（4）设计文件必须符合国家、行业有关工程建设法规、规程、标准和合同的基本要求。

（5）设计单位应按合同规定及时提供设计文件及施工图纸，在施工过程中随时掌握施工现场情况，优化设计，解决有关设计问题。

（6）设计单位应该按照电力部门有关规定在阶段验收、单位工程验收和竣工验收中，对施工质量是否满足设计要求给出评价。

4.施工单位的质量责任

（1）施工单位必须按照其资质等级和业务范围承揽工程施工任务，禁止施工单位超越本单位资质等级许可的业务范围或者以其他施工单位的名义承揽工程。

（2）施工单位不得将其承接的水利建设项目的主体工程进行转包。

（3）施工单位必须依据国家、行业有关工程建设法规、技术规程、技术标准的规定以及设计图文件和施工合同的要求进行施工，并对其施工质量负责。

（4）施工单位必须按照工程设计要求、施工技术标准和合同约定，对建筑材料、建筑构配件、设备和商品混凝土进行检验，检验应当有相应书面记录和专人签字；未经检验或者检验不合格的，不得使用。

（5）施工单位要推行全面质量管理，建立健全质量保证体系，制定和完善岗位质量规范、质量责任及考核办法，落实质量责任制。

5.监理单位的质量责任

（1）监理单位必须持有相应的监理单位资格等证书，依照核定的监理范围承担相应风电工程的监理任务。

（2）监理单位必须严格执行国家法律、行业法规、技术标准，严格履行监理合同。

（3）监理单位根据所承担的监理任务，向风电工程施工现场派出相应的监理机构，人员配备必须满足项目要求。

（4）工程监理单位应当选派具备相应资质的总监理工程师和监理工程师进驻施工现场。未经总监理工程师签字建设单位不拨付工程款，不进行竣工验收。

（5）监理单位应根据监理合同参与招标工作，从保证工程质量全面履行工程承建合同出发，签发施工图纸，审查施工单位的施工组织设计和技术措施，指导监督合同中有关质量标准、要求的实施，参加工程质量检查、工程质量事故调查处理和工程验收工作。

6.建筑材料和工程设备生产或供应单位的质量责任

（1）建筑材料和工程设备的质量由采购单位承担相应责任。凡进入施工现场的建筑材料和工程设备，均应按有关规定进行检验。

（2）建筑材料和工程设备的采购单位具有按合同规定自主采购的权利，其他单位或个人不得干预。

（3）建筑材料和工程设备应有产品质量检验合格证明、中文标明的产品名称、生产厂名和厂址，产品包装盒商标式样符合国家有关规定和标准要求；工程设备应有产品详细的使用说明书，电气设备还应附有线路图；实施生产许可或实行质量认证的产品，应当具有相应的许可证或认证证书。

7.2　质量控制的统计分析

7.2.1　质量控制统计分析的基本知识

数据是质量控制的基础，应用数理统计的方法，通过数据收集整理并加以分析，及时发现问题并采取对策与措施，是进行质量控制的有效手段。本节包括数理统计的基本概念、质量数据分析等内容。

7.2.1.1　数理统计的基本概念

1．总体与样本

总体是所研究对象的全体，由若干个个体组成。个体是组成总体的基本元素。总体中含有个体的数目通常用 N 表示。

样本是从总体中随机抽取出来，并根据对其研究结果推断总体质量特征的那部分个体。被抽中的个体称为样品，样品的数目称为样品容量，用 n 表示。

2．数据特征值

（1）总体算数平均数 μ 的计算公式为

$$\mu = \frac{1}{N}(X_1 + X_2 + \cdots + X_n) = \frac{1}{N}\sum_{i=1}^{N} X_i \qquad (7-1)$$

式中　　N——总体中的个体数；

　　　　X_i——总体中第 i 个个体的质量特性值。

（2）样本算术平均数 $\overline{x}$ 的计算公式为

$$\overline{x} = \frac{1}{n}(x_1 + x_2 + x_3 + \cdots + x_n) = \frac{1}{n}\sum_{i=1}^{n} x_i \qquad (7-2)$$

式中　　n——样本容量；

　　　　x_i——样本中第 i 个样品的质量特性值。

3．样本中位数

样本中位数是将样本数据按数值大小有序排列后位置居中的数值。

当样本数 n 为奇数时，数列居中的一位数即为中位数；当样本数 n 为偶数时，取居中两个数的平均值作为中位数。

4．极差 R

极差是数据中最大值与最小值之差，是用数据变动的幅度来反映分散状况的特征值。极差仅适用于小样本，其计算公式为

$$R = x_{max} - x_{min} \qquad (7-3)$$

5. 标准偏差

标准偏差简称标准差或均方差，是个体数据与均值离差平方和的算术平均数的算术根。总体的标准差用 σ 表示，样本的标准差用 S 表示。

总体的标准偏差的计算公式为

$$\sigma = \sqrt{\frac{\sum\limits_{i=1}^{n}(x-\mu)^2}{N}} \qquad (7-4)$$

样本的标准偏差的计算公式为

$$S = \sqrt{\frac{\sum\limits_{i=1}^{n}(x_i-\overline{x})^2}{n-1}} \qquad (7-5)$$

当样本量（$n \geqslant 50$）足够大时。样本标准差 S 接近于总体标准差 σ，式（7-5）中的分母（$n-1$）可简化为 n。

6. 变异系数

变异系数又称离散系数或离差系数，是用标准差除以算术平均数得到的相对数。它表示数据的相对离散波动程度。变异系数适用于均值有较大差异的总体之间离散程度的比较，应用更为广泛，其计算公式为

$$C_v = \frac{S}{x} \qquad (7-6)$$

7.2.1.2 质量数据分析

1. 质量数据的分类

按质量数据的特征分类，可分为计量值数据和计数值数据两种：①计量值数据是指可以连续取值的数据，属于连续型变量，如长度、时间、质量、强度等；②计数值数据是指只能计数、不能连续取值的数据，如废品的个数、合格的分项工程数、出勤的人数等。

按质量数据收集目的的分类，可以分为控制性数据和验收性数据两种：①控制性数据是指以工序质量作为研究对象、定期随机抽样检验所获得的质量数据，主要用来分析、预测施工（生产）过程是否处于稳定状态；②验收性数据是以工程产品（或原材料）的最终质量为研究对象，分析、判断其质量是否达到技术标准或用户的要求，而采用随机抽样检验而获取的质量数据。

2. 质量数据变异的原因

在生产实践中，即使设备、原材料、工艺及操作人员相同，生产出的同一种产品的质量也不尽相同，反映在质量数据上，即具有波动性，亦称为变异性。究其波动的原因，可归纳为五个方面，即人、材料、机械、方法及环境。

根据造成质量波动的原因，以及对工程质量的影响程度和消除的可能性，将质量数据的波动分为两大类，即正常波动和异常波动。质量特性值的变化在质量标准允许范围内的波动称为正常波动，正常波动是偶然性因素引起的；若是超越了质量标准允许范围的波动，则称为异常波动，异常波动是由系统性因素引起的。

3. 质量数据的分布规律

在实际质量检测中，即使在生产过程稳定、正常的情况下，同一总体（样本）的个体

产品质量特性值也互不相同。这种个体间表现形式上的差异，反映在质量数据上即为个体数值的波动性、随机性；当运用统计方法对这些大量丰富的个体质量数据值进行加工、整理和分析后，又会发现这些产品的质量特性值（以计量数据为例）大多分布在数值变动范围的中部，即向分布中心的两侧分布，随着逐渐远离中心，数值的个数越少，表现为数值的离散趋势。质量数据的集中趋势和离散趋势反映了总体（样本）质量变化的内在规律性。

7.2.2　常用的质量分析工具

利用质量分析方法控制工序或工程产品质量，主要是通过数据整理和分析，研究其质量误差的现状和内在的发展规律，据以推断质量现状和将要发生的问题，为质量控制提供依据和信息。所以，质量分析方法本身仅是一种工具，只能反映质量问题，提供决策依据。要真正控制质量，还需依靠针对问题所采取的措施。

用于质量分析的工具很多，常用的有直方图法、控制图法、排列图法、数据分层法、因果分析图法和相关图法。

1. 直方图法

直方图法又称质量分布图法或柱状图法，是表示资料变化情况的一种主要工具，由一系列高度不等的纵向条纹或线段表示数据分布的情况，一般用横轴表示数据类型，纵轴表示分布情况。通过对直方图的观察与分析，可了解生产过程是否正常，估计工序不合格品率的高低，判断工序能力是否满足，评价施工管理水平等。

2. 控制图法

控制图又称管理图，是指以某种质量特性和时间为轴，在直角坐标系中所描述的点依照时间为序所连成的折线，加上判定线以后所得到的图形。控制图法是研究产品质量随着时间变化，如何对其进行动态控制的方法，它的使用可使质量控制从事后检查转变为事前控制。借助于管理图提供的质量动态数据，人们可随时了解工序质量状态，发现问题，分析原因，采取对策，使工程产品的质量处于稳定的控制状态。

3. 排列图法

排列图法又称巴雷特图法，也叫主次因素分析图法，是分析影响工程（产品）质量主要因素的一种有效方法，由一个横坐标、两个纵坐标、若干个矩形和一条曲线组成。

4. 数据分层法

数据分层法就是将性质相同的，在同一条件下收集的数据归纳在一起，以便进行比较分析。因为在实际生产中，影响质量变动的因素很多，如果不把这些因素区别开来，难以得出变化的规律。数据分层可根据实际情况按多种方式进行。例如，按不同时间、不同班次进行分层，按使用设备的种类进行分层，按原材料的进料时间、原材料成分进行分层等。

5. 因果分析图法

因果分析图法是利用因果分析图来系统整理分析某个质量问题（结果）与其产生原因之间关系的有效工具。因果分析图也称特性要因图，又因其形状常被称为树枝图或鱼刺图。因果分析图由质量特性（即指某个质量问题）、要因（产生质量问题的主要原因）、枝干（指一系列箭线表示不同层次的原因）、主干（指较粗的直接指向质量问题的水平箭线）

等组成。

6. 相关图法

相关图又称散布图。在质量控制中,相关图是用来显示两种质量数据之间关系的一种图形。质量数据之间的关系多属相关关系。一般有三种类型:①质量特性和影响因素之间的关系;②质量特性和质量特性之间的关系;③影响因素和影响因素之间的关系。分析研究两个变量之间是否存在相关关系,以及这种关系的密切程度如何,进而对于相关程度密切的两个变量,通过对其中一个变量的观察控制,去估计控制另一个变量的数值,以达到保证产品质量的目的。

7.3 质量管理体系

7.3.1 质量管理体系概述

近年来,质量管理体系认证已成为世界各国对企业和产品进行质量评价、监督的通行做法和国际惯例。中外企业认证的事实表明,贯彻 ISO 9000 系列标准已成为发展经济、贸易,参与国际市场竞争的重要措施,通过认证的企业在与国外合作,开拓、占领国际市场等方面均取得了显著成效。

目前,虽然很多企业已经建立和运行质量管理、环境管理、职业健康安全管理体系多年,但体系运行水平不高,领导和员工对这些体系的作用也产生了动摇和怀疑,体系运行形式化,其中一个重要的原因是对几个重要的管理原理理解不深刻,对体系管理的推进工作不深入。

7.3.1.1 质量管理体系的基本概念

1. 八项管理原则

八项管理原则是新标准的理论基础,也是组织领导者进行质量管理的基本原则。正因为八项质量管理原则是新版 ISO 9000 标准的灵魂,所以对其含义的理解和掌握至关重要。

原则一:组织依存于顾客

组织依存于顾客。因此,组织应理解顾客当前的未来的需求,满足顾客要求并争取超越顾客期望。该指导思想不仅领导要明确,还要在全体职工中贯彻。

原则二:领导作用

领导者必须将本组织的宗旨、方向和内部环境统一起来,并创造使员工能够充分参与实现组织目标的环境。领导的作用,即最高管理者有决策和领导一个组织的关键作用。

原则三:全员参与

各级人员是组织之本,只有他们充分参与,充分发挥智慧和才干,才能为组织带来最大的收益。全体员工是每个组织的基础。所以,要对职工进行质量意识、职业道德、以顾客为中心的意识和敬业精神的教育,还要激发他们的积极性和责任感。

原则四:过程方法

将相关大的资源和活动作为过程进行管理,可以更高效地得到期望的结果。过程方法的原则不仅适用于某些简单的过程,也适用于由许多过程构成的过程网络。

原则五：管理的系统方法

管理的系统方法将相关互联的过程作为系统加以识别、理解和管理，有助于组织提前实现目标。此方法的实施可在三个方面受益：①提供对过程能力及产品可靠性的信任；②为持续改进打好基础；③使顾客满意，最终使组织获得成功。

原则六：持续改进

持续改进是组织的一个永恒的目标。在质量管理体系中，改进是指产品的质量、过程及体系有效性和效率的提高。持续改进包括了解现状，建立目标，寻找、评价和实施解决办法，测量、验证和分析结果，把更改纳入文件等活动。

原则七：基于事实的决策方法

有效的决策是建立在数据和信息分析的基础上的；对数据和信息的逻辑分析或直觉判断是有效决策的基础。

原则八：互利的供方关系

组织与供方是相互依存的，互利关系可增强人文创造价值的能力。

2. 质量管理体系模式

质量管理体系模式如图 7-1 所示。

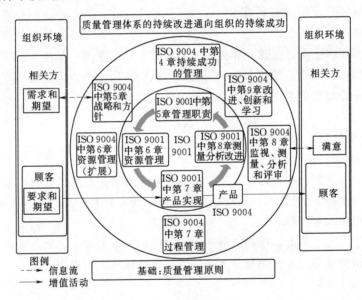

图 7-1 质量管理体系模式

3. 广义质量

20 世纪末，世界著名的管理学家朱兰博士说过："将要过去的 20 世纪是生产率的世纪，将要到来的 21 世纪是质量的世纪，组织关心的不仅仅是效率、产量、产值，而应更加关心的是质量。"这里所说的"质量"是指大质量的概念。通常可以从范畴、过程和结果、组织、系统、特性五个方面来理解与诠释大质量的概念。

4. 过程方法

过程方法是将活动和相关资源作为过程进行管理，可以更高效地得到期望的结果。过程方法力求实现持续改进的动态循环，使组织获得可观的收益，典型表现在产品、业绩、有效性、效率和成本方面。

过程方法还通过识别组织内的关键过程，过程的后续发展和持续改进来促使组织以顾客为关注焦点，提高顾客满意度。

7.3.1.2 质量管理体系认证的起源与发展

19 世纪初期，随着工业化大生产、商品的大流通，伴随而来的是如何评价商品（产品）的质量，第一方（生产方和商家）和第二方（用方、使用方）的评价往往带有片面性，而与第一方、第二方无利益关系的第三方（中介方）评价就客观得多。建立在第三方基础上的活动（评价并给证书）就是认证。

到目前为止，ISO 9000 标准已经经历了 5 个版本，即 1987 版、1994 版、2000 版、2008 版和 2015 版。

质量体系国际互认的三个条件是依据相同的标准、遵循相同的认证程序和审核员的水平大致相同。按照上述三个条件，经过同行评审，1998 年 1 月 22 日，17 个（现有 30 多个）国家在我国广州首次签署了质量管理体系认证国际多边承认协议（International Accreditation Forum，IAF），为"一张证书，通告全球"奠定了基础。

7.3.1.3 企业实施 ISO 9000 标准的作用

随着全球经济一体化的加快，ISO 9000 质量体系认证的重要性被越来越多的组织所认识，贯彻 ISO 9000 标准并获得第三方质量体系认证已经成为当今的社会潮流。企业实施 ISO 9000 标准的作用体现在以下 5 个方面。

1. 有助于克服短期行为，增强质量意识

ISO 9000 标准指出，最高管理者通过其领导作用及各种措施可以创造一个员工充分参与的环境，把组织领导的职能和作用具体化、文件化，这将有助于组织克服短期行为，增强质量意识。

2. 有助于提高组织的信誉和经济效益

ISO 9000 标准指出，作为供方的每个组织都有五种基本受益者，即其顾客、员工、所有者、分供方和社会。按照 ISO 9000 标准建立完善的质量体系，有助于组织树立满足顾客利益需要的宗旨，提高组织的质量信誉，增强组织的市场竞争力。

3. 有助于提高组织整体管理水平

ISO 9000 标准是建立在"所有工作都是通过过程来完成的"这样一种认识基础上，它要求组织对每一个过程都要按策划过程、实施过程、验证过程、改进过程（Plan - Do - Check - Action，PDCA）循环做好四个方面的工作。这样不但减少了不合格产品的产生，也最大限度地降低了无效劳动给组织带来的损失，从而提高了组织的管理水平和经济效益。

4. 有利于组织参加市场的竞争

ISO 9000 标准主要是为了促进市场贸易而发布的，是买卖双方对质量的一种认可，是贸易活动中双方建立相互信任的关系基石。符合 ISO 9000 标准已经成为在市场贸易上需方对卖方的一种最低限度的要求，而执行 ISO 9000 标准正是实现这一要求的捷径。

5. 有利于营造组织适宜的文化氛围和法制管理氛围

组织的质量文化氛围是组织全体员工适应激烈的市场竞争和提高组织内部质量管理水

平所具有的与质量有关的价值观和信念，是组织的灵魂。贯彻 ISO 9000 标准恰好为营造组织适宜的文化氛围提供了良好的内部环境，可促进转变观念，形成有效的运作机制。

7.3.1.4　ISO 9001 质量管理体系标准

目前，最新版质量管理体系标准为《质量管理体系—基础和术语》（ISO 9000：2005）、《质量管理体系—要求》（ISO 9001：2008）、《质量管理体系—组织的持续成功管理》（ISO 9004：2009）、《质量和（或）环境管理体系—审核指南》（ISO 9011：2002）共 4 个国际标准。

（1）ISO 9000：2005 介绍了质量管理体系基础知识并规定了质量管理体系术语。

（2）ISO 9001：2008 规定了质量管理体系要求，用于证实组织具有提供满足顾客要求和实用法规要求产品的能力，目的在于提升顾客的满意度。

（3）ISO 9004：2009 提供考虑质量管理体系的有效性和效率两方面的指南，目的是组织业绩改进和提升其他相关的满意度。

（4）ISO 9011：2002 对质量和（或）环境管理体系审核提出要求，指导认证机构、两方审核和组织实施内部审核工作。

7.3.2　质量管理体系的建立与实施

本节介绍体系的策划准备、体系文件的编写、体系的试运行（包括内部审核、管理评审）、外部审核认证等内容。

不同的组织在建立、完善质量管理体系时，可根据组织的特点和具体情况采取不同的步骤和方法。但总体来说，质量管理体系策划与建立的一般步骤如图 7-2 所示。

（1）质量管理体系的策划准备，主要包括领导决策，宣传动员，组织安排，制订计划，人员培训，过程的识别与评价，制定质量方针、目标、管理方案，确定组织机构，明确管理职能等。

（2）质量管理体系文件编写。

（3）质量管理体系试运行。

（4）质量管理体系内部审核和管理评审。

（5）申请认证注册。

7.3.2.1　体系的策划准备阶段

1. 领导决策

企业经营管理者是组织质量管理的第一责任人，只有企业的经营管理者意识到吸取先进质量文化的成果，建立质量管理体系，实现安全健康的管理制度创新，才能更好地适应国际质量标准协调一体化，增强组织在国内外市场的竞争力和内部凝聚力。

2. 组织安排、制订计划

（1）成立领导小组。由于体系的建立是一个系统工程，涉及组织的各个方面。组织决定建立质量管理体系后，有必要成立一个领导小组，可由总经理/厂长任组长，主管质量、行政、生产、设备。公司/厂级领导及质量、生产、行政保卫、工会、企管等部门的领导为组员，其职责主要是审批工作计划，确定方针、目标，调整管理职能，审定体系文件，

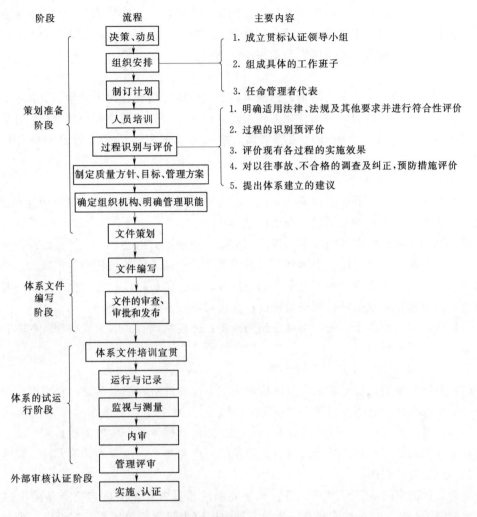

图 7-2　质量管理体系策划与建立的一般步骤

协调体系运行所需的资源等。领导小组在体系建立并正常运行后即可终结。

（2）建立工作机构。原有的管理机构中，质量管理工作可能分布在不同部门，在大质量概念下，可能在企业策划部门或企业管理部门。在体系的建立过程中，因涉及公司管理的综合协调和调整，故最好有一个具体的部门来组织落实领导小组的决议，牵头组织体系的建立。可以根据实际情况指定一个部门，或者将职责落实到某一部门，充实调整必要的人员，以便开展工作。

工作机构的主要职能是：制订工作计划，组织安排相关的培训，组织开展初始状况评审，组织协调体系文件的编写，组织开展体系的试运行。

体系建立并正常运行后，工作机构可转化为某一常设的管理部门，成为体系运行的综合管理协调部门，或者将其有关工作并入正常的管理职能，临时工作机构解散。

（3）任命管理者代表。按照标准的要求，由最高管理者任命组织内主管企业管理或生产的副总经理为管理者代表，其职责按标准要求规定执行。

221

（4）制定工作计划。在明确了监理体系的基本步骤后，工作机构在管理者代表的领导下制订具体工作计划，明确目标，落实责任，突出重点，控制进度。计划制订好后报领导小组审查，最高管理者批准后印发至组织的各部门。

3．人员培训

人员培训包括质量意识的培训、标准培训、文件编写培训、内审员培训、体系文件培训、岗位能力要求的培训。在文件化的体系建立前主要做好前四个方面的培训，在实施体系文件和体系运行后主要做好后两项培训。组织可根据实际情况适时地安排各种培训时机。

4．过程的识别与评价

过程的识别与评价是建立体系的基础，其主要目的是了解组织的质量及管理现状，为组织建立质量管理体系搜集信息并提供依据。

过程识别与评价的主要内容有明确适用法律、法规及其他要求，并评价组织的质量行为与各类法律法规的符合性；识别和评价组织活动、产品或服务过程中的风险大小和符合内部要求的程度；审查所有现行质量活动与制度，评价其适用性；对以往事故、不符合进行调查以及对纠正、预防进行调查与评价；提出对质量方针的建议。

过程的识别与评价步骤为：①过程识别准备；②现状调查；③形成过程流程图；④过程评价；⑤结果分析与评价。

5．制定质量方针、目标、管理方案

（1）方针的策划。制定质量方针时应收集或关注的资料和信息包括过程识别与评价的结果；组织的宗旨，总体的经营战略及长远规划；现有关于产品质量和服务的声明和承诺；和质量有关的法律、法规、质量标准，包括质量管理体系审核规范和其他要求；组织过去和现在的质量绩效；内外相关方有关质量的观点和要求；现有的其他方针；其他同行业组织的质量方针实例。

质量方针制定的内容及要求。符合标准要求的质量方针至少应包括产品质量的稳定性、承诺持续改进、增强顾客满意。质量方针内容应为建立评价质量目标提出一个总体的框架，这些总体框架是对质量方针基本承诺的具体化。质量方针的内容不能过于、空洞，切忌没有行业和组织的特点，普遍适用于任何组织。还应包括鼓励员工参与质量活动的要求。

（2）目标的制定。根据过程识别与评价的结果，法律、法规符合性评价信息，建立相应的质量目标。目标的制定一般按以下步骤进行：

1）分析过程表现和重要过程，确定优先项。列出哪些是急需改进和提高的，哪些是可以在管理系统的发展过程中逐步处理的。

2）制定目标，质量目标的制定和实现是质量评价是否使用和有效的体现。

在制定目标时应遵循以下要求：①尽可能量化，并设定科学的测量参数；②设定具体的时间限制；③避免空洞或含糊不清；④避免过于保守甚至不及现有水平；⑤避免目标过高失去可行性；⑥避免避重就轻违背方针承诺；⑦目标要分解到不同职能和层次。

6．确定组织机构、明确管理职能

依据组织现有的管理机构设置质量管理机构，其管理职能需覆盖认证和初评的管理机构和人员。最高管理者应作为质量管理第一人，又是最高管理者任命一名管理者代表，使其主持质量管理体系的建立、实施与保持工作。

组织管理机构的确定是分配职能和确定管理程序的基础，在分配职能和编写程序文件之前，必须先进行职能分配和必要的机构调整，确定机构时，要坚持精简效能的原则，尽量避免和减少部门职能交叉。

7. 文件的策划

要编制一套配套齐全、适用、有效的体系文件，必须首先做好体系文件的策划。工作机构的人员在熟悉审核标准的基础上，完成初始评审并在获取现有的有关质量管理体系法律法规的前提下，着手开始体系文件和策划工作。

体系文件的策划主要包括确定文件结构、确定文件编写格式、确定各层次文件的名称及编号。

（1）文件的结构确定。文件的详略程度取决于组织的规模、活动类型、产品特点及复杂程度、人员的能力及管理水平。通常情况下，体系文件结构分为三个层次，即：①质量管理手册（A）；②程序文件（B）；③其他文件（C）（作业指导书、操作规程、管理制度、工艺卡、记录等）。

（2）文件格式的确定。在编写文件前应确定文件的格式，可以与其他体系文件的格式一致。如果是新建立管理体系的组织，可在文件编写前制定《体系文件编写导则》，统一规定文件的格式的编写要求。

文件编排格式可参照《标准化导则》（GB/T 1.1—2000）的要求确定。

文件内容要求可参照《质量管理体系文件指南》（ISO/TR 10013）的要求确定。

（3）文件名称及编号的确定。组织应按审核标准化（规范）的要素要求，结合组织的实际确定文件的名称和编号，编制程序文件及作业文件的清单，以使文件编写时引用和处理接口。文件名称应明确开展的活动及特点，力求简练，便于识别，可采用"××控制程序"的形式命名。文件的编号应体现质量管理体系标准中体系要素的编号以及管理活动的层次，以便识别。

7.3.2.2 体系文件编写阶段

1. 体系文件的作用和特点

体系文件应能够描述组织的质量管理体系以及各职能单位和活动的接口。向员工传达事故预防、保护员工安全健康和持续改进的承诺，有助于员工了解其在组织内的职责，以便增强其对工作目的及重要性的意识。体系文件是员工和管理者之间建立起相互的理解和信任关系，并提供清晰、高效运作的框架。文件是提供新员工培训及在职员工定期培训的基础。文件为实现具体要求作出规定，提供具体要求已被满足的客观证据，通过文件化的要求使操作具有一致性。文件能向相关方证明组织的能力，并通过文件化的要求使相关方的活动满足组织的质量要求，为质量管理体系审核提供依据，为评价质量管理体系的有效性及持续性、适宜性提供基础，同时为持续改进提供基础。

2. 文件编写原则

（1）要结合组织活动、产品或服务的特点。质量管理体系是适用于各种地理、文化和社会条件的，也适用于不同类型和规模组织的管理体系，它为体系的建立提供了规范，只对组织实施体系提出了基本要求，并未提出技术要求。

（2）要努力做到管理体系文件的一体化。组织建立的质量管理体系是组织全面管理体系的一个组成部分，他利用体系文件来规范企业的安全生产行为，改善企业的安全生产绩效。

（3）文件的描述与确定的流程相对应。管理文件的编制是管理经验的积累和提炼的过程，与确定的管理流程中的过程相对应，思路清晰，描述适当、准确。

（4）管理手册、程序文件、作业指导书的层次。这三者是从属关系，同时又相互关联、支撑。在策划时的重点在于合理明确层次。尤其是程序文件与作业指导书的关系。

3. 管理手册的编写

（1）管理手册的内容和条件。

手册通常包括以下内容：

1）方针、目标。

2）质量管理、运行、审核或评审工作的岗位职责、权限和相互关系。

3）关于程序文件的说明和查询途径。

4）关于手册的评审、修改和控制规定。

手册可以多使用表格和流程的方式，做到简单明了、易于理解。

（2）管理手册应满足的条件。

1）文字通俗易懂、便于使用者理解，将过程的要求表达清楚即可。

2）管理手册在深度和广度上可以有所不同，这主要根据用人单位的规模、性质、技术要求、人员素质来确定。

质量管理手册的编写程序如图7-3所示。

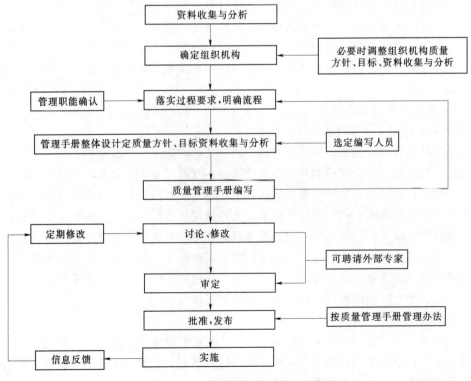

图7-3 质量管理手册的编写程序

4. 程序文件的编写

（1）程序文件的作用和功能。

1）针对手册中所确定的各流程，对相对独立的系统和所涉及的过程进行要求描述。规定各过程的具体实施内容、职责、方法和步骤。

2）程序文件是对手册的支持，是为各级部门、岗位和操作人员对各过程管理和运行要求的明确，提供有效的指导。

（2）编写程序文件必要的参考原则。

1）手册中所明确的各个系统要求。

2）以往过程执行的效果。

3）员工的理解能力和对过程的认识。

4）过程目标和结果的实现程度。

（3）程序文件的编写步骤，如图7-4所示。

5. 作业指导书编写

作业指导书的内容和个数可依据程序文件中明确的具体的过程进行确定，侧重于单一的过程的管理要求和执行要求。一般包括：

（1）作业文件。如工艺规程、岗位操作法、操作规程、分析规程等。

（2）记录。记录是特殊类型的文件，也是质量管理体系文件中最基础的部分，包括设计、检验、试验、调研、审核、复审的记录和图表。所有这些都是证明各个阶段质量是否达到要求和检查质量体系有效性的证据，记录应具有可追溯性。

各个层次文件的划分在各个单位可以是不一样的，各单位可以根据自身的规模和实际情况来划分体系文件的层次等级，不一定按建议的三个层次编写。但对单个单位来说，质量体系文件是唯一的，不允许一个单位针对一个事项同时使用相互矛盾的不同文件。

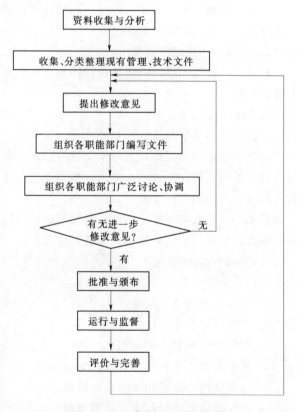

图7-4 程序文件的编写步骤

6. 制订文件编写计划及安排人员编写

组织应制订文件编写计划，将文件编写任务分配给具体编写人员，并将确定的格式要求、编写要求等一并印发至编写人员。文件编制计划下达后，各编写人员按计划要求组织编写。安排编写人员时应考虑以下方面：

（1）由主控部门作为文件的编制部门，分管该项工作的主管人员为编写人员。

（2）编写人员经过标准培训和文件编写培训，编写人员应具有一定的协作能力。

（3）应根据确定的流程中对应的过程要求进行描述。

（4）编写人员应熟悉该项业务。

7. 文件的审查、审批和发布

文件编写完成后，可先由编制部门组织本部门及相关管理系统的管理和作业人员进行讨论，就流程的合理性和优化、文件对标准的符合性、可操作性、适用性等进行讨论。主编人员根据讨论意见进行修改后，交工作机构汇总、初审，在所有文件编制完成后，由管理者代表主持，各相关部门及文件编写人员参加，对管理手册和程序文件进行逐项审查，重点解决好管理文件与程序文件、程序文件与程序文件之间以及程序文件与作业文件的接口问题，确保文件的协调一致性。

各编写人员根据审查意见，对文件进行再修改，管理手册经部门管理者代表审核后，报总经理批准、发布；程序文件经部门经理审核或其公司/厂级主管领导审核后报管理者代表批准发布，具体审批职责可在文件控制程序中做出规定。

7.3.2.3　体系的试运行阶段

在试运行阶段，组织应严格执行体系文件的要求，重点围绕以下方面的活动推进体系的运行工作。

1. 培训和宣贯

（1）培训的策划和培训计划的确定。

由培训主管部门根据相关体系文件的要求，组织建立总体计划安排，由各相关部门的培训需求等情况确定总体培训需求，指定详细的培训总体计划。明确培训的组织部门、内容、时间、方法和考核要求。

其中培训需求应有各相关部门根据所确定的培训内容，结合所在区域内各岗位人员的实际能力、经历、意识和职责，有针对性地确定，从效果出发。

（2）培训内容的确定。

培训的内容主要考虑以下几个方面。

1）质量意识的全员培训。

2）质量方针的全员培训。

3）质量管理体系知识的培训。

4）质量法律法规及相关要求的知识培训。

5）体系文件、专业知识及技能培训。

6）所在岗位的质量职责、过程要求、涉及的目标、信息传递方式等。

7）体系运行相关责任人员的培训。如管理者代表，内审员的培训等。

培训的内容还应明确参加人员（培训的对象）、培训教师、培训教材等内容，要求具体明确，易于相关部门执行。

（3）培训时间。

在确定培训时间时应考虑各相关各单位的所在区域、生产活动任务、培训内容的相关性、组织体系运行所处的阶段、劳务人员情况、员工上岗前的培训等因素，合理安排培训时间，对相近的内容可以集中培训，专业性较强的内容可以分班进行，培训应精简、高效、及时。

培训的时间，应具体明确。初次贯标的组织一般进行三种类型的培训：

1）前期的宣贯培训。

2）中期的管理体系文件和关键岗位的相关专业知识培训。

3）内审前的内审员培训。

（4）培训方法。

培训的方法的确定应以灵活、实用为原则，注重实效。常见的方法有以下几种：

1）专业讨论会、讲座。

2）电视、录像教学（如典型事故、不符合教育）。

3）专业技术知识培训，由专业人员和管理者进行在职培训、现场教学。

4）内部业务或信息刊物。

5）招贴画或小册子。

6）体系运行质量信息的交流。

7）新员工上岗前培训和考核。

8）去相关组织学习考察。

（5）培训的实施。

有培训计划的责任部门、相关部门和人员根据所定的培训计划实施。如有局部变化，应按体系文件的相关要求进行修订。实施的过程应严格认真，力求达到预期的培训效果。培训实施过程中也应注意按相关体系文件的要求保存培训记录。

（6）培训效果的确定。

根据培训需求、培训内容、培训方式等因素确定考核的方式。方式应具体明确，有利于实施并能反映培训效果。常见的考核方式如下：

1）笔试。

2）现场操作考核。

3）面试、口答。

4）生产过程绩效监视测量。

2．文件发放

应按相关体系文件的要求，将体系文件及适用文件（尤其是运行中用到的表格）及时发放至使用人员。

供相关人员学习使用，并进行以下工作：

（1）在体系运行初期时应对原有文件进行整理识别。

（2）对在内容上有冲突的文件，应及时作废妥善处理。

（3）对所有现行有效的文件应进行整理编号，适当标识，方便查询索引。

（4）印发使用的体系文件，尤其是表格。及时发放至适用部门、人员，使组织内的人员得到并使用最新的文件表格。

（5）对适用的规范、规程等行业要求及时购买补充完善。

3. 体系运行

在体系运行初期各相关人员往往对相关要求理解不够深入，组织的管理部门可结合培训工作到所在区域或现场采取专项指导，到设立的样板区域进行学习参观，召开现场办公会、系统集中会等方式推进运行工作。

4. 过程检查和指导

实施监测的主要作用为证实组织的相关质量活动符合国家规定、标准等要求，真实地反映体系运行的安全健康绩效等方面的情况，向组织的领导层提供对体系下阶段运行决策的依据。

（1）监测、监控的对象。

1）体系文件的适用性。

2）各运行控制要求的执行情况。

3）目标的完成情况。

4）职责的实施落实情况。

5）管理过程要求的执行情况。

6）产品形成过程要求的执行情况。

7）法律、法规及其他要求的执行情况。

（2）监测、监控的方法。主要可采用以下方法：

1）所在区域组织的自我监控、测量。

2）管理部门制订监控计划，对计划内区域的重点监控。

3）由外部相关部门实施监控、测量。

4）结合原有系统管理的例行检查。

5）内审、管理评审监督机制的运用。

（3）监控后的改进。若出现不符合体系文件、法律法规及相关要求的情况，组织内相关部门应根据出现的不符合的性质采取相应的纠正措施。

5. 改进和提高

在组织运行初期可能会出现大量不符合文件或相关要求的情况，这是正常现象，组织应正确面对，而不应通过资料造假、涂改等方式去掩盖出现的问题。

有一些组织认为在体系运行时发生了严重的质量事故或影响才是不符合，所以在很多情况下认为没有不符合的情况。但深入审核后却发现并不是如此，出现这样的问题是由于对不符合的理解存在偏差。GB/T 19000—2000 中不符合的定义为"未满足要求"（明示的，通常隐含的或必须履行的需求或期望），对此可以理解为只要出现未满足文件（体系文件）的规定、法律法规及其他要求、相关方的要求或期望等情况，不论其严重程度均属于不符合。明确这个问题后有助于组织正确理解不符合。

组织可通过以下方法收集不符合的信息：

（1）通过组织的自我监督发现不符合，如质检员发现的不符合。

（2）相关外部组织提出和发现的不符合，如行业检查中提出的问题、监理提出的问题等。

组织可通过体系的自我完善功能及时有效地予以纠正或认真分析原因，制定措施去消除这些已出现的不符合。对文件规定接口存在的问题，可在系统间进行协调，更改相应的要求。对具体操作过程中存在的普遍问题可考虑用补充制定详细作业文件的方式等来解决，确保体系长期有效运行和持续改进。

7.3.2.4 内部审核

1. 内审的目的、作用

内部审核是组织对其自身的质量管理体系所进行的审核，是对体系是否正常运行以及是否到达了规定的目标等所作的系统、独立的检查和评价，是质量管理体系的一种自我保证和监督机制。

2. 内审工作应注意的问题

（1）要考虑在一个阶段或年度内覆盖体系涉及的所有部门和人员。在一个年度或一个运行期内可以尝试多次内容，每次内审可根据情况对局部或全部（部门或区域）审核，但在一个年度或一个运行期内应确保体系覆盖的所有部门或区域都被审核。

（2）审核的频率和范围要与拟审核的部门和区域的状况和重要性相适应。对有重大危害因素的，以及对体系运行及其效果、方针目标完成情况、质量绩效有重要影响的部门或区域应加强审核的频率和力度，确保体系运行效果。

（3）要结合以往审核的结果。对体系运行效果较差或不符合项较多的部门或区域应加强审核，以促进其提高。

（4）要明确策划出审核的方式、方法和频率，形成审核计划，并发放至相关部门。

7.3.2.5 管理评审

管理评审是由组织的最高管理者对质量体系进行的系统评价，以确定质量体系是否适合于法规和内外部条件的变化等。它是一种对质量管理体系的全面审查，是三重监督机制中很重要的一种监督机制。召开的时机以内部体系的变化和外部要求改变的情况为决定因素。

1. 管理评审步骤

管理评审的步骤一般如下：

（1）管理评审的策划，制订评审计划。

（2）管理评审的信息收集。

（3）管理评审的实施，召开管理评审会议。

（4）管理评审的信息输出。

（5）报告留存。

（6）评审后要求。

2. 管理评审应注意的问题

组织在进行管理评审时应注意以下问题：

（1）信息输入的充分性和有效性。

（2）管理评审过程应充分严谨。

（3）管理评审的结论应清楚明了，表述准确。

（4）对管理评审所引发的措施应认真进行整改。

7.3.2.6　外部审核认证阶段

外部审核认证是由第三方认证机构来审核，用以判定受审核方是否可以通过认证。由审核方对其进行客观评价，以确定满足审核标准的程度所进行的系统的、独立的并形成文件的过程。组织申请质量管理体系认证应填写正式申请书，并由申请组织授权的代表签字。

1. 申请书及其附件的内容

（1）申请认证的范围。

（2）申请组织同意遵守认证要求，提供审核所需的必要信息。

2. 现场审核前申请方应该提供的信息

（1）申请组织情况介绍，如组织的性质、名称、地质、法律地位以及有关人员和技术资源。

（2）组织安全情况简介，包括近两年中的事故发生情况。

（3）对拟认证体系所适用的标准或其他引用文件的说明。

（4）质量管理体系手册、程序文件及所需相关资料。

3. 申请受理的条件

认证机构收到申请材料后，对申请材料进行审查，判断企业是否符合申请认证的条件。对未通过审查的企业，认证机构通知企业进行补充、纠正或重新申请。申请受理的一般要求：

（1）申请方具有法人资格，持有关等级注册证明，具备二级或委托方法人资格也可。

（2）申请方应按质量管理体系审核规范建立文件化的质量管理体系。

（3）申请方的质量管理体系已按文件要求有效运行，并已做过一次完整的内审及管理评审。

（4）申请方的质量管理体系充分有效运行，并至少达 3 个月。

4. 审核程序

质量管理体系认证审核流程如图 7-5 所示。

5. 监督审核的实施

监督审核是审核过程中的一个阶段，是受审核方通过认证审核后，认证机构根据审核指南的要求对审核方进行的定期审核过程。监督审核流程见图 7-6。

6. 监督后的处置

通过对证书持有者质量体系的监督审核，如果证实其体系符合规定要求时，则保持其认证资格。如果证实其体系不符合规定要求，则视其不符合的严重程度，由体系认证机构决定是否暂停使用认证证书和标志或撤销认证资格，收回其体系认证证书。

7. 换发证书

在证书有效期内，如果遇到质量体系标准变更，或者体系认证的范围变更，或者证书的持有者变更时，证书持有者可以申请换发证书，认证机构做必要的补充审核。

8. 注销证书

在证书有效期内，由于体系认证规则或体系标准变更或其他原因，证书的持有者不愿保持其认证资格的，体系认证机构应收回其认证证书，并注销其认证资格。

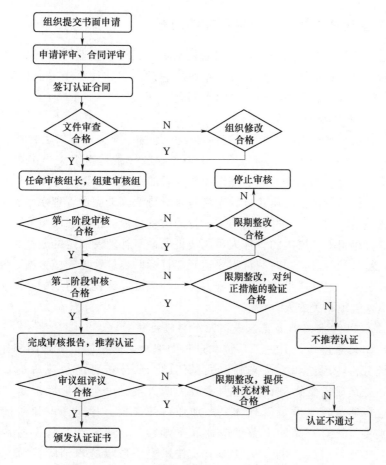

图 7-5 质量管理体系认证审核流程

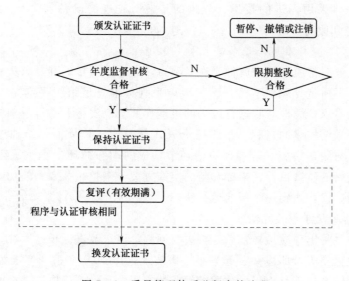

图 7-6 质量管理体系监督审核流程

7.3.3 质量管理体系标准应用中存在的问题

随着社会经济的发展和人们质量意识的提高，我国许多企业对推行 ISO 9000 系列标准体现出前所未有的积极性。但是，许多组织对它的认识往往浮于表面，从而导致偏差，以致出现执行不力现象。目前主要存在以下问题：

1. ISO 9000 标准执行的只是文件

许多组织认为，推行 ISO 9000 系列标准不过是写一堆文件，然后再尽可能地按照文件去做。事实上，ISO 9000 系列标准方针中最重要的一条是组织应作出遵守法律法规及其他要求的承诺，而这种承诺的起点是组织领导者的重视和承诺。标准中明确规定，组织的最高管理者在组织所制定的质量方针中应包含对持续改进质量管理水平、遵守有关法律法规及其他相关要求的承诺，并制定切实可行的质量目标、指标和质量管理方案，配备相应的各种资源；组织下一层次的管理人员则应根据最高管理者制定的质量目标和指标在其职责范围内进行目标分解，同时制订出要达到此目标的质量管理实施方案，并就实施效果对最高管理者负责。这种质量目标和实施方案的分解可以延续到组织的基层员工，直至涵盖每一个与质量管理相关的人。

2. 推行 ISO 9000 标准只是某人或某几个部门的事

质量管理体系的建立，引进了系统和过程的概念，即把质量管理问题作为一个大的系统。以系统分析的理论和方法来确定质量问题，从分析可能造成质量影响的质量因素入手，往往把造成质量影响的质量因素分为两大类：一类质量因素是和组织自身的管理有关，这可通过建立质量管理体系，加强内部审核、管理评审和质量行为评价来解决；另一类就是针对产品的上游供应商和下游客户，研究产品从原材料到最终产品的整个过程对质量造成的影响，从管理上及技术上采取措施，消除或减少负面影响的质量因素。为了有效地控制产品形成周期中某些不利的质量因素，必须对产品生产的全过程进行控制，采用先进的技术、先进的工艺、先进的设备及全员参与才能确保组织的质量行为得到改善。

3. 推行 ISO 9000 标准可一蹴而就

我国许多企业对待质量管理就像是在做项目。做一个项目的确是有头有尾，经过一段时间就结束了，但质量管理则不然。ISO 9000 系列标准立足组织将定期评审与评价其质量管理体系，以寻求持续地对它进行改进的可能性并予以实施。质量管理体系为持续改进的实现提供了一个结构化的过程。组织按 PDCA 运行模式，周而复始地进行由规划、实施与运行、检查与纠正措施、管理评审诸环节构成的动态循环过程。每经过一个循环过程，就需要制定新的质量目标、指标和新的实施方案，调整相关要素的功能，使原有的质量管理体系不断完善，达到一个新的运行状态。

4. 出现质量问题可事后补救

很多企业往往是出现质量异常后，再去找原因，以求改进。长此以往，整个企业就像火灾现场，这边火刚灭，那边又着起来了。事实上，ISO 9000 系列标准为各类组织提供的是完整的管理体系，正是为了预防质量问题的出现。质量管理体系强调的是加强企业生产现场的质量因素管理，建立严格的操作控制程序，保证企业质量目标的实现。这种预防措施更彻底、有效，更能对产品发挥影响力，从而带动相关产品和行业的改进和提高。

5. 推行 ISO 9000 体系要彻底改变组织现行的管理系统

按标准所建立的质量管理体系是改善组织质量管理的一种先进、有效的管理手段。其先进性体现在，把组织在活动、产品和服务中对质量的影响当作一个系统工程问题，来研究确定影响质量所包含的要素。为了消除质量影响，对每个要素规定了具体要求，并建立和保持一套以文件支持的程序。程序文件对组织内部管理来说也是法规性文件，必须严格执行。

质量管理体系与组织原有体系虽然内涵不尽相同，但建立和实施管理体系的思路相似，均强调预防为主、过程控制并利用程序文件加强管理。从这个意义上讲，质量管理体系仅是组织原有全面管理体系的一部分，是对组织全面管理的补充，运用标准要求来规范组织原有的质量管理工作。因此，建立质量管理体系的过程就是按照标准的要求来调整机构、明确职责、制定目标、加强控制，使质量管理体系与组织的全面管理体系融为一个有机的整体。

6. ISO 9000 标准是强制性的

在标准的引言中指出，该体系适用于任何类型与规模的组织。标准的广泛适用性还体现在其应用领域，它涵盖了企业的所有管理层次；质量行为评价可以帮助企业进行决策，选择有利于质量和市场风险更小的方案，避免决策的失误；而质量管理体系标准则进入企业的深层管理，直接作用于现场的操作与控制，全面提高管理人员和员工的质量意识，明确职责与分工。因此，ISO 9000 系列标准实际全面地构成了整个企业的管理构架，对产品开发、决策评价、现场管理各方面都做出了详细的规定，是其他标准难以包含的。

7.4 施 工 质 量 控 制

7.4.1 概述

本小节介绍施工质量控制的目标、施工质量控制的系统过程、影响施工质量的因素、实体形成过程各阶段的质量控制内容。

风电场工程施工单位的质量控制任务主要在施工阶段。施工单位为施工阶段质量的自控主体。施工单位应建立并实施工程项目质量管理制度，对工程项目施工质量管理策划、施工设计、施工准备、施工质量和服务予以控制。

1. 施工质量控制的目标

施工质量控制的总体目标是贯彻执行建设工程质量法规和强制性标准，正确配置施工生产要素和采用科学管理的方法，实现工程项目预期的使用功能和质量标准。这正是建设工程参与各方的共同责任。

2. 施工质量控制的系统过程

施工阶段的质量控制，是一个经由对投入资源和条件的质量控制（事前控制），进而对生产过程及各环节质量进行控制（事中控制），直到对所完成的工程产出品的质量检验与控制（事后控制）为止的全过程系统控制。这个过程可以依据在施工阶段工程实体质量形成的时间阶段不同来划分，也可以根据施工阶段工程实体形成过程中物质形态的转化来划分。

3. 影响施工阶段质量的因素

工程施工是一种物质生产活动，工程影响因素多，概括起来可归纳为五个方面，分别是劳动主体——人、劳动对象——材料、劳动手段——机械、劳动方法——方法及施工环境——环境。质量控制的系统过程中，施工单位无论是对投入物质资源的控制，还是对施工及安装生产过程的控制，都应当对影响工程实体质量的五个重要因素进行全面的控制。

4. 实体形成过程各阶段的质量控制内容

（1）事前控制。事前质量控制内容是指正式开工前所进行的质量控制工作。作为施工单位在事前控制时要求预先进行周密的质量计划。事前控制其内涵包括两层意思：一是强调质量目标的计划预控；二是按质量计划进行质量活动前准备工作状态的控制。

（2）事中控制。事中控制首先是对质量活动的行为约束，即对质量产生过程各项技术作业活动操作在相关制度管理下自我行为约束的同时，充分发挥其技术能力，去完成预定质量目标的作业任务；其次是对质量活动过程和结果、来自他人的监督控制，包括来自企业内部管理者的检查检验和来自企业外部的工程监理和政府质量监督部门等的监控。在施工单位组织的质量活动中，通过监督机制和激励机制相结合的管理方法，来发挥操作者更好的自我控制能力，以达到质量控制的效果，是非常必要的。

（3）事后控制。事后控制包括对质量活动结果的评价认定和对质量偏差的纠正。当质量实际值与目标值之间超出允许偏差时，必须分析原因，采取措施纠正偏差，保持质量受控状态。

事前控制、事中控制及事后控制，不是孤立和截然分开的，它们之间构成有机的系统过程，实质上也就是 PDCA 循环具体化，并在每一次滚动循环中不断提高，达到质量管理或质量控制的持续改进。

7.4.2　质量控制的依据、方法和程序

7.4.2.1　质量控制的依据

施工阶段风电场工程施工单位进行施工质量控制的依据主要有以下 8 个方面。

1. 国家颁布的有关质量方面的法律、法规

为了保证风电场工程质量，监督规范风电场工程建设，国家及电力工程管理部门颁布的法律法规主要有《中华人民共和国建筑法》《建设工程质量管理条例》《电力建设工程质量监督规定（暂行）》等。风电工程施工单位必须确保施工过程中的质量行为、质量控制手段等符合相应的法律、法规。

2. 《工程建设标准强制性条文》

《工程建设标准强制性条文》（以下简称《强制性条文》）是《建设工程质量管理条例》（国务院令第 279 号）的一个配套文件，是工程建设强制性标准实施监督的依据。《强制性条文》是根据建设部〔2000〕31 号文的要求，由建设部会同各有关主管部门组织各方面的专家共同编制，经各有关部门分别审查，由建设部审定发布。《强制性条文》发布后，

被摘录的现行工程建设标准继续有效，两者配套使用。所摘录的条、款、项等序号，均与原标准相同。目前风电工程方面的强制性条文主要有 2006 年版《工程建设强制性条文》（电力工程部分），这是风电工程建设现行国家标准中直接涉及人民生命财产安全、人身健康、环境保护和公众利益的条文，同时考虑了提高经济和社会效益等方面的要求。在执行《强制性条文》的过程中，应系统掌握现行风电场工程建设标准，全面理解强制性条文的准确内涵，以保证《强制性条文》的贯彻执行。

列入上述《强制性条文》的所有条文，风电场工程施工单位都必须严格执行，无论合同中是否约定引用，即使摘录源标准为推荐标准，一旦列入《强制性条文》，风电工程施工单位必须严格遵守。

3. 工程承包合同中引用的施工相关规程规范

国家和行业（或部颁）的现行施工技术规范和操作规程，是建立、维护正常生产秩序和工作秩序的准则，也是为有关人员制定的统一行动准则，它们是工程施工经验的总结，与质量形成密切相关，必须严格遵守。在实践中，存在风电规范与电力规范不一致的情况。当出现该类情况时，风电场工程施工单位应首选合同中引用的规范；如合同中两类规范同时引用或均没有引用，则施工单位应及时与项目建设单位、监理及设计单位沟通，书面提出该问题，以得到确定的答复。

4. 工程承包合同中引用的质量依据

有关原材料、半成品、构配件方面的质量依据包括：

（1）有关产品技术标准。例如水泥、水泥制品、钢材、石材、石灰、砂、防水材料、建筑五金及其他材料的产品标准。

（2）有关检验、取样方法的技术标准。

（3）有关材料验收、包装、标志的技术标准。

5. 制造厂提供的设备安装说明书和有关技术标准

制造厂提供的设备安装说明书和有关技术标准，是风电场工程施工安装企业进行设备安装必须遵循的重要的技术文件。

6. 已批准的设计文件、施工图纸及相应的设计变更与修改文件

按图施工是风电场工程施工阶段质量控制的一项重要原则，风电场工程施工单位应严格按已批准的设计文件进行质量控制。风电场工程施工单位在施工前还应参加建设单位组织的设计交底工作，以达到了解设计意图和质量要求，发现图纸差错和减少质量隐患的目的。

7. 工程承包合同中有关质量的合同条款

施工承包合同写有建设单位和风电场工程施工单位有关质量控制权利和义务的条款，各方都必须履行合同中的承诺，施工单位必须严格履行质量控制条款，否则可能造成违约而遭到建设单位索赔。因此，施工单位要熟悉这些条款，按合同文件质量要求施工，避免发生纠纷。

8. 已批准的施工组织设计、施工技术措施及施工方案

风电场工程施工单位应组织编制切实可行、能够满足质量要求，同时又尽可能经济的施工组织设计、施工技术措施及施工方案，施工组织设计、施工技术措施及施工方案应由

项目部内部进行严格审查后报监理、建设单位审批。经过批准的施工组织设计是施工单位进行工程施工的现场布置、人员组织配备和施工机具配置,每项工程的技术要求,施工工序和工艺、施工方法及技术保证措施,质量检查方法和技术标准等。一旦获得批准,项目部必须将其作为质量控制的依据。

7.4.2.2　施工单位质量控制和验收方法

风电场工程施工单位应建立并实施施工质量检查制度。施工单位应规定各管理层对施工质量检查与验收活动进行监督管理的职责权限。检查和验收活动应由具备相应资格的人员施工。施工单位应按规定做好对分包工程的质量检查和验收工作。施工单位应配备和管理施工质量检查所需的各类检测设备。施工阶段现场所用材料、半成品、工序过程或过程产品质量检查的主要方法有以下几种:

1. 目测法

目测法就是凭借感官进行检查,也可称为观感检验。例如混凝土的振捣方法是否符合要求,振捣过程中混凝土浆是否还在冒气泡,是否存在漏振现象;混凝土浇筑后,混凝土是否存在蜂窝麻面、孔洞、漏筋及夹渣等缺陷。

2. 实测法

实测法就是利用量测工具或计量仪表,通过实际测量结果与规划的质量标准或规范的要求,从而判断质量是否符合要求。例如混凝土拌和过程中的骨料含水量定时检测、出机口混凝土坍落度测定等。

3. 试验法

试验法是指通过进行现场试验或试验室试验等理化试验手段取得数据,分析判断质量情况。包括:①理化试验,如混凝土抗压强度试验,钢筋各种力学指标的测定,各种物理性能方面的测定;②无损检测或试验,如超声波探伤、γ 射线探伤等。

4. 施工记录、技术文件

现场施工员应认真、完整记录每日施工现场的人员、设备、材料、天气及施工环境等情况。施工项目部质量检测员经常检查现场记录、技术文件,如混凝土拌和配料单检查。

7.4.2.3　施工阶段质量控制程序

施工单位应加强质量控制程序管理,对单位工程、分部工程、工序或单元工程均应制定质量控制程序。

1. 单位工程质量控制

风电场工程施工单位项目部在单位工程开工前,应组织技术人员认真阅读图纸,编制施工组织设计、技术措施等,同时,完成人员、设备、材料等进场工作,在各项准备工作完成后向监理递交开工申请,经监理签发开工通知后开工,单位工程质量控制程序如图7-7所示。工程质量控制内容包括但不限于:①施工组织设计;②技术措施;③机械设备、人员;④材料到场情况;⑤分包商资质;⑥各项材料试验报告。

2. 分部工程质量控制

每一分部工程应向监理递交一份开工申请,开工申请附施工措施计划,监理检查该分部工程的开工条件,确认并签发分部工程开工通知后,项目部方可组织施工。

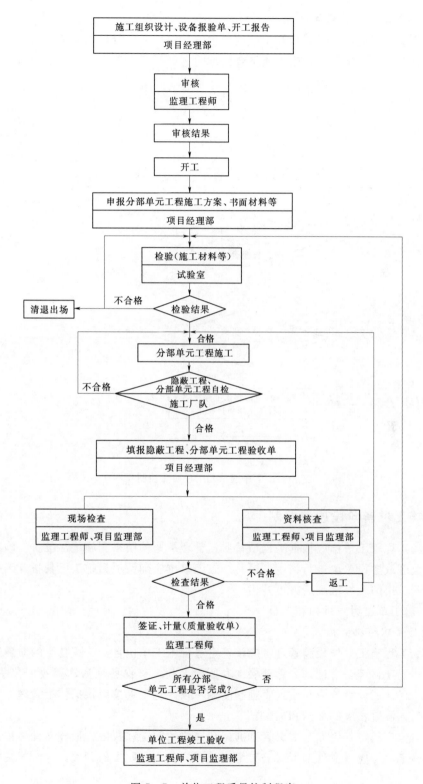

图 7-7 单位工程质量控制程序

3. 工序或单元工程质量控制

第一个单元工程在分部工程开工申请或批准后项目部自行组织开工，后续单元工程凭监理机构签发的上一单元工程施工质量合格证明方可开工，工序或单元工程质量控制程序如图7-8所示。

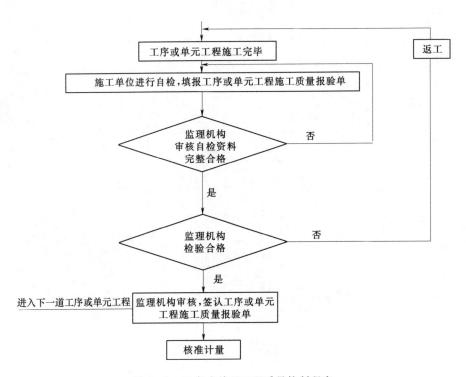

图7-8 工序或单元工程质量控制程序

7.4.3 施工准备阶段质量控制

风电场工程施工单位应依据工程项目质量管理策划的结果实施施工准备。施工单位应按规定向监理或建设单位进行报审、报验。施工单位应确认项目施工已具备开工条件，按规定提出开工申请，经批准后方可开工。

7.4.3.1 施工单位组织机构和人员

1. 项目管理组织机构

风电场工程施工单位最高管理者应该确定适合施工单位自身工程特点的质量管理体系组织结构——项目部，合理划分管理层次和职能部门，确保各项活动高效、有序地运行。施工单位项目部的设置均应与质量管理制度相一致。施工单位应根据质量管理的需要，明确管理层次，设置相应的部门和岗位。

施工单位应规定各级专职质量管理部门和岗位的职责和权限，形成文件并传递到各管理层次。施工单位应以文件的形式公布组织机构的变化和职责的调整，并对相关的文件进行更改。

2. 项目部人员的管理

风电场工程施工单位应建立并实施人力资源管理制度。施工单位的人力资源管理应满足质量管理需要。施工单位应根据质量管理长远目标制定人力资源发展规划。施工单位应该按照岗位任务条件配置相应的人员。项目经理、施工质量检查人员、特种作业人员等应按照国家法律、法规的要求持证上岗。施工单位必须保证施工现场具有技术合格和数量足够的下述人员。

（1）具有合格证明的各类专业技工和普工。

（2）具有相应的理论、技术知识和施工经验的各类专业技术人员及有能力进行现场施工管理和指导施工作业的工长。

（3）具有相应岗位资格的管理人员。技术岗位和特殊工种的工人均必须持有通过国家或有关部门统一考试或考核的资格证明，经监理机构审查合格者才准上岗。

7.4.3.2 施工单位进场施工准备

为了保证施工的顺利进行，施工单位在开工前应将施工设备准备完好，具体要求如下。

（1）施工单位进场施工设备的数量和规格、性能以及进场时间应能满足施工的需要。

（2）施工单位应按照施工组织设计保证施工设备按计划及时进场。应避免不符合要求的设备投入使用。在施工过程中，施工单位应对施工设备及时进行补充、维修、维护，满足施工需要。

（3）旧施工设备进入工地前，施工单位应对该设备的使用和检修记录进行检查，并由具有设备鉴定资格的机构进行检修并出具检修合格证。

7.4.3.3 对基准点、基准线和水准点的复合和工程放线

施工单位应及时申请监理组织勘察设计单位提供的测量基准点、基准线和水准点及其平面资料，并由勘察、设计、监理、建设、施工等单位会签工程测量交桩签证单。施工单位应依此基准点、基准线以及国家测绘标准和工程项目精度要求，测设自己的施工控制网，并将资料报送监理审批。

施工单位应负责管理好施工控制网，若有丢失或损坏，应及时修复，其所需管理和修复费用由施工单位承担。

7.4.3.4 对原材料、构配件的检查

施工单位进场原材料、构配件的质量、规格、性能应符合有关技术标准和技术条款的要求，原材料的存储量应满足工程开工及随后施工的需要。

7.4.3.5 施工辅助设施的准备

施工辅助设施包括砂石料系统、混凝土拌和系统以及场内道路、供水、供电等。

砂石料生产系统的配置，是根据工程设计图纸的混凝土用量及各种混凝土的级配比例，计算出各种规格混凝土骨料的需用量，主要考虑日最大强度及月最大强度，确定系统设备的配置。

混凝土拌和系统选址，尽量选在地质条件良好的部位，拌和系统布置注意进出料高程，尽量做到运输距离短，生产效率高。

对于场内交通运输、对外交通方案确保施工工地与国家或地方公路之间的交通联系，

具备完成施工期间外来物质运输任务的能力。场内交通方案确保施工工地内部各工区、当地材料场地、堆渣场、各生产区、各生活区之间的交通联系，主要是道路与对外交通衔接。

工地施工用水、生活用水和消防用水的水压、水质应满足相应的规定。施工供水量应满足不同时期日高峰生产用水和生活用水需要，并按消防用水量进行校核。

7.4.3.6　施工单位分包人的管理

风电场工程施工单位应建立并实施分包管理制度，明确各管理层次和部门在分包管理活动中的职责和权限，对分包方实施分类管理，并分类制定管理制度。施工单位应对分包工程承担相关责任。

（1）分包方的选择和分包合同。施工单位应按照管理制度中规定的标准和评价办法，根据所需要分包内容的要求，经评价依法通过适当方法（如招标、组织相关职能部门实施评审、分包方提供的资料评价、分包方施工能力现场考察）选择合适的分包方，并保存评价和选择分包方的记录。

（2）分包项目实施过程的控制。施工单位应在分包项目实施前对从事分包的有关人员进行分包工程施工或服务要求的交底，审查批准分包方编制的施工或服务方案，并据此对分包方的施工或服务条件进行确认和验证。

施工单位对项目分包管理活动的监督和指导应符合分包管理制度的规定和分包合同内容的约定。施工单位应对分包方的施工和服务过程进行控制，包括对分包方的施工和服务活动进行监督检查，发现问题及时提出整改要求并跟踪复查；依据规定的步骤和标准对分包项目进行验收。

施工单位应对分包方的履约情况进行评价并保存记录，作为重新评价、选择分包方和改进分包管理工作的依据。施工单位应采取切实可行的措施防止分包方将分包工程再分包。

7.4.4　施工图纸会审及施工组织设计阶段质量控制

7.4.4.1　施工图纸会审与设计交底

施工图是对风电场工程建筑物、金属结构、机电设备等工程对象的尺寸、布置、选用材料、构造、相互关系、施工及安装质量要求的详细图纸和说明，是指导施工的直接依据。

施工图会审是指承担施工阶段监理的监理单位组织施工单位以及建设单位，材料、设备供应等相关单位，在收到审查合格的施工设计文件后，在设计交底前进行的全面细致熟悉和审查施工图纸的活动。

施工图会审的目的有两个方面：①使施工单位和各参建单位熟悉设计图纸，了解工程特点和设计意图，找出需要解决的技术难题，并制定解决方案；②解决图纸中存在的问题，减少图纸的差错，将图纸中的质量隐患消灭在萌芽状态。

1. 施工图会审内容

在图纸会审时，施工方对施工图纸进行审核时，除了重视施工图纸本身是否满足设计要求之外，还应注意从施工角度、施工方案选择等方面进行审核，应使施工能保证工程质量，以减少设计变更。施工方会审的主要内容包括：

（1）施工图纸与设备、原材料的技术要求是否一致。

（2）施工的主要技术方案与设计是否相适应。

（3）图纸表达深度能否满足施工需要。

（4）构件划分和加工要求是否符合施工能力。

（5）各专业之间设计是否协调。如设备外形尺寸与基础设计尺寸、土建和机务对建（构）筑物预留孔洞及埋件的设计是否吻合，设备与系统连接部位、管线之间，电气、机务之间相关设计是否吻合。

（6）设计采用的"四新"（新材料、新设备、新工艺、新技术）在施工技术、机具和物资供应上有无困难。

（7）施工图之间和总分图之间、总分尺寸之间有无矛盾。

（8）能否满足生产进行对安全、经济的要求和检修作业的合理需要。

（9）设备布置及构件尺寸能否满足其运输及吊装要求。

（10）设计能否满足设备和系统的启动调试要求。

（11）材料表中绘出的数量和材质以及尺寸与图面表示是否相符。

此外，图纸会审时，施工单位可以根据自身擅长的施工方案、施工工艺及"四新"技术掌握的情况，在不降低使用功能，不影响原设计意图的情况，提出建议性设计变更方案。图纸会审对工程施工质量的控制属于事前控制的重要内容之一，施工单位应重视图纸会审，以达到事前控制的目的。施工单位通过充分的图纸会审，将会使施工成本、质量、工期更加优化。

2. 设计技术交底

设计交底是指在施工图完成并经审查合格后，设计单位在设计文件交付施工时，按法律规定的义务就施工图设计文件向施工单位和监理单位作出详细的说明。其目的是对施工单位和监理单位正确贯彻设计意图，使其加深对设计文件特点、难点、疑点的理解，掌握关键部位的质量要求，确保工程质量。

为更好地理解设计意图，从而编制出符合设计要求的施工方案，监理机构对重大或复杂项目的设计文件组织设计技术交底会议，由设计、施工、监理、建设单位等相关人员参加。设计交底的内容主要有：

（1）设计文件依据。包括上级文件、规划准备条件、建设单位的具体要求及合同。

（2）建设项目所规划的位置、地形、地貌、气象、水文地质、工程地质、地震烈度。

（3）施工图设计依据。包括初步设计文件、规划部门要求、主要设计规范、业主方或市场上供应的设备材料等。

（4）设计意图。包括设计思路、设计方案比选情况和建筑安装方面的设计意图和特点。

（5）施工时应注意的事项。包括建筑安装材料方面的特殊要求，基础施工要求，本工程采用的新材料、新设备、新工艺、新技术对施工提出的要求等。

（6）建设单位、施工单位审图中提出设计需要说明的问题。

（7）对设计技术交底会议应形成记录。

施工单位项目部应按照规定接收设计文件，参加图纸会审和设计交底并对结果进行确认。施工单位项目部应高度重视设计交底，对设计意图存在疑问的要及时向设计单位释疑，施工难度较大或存在优化设计的方案，可以向设计单位提出，争取进行设计变更。

7.4.4.2　施工图纸的签收

在监理审核图纸，并确认图纸正确无误后，由监理签字，下发给施工单位，施工单位项目部专人签收，施工图即正式生效，施工单位就可按图纸进行施工。施工单位在收到监理发布的施工图后，在用于正式施工之前应注意以下问题：

（1）检查该图纸监理是否已经签字。

（2）对施工图做仔细的检查和研究。

7.4.4.3　施工组织设计文件编制

施工组织设计是风电工程设计文件的重要组成部分，是编制工程投资估算、设计概算和进行招投标的主要依据，是工程建设和施工管理的指导性文件。施工组织设计是对施工活动实行科学管理的重要手段，它具有战略部署和战术安排的双重作用。它体现了实现基本建设计划和设计的要求，提供了各阶段的施工准备工作内容，协调施工过程中各施工单位、各施工工种、各项资源之间的相互关系。施工组织设计是用来指导施工项目全过程各项活动的技术、经济和组织的综合性文件，是施工技术与施工项目管理有机结合的产物，它是工程开工后施工活动有序、高效、科学合理进行的保证。

在施工投标阶段，施工单位应根据招标文件中规定的施工任务、技术要求、施工工期及施工现场的自然条件，结合本企业的人员、机械设备、技术水平和经验，在投标书中编制施工组织设计，对拟承包工程作出总体部署，如工程准备采用的施工方法、施工工艺、机械设计、技术力量的配置、内部质量保证系统和技术保证措施。它是施工单位进行投标报价的主要依据之一。中标后，施工单位在开工前，需要根据现场实际情况，进一步编写更为完备、具体的施工组织设计。

施工组织设计编审程序如图 7-9 所示。

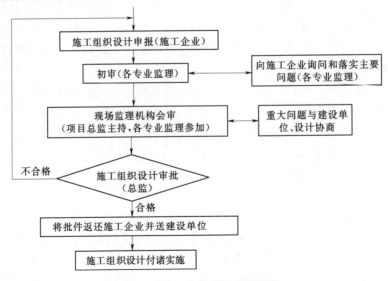

图 7-9　施工组织设计编审程序

施工单位编制施工组织设计时应注意以下问题：

（1）拟采用的施工方法、施工方案在技术上是否可行，对质量有无保证，在经济上是否合理。

（2）所选用的施工设备是否属本企业所有，能否调往该工程项目，或确保能租赁使用，施工设备的型号、类型、性能、数量等是否满足施工进度和施工质量的要求。

（3）各施工工序之间是否平衡，会不会因工序的不平衡而出现窝工。

（4）质量控制点是否正确设置，其检验方法、检验频率、检验标准是否符合合同技术规范的要求。

（5）计量方法是否符合合同的规定。

（6）技术保证措施是否切实可行。

（7）施工安全技术措施是否切实可行等。

施工单位施工组织设计完成后，应组织内部审核、签认。施工单位在内部审核签认后报监理审批。在施工组织设计和技术措施获得批准后，施工单位就应严格遵照批准的施工组织设计和技术措施实施。对于由于其他原因需要采取替代方案的，应保证不降工程质量、不影响工程进度、不改变原来的报价。施工过程中，如由于水文、地质等情况，施工方案需进行较大调整的，应重新编制该部分的施工方案，并先内部审核、签认后报监理审批。

7.4.5 施工过程影响因素的质量控制

影响工程质量的因素有劳动主体、劳动对象、施工工艺、施工设备和施工环境。事前控制以上五个方面因素的质量，是确保工程施工阶段质量的关键。

7.4.5.1 劳动主体控制

劳动主体的质量包括参与工程各类人员的生产技能、文化素养、生理体能、心理行为等方面的个体素质及其经过合理组织充分发挥其潜在能力的群体素质。施工单位应通过择优录用、加强思想教育及技能方面的教育培训；合理组织、严格考核并辅以必要的激励机制，使企业员工的潜在能力得到最好的组合和充分发挥，从而保证劳动主体在质量控制系统中发挥主体自控作用。

7.4.5.2 劳动对象控制

原材料、半成品、设备是构成实体的基础，其质量是工程项目实体质量的组成部分。因此，加强原材料、半成品、设备的质量控制，不仅是提高工程质量的必要条件，也是实现工程项目投资目标和进度目标的前提。施工单位应根据施工需要建立并实施原材料、半成品、设备管理制度。

1. 原材料质量控制

（1）原材料、半成品、设备质量控制的主要内容。原材料、半成品、设备的质量控制的主要内容为控制材料设备性能、标准与设计文件的相符性；控制材料设备各项技术性能指标、检验测试指标与标准要求的相符性；控制材料设备进场验收程序及质量文件资料的齐全程度等。

施工单位应在施工过程中贯彻执行企业质量程序文件中明确材料设备在封样、采购、进场检验、抽样检验及质保资料提交等一系列明确规定的控制标准。

（2）原材料、半成品、设备质量控制的特点。工程建设所需用的建筑材料、构件、配件等数量大，品种规格多，且分别来自众多的生产加工部门，故施工过程中，材料、构件、配件的质量控制工作量大。施工单位项目部应建立材料台账，分批次做好材料质量控制工作。

工程施工受外界条件的影响较大，有的材料甚至是露天堆放，影响材料质量的因素多，且各种因素在不同环境条件下影响工程质量的程度不尽相同，因此，材料必须严格按规范要求堆存。

（3）原材料、半成品、设备质量控制程序。施工单位应根据施工需要确定和配备项目所需的建筑材料、构配件和设备，并应按照管理制度的规定审批各类采购计划。计划未经批准不得用于采购。采购应明确所采购产品的类型、规格、型号、数量、交付期、质量要求以及采购验证的具体安排。

（4）原材料、半成品、设备供应的质量控制。施工单位应建立材料运输、调度、储存的科学管理体系，加快材料的周转，减少材料的积压和存储，做到既能按质、按量、按期地供应施工所需的材料，又能降低费用，提高效益。

（5）原材料、半成品、设备在正式用于施工之前，施工单位应组织现场试验，并编写试验报告。现场试验合格，试验报告及资料经监理工程师审查确认后，材料才能正式用于施工。同时，还应充分了解材料的性能、质量标准、适用范围和对施工的要求。使用前应详细核对，以防用错或使用不适当的材料。对于重要部位和重要结构所使用的材料，使用前应仔细核对和认证材料的规格、品种、型号、性能是否符合工程特点和以上要求。

（6）材料的质量检验、验收。施工单位应对建筑材料、构配件和设备进行验收。必要时，应到供应方的现场进行验收。验收过程、记录和标识应符合有关规定。未经验收的建筑材料、构配件和设备不得用于工程施工。

2. 工程设备的质量控制

（1）工程设备检查及验收的质量控制。工程设备运至现场后，施工单位项目部应负责办理现场工程设备的接收工作，然后申请监理人进行检查验收，工程设备的检查验收内容有计数检查，质量保证文件检查，品种、规格、型号的检查，质量确认检验等。

（2）工程设备的试车运转质量控制。工程设备安装完毕后，要参与和组织单体、联体无负荷和有负荷的试车运转。试运转的质量控制可以分为质量检查阶段、单体试运转阶段、无负荷或非生产性介质投料的联合试运转阶段和有负荷试运转阶段等四个阶段。

（3）材料和工程设备的检验。材料和工程设备的检验应符合有关规定和施工合同的约定。

7.4.5.3 施工工艺控制

施工工艺的先进合理是直接影响工程质量、工程进度及工程造价的关键因素，施工工艺的合理可靠还直接影响到工程施工安全。因此在工程项目质量控制系统中，制定和采用先进合理的施工工艺是工程质量控制的重要环节。对施工方案的质量控制主要包括以下内容：全面正确地分析工程特征、技术关键及环境条件等资料，明确质量目标、验收目标、控制的重点和难点；制定合理、有效的施工技术方案和组织方案，前者包括施工工艺、施工方法；后者包括施工区段划分、施工流向及劳动组织等；合理选用施工机械设备和施工临时设施，合理布置施工总平面图和各阶段施工平面图；选用和设计保证质量和安全的模具，脚手架等施工设备；编制工程所采用的新技术、新工艺、新材料的专项技术方案和质量管理方案；为确保工程质量，尚应针对工程具体情况，编写气象地质等环境不利因素对施工的影响及其对应措施的文件。

7.4.5.4 施工设备控制

施工设备质量控制的目的在于为施工提供性能好、效率高、操作方便、安全可靠、经济合理且数量足够的施工设备，以保证按照合同规定的工期和质量要求，完成建设项目施工任务。施工单位应从施工设备的选择、使用管理和保养、施工设备性能参数的要求等3个方面予以控制。

1. 施工设备选择

施工设备选择的质量控制，主要包括施工设备的选型和主要性能参数的选择两方面。

（1）施工设备的选型应考虑设备的施工适应性、技术先进、操作方便、使用安全，保证施工质量的可靠性和经济上的合理性。

（2）施工设备主要性能参数的选择应根据工程特点、施工条件和已确定的机械设备型式来选定具体机械。

2. 施工设备使用管理和保养

为了更好地发挥施工设备的使用效果和质量效果，施工单位应做好施工设备的使用管理工作，具体如下：

（1）加强施工设备操作人员的技术培训和考核，正确掌握和操作机械设备，做到定机定人，实行机械设备使用保养的岗位职责。

（2）建立和健全机械设备使用管理的各种规章制度，如人机固定制度、操作证制度、岗位责任制、交接班制度、技术保养制度、安全使用制度、机械设备检查维修制度及机械设备使用档案制度等。

（3）严格执行各项技术规定，如技术试验规定；走合期规定；寒冷地区使用机械设备的规定等。

3. 施工设备性能参数要求

对于施工设备的性能及状况，不仅在其进场时应进行考核，在使用过程中，由于零件的磨损、变形、损坏或松动，会降低效率和性能，从而影响施工质量。项目部应对施工设备特别是关键性施工设备的性能和状况定期进行考核。

7.4.5.5 施工环境控制

环境因素主要包括地质、水文、气象变化及其他不可抗力因素，以及施工现场的照明、安全卫生防护等劳动作业环境等内容。环境因素对工程施工的影响一般难以避免。要消除其对施工质量的不利影响，主要是采取预测预防的控制方法。

7.4.6 施工工序的质量控制

工程质量是在施工工序中形成的，不是靠最后检验出来的。工程项目的施工过程是由一系列相互关联、相互制约的工序所构成，工序质量是基础，工序质量也是施工顺利进行的关键，直接影响工程项目的整体质量。要控制工程项目施工过程的质量，施工单位首先必须加强工序质量控制。

7.4.6.1　工序质量控制的内容

施工单位进行工序质量控制时，应着重于以下 4 个方面的工作。

1. 严格遵守工艺规程

施工工艺和操作规程，是进行施工操作的依据和法规，是确保工序质量的前提，任何人都必须遵守，不得违反。

2. 主动控制工序活动条件的质量

工序活动条件包括的内容很多，主要指影响质量的五大因素，即施工操作者、材料、施工机械设备、施工方法和施工环境。只要将这些因素切实有效地控制起来，使它们处于被控状态，确保工序投入品的质量，就能保证每道工序的正常和稳定。

3. 及时检验工序活动效果的质量

工序活动效果是评价工序质量是否符合标准的尺度。为此，必须加强质量检验工作，对质量状况进行综合统计与分析，及时掌握质量动态，发现质量问题，应及时处理。

4. 设置质量控制点

质量控制点是指为了保证作业过程质量而预先确定的重点控制对象、关键部位或薄弱环节，设置控制点以便在一定时期内、一定条件下进行强化管理，使工序处于良好的控制状态。

7.4.6.2　工序分析

工序分析就是找出对工序的关键或重要的质量特性起支配作用的要素的全部活动。以便能在工序施工中针对这些主要因素制定出控制措施及标准，进行主动、预防性的重点控制，严格把关。工序分析一般可按以下步骤进行。

（1）选定分析对象，分析可能的影响因素，找出支配性要素。

（2）针对支配性要素，拟定对策计划，并加以核实。

（3）将核实的支配性要素编入工序质量控制表。

（4）将支配性要素落实责任，实施重点管理。

7.4.6.3　质量控制点的设置

质量控制点是施工质量控制的重点，凡属关键技术、重要部位、控制难度大、影响大、经验欠缺的施工内容以及新材料、新技术、新工艺、新设备等，均可列为质量控制点，实施重点控制。设置质量控制点是保证达到施工质量要求的必要前提。

1. 质量控制点设置步骤

施工单位应在提交的施工措施计划中，根据自身的特点拟定质量控制点，通过监理审核后，就要针对每个控制点进行控制措施的设计，主要步骤和内容如下。

（1）列出质量控制点明细表。

（2）设计质量控制点施工流程图。

（3）进行工序分析，找出影响质量的主要因素。

（4）制定工序质量表，对上述主要因素规定出明确的控制范围和控制要求。

（5）编制保证质量的作业指导书。

施工单位对质量控制点的控制措施设计完成后，经监理审核批准后方可实施。

2. 质量控制点的选择、设置

监理应督促施工单位在施工前全面、合理地选择质量控制点。并对施工单位设置质量控制点的情况及拟采取的控制措施进行审核。必要时，应对施工单位的质量控制实施过程进行跟踪检查或旁站监督，以确保质量控制点的实施质量。

施工单位在工程施工前应根据施工过程质量控制的要求、工程性质和特点以及自身的特点，列出质量控制点明细表，表中应详细列出各质量控制点的名称或控制内容、检验标准及方法等，提交监理审查批准后，在此基础上实施质量预控。

设置质量控制点的对象，主要有以下几个方面：人的行为，材料的质量和性能，关键的操作，施工顺序，技术参数，常见的质量通病，新工艺、新技术、新材料的应用，质量不稳定、质量问题较多的工序，特殊等级和特种结构，关键工序。

通过质量控制点的设定，质量控制的目标及工作重点就更加明晰。加强事前预控的方向也就更加明确。施工质量控制点的管理应该是动态的，一般情况下在工程开工前、设计交底和图纸会审时，可确定一批整个项目的质量控制点，随着工程的展开、施工条件的变化，随时或定期进行控制点范围的调整和更新，始终保持重点跟踪的控制状态。

3. 两类质量检验点

施工单位在施工前应全面、合理地选择质量控制点。根据质量控制点的重要程度及监督控制要求不同，施工单位项目部应根据监理机构要求将质量控制点区分为质量检验见证点和质量检验待验点。

（1）见证点。所谓见证点是指施工单位在施工过程中到达这一类质量检验点时，应先书面通知监理到现场见证，观察和检查施工单位的实施过程。然而在监理接到通知后未能在约定时间到场的情况下，施工单位有权继续施工。

质量检验"见证点"的实施程序如下：

1）施工或安装施工单位在到达这一类质量检验点（见证点）之前 24h，书面通知监理，说明何日何时到达该见证点，要求监理届时到场见证。

2）监理应注明收到见证通知的日期并签字。

3）如果在约定的见证时间监理未能到场见证，施工单位有权进行该项施工或安装工作。

4）如果在此之前，监理根据对现场的检查写明他的意见，则施工单位在监理意见的旁边，应写明他根据上述意见已经采取的改正行动，或者他所可能有的某些具体意见。

（2）待检点。对于某些更为重要的质量检验点，必须要在监理到场监督、检查的情况下施工才能进行检验。这种质量检验点称为待检点。

待检点和见证点执行程序的不同，在于步骤 3），即如果在到达待检点时，监理未能到场，施工单位不得进行该项工作，事后监理应说明未能到场的原因，然后双方约定新的检查时间。

7.4.6.4 工序质量的检查

1. 施工单位自检

施工单位是施工质量的直接实施者和责任者。施工单位不能将质量控制的责任和义务转嫁予监理单位、建设单位或政府质量监督部门，施工单位项目部应加强质量控制的主动性，应建立起完善的质量自检体系并运转有效。发现缺陷及时纠正和返工，把事故消灭在萌芽状态，项目部管理者应保证施工单位质量保证体系的正常运作，这是施工质量得到保证的重要条件。

2. 质量管理自查与评价

施工单位应建立质量管理自查与评价制度，对质量管理活动进行监督检查。施工单位应对监督检查的职责、权限、频度和方法作出明确规定。

施工单位应对各管理层次的质量管理活动实施监督检查，明确监督检查的职责、频度和方法。对检查中发现的问题应及时提出书面整改要求，监督实施并验证整改效果。监督检查的内容包括：①法律、法规和标准规范的执行；②质量管理制度及其支持性文件的实施；③岗位职责的落实和目标的实现；④对整改要求的落实。

施工单位应对质量管理体系实施年度审核和评价。施工单位应对审核中发现的问题及其原因提出书面整改要求，并跟踪其整改结果。质量管理审核人员的资格应符合相应的要求。

7.5　质量检验、评定、验收、保修

7.5.1　工程质量检验概述

工程质量检验是经过"测、比、判"活动的过程。"测"就是测量、检查、试验或度量，"比"就是将"测"的结果与规定要求进行比较，"判"就是将比的结果作出合格与否的判断。

7.5.1.1　质量检验的含义

对实体的一种或多种质量特性进行诸如测量、检查、试验、度量，并将结果与规定的质量要求进行比较，以确定各个质量特性符合性的活动称为质量检验。

在《质量管理体系　基础和术语》（GB/T 19000—2008）中对检验的定义是："通过观察和判断，适当结合测量、试验所进行的符合性评价。"在检验过程中，可以将"符合性"理解为满足要求。

由此可以看出，质量检验活动主要包括以下方面：

（1）明确并掌握对检验对象的质量要求。即明确并掌握产品的技术标准，明确检验的项目和指标要求；明确抽样方案、检验方法及检验程序；明确产品合格判定原则等。

（2）测试。即用规定的手段按规定的方法在规定的环境条件下，测试产品的质量特性值。

（3）比较。即将测试所得的结果与要求相比较，确定其是否符合质量要求。

（4）评价。根据比较的结果，反馈质量信息，对产品质量的合格与否作出评价。

（5）处理。出具检验报告，反馈质量信息，对产品进行处理。

施工过程中，施工单位是否按照设计图纸、技术操作规程、质量标准的要求实施，将直接影响到工程产品质量。为此，监理单位必须进行各种必要的检验，避免出现工程缺陷和不合格产品。

7.5.1.2 质量检验的作用

要保证和提高建设项目的施工质量，除了检查施工技术和组织措施外，还要采用质量检验的方法，来检查施工者的工作质量。总结归纳，工程质量检验有以下作用：①质量检验的结论可作为产品验证及确认的依据；②质量问题的预防及把关；③质量信息的反馈。

7.5.1.3 质量检验的职能

(1) 质量把关。确保不合格的原材料、构配件不投入生产；不合格的半成品不转入下一工序，不合格的产品不出厂。

(2) 预防质量问题。通过质量检验获得的质量信息有助于提前发现产品的质量问题，及时采取措施，制止其不良后果蔓延，防止其再次发生。

(3) 对质量保证条件的监督。质量检验部门按照质量法规及检验制度、文件的规定，不仅对直接产品进行质量检验，还要对保证生产质量的条件进行监督。

(4) 不仅被动地记录产品质量信息，还应主动地从质量信息分析质量问题、质量动态、质量趋势，反馈给有关部门作为提高产品质量的决策依据。

7.5.1.4 质量检验的类型

1. 按施工过程划分

(1) 进货检验。即对原材料、外购件、外协件的检验，又称进场检验。为了鉴定供货合同所确定质量水平的最低限值，对首批样品进行较严格的进场检验，这即所谓"首检"。

(2) 工序检验。即在生产现场进行的对工序半成品的检验。其目的在于防止不合格半成品流入下一道工序；判断工序质量是否稳定，是否满足工序规格的要求。

(3) 成品检验。即对已完工的产品在验收交付前的全面检验。

施工单位的质量检验是施工单位内部进行的质量检验，包括从原材料进货直至交工全过程中的全部质量检验工作，它是建设单位/监理单位及政府第三方质量控制、监督检验的基础，是质量把关的关键。

通过严格执行上述有关施工质量自检的规定，以加强施工单位内部的质量保证体系，推行全面质量管理。

2. 按检验内容和方式划分

按质量检验的内容及方式，质量检验可分为以下方面：

(1) 施工预先检验。施工预先检验是指工程在正式施工前所进行的质量检验。这种检验是防止工程发生差错、造成缺陷和不合格品出现的有力措施。

(2) 工序交接检验。工序交接质量检验主要指工序施工中上道工序完工即将转入下道工序时所进行的质量检验，它是对工程质量实行控制，进而确保工程质量的一种重要检验，只有做到一环扣一环，环环不放松，整个施工过程的质量才能得到有力的保障；一般来说，它的工作量最大。

(3) 原材料、中间产品和工程设备质量确认检验。原材料、中间产品和工程设备质量确认检验是指根据合同规定及质量保证文件的要求，对所有用于工程项目器材的可信性及合格性作出有根据的判断，从而决定其是否可以投用。

(4) 隐蔽工程验收检验。隐蔽工程验收检验，是指将被其他工序施工所隐蔽的工序、分部工程，在隐蔽前所进行的验收检验。隐蔽工程验收检验后，要办理隐蔽工程检验签证手续，列入工程档案。施工单位要认真处理监理单位在隐蔽工程检验中发现的问题。处理完毕后，还需经监理单位复核，并写明处理情况。未经检验或检验不合格的隐蔽工程，不能进行下道工序施工。

（5）完工验收检验。完工验收检验是指工程项目竣工验收前对工程质量水平所进行的质量检验。它是对工程产品整体性能进行的一种全方位检验。完工验收是进行正式完工验收的前提条件。

3. 按工程质量检验深度划分

按工程质量检验工作深度分，可将质量检验分为全数检验、抽样检验和免检三类。

（1）全数检验。全数检验也称普遍检验，是对工程产品逐个、逐项或逐段的全面检验。在建设项目施工中，全数检验主要用于关键工序及隐蔽工程的验收。

关键工序及隐蔽工程施工质量的好坏，将直接关系到工程质量，有时会直接关系到工程的使用功能及效益。因此质量检验专职人员有必要对隐蔽工程的关键工作进行全数检验。

（2）抽样检验。在施工过程中进行质量检验，由于工程产品（或原材料）的数量相当大，人们不得不进行抽样检验，即从工程产品（或原材料）中抽取少量样品（即样组），进行仔细检验，借以判断工程产品或原材料批的质量情况。

（3）免检。免检是指对符合规定条件的产品，在其免检有效期内，免于国家、省、市、县各级政府监督部门实施的常规性质量监督检查。

7.5.1.5　风电场工程质量检验程序

工程质量检验包括施工准备检查，中间产品与原材料质量检验，金属结构、电气产品质量检查，单元工程质量检验，质量事故检查及工程外观质量检验等程序。

1. 施工准备检查

主体工程开工前，施工单位应组织人员对施工准备工作进行全面检查，并经建设（监理）单位确认合格后才能进行主体工程施工。

2. 中间产品与原材料质量检验

施工单位应按施工质量评定标准及有关技术标准对中间产品与水泥、钢材等原材料质量进行全面检验，不合格产品，不得使用。

3. 金属结构、电气产品质量检查

安装前，施工单位应检查是否有出厂合格证、设备安装说明书及有关技术文件；对在运输和存放过程中发生的变形、受潮、损坏等问题应做好记录，并进行妥善处理。

4. 单位工程质量检验

施工单位应按施工质量评定标准检验工序及单元工程质量，做好施工记录，并填写《风力发电工程施工质量评定表》。建设（监理）单位根据自己抽检的资料，核定单元工程质量等级。

5. 质量事故检查

施工单位应按月将中间产品质量及单元工程质量等级评定结果报建设（监理）单位，由建设（监理）单位汇总后报质量监督机构。

6. 工程外观质量检验

单位工程完工后，由质量监督机构组织建设（监理）、设计及施工等单位组成工程外观质量评定组，进行现场检验评定。

7.5.1.6 合同内和合同外质量检验

1. 合同内质量检验

合同内检验是指合同文件中作出明确规定的质量检验，包括工序、材料、设备、成品等的检验。监理单位要求的任何合同内的质量检验，不论检验结果如何，监理单位均不为此负任何责任。施工单位应承担质量检验的有关费用。

2. 合同外质量检验

对于合同外的质量检验，在FIDIC《施工合同条件》（1999年第1版）和《中华人民共和国标准施工招标文件》（2007年版）中的规定是有区别的。

（1）FIDIC条款中的规定。合同外质量检验是指下列任何一种情况的检验：

1）合同中未曾指明或规定的检验。

2）合同中虽已指明或规定，但监理工程师要求在现场以外其他任何地点进行的检验。

3）要求在被检验材料、工程设备的制造、装备或准备地点以外的任何地点进行的质量检验等。

（2）《中华人民共和国标准施工招标文件》中的规定。

1）承包人按合同规定覆盖隐蔽工程部位后，监理人对质量有疑问的，可要求承包人对已覆盖的部位进行钻孔探测或揭开重新检验，承包人应遵照执行，并在检验后重新覆盖恢复原状。经检验证明工程质量符合合同要求的，由发包人承担由此增加的费用和（或）工期延误，并支付承包人合理利润；经检验证明工程质量不符合合同要求的，由此增加的费用和（或）工期延误由承包人承担。

2）监理人对承包人的试验和检验结果有疑问的，或为查清承包人试验和检验成果可靠性要求承包人重新试验和检验的，可按合同约定由监理人与承包人共同进行。

在工程检验方面，无论采用哪种合同文本，监理工程师都有权决定是否进行合同外质量检验，施工单位项目部对于监理工程师的额外检验、重新检验应予以积极配合，提供方便。值得注意的是，虽然监理工程师有权决定是否进行合同外检验，但应慎重决定合同外检验，以减少索赔。

7.5.2 抽样检验原理

7.5.2.1 抽样检验的基本概念

1. 抽样检验的定义

质量检验按检验数量通常分为全数检验、抽样检验和免检。全数检验是对每一件产品都进行检验，以判断其是否合格。全数检验常用在非破坏性试验，批量小、检查费用少或稍有一点缺陷就会带来巨大损失的场合等。但对很多产品来讲，全数检验是不可能往往也是不必要的，在很多情况下常常采用抽样检验。采用抽样检验有其更深的质量经济学含义：在制订抽样方案时，考虑检验一个产品所需的费用、被检验批的某个质量参数的先验分布、接收不合格批所造成的损失和拒收合格批所造成的影响因素，找出一个总费用最小的最佳抽样方案。

抽样检验是按数理统计的方法，利用从批或过程中随机抽取的样本，对批或过程的质量进行检验，抽样检验原理如图7-10所示。

图7-10 抽样检验原理

2. 抽样检验的分类

抽样检验按照不同的方式进行分类，可以分成不同的类型。

(1) 按统计抽样检验的目的分类：

1) 预防性抽样检验：在生产过程中，通过对产品进行检验，来判断生产过程是否稳定或正常，这种主要为了预测、控制工序（过程）质量而进行的检验，称为预防性抽样检验。

2) 验收性抽样检验：从一批产品中随机抽取部分产品（称为样本），检验后根据样本质量的好坏，来判断这批产品的好坏，从而决定接收还是拒绝。

3) 监督抽样检验：由第三方进行，包括政府主管部门、行业主管部门，如质量技术监督局的检验，主要是监督各生产部门。

(2) 按单位产品的质量特征分类：

1) 计数抽样检验：在判定一批产品是否合格时，只用到样本中不合格数目或缺陷数，而不管样品中各单位产品的特征测定值如何的检验判断方法。

2) 计量抽样检验：定量地从批中随机抽取的样本，利用样本中各单位产品的特征值来判定这批产品是否合格的检验判断方法。

(3) 按抽取样本的次数分类：

1) 一次抽样检验：仅需从批中抽取一个大小为 n 的样本，便可判断该批接受与否。

2) 二次抽样检验：抽样可能进行两次，对第一个样本检验后，可能有三种结果，即接受、拒收、继续抽样。若得出"继续抽样"的结论，抽取第二个样本进行检验，最终作出接受还是拒绝的判断。

3) 多次抽样检验：可能需要抽取两个以上具有同等大小的样本，最终才能对批作出接受与否的判定。是否需要第 i 次抽样要根据 $(i-1)$ 次抽样结果而定。

4) 序贯抽样检验：事先不规定抽样次数，每次只抽一个单位产品，即样本量为1，据累积不合格产品数判定批合格/不合格还是继续抽样时适用。针对价格昂贵、件数少的产品可使用。

3. 抽样方法

在进行抽取样本时，样本必须代表批，为了取样可靠，以随机抽样为原则，随机抽样不等于随便抽样，它是保证在抽取样本过程中，排除一切主观意向，使批中的每个单位产品都有同等被抽取机会的一种抽样方法。

(1) 简单的随机抽样。一般来说，设一个总体含有 N 个个体，从中逐个不放回地抽

取 n 个个体作为样本 ($n \leqslant N$)，如果每次抽取时总体内的各个个体被抽到的机会都相等，把这种抽样方法称为简单随机抽样。简单的随机抽样主要有直接抽选法、随机数表法、抽签法等。

（2）分层随机抽样。当批是由不同因素的个体组成时，为了使所抽取的样本更具有代表性，即样本中包含有各种因素的个体，则可采用分层抽样法。分层抽样多用于工程施工的工序质量检验中，以及散装材料（如砂、石、水泥等）的验收检验中。

（3）两级随机抽样。当许多产品装在箱中，且许多货箱又堆积在一起构成批量时，可以首先作为第一级对若干箱进行随机抽样，然后把挑选出的箱作为第二级，再分别从箱中对产品进行随机抽样。

（4）系统随机抽样。当对总体实行随机抽样有困难时，如连续作业时取样、产品为连续体时取样，可采用一定间隔进行抽取的抽样方法，这称为系统抽样。

4. 抽样检验中的两类风险

由于抽样检验的随机性，抽样检验存在下列两种错误判断（风险）。

（1）第一类风险：本来是合格的交验批，有可能被错判为不合格批，这对生产方是不利的，这类风险也可称为承包商风险或第一类错误判断，其风险大小用 α 表示。

（2）第二类风险：本来不合格的交验批，有可能错判为合格批，将对使用方产生不利。第二类风险又称用户风险或第二类错误判断，其风险大小用 β 表示。

7.5.2.2 计数型抽样检验

1. 计数型抽样检验中的几个基本概念

（1）一次抽样方案：抽样方案是一组特定的规则，用于对批进行检验、判定。它包括样本量 n 和判定数 C，一次抽样检验如图 7-11 所示。

图 7-11 一次抽样检验

（2）接受概率是根据规定的抽样检验方案将检验批判为合格而接受的概率。一个既定方案的接受概率是产品质量水平，即批不合格品率 p 的函数，用 $L(p)$ 表示。

检验批的不合格品率 p 越小，接受概率 $L(p)$ 就越大。对方案 (n, C)，若实际检验中，样本的不合格品数为 d，其接受概率计算公式是

$$L(p) = p(d \leqslant C)$$

式中　$p(d \leqslant C)$——样品中不合格品数为 $d \leqslant C$ 时的概率。

其中，批不合格品率 p 是指批中不合格品数占整个批量的百分比，即

$$p = \frac{D}{N} \times 100\%$$

式中　D——批中不合格数；

　　　N——批量数。

批不合格百分率是衡量一批产品质量水平的重要指标。

（3）接受上限 p_0 和拒收下限 p_1。

1）接受上限 p_0：在抽样检查中，认为可以接受的连续提交检查批的过程平均上限值，称为合格质量水平。

2）拒收下限 p_1：在抽样检查中，认为不可接受的批质量下限值，称为不合格质量水平。

（4）OC 曲线。

1）OC 曲线的概念。当用一个确定的抽检方案对产品批进行检查时，产品批被接收的概率是随产品批的批不合格品率 p 变化而变化的，它们之间的关系可以用一条曲线来表示，这条曲线称为抽样特性曲线，简称为 OC 曲线。

2）OC 曲线的用途。曲线是选择和评价抽样方案的重要工具。由于 OC 曲线能形象地反映出抽样方案的特征，在选择抽样方案过程中，可以通过多个方案 OC 曲线的分析对比，择优使用；估计抽样检验的预期效果。通过 OC 曲线上的点可以估计连续提交批的给出过程平均不合格率和它的接收概率。

7.5.3　风电场工程质量评定

工程质量评定是依据某一质量评定的标准和方法，对照施工质量的具体情况，确定质量等级的过程。为了提高风力发电工程的施工水平，保证工程质量符合设计和合同条款的规定，同时也是为了衡量施工单位的施工质量水平，全面评价工程的施工质量，对风电工程进行评优和创优工作，在工程交工和正式验收前，应按照合同要求和国家有关的工程质量评定标准和规定，对工程质量进行评定，以鉴定工程是否达到合同要求，能否进行验收，以及作为评优的依据。对于施工单位，参考对应的评定标准进行自评，严格把关，将是整个项目质量评定的基础。

7.5.3.1　工程质量评定的依据

风电场工程施工质量等级评定的主要依据有：

（1）国家及相关行业技术标准，如《电力建设施工质量验收及评价规程》（DL/T 5210.1—2012）、《风力发电场项目建设工程验收规程》（DL/T 5191—2004）等。

（2）经批准的设计文件、施工图纸、金属结构设计图样与技术条件、设计修改通知书、厂家提供的设备安装说明书及有关技术文件。

（3）工程承发包合同中约定的技术标准。

（4）工程施工期及试运行期的试验和观测分析成果。

（5）施工期的试验和观测分析成果。

在工程项目施工管理过程中，进行工程项目质量的评定，是施工项目质量管理的重要内容。项目经理必须根据合同和设计图纸的要求，严格执行国家颁发的有关工程项目质量检验评定标准，及时地配合监理工程师、质量监督站等有关人员进行质量评定手续。工程项目质量评定程序是按单元工程、分部工程、单位工程依次进行；符合规范标准要求的，详定"合格"，凡不合格的项目则不予验收。

7.5.3.2　质量评定方法

1. 风电场工程质量评定的项目划分

风电场工程的质量评定，首先应进行评定项目的划分。划分时，应以从大到小的顺序进行，这样有利于从宏观上进行项目评定的规划，不至于在分期实施过程中，从低到高评定时出现层次、级别和归类上的混乱。质量评定时，应以从低层到高层的顺序依次进行，这样可以从微观上按照施工工序和相关规定，在施工过程中把好施工质量关，由低层到高层逐级进行工程质量控制和质量检验评定。

（1）基本概念。风电场工程项目划分为单位工程、分部工程、分项工程、检验批等四级。

1）单位工程。单位工程指能独立发挥作用或具有独立施工条件的工程，通常是若干个分部工程完成后才能运行使用或发挥一种功能的工程。单位工程常常是一座独立建（构）筑物，特殊情况下也可以是独立建（构）筑物中的一部分或一个构成部分。

2）分部工程。分部工程系指组成单位工程的各个部分。分部工程往往是建（构）筑物中的一个结构部位，或不能单独发挥一种功能的安装工程。

3）分项工程。分项工程指分部工程的组成部分，是施工图预算中最基本的计算单位。它是按照不同的施工方法、不同材料的不同规格等，将分部工程进一步划分的。

4）检验批。检验批是指按统一的生产条件或工艺、工序阶段或按规定的方式汇总起来供检验用的基本检验体。

（2）项目划分的原则。质量评定项目划分总的指导原则是贯彻执行国家正式颁布的标准、规定，风电场工程以风电行业标准为主，其他行业标准参考使用。如房屋建筑安装工程按分项工程、分部工程、单位工程划分；土木建筑安装工程按检验批、分项工程、分部工程、单位工程划分等。风电场工程项目划分应结合工程结构特点、施工部署及施工合同要求进行，划分结果应有利于保证施工质量管理。

1）单位工程划分原则。单位工程项目划分基本按具有独立生产（使用）功能或独立施工条件的建筑物或构筑物进行划分。建筑规模较大的单位工程可根据工程建设使用或交付安装的需要，将其具有独立使用功能或独立施工条件的部分分为一个子单位工程。

2）分部工程项目划分的原则。分部工程项目划分基本按建筑物或构筑物工程的部位划分，同时兼顾专业性质；当分部工程较大或较复杂时，可按材料种类、施工特点、施工程序、专业系统及类别等划分为若干子分部工程。

3）分项工程划分的原则。建筑物或构筑物工程基本按主要工种或材料、施工工艺、设备类别等工程划分；分项工程可由一个或若干检验批组成。

4）检验批划分的原则。检验批的划分可根据施工及质量控制和专业验收要求，按楼层、施工区段、变形缝等进行划分。

（3）项目划分程序有以下方面：

1）由项目法人组织监理、设计及施工等单位进行工程项目划分，并确定主要单位工程、主要分部工程、重要隐蔽分项工程和关键部位分项工程。项目法人在主体工程开工前将项目划分表及说明书面报相应质量监督机构确认。

2）工程质量监督机构收到项目划分书面报告后，应在 14 个工作日内对项目划分进行确认并将确认结果书面通知项目法人。

3）工程实施过程中，需对单位工程、主要分部工程、重要隐蔽分项工程和关键部位分项工程的项目划分进行调整时，项目法人应重新报送工程质量监督机构进行确认。

4）工程施工过程中，由于设计变更、施工部署的重新调整等诸多因素，需要对工程开工初期批准的项目划分进行调整。

2. 质量检验评定分类及等级标准

（1）工程质量评定分类。风电场工程质量等级评定前，有必要了解工程质量评定是如何分类的。工程质量评定的分类有多种，比较常用的分类方法如下：

1）按工程性质分类。按工程性质可分为建筑工程质量检验评定；机电设备安装工程质量检验评定；金属结构制作及安装工程质量检验评定；电气通信工程质量检验评定；其他工程质量检验评定。

2）按项目划分分类。按项目划分可分为检验批质量检验评定；分项工程质量检验评定；分部工程质量检验评定；单位工程质量检验评定；单位或整体工程外观质量检验评定。

（2）工程质量等级评定标准。质量评定时，应以从低层到高层的顺序依次进行，这样可以从微观上按照施工工序和有关规定，在施工过程中把好质量关，由低层到高层逐级进行工程质量控制和质量检验，其评定的顺序是检验批、分项工程、分部工程、单位工程、工程项目。

7.5.3.3　质量评定过程中应注意的问题

在风电场工程质量评定、管理方面，由于严重缺乏相应的应用软件，质量评定管理、监督检查目前大多基于手工工作，工作效率低下。目前，因为没有统一的填表标准，各单位对《风力发电工程施工质量评定表》的要求和对相关技术标准理解也有不同程度的差异，导致施工单位、监理单位、建设单位之间或同一单位内部对填表方法意见难以达成一致，各自填写表格的准确性与完整性存在很大的差异。在风电场工程施工质量评定的实际工作中，普遍存在以下问题：

（1）实际工程施工中，因为施工单位、监理单位、建设单位之间或同一单位内部对表的填法意见不一，评定工作存在很大的差异，分项工程（工序）的施工质量已经达到合格标准，但因未及时完成评定工作，评定结果未出，不得进行下一工序施工，或得不到应付的工程进度款，严重影响工程施工进度。

（2）在风电场工程建设中，由于建设、监理和施工各方投入人力、物力有限，加之部分人员的技术素养偏低，致使分项工程质量评定工作跟不上工程施工进度的需要，往往要等到工程竣工验收前才做到分项质量评定工作，因而对施工过程中的资料难以收集齐全，仅在填表时"写回忆录"或编造凑数。这样的质量评定管理工作是没有意义的，甚至会给工程造成质量安全隐患。

随着风电场工程建设基本程序日趋完善、规范，建设单位、监理单位、施工单位都急需借助计算机辅助管理，从日常繁琐的重复劳动中解脱出来，把主要精力花在质量、工期、投资、合同的管理和技术创新中去，研究人员也逐渐开发出了适合风电场工程质量管理的应用软件。

7.5.4　工程验收

　　工程验收是工程建设进入到某一阶段的程序，借以全面考核该阶段工程是否符合批准的设计文件要求，以确定工程能否继续进行、进入到下一阶段施工或投入运行，并履行相关的签证和交接验收手续。通过对工程进行验收工作可以检查工程是否按照批准的设计进行建设；检查已完成工程在设计、施工、设备安装等方面的质量，并对验收遗留问题提出处理意见；检查工程是否具备运行或进行下一阶段建设的条件；总结工程建设中的经验教训，并对工程做出评价；及时移交工程，尽早发挥投资效益。

　　风电场工程建设验收包括分部工程验收、单位工程验收、工程启动试运验收、工程移交生产验收和竣工验收等。工程验收应由主持单位组织成立的验收工作组负责。验收委员会（工作组）由有关单位代表和有关专家组成。工程验收应以下列文件为主要依据：国家现行有关法律、法规、规章和技术标准；有关主管部门的规定；经批准的工程立项文件、初步设计文件、调整概算文件；经批准的设计文件及相应的工程变更文件；施工图纸及主要设备技术说明书及施工合同等；还包括《风力发电场项目建设工程验收规程》（DL/T 5191—2004）。工程验收应包括以下主要内容：检查工程是否按照批准的设计进行建设；检查已完工工程在设计、施工、设备制造安装等方面的质量及相关资料的收集、整理和归档情况；检查工程是否具备运行或进行下一阶段的条件；检查工程投资控制和资金使用情况；对验收遗留问题提出处理意见；对工程建设做出评价和结论。

7.5.4.1　分部工程验收

　　分部工程验收应由项目法人（或委托监理单位）主持。验收工作组由项目法人、勘测、设计、监理、施工、主要设备制造（供应）商等单位的代表组成。运行管理单位可根据具体情况决定是否参加。

　　分部工程具备验收条件时，施工单位应向项目法人（或监理单位）提交验收申请报告，申请报告的内容包括验收范围、工程验收条件的检查结果、后续工程的施工计划、历次验收遗留问题处理情况、建议验收时间。项目法人（或监理单位）应在收到验收申请报告起 10 个工作日内决定是否同意进行验收。

　　分部工程验收遗留问题处理情况应有书面记录并有相关责任单位代表签字，书面记录应随分部工程验收鉴定书一并归档。

　　（1）分部工程验收应具备以下条件：

　　1）所有分项工程已完成。

　　2）已完成分项工程施工质量经评定全部合格，有关质量缺陷已处理完毕或具有监理机构批准的处理意见。

　　3）合同约定的其他条件。

　　（2）分部工程验收包括以下主要内容：

　　1）检查工程是否达到设计标准或合同约定标准的要求。

　　2）评定工程施工质量等级。

　　3）对验收中发现的问题提出处理意见。

7.5.4.2　单位工程完工验收

单位工程完工验收由建设单位主持。风电场的单位工程可按风电机组、升压站、线路、建筑、交通五大类进行划分，每个单位工程由若干个分部工程组成，它具有独立、完整的功能。

单位工程完工后，施工单位应向建设单位提出验收申请，单位工程验收领导小组应及时组织验收。同类单位工程完工验收可按完工日期先后分别进行，也可按部分或全部同类单位工程一道组织验收。对于不同类单位工程，如完工日期相近，为减少组织验收次数，单位工程验收领导小组也可按部分或全部各类工程一道组织验收。

单位工程完工验收必须按照设计文件及有关标准进行。验收重点是检查工程内在质量，质监部门应有签证意见。

单位工程完工验收结束后，建设单位应向项目法人单位报告验收结果，工程合格应签发单位工程完工验收鉴定书。

单位工程完工验收应具备以下条件：

(1) 各分部工程自检验收必须全部合格，且有监理签证。

(2) 施工、主要工序和隐蔽工程检查签证记录，分部工程完工验收记录、缺陷整改情况报告及有关设备、材料、试件的试验报告，设备说明书、合格证、试验报告、安装记录、调度资料等资料齐全完成，并分类整理完毕。

单位工程完工验收包括以下主要内容：

(1) 检查风电机组、箱式变电站的规格型号、技术性能指标及技术说明书、试验记录、合格证件、安装图纸、备品备件和专用工器具及其清单等。

(2) 检查各分部工程验收记录、报告及有关施工中的关键工序和隐蔽工程检查、签证记录等资料。

(3) 检查电气安装调试是否符合设计要求。

(4) 检查制造厂提供的产品说明书、试验记录、合格证件、安装图纸、备品备件和专用工具及其清单。

(5) 检查安装调试记录和报告、各分部工程验收记录和报告及施工中的关键工序和隐蔽工程检查签证记录等资料。

(6) 检查电力线路是否符合设计要求。

(7) 检查施工记录、中间验收记录、隐蔽工程验收记录、各分部工程自检验收记录及工程缺陷整改情况报告等资料。

(8) 检查建筑工程是否符合施工设计图纸、设计更改联系单及施工技术要求。

(9) 检查工程质量是否符合设计要求。可采用模拟试通车来检查涵洞、桥梁、路基、路面、转弯半径是否符合风电设备运输要求。

(10) 对检查中发现的遗留问题提出处理意见。

(11) 对工程进行质量评价。

(12) 做好验收签证工作。

7.5.4.3　工程启动试运行验收

工程启动试运行可分为单台机组启动调试试运行、工程整套启动试运行两个阶段。各阶段验收条件成熟后，建设单位应及时向项目法人单位提出验收申请。

单台风电机组安装工程及其配套工程完工验收合格后，应及时进行单台机组启动调试试运工作，以便尽早上网发电。试运结束后，必须及时组织验收。

本期工程最后一台风电机组调试试运验收结束后，必须及时组织工程整套启动试运验收。

1. 工程启动试运验收应具备的条件

(1) 各单位工程完工验收和各台风电机组启动调试试运验收均应合格，能正常运行。

(2) 当地电网电压稳定，电压波动幅度不应大于风电机组规定值。

(3) 历次验收发现的问题已基本整改完毕。

(4) 在工程整套启动试运前质监部门对本期工程进行全面的质量检查。

(5) 生产准备工作已基本完成。

(6) 验收资料已按电力行业工程建设档案管理规定整理、归档完毕。

2. 工程启动试运验收应提供的资料

(1) 工程总结报告。包括建设单位的建设总结、设计单位的设计报告、施工单位的施工总结、调试单位的设备调试报告、生产单位的生产准备报告、监理单位的监理报告及质监部门质量监督报告。

(2) 备查文件、资料。包括施工设计图纸、文件及有关资料；施工记录及有关试验检测报告；监理、质监检查记录和签证文件；各单位工程完工与单机启动调试试运验收记录、签证文件；历次验收所发现的问题整改消缺记录与报告；工程项目各阶段的设计与审批文件；生产准备中的相关运行规程、制度及人员编制、人员培训情况等资料；有关传真、工程设计与施工协调会议纪要等资料；土地征用、环境保护等方面的有关文件资料；工程建设大事记。

3. 工程启动试运验收的主要内容

(1) 审定工程整套启动方案，主持工程整套启动试运。

(2) 审议工程建设总结、质监报告和监理、设计、施工等总结报告。

(3) 协调处理启动试运中有关问题，对重大缺陷与问题提出处理意见。

(4) 确定工程移交生产期限，并提出移交生产前应完成的准备工作。

(5) 对工程做出总体评价。

(6) 签发"工程整套启动试运验收鉴定书"。

7.5.4.4 工程移交生产验收

工程移交生产前的准备工作完成后，建设单位应及时向项目法人单位提出工程移交生产验收申请。项目法人单位应转报投资方审批。经投资方同意后，项目法人单位应及时筹办工程移交生产验收。

工程移交生产验收应具备以下条件：

(1) 设备状态良好，安全运行无重大考核事故。

(2) 对工程整套启动试运验收中所发现的设备缺陷已全部消缺。

(3) 运行维护人员已通过业务技能考试和安规考试，能胜任上岗。

(4) 各种运行维护管理记录簿齐全。

（5）风电场和变电运行规程、设备使用手册和技术说明书及有关规章制度等齐全。

（6）安全、消防设施齐全良好，且措施落实到位。

（7）备品配件及专用工器具齐好完全。

工程移交生产验收包括以下主要内容：

（1）按相关要求进行认真检查。

（2）对遗留的问题提出处理意见。

（3）对生产单位提出运行管理要求与建议。

（4）在"工程移交生产验收交接书"上履行签字手续，并上报投资方案备案。

若建设单位既承担工程建设，又承担本期工程投产后运行生产管理，则移交生产签字手续可适当简化。但移交生产验收有关工作仍按本标准规定进行。

7.5.4.5　工程竣工验收

工程竣工验收应在工程整套启动试运验收后 6 个月内进行。当完成工程决算审查后，建设单位应及时向项目法人单位申请工程竣工验收。项目法人单位应上报工程竣工验收主持单位审批。

工程竣工验收申请报告批复后，项目法人单位应按相关要求筹建工程竣工验收委员会。

1. 工程竣工验收应具备的条件

（1）工程已按批准的设计内容全部建成。由于特殊原因致使少量尾工不能完成的除外，但不得影响工程正常安全运行。

（2）设备状态良好，各单位工程能正常运行。

（3）历次验收所发现的问题已基本处理完毕。

（4）归档资料符合电力行业工程档案资料管理的有关规定。

（5）工程建设征地补偿和征地手续等已基本处理完毕。

（6）工程投资全部到位。

（7）竣工决算已经完成并通过竣工审计。

2. 工程竣工验收的主要内容

（1）按相关要求全面检查工程建设质量及工程投资执行情况。

（2）如果在验收过程中发现重大问题，验收委员会可采取停止验收或部分验收等措施，对工程竣工验收遗留问题提出处理意见，并责成建设单位限期处理遗留问题和重大问题，处理结果及时报告项目法人单位。

（3）对工程做出总体评价。

（4）签发"工程竣工验收鉴定书"，并自鉴定书签字之日起 28 天内，由验收主持单位行文发送有关单位。

7.5.5　保修期的质量控制

7.5.5.1　缺陷责任期（工程质量保修期）的起算时间

除专用合同条款另有约定外，缺陷责任期（工程质量保修期）从工程通过合同工程完工验收后开始计算。在合同工程完工验收前，经建设单位提前验收的单位工程或部分工程，若未投入使用，其缺陷责任期亦从工程通过合同工程完工验收后开始计算；若已投入使用，其缺陷责任期从通过单位工程或部分工程投入使用验收后开始计算。缺陷责任期的期限在专用合同条款中约定。

质量保修书中应明确保修范围、保修期限和保修责任。建设工程在正常使用条件下建设工程的最低保修期为：

（1）建设工程的保修期自竣工验收合格之日计算。

（2）电气管线、给排水管道、设备安装工程保修期为 2 年。

（3）供热和供冷系统为 2 个采暖期、供冷期。

（4）其他项目的保修期由发包方与承包方约定。

合同工程完工验收或投入使用验收后，施工单位与建设单位应办理工程交接手续，施工单位应向建设单位递交工程质量保修书。

缺陷责任期（工程质量保修期）满后 30 个工作日内，建设单位应向施工单位颁发工程质量保修责任终止证书，并退还剩余的质量保证金，但保修责任范围内的质量缺陷未处理完成的应除外。

7.5.5.2 保修期施工单位的质量责任

施工单位应在保修期终止前，尽快完成监理单位在交接证书上列明的、在规定之日要完成的工作内容。

在保修期间施工单位的一般责任是：负责未移交的工程尾工施工和工程设备的安装，以及这些项目的日常照管和维护；负责移交证书中所列的缺陷项目的修补；负责新的缺陷和损坏或者原修复缺陷（部件）又遭损坏的修复。上述施工、安装、维护和修补项目应逐一经监理单位检验，直至检验合格为止。经查验确属施工中隐存的或其他由于施工单位责任造成的缺陷或损坏，应由施工单位承担修复费用；若经查验确属建设单位使用不当或其他由建设单位责任造成的缺陷和损坏，则应由建设单位承担修复费用。

在保修期质量控制的任务包括三个方面。

1. 对工程质量状况分析检查

施工单位应在监理单位指导下，对质量问题的原因进行调查。如果调查后证明，产生的缺陷、变形或不合格责任在施工单位，则其调查费用应由施工单位负责。若调查结果证明，质量问题不属于施工单位，则监理单位和施工单位协商该调查费用的处理问题，建设单位承担的费用则加到合同价中去。对上述调查，监理单位应同时负责监督。

2. 对工程质量问题责任进行鉴定

在保修期内，对工程出现的质量问题，根据下列几点分清责任：

（1）凡是施工单位未按规范、规程、标准或合同和设计要求施工造成的质量问题由施工单位负责。

（2）凡是由于设计原因造成的质量问题，施工单位不承担责任。

（3）凡因原材料和构件、配件质量不合格引起的质量问题，属于施工单位或建设单位采购，承包商不进行验收而用于工程的，由施工单位承担责任；属于建设单位采购，施工单位提出异议，而建设单位坚持使用的，施工单位不承担责任。

（4）凡有出厂合格证，且是建设单位负责采购的电气设备，施工单位不承担责任。

（5）凡因使用单位（建设单位）使用不善造成的质量问题，施工单位不承担责任。

（6）凡因地震、洪水、台风、地区气候环境条件等自然灾害及客观原因造成的事故，施工单位不承担责任。

（7）质量问题是由双方责任造成的，应协商解决，商定各自的经济责任，由施工单位负责修理。

（8）涉外工程的修理按合同规定执行，经济责任按以上原则处理。

在缺陷责任期内，不管谁承担质量责任，施工单位均有义务负责修理。

3. 对修补缺陷的项目进行检查

保修期质量检查的目的是及时发现质量问题。质量责任鉴定的任务是分清责任，施工单位应按计划完成尾工项目，协助建设单位和监理单位验收尾工项目。明确修补缺陷的费用由谁承担，并做好缺陷项目的修补、修复或重建工作。在这一过程中，施工单位仍要向控制正常工程建设质量一样，把好每一个环节的质量控制关。

7.5.5.3 保修责任终止证书

保修期或保修延长期满，施工单位提出保修期终止申请后，监理单位在检查施工单位已经按照施工合同约定完成全部其应完成的工作，且经检验合格后，应及时办理工程项目保修期终止证书。

工程任何区段或永久工程任何部分的竣工日期不同，各有关的保修期也不尽相同，不应根据其保修期分别签发保修责任终止证书，而只有在全部工程最后一个保修期终止后，才能签发保修期终止证书。

在整个工程保修期满后的 28 天内，由建设单位或授权监理单位签署和颁发保修责任终止证书给施工单位。若保修期满后还未修补，则需要待施工单位按监理单位的要求完成缺陷修复工作后，再发保修责任终止证书。尽管颁发了保修责任终止证书，建设单位和施工单位均应对保修责任终止证书颁发前尚未履行的义务和责任负责。

7.6 质 量 标 准

7.6.1 标准综述

7.6.1.1 标准的定义

标准是为在一定范围内获得最佳秩序，对活动或其结果规定的共同和重复使用的规则、导则或特性文件。关于标准定义的解释，不同的机构在内涵和外延上有差异：标准的含义是对重复性的事物和概念所作的统一规定。

技术标准是指被公认机构批准、非强制性、通用或反复使用、为产品或其加工和生产方法提供的规则、导则或特性文件。

工程建设标准是为在工程建设领域内获得最佳秩序，对各类建设工程的规划、勘察、设计、施工、安装、验收、运营维护及管理活动和结果需要协调统一的事项所制定的共同的、重复使用的技术依据和准则；是工程建设标准、规范、规程的统称。它经协商一致制定并经一个公认机构批准。以科学技术和实践经验的综合成功为基础，以保证工程建设的安全、质量、环境和公众利益为核心，促进最佳社会效益、经济效益、环境效益和最佳效率为目的。

7.6.1.2 标准的特点和性质

1. 标准的本质

标准的本质是"统一的规定"，这种统一规定是作为有关各方"共同遵守的准则和依据"。根据《中华人民共和国标注化法》规定，我国标准分为强制性标准和推荐性标准两类。强制性标准必须严格执行，做到全国统一。推荐性标准国家鼓励企业自愿采用。但推荐性标准经协商，并计入经济合同或企业向用户作出明示担保，有关各方则必须执行，做到统一。

2. 制订标准的对象

制定标准的对象是"重复性的事物或概念"，"重复性"指的是同一事物或概念反复多次出现的性质。

3. 标准生产的客观基础

标准生产的客观基础是"科学、技术和经验的综合成果"，这就是说标准既是科学技术成果，又是实践经验的总结，并且这些成果和经验都是经过分析、比较、综合和验证，加之规范化，只有这样制定出来的标准才具有科学性。标准应以科学、技术和经验的综合成果为基础，以促进最佳社会效益为目的。标准必须随科学技术的发展而更新换代，即不断地进行补充、修订或废止。标准的时效性强，具有有效期，有生效、未生效、试行、失效等状态，一般每五年修订一次。

4. 标准的制定过程

标准的制定过程要经过有关方面"协商一致"，并经一个公认机构的批准，以特定的形式发布，标准是经过有关方面的共同努力取得的成果，它是集体劳动的结晶，就是制定标准要发扬技术民主，与有关方面协商一致，做到"三稿定标"即征求意见稿→送审稿→报批稿。

5. 标准的表现形式

标准的表现形式是"文件"，标准文件有其自己一套特定格式和制定颁布的程序，标准必须经过一个公认的权威机构或授权单位的批准和认可。标准的编写、印刷、幅面格式和编号、发布的统一，既可保证标准的质量，又便于资料管理，体现了标准文件的严肃性。所以，标准必须"由主管机构批准，以特定形式发布"。标准从制定到批准发布的一整套工作程序和审批制度，是使标准本身具有法规特性的表现。

7.6.1.3 标准的分类

为了不同的目的，可以从不同的角度对标准进行不同的分类。标准的分类是为了满足人们标准化管理的不同需要，作为风力发电工程技术人员，应该对其有所了解。

1. 层级分类法

按照标准层次及标准作用的有效范围，可以将标准划分为不同层次和级别的标准，如国际标准、区域标准、国家标准、行业标准、地方标准和组织（企业、公司）标准。

（1）国际标准。国际标准是由 ISO 或国际标准组织〔国际电工委员会（International

Electrotechnical Commission，IEC)、国际电信联盟〕通过并公开发布的标准；另外，列入 ISO 所出版的《国际标准题内关键词索引》的国际组织制定发布的标准也是国际标准。

（2）区域标准。区域标准是某一区域标准化组织或标准组织通过并公开发布的标准。

（3）国家标准。国家标准是由国家标准机构通过并公开发布的标准。目前我国国家标准由国务院标准化行政主管部门制定，必须在全国范围内统一实施。

我国国家标准编号的表示方法：标准代号＋顺序号＋批准年代。国家标准代号有三种：GB 为强制性国家标准，GB/T 为推荐性国家标准，GB/Z 为中华人民共和国国家标准化指导性技术文件。

（4）行业标准。行业标准是由行业标准化团体或机构批准、发布在某一行业范围内统一实施的标准，又称团体标准。我国的行业标准是对没有国家标准又需要在全国某个行业范围内统一的技术要求所制定的标准。

（5）地方标准。地方标准是由一个国家的地区通过并公开发布的标准。我国的地方标准是对没有国家标准和行业标准而又需要在省、自治区、直辖市范围内统一的产品安全、卫生要求、环境保护、仪器卫生、节能等有关要求所制定的标准，它由省级标准化行政主管部门统一组织制定、审批、编号和发布。

（6）组织（企业、公司）标准。组织（企业、公司）标准是由企业、公司自行制定发布的标准，也是对企业范围内需要协调、统一的技术要求、管理要求和工作要求所制定的标准。

2. 对象分类法

按照标准对象的名称归属分类，可以将标准划分为产品标准、工程建设标准、方法标准、工艺标准、安全标准、卫生标准、环境保护标准、服务标准、包装标准、过程标准、数据标准等和接口标准等。

3. 性质分类法

按照标准的属性分类，可以将标准划分为基础标准、技术标准、管理标准、工作标准等。

4. 标准实施的强制程度分类法

按照标准实施的强度制定，可以把标准划分为强制性标准、推荐标准。此外，还有试行标准和标准化指导性技术文件，严格意义上这两类标准还不是严格意义上的标准，仅是标准的雏形。

5. 同一标准化机构发布的标准文件分类

同一标准化机构可以制定并发布不同名称的标准文件。

7.6.1.4　标准的制定、审批发布和复审

标准由主管标准化的权威机构主持制定、审批、发布和复审，各种标准都有其制定、审批发布和复审程序。我国的国家标准和行业标准的制定、审批发布和复审程序如下。

1. 标准的计划

编制国家标准的计划项目以国民经济和社会发展计划、国家科技发展计划、标准化发展计划等作为依据。

国家标准由国务院标准化行政主管部门编制计划，协调项目分工，组织制定，统一审

批、编号、发布。

2. 标准的制定

负责起草单位应对所定国家标准的质量及其技术内容全面负责。应按国家标准《标准化工作导则》（GB/T 1.1—2009）的要求起草国家标准征求意见稿，同时编写"编制说明"及有关附件。国家标准征求意见稿和"编制说明"及有关附件，经负责起草单位的技术负责人审查后，印发各有关部门的主要生产、经销、使用、科研、检验等单位及大专院校征求意见。

负责起草单位应对征集的意见进行归纳整理，提出国家标准送审稿，送技术归口单位审阅，并确定能否提交审查。

国家标准送审稿会议审查，原则上应协商一致。如需表决，必须有不少于3/4的出席会议代表人数同意为通过。

负责起草单位，应根据审查意见提出国家标准报批稿，国家标准报批稿和会议纪要应经与会代表通过。国家标准报批稿由国务院有关行政主管部门或国务院标准化行政主管部门领导与管理的技术委员会，报国家标准审批部门审批。

行业标准制定与国家标准制定类似。

3. 标准的审批发布

国家标准由国务院标准化行政主管部门统一审批、编号、发布，并将批准的国家标准一份返报批部门。工程建设国家标准，由工程建设主管部门审批，国务院标准化行政主管部门统一编号，国务院标准化行政主管部门和工程建设主管部门联合发布。

行业标准由行业标准归口部门审批、编号、发布。行业标准报批时，应有"标准报批稿""标准编制说明""标准审查会议纪要"或"函审结论"及其"函审单""意见汇总处理表"和其他相关附件。确定行业标准的强制性或推荐性，应由全国专业化标准技术委员会或专业标准化技术归口单位提出意见，由行业归口部门审定。

4. 标准的复审

国家标准实施后，应当根据科学技术的发展和经济建设的需要，由该国家标准的主管部门组织有关单位适时进行复审，复审周期一般不超过五年。国家标准的复审结果，按下列情况分别处理：不需要修改的国家标准确认继续有效；需作修改的国家标准作为修订项目列入计划；已无存在必要的国家标准准予废止。

行业标准实施后，应当根据科学技术的发展和经济建设的需要适时进行复审。复审周期一般不超过五年，确定其继续有效、修订或废止。

7.6.1.5　标准的使用

工作中涉及的标准的使用应注意以下问题：

（1）有强制性国家标准和行业标准的，应该使用并执行强制性标准。强制性标准是必须执行的标准，具有法律效力，若不执行要承担相应的法律责任。

（2）标准的使用应注意时效性，要使用最新有效的版本。要及时了解各类标准修订、更新消息，在使用的过程中发生变化的，应注意新旧标准的衔接。

（3）标准的使用应尽量采用先进、严格的标准。国家鼓励积极采用国际标准。两个或多个规范之间发生矛盾时，应优先采用技术先进、要求严格的标准。

（4）标准可采用多个标准并列或交替衔接使用。风力发电行业标准有试验规程，还有工程质量评价标准（暂行），也可以参照国家标准的评定标准。

（5）标准的使用应注意选择形成系列的标准，这些标准不仅专业性强且内容详细，标准本身的表达方式也比较规范和统一。

7.6.2　风电场工程标准

7.6.2.1　风电场工程标准基本情况

在风电场工程建设过程中广泛使用的风电场工程标准属于行业标准。下面介绍风电场标准体系的基本情况。

1. 风电场工程标准概述

风电场工程指利用风能进行发电的工程。根据国家能源局加强风电标准化工作的管理规定，成立了三级组织：能源行业风电标准建设领导小组、能源行业风电标准建设专家咨询组、能源行业风电标准化技术委员会。领导小组的职责主要是研究我国风电标准建设的政策，审查我国风电标准建设规划，协调督查技术问题，由国家能源局任组长单位，国家标准化管理委员会任副组长单位，有关政府部门、电力行业、机械行业的个别专家领导担任成员。专家咨询组主要由院士和专家构成，主要研究风电标准化技术问题和为重大问题提供咨询决策。技术委员会由政府部门、发电企业、电网企业、制造企业中的共 69 名人员构成，包括设计、施工、安装、运行、科研等方面的专家。标准化技术委员会在标准化工作中起着非常关键的作用，所有标准的通过、技术水平的确定，都要标准化技术委员会最终作技术把关和技术归口。能源行业风力发电标准化技术委员会下设设计、施工、运行、并网管理、机械设备、电器设备以及气象观测 7 个组。

2. 风电场工程标准的现状

我国风电标准化始于 20 世纪 80 年代。1985 年，全国风力机械标准化技术委员会（在我国国家标准化管理委员会的编号为 TC 50，以下简称"风标委"）经原国家质量技术监督局批准成立，成为我国第一个负责全国风力发电机组标准化工作的专业标准化技术委员会。

除国家标准外，各相关行业也针对风电发布了诸多行业标准，如电力行业标准《风力发电场项目建设工程验收规程》（DL/T 5191—2004）、机械行业标准《风力发电机组一般液压系统》（JB/T 10427—2004）等，这些行业标准在指导风电机组设计、制造、安装以及风电场建设等方面发挥了重要作用。在加快推进行业标准建设方面，国家相关政府部门发挥了根本性的作用。2009 年，国务院 38 号文件明确提出要"建立和完善风电装备标准、产品检测和认证体系"。2010 年 3 月 29 日国家能源局在京组织召开能源行业风电标准化工作会议，全面启动我国风电标准体系建设。会议上国家能源局宣布成立能源行业风电标准建设领导小组、能源行业风电标准建设专家咨询组，同时建立能源行业风电标准化技术委员会（以下简称"标委会"），由标委会根据职责分工设立标准制定工作组，并以国能科技〔2010〕16 号文的形式发布了《风电标准体系框架（讨论稿）》（以下简称《标准框架》）。《标准框架》第一次较全面地梳理了风电标准，相当于在研究国际标准、国家标准、行业标准的基础上，为我国建立和完善风电标准体系提供了大纲，可以作为风电标准体系建设的纲领性文件。

7.6.2.2 风电标准体系及新标准

风电标准体系的业务流程主要包括规划设计、工程建设、运行维护及退役 4 个阶段。

1. 规划设计阶段

规划设计阶段的内容主要有风电场工程等级划分、（预）可研报告编制，风电场并网，电气，施工组织，安全预评价报告，防护措施，离网型风力发电机组，勘察设计收费标准等相关技术标准。

2. 工程建设阶段

工程建设阶段的内容主要有风电场土建施工，风电机组装配和安装，风测量仪器、电缆试验与检测，海上风力发电工程施工，风电机组验收，风电项目建设工程验收，达标投产验收，施工安全防护设施等相关技术标准。

3. 运行维护阶段

运行维护阶段的内容主要有风电机组运行维护，噪声测量，风电场运行、调度、通信，风力发电场检修，高处作业安全规程，风电场安全，离网型风力发电集中供电系统运行管理等相关技术标准。

4. 退役阶段

退役阶段的内容主要有风电场设备报废，配套设施报废等相关技术标准。

2016 年 6 月 1 日起正式实施的 54 项能源标准中，与风电密切相关的新标准就达到 24 项。这一系列标准的发布是国家能源局在加强风电产品质量管理和产业调控方面的又一重要举措，为进一步建立和完善我国风电行业标准、检测、认证的质量管理体系，促进风电产业又好又快发展奠定了坚实基础。另外，也为我国电力设备走出国门，进一步扭转在国际市场竞争中的长期被动状态提供了参考体系。

7.7 质 量 控 制 要 点

7.7.1 设备采购和监造质量控制要点

风电场工程采购和监造的设备主要包括发电机、叶片、塔架和主变压器等设备或部件。为了保证工程建设的质量和进度，在设备采购和监造过程中主要对下述几个方面进行严格控制。

7.7.1.1 设备采购阶段的控制要点

（1）工程管理部根据工程实际进度，结合合同编制合理的供货进度计划并通知设备厂家。同时，将保函情况及付款要求通知财务部。

（2）财务部按照设备及合同收缴保函，支付预付款。

（3）工程管理部安排相关技术人员对设备生产工艺和质量进行监督。

（4）制造过程督促，要求厂家按照约定的供货计划及时供货。

（5）工程管理部、项目部技术人员，监理单位，吊装单位，供应商项目现场共同开箱验货，并移交给吊装单位卸货、保管，及时办理交接手续。

（6）财务部按照合同及项目申请情况支付货款、进度款。

（7）设备采购完成后，工程管理部对整个采购过程进行认真评估或者年底进行评估归档。

7.7.1.2　设备监造阶段的质量控制

1. 设备生产前的质量控制

（1）项目组织机构的落实。检查项目组织机构人员的安排是否到位，对影响生产的因素应及时找有关部门协商解决，同时明确岗位责任制。

（2）施工图纸和工艺文件的准备。从施工图上，可以看出技术人员对设计图纸及设计文件的掌握程度，是否完全贯彻了设计意图，施工图必须经过设计单位签认。把遗留问题进行分类并召集有关单位在开工前逐个解决。工艺文件的编制是在施工图的基础上进行的，主要包括各种零部件加工的详细工艺线路、材料消耗、作业指导书、工艺卡片等一系列文件资料。监造人员主要检查工艺文件是否齐全、内容是否详细、措施是否得力，并邀请有关专家对原则工艺进行评审。

2. 设备生产工艺的质量控制

设备生产工艺的编制主要包括设备特点及各主要零部件材料的性质、种类、设计要求及加工精度、机械状况、加工的难易程度等内容，只有严格控制每道工序的质量，零部件质量才有保证。

监造的技术人员需对生产商编制的零部件加工工艺卡片及作业指导书进行审批，在工艺编制过程中，力求全面、详细，即在机械加工中要全面考虑每一个环节，合理安排工序，以满足设计要求。对于每道工序所使用的设备、工装及刀夹具所应达到的精度、设计要求及检查方法等都应该在工艺卡片及作业指导书上有明确规定和要求，使操作者领会和掌握设计及工艺意图，把质量控制落到实处。

3. 外协部件的质量控制

如果毛坯品质质量达不到要求，机械加工便无从谈起，所以外协部件质量至关重要。在外协部件质量控制方面，要求铸造厂在铸造前编写详细的铸造工艺及质量控制点，必须符合设计要求。监造技术人员应随同厂家技术人员全面认真检查铸造前的准备工作，对铸造过程实施跟踪检查，从模型质量、浇铸到热处理等一系列工艺过程，并同有关各方对首件毛坯进行全面验收，包括外观尺寸、无损探伤，同时要求毛坯在出厂前，必须出具合格证明书，内容包括制造厂名称代号、图号或件号（发运号）、牌号、炉号、化学成分及机械性能检验报告，以及其他合同规定的内容。毛坯回厂后，应要求厂家对毛坯试样进行复验，以确保毛坯的品质质量，为机械加工提供合格条件。

4. 关键工序的控制

机械加工的一个明显特点就是工序多、精度要求高、加工难度大。为了有效控制产品质量，重点把好关键工序的质量控制。在加工前，监造技术人员应强调一定做好技术交底工作，操作者必须持证上岗；严格控制每道工序的加工，工艺人员、检验人员做好现场监控，必须认真填写跟道卡；坚持实行操作者工作票必须经检查员签认有效的制度，严格工艺纪律；坚持巡视检查和旁站监理，对检查结果进行复查或抽查，以确保加工质量。

5. 全方位质量控制

一件合格的机械产品制造涉及许多专业,受许多环节的影响,除了机械加工、铸造以外还包括材料、焊接、热处理、无损探伤、表面处理及涂装等,而每一个环节的生产质量都将影响产品的整体质量。所以,在监造过程中,要求每一个环节,每一道工序都必须按作业指导书加以实施。监造人员对不符合质量要求的工序应要求厂家提出整改意见,对于严重质量问题的处理必须由设计单位签认备案,并及时报告业主。

7.7.2 变电工程施工质量控制要点及防治措施

变电工程施工质量的优劣关系电网的安全运行,关系社会的发展。保证优质的变电工程施工质量是电力施工应着重管控的环节。结合风电场工程施工实际,变电工程施工质量的控制与质量通病防控的相关有效措施如下。

7.7.2.1 变电工程施工过程质量控制

1. 加强三级自检

建筑电气安装要严格实行"三检"制,对施工关键部位实行旁站监理,并且要实行"三检"制。严格按照相关组织审批的文件进行施工,若发现图纸有问题不得私自修改,要汇报上级再做定论。同时建筑物内对于若干导线要实行总等电位联结,并且电位联结中对于金属管道联结处应连通导电。在施工前、施工中和施工后都要进行检测,并且把相关检查结果上报。

2. 加强旁站监理

要求监理工程师多在现场勘查,记录数据,用实际测量的数据来评定施工质量等级。如加强对风机基础钢筋、预埋管具体数量等隐蔽工程的检查以及对风机承台混凝土浇筑全过程的检查。要提前将施工蓝图下发给施工单,监督其在施工过程中严格执行,避免出现质量问题。另外质量监控的最后补救措施是质量验收,通过质量验收发现的问题可以通过下达命令的方式使施工单位停工整改,对问题进行补救,从而达到保证工程质量的目的。

3. 加强数码化管理

在质量监控过程中,要配合使用数码技术来实现对质量的监控,例如在现场监控时可以采集影像资料将相关施工的质量缺陷等情况记录下来以供以后查证。在施工过程应用数码设备,对施工过程的进度和施工现场遇到的问题进行及时的记录,为解决问题提供依据,而且数码资料在反映事件的真实性和完整性上更具有优势。

4. 加强设计图纸及变更审查

在变电工程施工质量管理中,初期一定要做好设计图纸的审核工作,确保施工的可行性以及准确性。图纸是施工的依据,所有的施工工艺及方案都是按照图纸的要求来完成的,为了确保工程质量,就要加强设计图纸的审核。同时,施工单位在施工过程中发现问题要及时上报监理或业主,由业主联系设计院对图纸进行复核、变更,施工单位不得擅自更改设计。

5. 推行标准化工艺施工

在变电施工上加强标准化工艺施工的推行,有利于提升工程质量,根据有关标准化工艺的要求,按照颁布的施工相关数据来准确进行施工,不仅能省去施工中因为数据不够精确或者施工步骤方面引起的问题，同时一些标准化工艺是专门全面考虑了相关隐患而制定的，所以通过采用标准化施工手段能够更好地避免相关问题的产生，达到保证施工质量的目的。

6. 加强土建与电气安装工程转序的管控

电气安装工作一定要提前做好准备，运行人员提前进场参与设备基础预埋件的土建施工过程，监控到位，确保基础尺寸符合要求；运行人员配合工程技术人员监控接地网的施工质量，保证设备安全接地。

7. 加强质量监控与整改

土建的质量检验主要抓"事前""事中""事后"控制这几个方面，从工程准备阶段，工程质量监督人员应到现场监督检查，对重点施工部位应按规定进行旁站监督；对分项工程实施"三检制"，重点对工序交接进行检查，避免将缺陷带入下一工序。同时，发现问题要及时上报，施工单位应根据整改要求进行整改，并由监督人员检查、验收，确保工程质量。

7.7.2.2　变电工程质量通病及其防治措施

将变电工程施工过程中经常出现的质量问题称作质量通病，例如屋面的防水、设备基础、屏柜安装、接地工程及线路防护等各个方面的质量通病问题。变电工程质量通病及其防治措施如下：

（1）现浇钢筋混凝土表面出现蜂窝、麻面、裂纹、凹凸不平缺陷及其防治措施：

1）现浇板混凝土应采用中粗砂，严把原材料质量关，优化配合比设计，适当减小水灰比。

2）严格控制现浇板的厚度和现浇板中钢筋保护层的厚度，特别是板面负筋保护层厚度，不使负筋保护层过厚而产生裂缝。

3）现浇板浇筑宜采用平板振动器振捣，在混凝土终凝前应进行二次压抹。

（2）构支架变形，机械性能、化学成分不符合要求，焊接裂纹、断裂缺陷及其防治措施：

1）应对钢构支架加工过程进行监造。钢结构焊接注意控制焊接变形，焊接完成后及时清除焊渣及飞溅物，组装构件必须在试组装完成后进行热镀锌，构件镀锌后在厂内将变形等缺陷消除完毕，并对排锌孔进行封堵后方可出厂。

2）严格按照规范和设计要求进行构支架加工，未经同意不得随意代用钢结构材料，防止因材料的机械性能、化学成分不符合要求，导致焊接裂纹甚至发生断裂等事故。

3）离心混凝土杆杆头板施工焊接时宜采用（跳焊、降温等）合理的焊接工艺，抑制变形。如个别杆头板出现变形，需进行机械校正。

（3）充油（气）设备渗漏、设备搭接不可靠、设备安装不平整的缺陷及其防治措施：

1）充油（气）设备渗漏主要发生在法兰连接处。安装前应详细检查密封圈材质及法兰面平整度是否满足标准要求；螺栓紧固力矩应满足厂家说明书要求。

2）加强母线桥支架、槽钢、角钢、钢管等焊接项目验收，以保证几何尺寸的正确、焊缝工艺美观。硬母线制作要求横平竖直，母线接头弯曲应满足规范要求，并尽量减少接头。

3）盘、柜安装固定要牢固可靠，主控制盘、继电保护盘和自动装置盘应按盘底座孔距在槽钢上定位、打孔、攻丝，用螺栓固定，安装应符合规范。

7.7.3 线路工程施工质量控制要点及技术措施

7.7.3.1 线路工程施工质量控制要点

1. 杆塔工程质量控制要点

杆塔工程质量控制主要是对定位放线、复位分坑、铁塔基础、土石方、杆塔组立等主要工序的质量进行控制。

（1）定位放线。工程所需的测量工具需送具有校验资质的检验机构进行校验，检验合格后方可使用。测量采用经纬仪进行定位放线。设计、监理单位共同进行交桩，反复认真核对，确认无误后形成文字资料备案。按地质情况和施工要求加工控制桩，加工的品种和数量一定要满足施工要求，控制桩布置应满足的条件：①桩埋深不得浅于 0.5m；②桩顶面高于设计标高 300mm 为宜；③桩位不得落在松土和可沉陷的土质上，桩位必须保护，需要时进行围护，并做好标记。

（2）复位分坑。根据工程的地质、地貌条件，复位分坑控制要点包括杆塔中心桩横线路方向偏差不大于 40mm；钢筋混凝土杆中心桩横线路方向偏差不大于 50mm；经纬仪复位档距，其偏差不大于设计档距的 0.8%；转角桩的角度值，用方向法复测，偏差不应大于 1′30″；线路走廊内地形凸起点的标高，复测值与设计值比，偏差不应超过 0.4m；分坑尺寸（包括开基面）以满足设计要求为准；钢筋混凝土杆根开的中心偏差不应超过 ±30mm，两杆坑深度宜一致。

若电杆基坑采用底盘时，底盘的圆槽面与电杆中心垂直，校正后应夯实至底盘表面；底盘安装允许偏差，应使电杆组立后满足电杆允许偏差规定。

若电杆基础采用卡盘时，在安装前将其下部土壤分层回填夯实，严禁采用将全部卡盘安装完毕后，再进行土体回填的施工工序，且安装位置、方向、深度应符合设计要求；深度允许偏差 ±50mm，卡盘与电杆连接应紧密。

（3）铁塔基础工程。根据工程特点及现场实际情况，铁塔基础混凝土可采用集中拌和与现场拌和两种方法。铁塔基础工程施工过程中对钢筋加工，基础垫层、支模，混凝土浇筑及基础混凝土养护及回填等重要工序进行质量控制。

1）钢筋加工。按施工图摆放底层钢筋，底层钢筋摆放并绑扎完毕，检查所有绑扎好的钢筋并做隐蔽工程记录。钢筋加工前必须对钢筋进行除锈处理，冷拔和弯曲钢筋时必须按照规程、规范要求的最小弯曲直径进行。绑扎箍筋时，要严格按照施工图纸要求进行，箍筋之间的距离误差不得大于 ±10mm，同时应注意保护层的厚度应符合设计要求。钢筋绑扎完成后要对照图纸及施工规范和钢筋用量表对所有的钢筋规格、型号、数量、形状进行复核和修整，对不符合要求的钢筋进行整改，必要时进行更换。

2）基础垫层、支模。在开挖深度达到设计标高时，采用人工清底，经验槽后按图纸要求浇灌垫层混凝土，垫层的平面尺寸比基础底平面尺寸周边大 100mm。垫层初凝后，基础混凝土浇制用的模板，地下部分最好使用组合钢模板，而地上外露部分使用整体大模板支设，确保混凝土表面光滑、平整、无胀模现象。钢筋及预埋件的隐蔽工程必须有监理人员验收签证。支模板前应对基础施工的轴线、边线、标高、水平线及模板控制线进行复测，模板底部的垫层应使用水泥砂浆找平。支模前应涂刷隔离剂，拼装组合时要求平整、顺直、接缝严密，联结牢固，尺寸准确。完成模板安装后，应检查模板拼缝是否严密和支撑是否牢固。

3）混凝土浇筑。浇筑时的混凝土应保证有较好的均匀性和较强的密实性；基础浇筑施工应连续，不留施工缝；浇筑振捣要快速，均匀连续，振捣器插入振捣有效部位 1.25 倍；混凝土表面必须处理平整，不允许存在大于 0.2mm 的缝。混凝土浇筑过程中，要注意保证保护层厚度及钢筋位置的正确性，不得踩踏钢筋，不得移动预埋件和预留洞原来的位置，如发现偏差，及时纠正。浇筑时应经常观察模板、钢筋、预埋件等有无移动、变化或堵塞情况，发现问题及时整改。

4）基础混凝土养护及回填。对已浇筑完毕的混凝土，应加以覆盖和浇水，并应符合下列规定：在浇筑完毕的 12h 以内对混凝土加以覆盖浇水；混凝土的浇水养护时间不得少于 7 天；浇水次数应能保持混凝土处于湿润状态；混凝土的养护用水应与拌和用水相同；养护可采取蓄水养护或可采取不透水、气的塑料薄膜覆盖养护。混凝土达到设计强度的 30％后方可拆模，拆模后检查混凝土浇筑质量，认定合格后，方可进行下道工序施工。

（4）土石方回填。基础回填应先排除坑槽内积水，回填应分层进行并夯实，容重不小于 1.6t/m³。回填土应高出设计基面 300mm，作为预沉降，岩石基坑或卵石基坑，基坑回填时要掺入土，土和碎石（卵石）的比例宜为 1∶3。

（5）混凝土杆塔组立。

1）排杆。首先检查运到现场杆段的规格是否符合设计要求，并核对混凝土杆接地孔穿钉孔的位置，方向是否与设计相符。检查所有杆段是否符合质量标准，杆段表面是否有蜂窝、麻面、露筋、壁厚不均匀等缺陷。

2）杆塔的焊接、组装。组装前应检查杆段螺栓孔位置及其相互之间的距离是否符合设计图纸的规定，并检查杆身有无裂缝，焊接质量是否良好，杆身是否正直，双杆的根开尺寸是否符合设计要求，两杆的杆顶或杆根是否对齐。检查横担构件、吊杆、抱箍螺栓及电杆所用的全部零件是否齐全，其规格尺寸是否符合图纸要求，各构件及零件的焊接和镀锌是否良好。

杆塔的地面组装顺序，一般先安装导线横担，再安装避雷线横担、叉梁、拉线抱箍。组装横担时，可将横担两端稍翘起，一般翘起 10～20mm 以便悬挂导线后横担保持水平。组装转角杆时，要注意长短横担的安装位置。组装叉梁时，先安装好叉梁抱箍后再安装叉梁。地面组装时，不得将构件与抱箍连接螺栓拧得过紧，应使其处于松弛状态，以防起吊杆塔时损坏构件。组装时，不宜用铁锤直接敲打构件，以免破坏锌层或击裂焊缝。

3）杆塔的组立。杆塔组立前施工负责人必须亲自检查现场布置情况，作业人员应认真检查各自操作项目的现场布置情况。当杆顶部吊离地面 0.8m 时，应暂停牵引进行冲击试验，全面检查受力部位，确定无问题后继续起立。杆侧面应设专人监视，传递信号必须清晰，根部监视人应站立在杆根侧面，入坑操作时应停止牵引。抱杆脱帽时，电杆应及时安装方向拉线，随起立速度适当放出。电杆起立约 70°时应减慢牵引速度，约 80°时停止牵引，利用临时拉线将杆调整，调直。转角杆起立后调整预偏值时，应及时调整吊杆，以确保横担不弯曲并呈水平状态。混凝土杆的临时拉线必须在卡盘、拉线安装后，方可拆除。

2. 导线架设工程质量控制要点

（1）导、地线液压施工。液压施工是架空送电线路施工中的一项重要的隐蔽工序，操作人员必须经过培训并考试合格，持证方可上岗。液压机必须有足够与钢模相匹配的出力，液压表必须定期检查校核，做到准确无误。各种规格的钢模应有明显标记，在使用前应认真检查核对，不得有变形，与压接管相匹配，凡上模与下模有固定方向时，钢模不得放错，液压机的缸体应垂直地平面，并应放置平稳。不同金属、不同规格、不同绞制方向的导线或避雷线严禁在一个耐张段内连接。在一个档距内每根导线或避雷线上只允许有一个接续管和三个补修管，并应满足下列规定：①各类管与耐张线夹间的距离不应小于 15m；②接续管或补修管与悬垂线夹的距离不应小于 5m；③接续管或补修管与间隔棒中心的距离不宜小于 0.5m。

（2）导、地线展放。导线放线滑车悬挂时，采用挂胶滑车直接与导线横担碗头挂板相连接即可，后序附件只需重新安装 XGU－3 悬垂线夹。因线路杆塔多数采用瓷质绝缘子，施工时应提前对瓷质绝缘子进行外观检查，铁帽和瓷裙的连接是否牢固，铁脚不得有松动，瓷裙不得有碰损、裂痕、疵点等缺陷。展放导、地线时，线材集散地对线轴的看护工作尤为重要，看护人员应随时检查线轴支架情况、控制展放速度、检查线材质量等，待线轴剩余 5 圈左右时，发出停车信号，进行线轴更换及线材连接工作。展放后的线材如当天不能紧线或悬空锚线，应在人行道或机动车道不搭设跨越架处将其分别埋入地下，以保证线材免遭损伤和道路正常通行。

（3）挂线和紧线。挂线时应逐个检查螺丝穿向及绝缘子运行状况。挂线完毕后，及时对所属被跨越物进行净空距离测量，如按温度换算发现最大弧垂对被跨越物净空距离不足时，应立即上报监理或业主，联系设计代表，查明原因妥善处理。紧线前应检查导线在放线滑车中的位置，消除跳槽现象；检查直线压接管位置，如不符合规定要及时处理；检查沿线导、地线质量，对出现问题者按规定处理；检查相序各自所处位置；检查反面拉线设置情况，预紧过程中随时注意耐张串及导线连接情况；检查紧线区段内通信是否畅通；检查本区段内跨越架搭设情况，并设专人进行监护；检查紧线场地各连接金具及配套工器具是否齐全。进行弧度观测时，应严格控制弧垂值，不得超出规范误差值。

挂线和紧线施工过程中应注意：弧度观测应优先选择平行四边形法观测和检查弧度，当切点位置对档端的水平距离超过档距长度时，应采用角度法观测，无论采取哪一种，施工技术人员及测工均应仔细复核弧度板位置。观测弧度前，架线队必须复核观测档档距，并以实测档距计算观测弧垂，如发现档距超过误差应及时上报监理或业主，联系设计院重新核算代表档距及平均应力，然后给定新的观测档弧度值。弧度观测完毕后，紧线弧度未发生变化时，在紧线段内各直线杆塔和耐张杆塔同时标记。

（4）附件安装。金具到货后，质检部门会同材料站共同进行金具试组装和外观检查，不合格产品一律不准使用，所有架线材料必须有出厂合格证明书，并符合国家标准或部颁标准；非标准金具应符合设计图纸要求。

挂线后要及时进行附件安装，以免导线在滑车中受震发生跑线事故。导线除裹绕铝包带外不得与线夹以外的其他夹具接触。安装时，每根的中心应与线夹中心重合，对导线的包裹应紧固，且捻向与外层导线方向一致。导线防振措施按档距大小不同还需加设防振锤，防振锤与导线接触处应缠绕铝包带，其缠绕方向必须与外层线股同方向，铝包带露出夹口不得超过 10mm，且端头应回夹到线夹内压紧。所有防振锤安装后应与地面垂直，且安装误差不得大于±30mm。悬垂绝缘子串在导线安装完毕后顺线路方向均应保持与地面垂直，其顺线路方向的偏移应符合：①悬垂线夹最大偏移不大于 200mm；②三相悬垂绝缘子串应向同一方向偏；③进行挂线滑轮与线夹互换安装时，提线装置必须采用挂胶勾或缠绕铝包带进行接触保护，严禁无措施野蛮施工；④安装跳线引流时，跳线弧垂值误差应控制在±100mm 之间。

（5）接地设置。检查接地孔或接地螺栓的方向和位置，并现场核实接地引下线及接地连接放射情况。按设计要求位置、几何尺寸及宽度、深度进行接地沟槽的开挖、验收。按规范要求焊接接地线及引下线接头，焊接长度不小于 80mm，且必须三面施焊。将接地引下线及接地放射连接情况（包括焊接、螺栓紧固及接触是否良好等）核实后，方可进行接地沟槽回填，并预留不少于 300mm 的沉降层。

3. 电缆敷设工程质量控制

电缆敷设施工应按照《电力装置安装工程电缆线路施工及验收规范》（GB 50168—2006）严格执行。电缆沟道开挖应根据现场实际施工情况分段进行。开挖至设计要求深度后，需将沟底铲平，及时清理沟道内土块及杂物，清理完毕后在电缆沟内铺设 100mm 厚的软土或细砂，用方锹摊平，再开始进行电缆的敷设工作。电缆敷设前，合理安排电缆，使每盘电缆都得到充分利用，减少电缆接头。电缆敷设时，电缆应从盘的上端引出，不得使电缆在支架上及地面上摩擦拖拉，电缆铠装完好，避免电缆绞拧，护层折裂等未消除和机械损伤。电缆的弯曲半径应符合规范要求；电缆在终端头附近宜留有备用长度；电缆终端头在技术说明书和厂家的指导下进行施工，施工完毕后进行耐压试验，符合规范要求后，才可进行下道工序。

电缆沟道回填前应先在电缆上铺设 100mm 厚的软土或细砂，再沿电缆全长覆盖 240cm×120cm×5cm 普通烧结砖。沟道的回填必须进行分层夯实，每 300mm 厚的土壤用打夯机彻底夯实，待回填完毕，回填土应高出地面 100mm。

4. 箱变安装工程质量控制

设备运抵施工现场后，应按施工图逐项与产品铭牌进行核对，核对其容量、电压等级等是否相符。按变压器出厂技术文件一览表查对技术文件是否齐全。按变压器装箱单和拆卸件一览表检查所有零部件和拆卸件是否齐全，有无损坏或丢失。检查变压器本体和组件不应损伤，紧固件、密封件、仪器仪表应完好。

箱变的安装采用 16t 吊车进行，在基础施工养护完成后，根据基础上的中心线，将箱变就位、找平，与基础预埋件可靠焊接，再从本体引出两根接地扁钢与接地网可靠连接。由具有相关资质高压调试单位按照规范及箱变出厂技术文件对箱变进行各项试验测试，测试均合格后方可投入使用。

5. 光缆架设工程质量控制

光纤不会引起雷击，但光缆中有金属部分，故光缆避雷仍值得重视。光缆施工前必须做好充分准备，检查设计资料、原材料和施工设备等是否齐备，仔细阅读有关的技术说明书与安装指导手册。

架设光缆前必须确保光缆的技术性能，应用光时域反射仪（Optical Time Domain Reflectometer，OTDR）对每一盘光缆进行单盘测试，确保光缆完好方可施工。光缆的卷盘长度为2～3km，其弯曲半径应为光缆外径的15倍以上，施工中不能猛拉和扭结。拖光缆时要前后协调配合，最好有专人协调，否则光缆很容易扭结。光缆接续时，首先对光缆合理配盘，将接点位置选好，要考虑交通方便、熔接环境好等条件，同时要选择合适的接头盒。熔接光纤前将剩余光纤在熔盘内模拟盘绕，走向应该是圆形或椭圆形，剩余光纤的曲线半径要大于35mm，根据熔接盘的大小尽可能大些，余纤长度以盘3圈为宜。光纤熔接后，根据接头盒的安装说明，认真密封接头盒，以防灰尘、雨水进入。光缆接续后，将接头盒挂在吊线上，整理剩余光缆时要注意从接头盒处向外收缆，如果不注意顺序，就可能使盒内盘好的光纤变形扭曲。

7.7.3.2 线路工程施工质量保证技术措施

1. 基础混凝土外观质量保证技术措施

（1）使用拌和机拌和，使混凝土有较好的和易性。

（2）指定专人使用机械振捣，加强监督检查。

2. 基坑回填质量保证技术措施

（1）回填土料应符合设计要求，宜采用含水量符合压实要求的黏性土。

（2）基坑回填每层铺土厚度为200～250mm，采用蛙式打夯机分层压实，压实遍数以满足设计压实系数为准。

3. 混凝土杆塔组立误差控制措施

（1）各构件的组装应牢固，交叉处有空隙者，应安装相应厚度的垫圈。

（2）采用螺栓连接构件时，螺杆应与构件面垂直，螺栓头平面与构件不应有空隙；螺母拧紧后，螺杆露出螺母的长度，对单螺母不应小于两个螺距，对双螺母可与螺母相平；必须加垫片者，每端不宜超过两个垫片。

（3）若组装有困难，个别螺栓孔需扩孔时，扩孔部分不应超过3mm，当扩孔超过3mm时，应先堵焊再重新钻孔，并作防锈处理。

（4）连接螺栓应逐个紧固，其扭矩力不应小于以下的规定：M12螺栓扭矩值40N·m，M16螺栓扭矩值80N·m，M20螺栓扭矩值100N·m，M24螺栓扭矩值250N·m。

（5）杆塔组立允许偏差值。直线杆中心与中心桩间横线路方向位移允许偏差值为50mm；转角杆结构中心与中心桩间横、顺线路方向位移允许偏差值为50mm。

4. 导、地线架设质量保证技术措施

（1）工程所使用的导线、避雷线、标准金具及绝缘子等原材料，应具有该批产品的出厂质量检验合格证明书，且必须符合国家现行有关标准或部颁标准；对于缺少质检资料的原材料，需经具有相关资质的检验单位检验合格后方准使用。

（2）绝缘子在组装前应进行外观检查，且须清除表面污物，并使用5000V兆欧表分批量进行绝缘电阻值测定，要求干燥时绝缘电阻值不小于500MΩ。

（3）金具镀锌层不应有碰损、剥落，否则应除锈补刷防锈漆后方可使用。

（4）不同厂家、不同材质、不同规格、不同绞制方向的导线或避雷线严禁在同一耐张段中连接使用。

（5）切割导线铝股时严禁损伤钢芯，导线及避雷线的连接部分不应有线股绞制不良、断股、少股等缺陷，且连接后附近不得有明显松股现象。

（6）导线及避雷线在紧线后各相弧垂应力求一致，紧线弧垂与设计值偏差及相关弧垂不平衡值不得超出施工及验收规范的允许范围，具体要求如下：紧线弧垂值在挂线后其允许偏差为±2.5％；相间弧垂允许不平衡最大值为 200mm。

（7）架线施工统一工艺要求：

1）绝缘子串弹簧销子穿向。导线悬垂绝缘子弹簧销子一律由小号侧向大号侧穿，绝缘子碗口朝向小号侧；导线耐张绝缘子弹簧销子一律由上向下穿，绝缘子碗口朝上；导线悬垂绝缘子碗头挂板弹簧销子一律由小号侧向大号侧穿。

2）导线、避雷线各种金具（包括防振锤）螺栓穿向。垂直方向的螺栓一律由上向下穿；顺线路方向的螺栓一律由小号侧向大号侧穿；水平方向的螺栓穿向规定为悬垂绝缘子串处边线由内向外穿，中相面向大号由左向右穿。

5. 防止设备损坏质量保证技术措施

（1）设备在运输和装卸过程中，不得倒置、撞击或受到剧烈振动，制造商有特殊规定标记的，应按制造商的规定装运。

（2）开箱检查设备外观应完好。

（3）本体和组件不应损伤，紧固件、密封件、仪器仪表应完好。

（4）安装位置准确，横平竖直。

（5）紧固部位的螺栓应用力矩扳手紧固，其力矩值应符合产品的技术规定。

（6）变压器安装完毕后，对其各部进行试验。

（7）施工完毕后应经常对设备外观等进行检查。

6. 电缆敷设、试验质量保证技术措施

（1）施工前应熟悉电缆敷设路径。

（2）确保电缆敷设路径畅通，电缆沟槽畅通及电缆管安装完毕。

（3）施工时应严格按照电缆敷设图进行敷设，电缆应排列整齐，不宜交叉。

（4）电缆应按规程要求固定。

（5）电缆在每一段做完终端头后，均应进行试验，以检测其是否满足规范要求。

7.7.4　风电机组基础工程施工质量控制要点

7.7.4.1　风电机组基础混凝土施工质量控制

风电机组基础是支撑高耸结构物的独立基础，风电机组塔筒高达 70～80m，其顶部装有机舱、轮毂及叶片，同时侧向还有较大的风荷载作用，因此要求风电机组基础具有较高的承载能力、抗变形能力以及抗颠覆能力，其施工质量是保证风电机组能否正常运行的基本前提。

风电机组基础施工工艺流程：施工前准备→测量放线→清表→基坑开挖→垫层预埋件及混凝土施工→锚栓组合件安装→钢筋绑扎及基础预埋件安装→模板安装→基础混凝土浇

筑→混凝土养护→拆模→基坑回填。

为了保证风电机组基础的施工质量，应对风电机组基础施工关键工序进行严格控制，主要包括以下内容。

1. 基坑开挖

基坑开挖完成后及时组织地质勘察单位、设计单位、监理单位检查基底地质情况，若存在地质缺陷，如软弱夹层、破碎带、溶洞等，应根据实际情况采取混凝土换填找平等方式处理，以保证基础和地基之间的完整性、牢固性，确保基底强度满足设计承载力要求。

2. 锚栓组合件安装

依据预应力锚栓基础图纸要求，核对安装下锚板的预埋件数量、尺寸和位置是否正确；下锚板上面到预埋件的距离满足图纸的设计要求，下锚板的中心对应基础中心，允许最大偏差为5mm；调节支撑螺栓，使下锚板达到图纸设计标高，且下锚板的水平度不超过3mm。锚栓穿入下锚板后，下锚板下方应全部加上垫片，同时将下方的螺母拧紧到300N·m，不得遗漏；下锚板下方局部垫层浇筑前应进行隐蔽工程验收，经监理验收签证、确认合格（无遗漏且拧紧）后方可浇筑。调整上锚板，使上、下锚板同心，同心度允许偏差应满足不大于3mm；上、下锚板同心后，调整上锚板的水平度，上锚板水平度（浇筑前）应满足不大于1.5mm；钢筋绑扎、支模后，混凝土浇筑前应复查上锚板的水平度，达到要求后，方可浇筑混凝土。

3. 钢筋绑扎

钢筋品种和质量必须符合设计要求和有关现行标准（规范）的规定；钢筋接头必须符合设计要求和有关现行规范规定；钢筋规格、数量和位置必须符合设计要求和有关现行规范规定；钢筋应平直、洁净；调直钢筋表面不应有划伤、锤痕；钢筋的弯钩长度和角度应符合设计要求和有关现行规范规定；钢筋骨架的绑扎不应有变形，缺扣、松扣数量不大于10%且不集中；骨架和受力钢筋长度偏差±10mm，宽度和高度偏差不大于5mm，受力筋的间距偏差±10mm，受力筋的排距偏差±5mm；钢筋网片长度偏差±10mm，对角线偏差不大于10mm，网眼几何尺寸偏差±20mm；箍筋间距偏差±10mm；主筋保护层偏差±3mm。

4. 模板安装

模板支撑结构必须具有足够的强度、刚度和稳定性，严禁产生不允许的变形；预埋件、预留孔（洞）应齐全、正确、牢固；模板接缝宽度不大于1.5mm；模板与混凝土接触面无黏浆，隔离剂涂刷均匀；模板内部清理干净无杂物；预埋件制作安装应符合相关规范规定；轴线位移不大于5mm；截面尺寸偏差4～5mm；表面平整度偏差不大于5mm。

5. 基础混凝土浇筑

在混凝土浇筑过程中应注意保护锚栓组合件，用塑料薄膜把上锚板及锚栓上部（标高＋0.35m以上）全部包裹好，以免其在浇筑混凝土时受到污染或损坏；混凝土浇筑现场采用泵送、溜槽等多种入仓方式，增加入仓面，缩短浇筑时间，避免施工缝的出现；注意控制混凝土自由下落高度不超过2m，浇入仓面的混凝土必须随浇筑随平仓，不得堆积；宜采用直径50mm的软轴振捣棒及时振捣，以"梅花形"方式插入振捣，快插、慢拔至混凝土表面开始泛浆即换位，间距40～60cm控制，振捣到位，无漏振、过振现象，确保浇筑质量。应特别注意上锚板下方和下锚板上方混凝土的浇筑质量；在浇筑到±0.0时复检上锚板水平度，并做相应调整。二次灌浆过程中应注意保持上锚板水平度，灌浆结束后，上锚板水平度应满足不大于2mm。

6. 混凝土养护

混凝土浇筑结束后的12～18h内，开始进行洒水养护或覆盖薄膜蓄水养护，使混凝土表面经常保持湿润状态；外露表面应及时覆盖保温，防止产生收缩裂缝；加强混凝土温度监测。应在基础混凝土强度达到设计允许拆模强度时方可拆除模板。

7. 基坑回填

基底处理必须符合设计要求及有关现行规范规定；回填料必须符合现行规范及设计文件要求；顶面标高偏差±50mm；表面平整度偏差不大于20mm。

7.7.4.2　风电机组基础混凝土冬季施工质量控制

1. 钢筋工程冬季施工质量控制

在负温条件下，钢筋的力学性能要发生变化，屈服点和抗拉强度增加，伸长率和抗击韧性降低，脆性增加，这种性质称为冷脆性。所以在负温条件下冷拉的钢筋，应逐根进行外观质量检查，其表面不得有裂纹和局部缩颈。当温度低于−20℃时，严禁对钢筋进行冷弯操作，以避免在钢筋弯点处发生强化，造成钢筋脆断。因此，风机基础钢筋工程采用的主要控制措施有：①在负温条件下使用的钢筋施工时应加强检验，钢筋在运输和加工过程中应防止撞击和刻痕；②钢筋尽量采用机械连接形式，即直螺纹连接；③钢筋若采用闪光对焊应安排在室内进行，焊接后，钢筋需放到避风处用白灰覆盖，使其缓慢降温，严禁立即接触水、雪；④钢筋搬运至工地后应及时采取防护措施，混凝土浇筑前，要清除钢筋上的积雪冰屑，必要时采取热空气处理，如热风机等烘烤。

2. 混凝土冬季施工质量控制措施

（1）混凝土拌和站保温、防冻措施。拌和站采用钢结构保温板支护结构，内部用碘钨灯等进行保暖，并设置数台加热器，上料系统利用原有的外架挂帆布等进行封闭，使拌和机室温度控制在15～20℃，减少混凝土拌和过程中的热量损失。

（2）混凝土原材料保温加热措施及质量控制。

1）施工期间晚上室外最低温度将达到−15℃，对砂子、碎石等粗细骨料宜采用表面覆盖塑料布和土工膜，并将其表面的冻结层、冰块、雪块等进行清除，保证骨料温度满足混凝土施工技术要求。

2）宜采用锅炉加热的方法进行拌和水的升温，通常将水温控制在60℃左右。通过试验人员长时间现场测量记录，该水温可以控制出机口温度达到12～15℃范围内，能够满足出机口温度大于10℃的要求。

3）为了减少混凝土冻害，将配合比中的用水量降至最低限度，采取的方法是严格控制坍落度，添加高效减水剂。

（3）原材料投放、拌和过程的质量控制。

1）为了避免拌和过程中出现因水温过高引起的混凝土假凝现象，原材料应采用分次投放的方法，一般是先投入骨料和热水，待拌和一定时间后水温降低到40℃左右再加入水泥拌和到规定的时间，水泥不得与80℃以上的热水直接接触，混凝土搅拌时间不得少于 90s。

2）拌和掺外加剂的混凝土时，按要求掺量直接撒在砂石上面或与水泥同时投入，拌和时间应为常温拌和时间的 1.5 倍。同时，保证混凝土拌和物的出机口温度不宜低于 10℃。

（4）混凝土运输的保温及质量控制。

1）混凝土的运输过程是热量散失的重要阶段，对混凝土运输罐车采用外包裹保温材料，做好保温工作，并尽量缩短运输距离和运输时间，减少混凝土热量的损失。

2）要尽量控制浇筑速度，保证混凝土供应的连续性，亦要控制运输车备料时的停留时间，并在混凝土输送泵混凝土料斗处搭设围棚，以减少混凝土的热量散发，保证入模温度不得低于 5℃。

（5）混凝土浇筑及养护。

1）宜采取暖棚蓄热保温法进行基础施工。

2）混凝土浇筑前，为清除模板和钢筋上的冰雪及杂物等。应用热风枪先将冻雪融化，而后用棉布将雪水擦干。在内部设置碳炉和碘钨灯取暖将暖棚预热，模板外侧采用两层棉被和毡布包裹进行保温，将暖棚内温度控制在 10℃以上。

3）浇筑过程中，对每罐混凝土入模温度进行监测，保证入模温度大于 5℃。分层浇筑混凝土时，已浇筑层在未被上一层的混凝土覆盖前，不应低于计算规定的温度，也不得低于 2℃。当浇筑混凝土时降雪，应用彩条布将工作面覆盖，以防雪水进入。

4）浇筑完成后，继续暖棚蓄热养护 6～7 天，并定时量测混凝土养护温度。养护过程中进行严格的控制：采用干燥的毡布和棉被等保温材料，保温材料不宜直接覆盖在刚浇筑完毕的混凝土表面上，可先覆盖塑料薄膜，上部再覆毡布和棉被等保温材料，保温材料的铺设厚度为：一般情况下 0℃以上覆盖一层；0℃以下覆盖两层或三层。冬季浇筑的混凝土，由正温转入负温养护前，混凝土的抗压强度不应低于设计强度的 40%。根据混凝土的温度和受冻临界强度来测定拆模日期，当混凝土冷却到 5℃，且强度超过了 4MPa 时，才可以拆模。拆模后的混凝土应及时覆盖保温材料，继续暖棚蓄热养护，防止混凝土表面温度的骤降而产生的温缩裂缝。

（6）混凝土温度测定的质量控制。

1）对拌和物温度的测量采取每工作班不少于 4 次，对出机时混凝土拌和物的温度测量至少每 2h 测量 1 次。

2）混凝土浇筑完成后，对混凝土测温孔进行编号，建立现场测温制度，安排专职测温人员。测温人员应详细记录每天的测温情况；同时，检查保温措施是否到位，并了解浇筑日期、要求温度、养护期限等。

3）风电机组基础承台混凝土浇筑块体的里表温差不宜大于 25℃，如果里表温差大于 25℃，应及时通知监理，并应采取相关措施将混凝土里表温差控制在 25℃以内。

7.7.5 风电机组安装质量控制要点

在进行风电场机电设备安装过程中，要想切实做到对工程安装质量的有效控制，就必须要对工程整个流程做严格控制，才能真正使工程质量得到保证。

1. 技术准备

在进行风电机组吊装之前，要组织风电机组生产厂家的技术人员、施工单位及监理单位等各方人员参加风电机组吊装技术培训。在开工之前，施工单位首先必须要熟练地掌握风电机组生产厂家的安装技术要求，并对安装图纸做详细掌握，如果发现其中存在问题，一定要及时沟通及时解决。对于安装过程中一些潜在的风险，一定要做好预控措施，保证安装质量。吊装过程中，要求风电机组主机、塔架厂家技术人员现场技术指导。

2. 设备质量检查

在进行设备吊装之前，应该成立专门的验收小组，由监理工程师组织各单位，根据设备技术说明书、供货清单及相关质量文件进行设备验收，经过验收合格之后，参加验收的工作人员需要对自己验收的设备进行签字。在验收过程中，主要对设备的备品、配件及相关工作做验收，如果在验收过程中，发现设备有缺件或者损坏等情况，都要要求厂家进行处理，直至符合合同规定为止。

3. 做好监理工作，保证安装质量

首先要求监理做好事前控制，督促监理单位一定要保证风电机组安装之前的技术方案会审工作，检查工程实施是否符合设计要求，是否符合工程合同规定和技术要求；其次还要监理着重对新技术、新材料、新设备的技术性能、应用、指标进行审核；最后还要组织专家到现场进行试验和论证，并且对施工单位特殊工种从业资格证书等进行检查，最终使得工程施工满足合同和技术要求。

4. 及时召开会议，解决问题

在进行风电场机电设备施工过程，一定要做好工程各阶段的会议召开，通常包括吊装预备会、现场碰头会、吊装专题会。

（1）吊装预备会。吊装预备会的召开主要是为了对施工单位各项资源与技术准备情况做检查，保证所有资源均做好准备。

（2）现场碰头会。召开现场碰头会的主要目的是将工程吊装过程中遇见的问题进行汇总，并集思广益、积极研究应对措施，最终高效快速地对吊装过程中的各类问题做解决。

（3）吊装专题会。召开吊装专题会的目的是为了对工程施工中一些特别大的问题及频繁发生的问题进行解决，在会议召开过程中，要做好专门的记录，以不断积累经验，最终有效地增强工程质量。

5. 做好工程质量验收

（1）风电机组安装终检。所谓风电机组安装终检是指在所有设备安装结束之后进行的检查，其主要对安装过程中的文件、电气连接、机械连接进行检查。风电机组是一种金属结构建筑物，其具有高度高、螺栓使用多等特点，按照风电机组在工作时的受力特点，螺栓安装的质量将直接影响风电机组安全运行，因此在安装验收过程中，着重对风电机组塔架、主机、叶轮的连接螺栓进行质量检查，检验螺栓紧固是否满足规范及设计要求。

（2）施工单位工程验收。在风电场工程质量验收前，由项目负责人成立专门检验小组，对小组职责进行细化，并由设备生产厂家、施工单位进行配合，对工程设备做详细的检验。

（3）质量监督验收。风电场工程质量监督验收是邀请省电力工程建设质量监督部门专家对现场实体工程和施工资料进行的质量监督检查；各参建方应根据监督中心提出的质量缺陷问题进行整改，保证风电机组安装工程质量。

第 8 章　风电场建设进度控制

8.1　控制的特点、目标和任务

8.1.1　风电场建设进度控制的特点

风电场建设进度控制一般指风电场项目取得核准文件，通过建设单位的投资决策后，自初步设计通过审查或批准开始，至风电场投产及竣工验收全过程的进度控制。包括上述各阶段的工作内容、工作程序、持续时间和衔接关系，根据进度总目标及资源优化配置的原则编制计划并付诸实施。在进度计划实施的过程中检查实际进度，出现偏差时采取措施或者调整、修改原计划后再付诸实施，直到风电场工程竣工验收并交付使用。

风电场建设由于建设周期短、投资大、建设的一次性和结构与技术复杂等特点，无论是进度计划编制，还是进度控制，均有其特殊性，主要表现在以下方面：

（1）风电场建设进度控制是一个动态的过程。一个装机规模 50MW 以下的风电场建设项目（含配套升压站和送出线路）基本上可实现年初开工、年内建设、年底完工投产。这样短的建设周期内，一方面，工程的建设环境在不断发生变化（工程建设资金需求、设备供货及运输的及时性、接入系统和项目征地拆迁是否与工程建设同步等）；另一方面，项目的实施进度和计划进度会发生偏差。因此，在进度控制中要根据进度目标和实际进度不断调整进度计划，并采取一些必要的进度控制措施，排除影响进度的障碍，推进和确保进度目标的实现。

（2）风电场建设进度计划和控制是一项复杂的系统工程。进度计划按实施主体可分为建设单位的计划、设计单位的计划、监理单位的计划、设备供应单位的计划（本章节中的设备供应一般指由业主或建设单位采购的主要设备）、施工单位的计划等；到施工阶段又可分为整个项目的总进度计划、单位工程进度计划、分部分项工程进度计划等；按生产要素可分为投资计划、设备供应计划等。因此进度计划的编制十分复杂，而进度的控制则更加困难。它要管理整个风电场建设项目的计划系统，而绝不仅限于控制项目实施过程中的施工计划。

（3）风电场建设进度控制具有明显的阶段性。它对于设计、施工招标、施工等阶段均有明确的开始和完成时间及相应的工作内容要求。由于各阶段的工作内容不一，因而相应有不同的控制流程和工作内容。每一阶段进度完成后都要对照进度计划作出评价，并根据评价结果作出下一阶段的工作进度安排。

（4）风电场建设进度计划具有不均衡性。对于风电场建设进度计划来说，由于外界自然环境的干扰、工作环境的变化及施工内容和难度上的差别，年、季、月间很难做到均衡施工，这样便无形中增加了进度管理和控制的难度。

（5）风电场建设进度管理的风险性大。由于风电场建设项目的周期短、单一性和一次性的特点，进度管理也是一个不可逆转的工作，因而风险较大。在项目管理中，既要沿用前人的管理理论知识，又要借鉴同类工程进度管理的经验和成果，还要根据本工程项目的特点对进度进行创造性的科学管理。

8.1.2 风电场建设进度控制的目标

风电场工程项目的进度控制目标是确保风电场工程按照预定的时间投产、移交生产和竣工验收。工程项目管理中，进度控制是与质量控制、投资控制并列的三大目标之一，它们之间相互依赖和制约。在进度控制和质量控制两者之间，控制施工进度必须以保证施工质量为前提；在进度控制和投资控制两者之间，应避免为了单纯控制施工进度，导致施工费用过度增加，需要统筹考虑。

为了对建设进度实施控制，必须建立明确的进度控制目标，并按项目的分解建立分层次的进度分目标，由此构成一个建设进度目标系统。风电场建设项目的业主（建设单位）应根据项目的实际情况和特点，科学、合理地确定进度控制目标。

1. 风电场建设进度控制目标的确定

项目业主（建设单位）在确定建设进度目标时，应认真考虑以下因素：

（1）合理的设计、设备供应、施工时间。任何建设项目都需要经过一定的时间才能完成，绝不能盲目地确定进度期限，否则必然在实施中造成进度的失控。为了合理地确定施工时间，应参照施工工期定额和以往类似工程施工的实际进度。

（2）项目的特殊性。施工进度目标的确定，应考虑项目的特殊性，以保证进度目标切合实际，有利于进度目标的实现。

（3）资金条件因素。资金是保证项目进行的先决条件，如果没有资金的保证，进度的目标则不能实现。所以，施工进度目标的确定应充分考虑资金的投入计划。

（4）人力条件因素。进度目标的确定应与可能投入的力量相适应。

（5）设备条件因素。确定建设进度目标应充分考虑人员、材料、设备、构件等供应的可能性，包括各种物质的可供应量和时间。在风电场建设进度控制中，风电机组、塔筒、叶片等设备按时供应并到场才能保障进度目标的实现。

（6）项目总进度计划对施工工期的要求。项目可按进展阶段的不同分解为多个层次，项目的进度目标则可按此层次分解为不同的进度分目标。施工进度目标是项目总进度目标的分目标，它应满足总进度计划的要求。

（7）环境的影响。环境的影响包括项目所在地的天气、政治经济条件等。

（8）其他因素。建设进度目标可按阶段、专业、施工单位等分解，项目业主（建设单位）应根据所确定的分解目标，来检查和控制进度计划的实施。

2. 风电场建设工程项目总进度目标的论证

一般大型建设工程项目总进度目标论证的核心工作是通过编制总进度纲要论证总进度目标实现的可能性。

（1）总进度纲要的主要内容如下：

1）项目实施的总体部署。

2）总进度规划。

3）各子系统进度规划。

4）确定里程碑时间的计划进度目标。

5）总进度目标实现的条件和应采取的措施等。

（2）风电场建设工程项目总进度目标论证的工作步骤如下：

1）调查研究和收集资料。

2）进行项目结构分析。

3）进行进度计划系统的结构分析。

4）确定项目的工作编码。

5）编制各层（各级）进度计划。

6）协调各层进度计划的关系和编制总进度计划。

7）若所编制的总进度计划不符合项目进度目标，则设法调整。

8）若经过多次调整，进度目标无法实现，则需报告项目决策者。

8.1.3　风电场建设进度控制的任务

风电场建设进度控制的主要任务是编制施工总进度计划，按期完成整个工程项目任务。进度实施的各个主体以业主（建设单位）的总体进度计划目标为基础，编制各参建单位的进度计划并控制其执行，按期完成设计任务、监理工作、设备供应工作、施工进度等。编制进度计划是进度控制的主要任务，定期的检查和调整进度计划是进度控制的又一重要任务。当计划开始实施后，必须经常评价和检查计划的实际执行情况，如果发生延误和变化，则应通过调整资源纠正，如无法通过调整资源纠正，则需将执行中的进度计划予以部分或全部地修改和调整。在整个风电场建设进度控制的任务中，项目的参建各方均有自己进度控制的任务。

（1）风电场建设项目业主（建设单位）建设进度控制的任务是控制整个风电场项目实施阶段的进度，包括控制设计准备阶段的工作进度、设计工作进度、施工进度、设备采购工作进度、工程投产试运行进度控制以及工程竣工决算和竣工验收进度控制。

（2）设计单位进度控制的任务是依据设计任务委托合同对设计工作进度的要求控制设计工作进度，这是设计方履行合同的义务。另外，设计方应尽可能使设计工作的进度与设备招标、施工招标等工作进度相协调。设计进度计划主要是各设计阶段的设计图纸（包括有关的说明）、招标技术规范的出版（出图）计划。在出图计划中标明每张图纸的名称、图纸规格、负责人和出图日期。出图计划是设计方进度控制的依据，也是施工进度控制和设备供应进度控制的前提。

（3）施工单位进度控制的任务是依据施工合同对施工进度的要求控制施工进度，这是施工方履行合同的义务。在进度计划编制方面，施工方应视风电场建设项目的工程特点和施工进度控制的需要，编制深度不同的控制性、指导性和实施性的进度计划，以及按不同时间段计划（年度、季度、月度和旬）的施工计划等。

（4）设备供应单位进度控制的任务是依据供货合同对供货的要求控制供货进度，这是供货方履行合同的义务。供货进度计划应包括供货的所有环节，如采购加工制造、运输等。

8.2 计 划 及 编 制

风电场工程项目进度控制是工程项目管理过程中的重要内容之一，而工程项目施工进度计划又是项目进度控制的关键环节，提高施工进度计划的编制水平直接影响工程项目进度控制水平。据此提出工程项目施工进度计划编制的作用、原则、依据、要求及编制。

8.2.1 风电场建设进度计划编制的作用

合理制订项目建设进度计划，充分利用网络计划技术控制工程进度，是实现进度目标控制的重要手段。风电场建设总进度计划对于增强工程建设的预见性，确保工程按期投产具有重要作用。设计进度计划要确保工程建设进度总目标的实现，主要用来安排自设计准备开始至施工图设计完成总设计时间内所包含的时间。施工进度计划的作用是确定单位工程的各个施工过程的施工顺序，施工持续时间及相互衔接和合理配合关系，保证在工期内完成任务；为编制季度、月度作业计划提供依据；是制订各项资源需要量计划和编制施工准备工作计划的依据。施工进度计划可按照控制性进度计划和实时性进度计划分别编制。

1. 控制性进度计划的作用

（1）论证施工总进度目标。

（2）施工总进度目标的分解、确定里程碑事件的进度目标。

（3）编制实施性进度计划的依据。

（4）编制与该项目相关的其他各种进度计划的依据或参考依据（如子项目施工进度计划、单体工程施工进度计划；项目施工的年度施工计划、项目施工的季度施工计划等）。

（5）施工进度动态控制的依据。

2. 实施性进度计划的作用

（1）确定施工作业的具体安排。

（2）确定（或据此可计算）一个月度或旬的人工需求（工种和相应的数量）。

（3）确定（或据此可计算）一个月度或旬的施工机械需求（机械名称和数量）。

（4）确定（或据此可计算）一个月度或旬的建筑材料（包括成品、半成品和辅助材料等）需求（建筑材料的名称和数量）。

（5）确定（或据此可计算）一个月度或旬的资金需求等。

8.2.2 风电场建设进度计划编制的原则

正确编制各阶段进度计划，不仅保证了风电场建设各工程项目能成套地交付使用，而且在很大程度上直接影响项目投资的综合经济效益和项目参建各方的合同实施成本，因此必须引起足够的重视。在编制各阶段进度计划时应遵循以下原则。

（1）严格遵守合同约定，以实现业主或建设单位的总体进度目标作为安排各阶段进度的指导思想。

（2）以项目投产为目标，区分各项工程的轻重缓急，把工艺调试在前、占用工期较长的、工程难度较大的项目排在前面；把工艺调试靠后、占用工期较短、工程难度一般的项目排列在后。设计和施工进度计划都要考虑土建、安装、电气的交叉作业。

（3）从资金时间价值观念出发，如果风电场建设项目跨年度，在年度投资额分配上，应尽可能将投资额少的工程项目安排在最初年度内施工；投资额大的工程项目安排在最后年度内施工，以减少投资贷款的利息。

（4）充分估计设计出图的时间和材料、设备、配件的到货情况，务必使每个施工项目的施工准备、土建施工、设备安装、电气施工和试运行的时间能合理衔接。

（5）确定风电场建设的一些穿插施工和调剂项目，如场内集电线路与风机吊装、外送线路和对端间隔、风机基础和升压站土建施工可同时开工或者穿插进行，附属设施可作为调剂项目，以达到既能保证重点，又能实现均衡施工的目的。

（6）在施工顺序安排上，将土建工程中的主要分部分项工程（土方开挖、基础混凝土、设备吊装、基础回填、道路修筑和房屋装修等）和电气设备安装工程分别组织流水作业、连续均衡施工，以此达到土方、劳动力、施工机械、材料和风机设备的五大综合平衡。

（7）设备供应计划要充分考虑到运输过程中的延期等风险。风电场建设中，风机主机、塔筒、叶片以及升压站主变压器等多属于大件运输，运输风险较大。

（8）设计进度计划要充分考虑到主要设备的招标计划和项目现场的实际施工顺序。

8.2.3　风电场建设进度计划编制的依据

（1）业主（建设单位）总进度计划要参照已建成的同类或相似项目的实际施工进度、工程条件的落实情况和工程的难易程度。

（2）各参建单位的进度计划依据和业主（建设单位）签署的合同中有关工期的约定，合同工期是确定进度计划的基本依据。

（3）项目的施工规划与施工组织设计。这些资料明确了施工力量的部署与施工组织的方法，体现了项目的施工特点，因而成为确定施工过程中各个阶段目标的基础。

（4）图纸资料是施工的依据，设计进度计划必须与施工进度计划相衔接，每部分图纸资料的交付日期要满足相应部位的施工时间，满足风电场建设总进度目标对设计周期的要求。

（5）有关现场施工条件的资料。包括施工现场的水文、地质、气候、环境资料，以及交通运输条件、能源供应情况、辅助生产能力等。

（6）设备供应计划要满足项目施工进度计划要求，无法满足时及时和业主（建设单位）协调。

8.2.4　风电场建设进度计划编制的要求

（1）符合实际情况的要求。要掌握有关工程项目的施工合同、规定、协议、施工技术资料、工程性质规模、工期要求；了解设计图纸交付进度，了解设备供应、运输能力等；了解施工条件和劳动力、机械设备、材料等情况。

（2）服务于项目业主（建设单位）的要求。

（3）积极可行，留有余地。既要尊重规律，又要在客观条件允许的情况下充分发挥主观能动性，挖掘潜力，运用各种技术组织措施，使计划指标具有先进性。

（4）均衡、科学地安排计划。编制施工作业进度计划要统筹兼顾全面考虑，搞好任务与资源配置之间的平衡，科学合理地安排人力、物力。

8.2.5 风电场建设进度计划编制的方法

8.2.5.1 进度计划表达形式的选择

1. 横道图

最常见而普遍应用的计划方法就是横道图。横道计划图按时间坐标绘制，横向线条表示工程各工序的施工起止时间先后顺序，整个计划由一系列横道线组成。横道图的优点是易于编制、简单明了、直观易懂、便于检查和计算资源，特别适合于现场施工管理。作为一种计划管理的工具，横道图有它的不足之处。首先，不容易看出工作之间的相互依赖、相互制约的关系；其次，反映不出哪些工作决定了总工期，更看不出各工作分别有无伸缩余地（即机动时间、也就是网络计划中的时差），有多大的伸缩余地；再者，由于它不是一个数学模型，不能实现定量分析，无法分析工作之间相互制约的数量关系；最后，横道图不能在执行情况偏离原订计划时，迅速而简单地进行调整和控制，更无法实行多方案的优选。

2. 网络计划技术

与横道图相反，网络计划方法能明确地反映出工程各组成工序之间的相互制约和依赖关系，可以用它进行时间分析，确定出哪些工序是影响工期的关键工序，以便施工管理人员集中精力抓施工中的主要矛盾，减少盲目性。而且它是一个定义明确的数学模型，可以建立各种调整优化方法，并可利用电子计算机进行分析计算。在实际施工过程中，应注意横道计划和网络计划的结合使用。即在应用电子计算机编制施工进度计划时，先用网络方法进行时间分析，确定关键工序，进行调整优化，然后输出相应的横道计划用于指导现场施工。

网络计划一般可分为双代号网络计划、单代号网络计划、单代号搭接网络计划、时标网络计划等。

8.2.5.2 施工进度计划的编制程序与方法

1. 横道图的编制程序

（1）将构成整个工程的全部分项工程纵向排列。

（2）横轴表示可能利用的工期。

（3）分别计算所有分项工程施工所需要的时间。

（4）如果在工期内能完成整个工程，则将所计算出来的各分项工程所需工期安排在图表上，编排出日程表。日程的分配是为了要在预定的工期内完成整个工程，对各分项工程的所需时间和施工日期进行试算分配。

2. 网络计划的编制

在项目施工中用来指导施工，控制进度的施工进度网络计划，就是经过适当优化的施工网络。其编制程序如下：

（1）调查研究。了解和分析工程任务的构成和施工的客观条件，掌握编制进度计划所需的各种资料，特别要对施工图进行透彻研究，尽可能对施工中可能发生的问题作出预测，考虑解决问题的对策等。

（2）确定方案。主要是指确定项目施工总体部署、划分施工阶段、制定施工方法、明确工艺流程、决定施工顺序等。这些一般都是施工组织设计中施工方案说明中的内容，且施工方案说明一般应在施工进度计划之前完成，故可直接从有关文件中获得。

（3）划分工序。根据工程内容和施工方案，将工程任务划分为若干道工序。一个项目划分为多少道工序，由项目的规模和复杂程度，以及计划管理的需要来决定，只要能满足工作需要就可以了，不必过分细。大体上要求每一道工序都有明确的任务内容，有一定的实物工程量和形象进度目标，能够满足指导施工作业的需要，完成与否有明确的判别标志。

（4）估算时间。即估算完成每道工序所需要的工作时间，也就是每项工作延续时间，这是对计划进行定量分析的基础。

（5）编工序表。将项目的所有工序，依次列成表格，编排序号，以便于查对是否遗漏或重复，并分析相互之间的逻辑制约关系。

（6）画网络图。根据工序表画出网络图。工序表中所列出的工序逻辑关系，既包括工艺逻辑，也包含由施工组织方法决定的组织逻辑。

（7）画时标网络图。给上面的网络图加上时间横坐标，这时的网络图称作时标网络图。在时标网络图中，表示工序的箭线长度受时间坐标的限制，一道工序的箭线长度在时间坐标轴上的水平投影长度就是该工序延续时间的长短；工序的时差用波形线表示；虚工序延续时间为零，因而虚箭线在时间坐标轴上的投影长度也为零；虚工序的时差也用波形线表示。这种时标网络可以按工序的最早开工时间来画，也可以按工序的最迟开工时间来画，在实际应用中多是前者。

（8）画资源曲线。根据时标网络图可画出施工主要资源的计划用量曲线。

（9）可行性判断。主要是判别资源的计划用量是否超过实际可能的投入量。如果超过了，这个计划是不可行的，要进行调整，调整方式是将施工高峰错开，削减资源用量高峰；或者改变施工方法，减少资源用量。这时就要增加或改变某些组织逻辑关系，重新绘制时间坐标网络图；如果资源计划用量不超过实际拥有量，那么这个计划是可行的。

（10）优化程度判别。可行的计划不一定是最优的计划。计划的优化是提高经济效益的关键步骤。所以要判别计划是否最优，如果不是，就要进一步优化。如果计划的优化程度已经可以令人满意（往往不一定是最优），就得到了可以用来指导施工、控制进度的施工网络图了。大多数的工序都有确定的实物工程量，可按工序的工程量，并根据投入资源的多少及该工序的定额计算出作业时间。若该工序无定额可查，则可组织有关管理干部、技术人员、操作工人等，根据有关条件和经验，对完成该工序所需时间进行估计。

8.2.5.3　单代号搭接网络计划在风电场建设施工进度计划编制中的运用

1. 单代号搭接网络计划概念

在网络计划中，双代号网络计划、单代号网络计划、时标网络计划所表达的工作之间的逻辑关系是一种衔接关系，紧前工作的完成为本工作的开始创造条件，当紧前工作全部

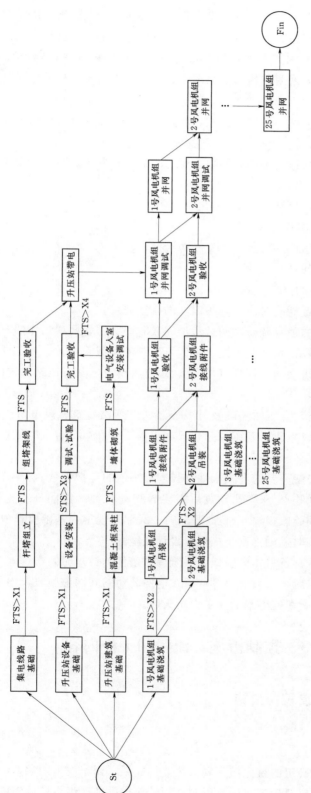

图 8 – 1 某风电场工程单代号搭接网络计划

完成后，本工作才开始。在风电场工程建设过程中，许多工作在开始一段时间后，即可进行后续工作，或者紧前工作完成一段时间后，才可以进行本工作。这就是工作之间的搭接关系。为了简单、直接地表达工作之间的搭接关系，使用搭接网络计划简化编制网络计划，这种搭接网络计划一般采用单代号网络图来表示，称之为单代号搭接网络计划。

2. 单代号搭接网络计划的各项参数

（1）起点节点和终点节点。在网络图中，起点节点和终点节点为虚拟节点。

起点：St　终点：Fin

（2）时距。指搭接网络计划中相邻两项工作之间的时间差值。时距决定了工作之间的搭接关系。

基本搭接关系有四种，分别是：

1）STS：开始到开始的搭接关系。

2）STF：开始到结束的搭接关系。

3）FTF：结束到结束的搭接关系。

4）FTS：结束到开始的搭接关系。

相邻两项工作之间也可能同时出现两种以上的搭接关系。

（3）其他参数。工作的最早开始时间和最早完成时间、相邻两项工作的时间间隔、工作的时差、关键线路等计算不再详细叙述，读者可以参考类似著作。

某风电场工程单代号搭接网络计划（按 25 台风电机组及配套升压站和送出线路编制）如图 8-1 所示。

图 8-1 按照送出线路、升压站基础及设备安装、升压站建筑、风电机组基础及风电机组吊装 4 条线路编制。风电机组基础及吊装只画出第 1 台和第 2 台风电机组，其他风电机组类推。

X1 为施工环境下，安装需要的混凝土基础强度最小值的养护天数。

X2 为施工环境下，风电机组基础浇筑后需要养护的天数。按照现行电力行业标准《风力发电场项目建设工程验收规程》（DL/T 5191—2004）规定，基础检查项目要求基础浇筑后应保养 28 天，安装时基础强度不应低于设计强度的 75%。

X3 为设备安装到设备具备单体试验或分系统调试条件的最短时间。

X4 为升压站施工完成后，一般需要等待所在电网公司的并网前验收及出具验收报告，可根据项目的具体情况和所在的电网的要求设定天数。

8.3　控制措施、流程和工作内容

8.3.1　风电场建设进度控制措施

8.3.1.1　目标控制简述

1. 控制流程的环节

控制是指管理人员按确定的目标或计划对照取得成果，纠正发生的偏差，使计划目标实现的管理活动。该过程包括确定目标、编制计划及获得批准、组织资源实施、管理及协调、对照计划检查实施情况，发现偏差并采取纠正措施，最终实现确定的目标。

控制流程的环节有投入、输出、采样、比较、调整 5 个基本环节。控制流程及基本环节如图 8-2 所示。

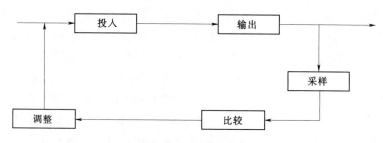

图 8-2 控制流程及基本环节

（1）投入。在建设工程进度目标控制流程中，投入包括人员、材料（设备）、施工机械、施工方法（方案）等；在设计进度目标控制流程中，投入包括设计人员、必要的设施、所需的各种资料等；在设备供应进度目标控制中，投入主要是人员、生产设备、原材料、检验检测设备、运输能力等。上述资源是否按期按量投入是进度计划能否按期实现的基本条件。投入也是目标控制每一个循环的开始。

（2）输出。指工程建设中投入资源后通过生产（制造）取得的成果（中间结果或最终结果）。从投入到输出的过程中，由于各种不确定的因素影响或者计划本身的问题，输出的实际情况经常会偏离确定的计划值。

（3）采样。计划实施的过程中，定期或不定期对输出值进行采样检测，及时了解输出的实际情况。

（4）比较。建立输出值和计划值之间的数学模型，确定输出值和计划值偏离的计算标准，将输出值和计划值进行对比，确定输出值和计划值是否存在偏差。

（5）调整。当输出值偏离计划目标值时，需要采取措施进行调整。

2. 动态控制概念

由于控制对象外部环境和本身的状态处于变化中，控制人员的认识、判断标准也在不断变化，控制工作也是不断变化的。这种变化包括改变投入或者对已经采取的控制方法和措施的改变。风电场建设工程的建设过程中，总是会遇到各种影响进度的问题，一般情况下存在着多个不同难度和深度的旧问题，也会继续出现不同层次的新问题，有多个目标控制子系统在以不同的周期循环着，直到建设完成后，这就是动态控制。

3. 控制类型分类

控制类型的分类按照不同的划分依据，有多种分类方法，本章只介绍其中一种。按照控制措施的出发点分类，控制类型可分为被动控制和主动控制。

（1）被动控制。在进度控制过程中，通过对输出值采样和对比发现偏差，找出产生偏差的原因，采取改变投入资源或改变计划等措施，纠正偏差。被动控制属于事中和事后控制，在工程实施中，被动控制经常用到且反复使用，是比较重要的控制手段。进度控制是一个动态控制的过程，在工程的具体目标确定后，在进度控制不同的方位和阶段，各个维度的目标也是不断变化的，需要针对变化的目标采取针对性的措施，不断解决一个又一个影响进度的问题。

（2）主动控制。需要事先对影响工程进度的风险因素进行识别，形成风险因素清单，按照发生的概率及对进度影响的大小确定风险量，对评价为风险量高的因素事先制定有针对性的预防性措施，减少或规避一旦该因素发生时对目标值的影响程度。主动控制属于事前控制，一般来说，在工程中使用仅限于特定的条件下。由于风电场建设的复杂性，在各个方位和各个阶段都会出现影响进度的因素，往往对进度的影响都比较大，全部制定有针对性的措施并实施无论从技术方面、经济方面、时效方面都缺乏可操作性。

在风电场建设进度控制中，应采取被动控制和主动控制相结合的措施。对于发生概率较小或者事先难以采取主动控制措施的影响因素，需要在进度计划实施的过程中及时发现，分析其原因并采取必要的措施，使实际进度偏离计划进度的偏差逐步减小乃至完全恢复到计划进度目标值。对需要较少投入就能实现的控制措施或者从技术的范畴可以简单实现的措施，则要采取积极主动的措施。如通过招投标及合同约定，规避影响进度目标实现的因素。对根据以往工程经验或当地类似工程实际情况判断应该会发生的影响因素，则要采取预防性措施，如风电场建设中，征地问题或多或少会出现影响施工进度的情形，要事先制定有效的措施，合法合规解决或规避问题，避免影响因素的扩大化或者失控。

8.3.1.2　风电场建设进度控制

1. 风电场建设进度控制可分为两个层次

（1）里程碑控制，高层管理者对影响风电场建设整体进度的里程碑节点进行控制，确保里程碑节点顺利完成。

（2）主要节点控制，风电场管理团队针对各专业进行二级控制，即各里程碑节点下的重要节点进行控制。因此，风电场建设进度管理需要建立较完善的进度检查评估系统，按照建设单位组织机构层层划分，严格落实各自节点进度的跟踪检查。在固定时间内将进度计划控制进行盘点并形成书面材料上报上一级部门，形成闭环进度跟踪管理体系。

2. 风电场建设进度控制方法

（1）动态控制。纠偏是进度动态控制的重要方法，纠偏的依据是项目建设过程中的进度对照检查。当出现偏差时，应结合相关影响因素分析产生的原因，采取必要措施，以保证工程建设进度得到有效控制。为了有效地控制、管理风电场工程建设进度，应充分认识和评估各种影响工程建设进度的因素，做到预控为主、跟踪检查为辅，侧重预见和预警性，以便事先采取防范措施，找到其应对方法，消除不良影响，使工程建设进度尽可能按计划实施。

（2）信息闭环。风电场进度管理的信息闭环是实现风电场建设进度控制的关键环节。进度控制管理人员及时跟踪检查进度完成情况，进度控制部门将跟踪检查信息进行量化和比较并制定纠偏措施，形成报告后上报进度管理单位，进度管理单位对纠偏措施进行审核，在审核通过后返回至进度控制部门及各进度控制管理者，实现信息传递的闭环，风电场建设进度管理就是进度控制信息的闭环管理过程。

（3）弹性时限。风电场建设进度计划编制过程中应充分考虑任何影响工程进度的因素，计划编制和决策要避免过于乐观，鉴于风险的不可预知性，针对某些节点设定弹性时限，使各节点的实现过程中留有余地，充分发挥弹性时限的作用，以避免频繁调整进度计划。

3. 风电场建设进度控制措施

(1) 组织措施。进度目标实现的决定因素是项目的组织。建立健全以业主（建设单位）为核心的项目管理体系并明确任务和分工，设立专门的工程部门并配置好各专业人员，安排专业专职的进度管理人员负责进度控制。编制完善进度管理程序和制度，形成通过相关协调会议解决工程中存在问题的机制，及早组织策划主要设备采购招标、施工招标并选择较好的承包商。

(2) 管理措施。管理措施包括进度管理的方法和手段、承发包模式选择、合同管理、信息管理、风险管理等。编制科学的进度计划系统，确定进度计划的检查方法和检查周期，发现问题及时纠正或调整；选择合理的承发包模式，实现承发包方顺畅的上下管理模式，避免过多的合同交界面影响工程进度；选择先进合适的信息技术运用于进度管理，各种进度信息要及时汇集到业主（建设单位）项目管理团队，提高进度信息的透明度，促进信息交流和参建方的协调作战；对影响进度的风险进行分析并采取必要的风险管理措施。

(3) 技术措施。选用对进度控制有利的设计技术、施工技术、设备运输技术等。在设计过程的初步设计和技术设计阶段，要考虑设计技术对施工进度的影响。施工时确实存在上述影响时，要考虑对设计技术的优化和变更；施工过程中，选择合理的施工技术、施工方法、施工机械；设备供应过程中，要考虑包装、运输等方案中技术措施的可靠性。

(4) 经济措施。做好资金管理工作，编制资金使用计划，使项目的支出在时间上和数量上有总体的概念，保证资金充足；根据工程进度，按照合同约定及时足额地拨付工程进度款，及时处理合同外的工程量并签署有效记录，保障工程进度有序进行；根据进度管理的处罚和激励制度，在进度款支付条款中对相应的进度滞后或超前进行专项处罚或奖励。

4. 采取 CM 管理模式，可在一定程度上加快施工进度

CM 模式的特点是从建设工程开始，聘请专业工程管理公司或安排业主（建设单位）有施工经验的项目负责人管理项目，及时为设计人员提供施工方面的建议，可将工程分阶段设计、采购和施工。在风电场建设进度控制中，当要求的进度控制目标无法按照常规模式实现时，采取有限制条件的"边设计、边施工"模式，让设计进度和施工进度合理搭接，可以实现加快建设整体进度的目的。如在风电场初步设计完成后及早开始风电机组主机设备采购，确定风电机组设备后可以开展风电机组基础图的设计，风电机组基础图完成后可以开始风机基础的施工。CM 管理模式对项目业主（建设单位）项目负责人和管理人员的素质要求比较高，在项目实施过程中，项目管理人员需要对交叉施工、施工顺序、施工技术接口等方面要有足够的施工经验，否则可能会出现返工和增加费用的情形，导致预期的进度目标难以按期实现。

5. 充分发挥组织协调在进度控制中的作用

工程建设中组织协调就是通过沟通、调和各个相关方互相配合、互相支持、发挥团队作用，实现既定的目标。为实现风电场建设进度控制的目标，采用组织协调的办法对进度控制的作用比较突出，效果很快就会显现，有时候可以取得事半功倍的效果。作为业主（建设单位）项目经理（项目负责人）及项目管理团队，必须与风电场建设相关单位（个

人）进行有效的沟通协调工作，学会和掌握沟通协调工作的知识和技能，优先考虑通过进行有效的沟通协调工作来解决进度问题。

（1）项目业主（建设单位）需要沟通协调的对象：①业主（建设单位）内部各相关部室及上级公司（部门）；②政府、行业相关部门；③征地或拆迁对象；④监理单位；⑤设计单位；⑥施工单位；⑦设备供应单位。

（2）项目业主（建设单位）常用的沟通协调方法：

1）会议沟通协调：常用于各参建方针对项目常驻管理人员的沟通协调。

2）拜访（汇报工作）沟通协调：常用于和政府相关部门的沟通协调。

3）依靠第三方的沟通协调：一般用于在征地过程中或类似的协调工作中，依靠政府出面沟通协调征地或需要协调的对象，也常用于项目建设过程中涉及其他单位的沟通协调工作。

4）书面函件沟通协调：向上级书面汇报、和参建方项目管理团队上级之间重要事项也通过来往函件的方式沟通协调。

5）约谈沟通协调：常用于出现较严重的进度问题时，业主（建设单位）通过约谈参建方项目现场主要管理人员，以期引起对方的高度重视。

8.3.2　风电场建设进度控制流程和工作内容

工程项目建设过程是一个周期长，人、财、物消耗量大的生产过程，各阶段的目标是相互制约、相互补充的。业主（建设单位）是风电场建设项目实施的主体，是进度控制的核心。在项目的实施阶段，除了对外部的协调工作、组织策划招投标进度、设计评审等工作外，在项目内部，需要制订项目总的进度计划并获得上级批准，按照项目总体进度计划统筹组织协调设计工作进度控制、监理工作进度控制、施工进度控制、设备供应进度控制等，发挥业主（建设单位）组织协调工作的优势，带领项目参建各方按期完成项目的进度目标。

8.3.2.1　设计进度控制

1. 设计进度控制的重要性

工程设计划分为初步设计、技术设计、施工图设计等阶段，对于技术比较成熟的项目，在初步设计过程中确定技术方案。工程设计阶段是风电场建设进度控制的一部分。在项目实施过程中，初步设计经过评审获得通过后，才能开始主要设备的招标采购工作和施工图设计，施工图设计到一定阶段可以开始施工招标，施工图经过审查后才能开始施工。因此，设计工作进度是施工进度工作的前提，也是主要设备供应的前提。施工招标和设备采购招标需要一定的时间，设备制造运输等也需要一段时间，只有加强对设计进度的控制，才能保证设备采购招标及早完成，才能保证工程能够按期开工建设。

2. 设计进度控制流程

在设计单位确定后，业主（建设单位）及时向设计单位提供所需的设计相关资料，包括可行性研究报告、测风数据、设备选型的基本要求等。一般的风电场项目建设地点远离城市，达不到城市建设项目"四通一平"的条件，业主（建设单位）需要向设计单位提出新建风电场项目的进场道路、施工用电、通信（电话和互联网）、施工用水（项目投产后用水）的具体要求。为了降低工程造价，在初步设计阶段要根据项目所在地的具体情况，按照永久和临时相结合的原则，把上述要求具体化，供设计单位参考。在初步设计阶段，业主（建设单位）要准确提供上述资料或信息，避免因提供不准确导致设计工作返工或出现施工阶段的变更影响施工进度。设计进度控制的具体流程如下。

（1）会同有关设计负责人，依据总的设计时间来安排初步设计完成的时间，初步设计完成后，业主（建设单位）要及时组织初步设计评审，初步设计和初设总概算获得批准后，启动编制施工图设计和主要设备采购计划。

（2）会同设计单位安排详细的施工图出图计划和设备采购技术规范编制计划，并依据计划进行检查和监督按期完成。要求设计单位编制计划时要考虑设计的特点和复杂程度，安排好各专业设计的出图时间。

（3）发现设计单位出图进度或技术规范编制进度滞后于计划时，应及时提出，并要求设计单位采取增加设计力量或加强相互协作等措施，必要时根据已经完成的实际进度情况对各出图计划进行及时的调整。

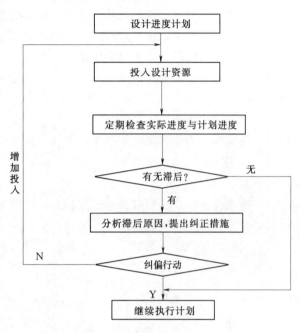

图 8-3 设计进度控制流程图

设计进度控制流程图如图 8-3 所示。

3. 设计进度控制工作内容

（1）建立设计进度控制目标体系。将设计进度控制总目标按照设计进展阶段（如设计准备阶段、初步设计阶段、技术设计阶段、施工图设计阶段等）和专业（如风电场、升压站、送出线路等）进行分解，建立设计阶段进度控制目标体系。

（2）对影响设计进度的因素要有预见性。包括审核、评审进度的影响；业主（建设单位）设计方案和局部设计意图变化的影响；设计各个专业之间以及设计技术接口的影响；风电场接入系统方案变化的影响等。

（3）采取有效措施，控制设计进度。包括试行设总负责制，统筹负责项目的内外部协调工作，保证内外信息能够畅通无阻；加强与业主、监理、主要设备供应商之间的沟通配合，避免出现颠覆性的返工；建立同类项目设计成果及经验（教训）数据库，避免出现设计问题，规避设计不足和过分设计；关注新技术、新工艺、新材料使用，避免设计技术或工艺过时落后；试行项目设计经济责任制等。

（4）建立定期设计联络会制度，组织风机供应商、主要设备供应商、设计单位各专业设计人员，梳理设计工作中遇到的问题，明确总体设计和主要设备供应商内部设计的技术接口和分界，避免出现设计遗漏和错误。

8.3.2.2　施工进度控制

1. 施工进度控制的重要性

风电场建设工程实体是在施工阶段形成的，施工阶段是风电场建设工程实施阶段中最重要的阶段，决定着项目建设总进度目标是否能按期完成；决定着建设工程实体能否按期完成，工程价值和使用价值能否按期实现。施工阶段的资金计划及资金融资策略是基于批准的施工进度计划制定，施工阶段的进度控制是否能按期完成对资金成本有一定的影响。在风电场建设施工阶段，业主（建设单位）需要协调外部多个部门或单位，统筹组织协调内部参建方、相关方，加强对施工单位的管控，确保施工进度目标按期完成，才能保证项目整体目标的实现。

2. 施工进度控制流程

（1）确定施工进度目标，施工工期要执行施工合同中约定的工期。

（2）组织施工。输入施工资源，包括人员、材料（设备）、施工机械、施工方法（方案）等要素。

（3）进度检查。通过检查获得进度信息，按照数学模型转化为进度值，如果存在滞后的情况，要分析偏差产生的原因。

（4）采取纠正措施，调整输入，必要时调整计划。

风电场建设施工进度控制流程图如图 8-4 所示。

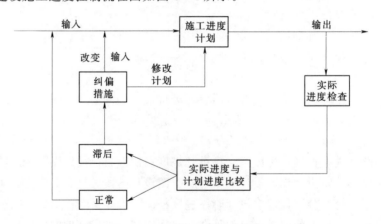

图 8-4　风电场建设工程施工进度控制流程图

3. 施工进度控制的工作内容

（1）会同监理单位，审核施工进度计划。第一次工地例会上明确项目的总体进度目标。施工进度计划要服从于业主（建设单位）下达的风电场建设总进度计划目标，进度安排要符合施工合同中关于工期的约定，如果合同履行时间已经偏离了合同中约定的时间，要按照具体时间在编制施工进度计划时按照总时间不变的原则调整，当环境条件限制时要在开工之前重新约定工期。施工进度计划要满足后续风机设备、升压站电气设备安装的顺序要求，生产要素的供应计划要保证施工进度计划的实现。施工进度计划要和业主提供的施工条件（施工用电、用水、施工场地安排、施工图出图计划等）对应。

（2）充分利用业主（建设单位）的优势，为施工单位创造施工用电、施工场地、使用临时道路等外部条件，协调施工单位和设计单位之间、和其他施工单位之间、和设备供应单位之间需要协调的问题，协助施工单位实施施工进度计划。

（3）督促监理单位检查或直接监督检查施工单位施工进度的实施情况，检查进度报表和施工实际进度是否吻合，将实际进度和施工进度计划进行对比，出现偏差（此处指施工实际进度滞后于计划进度的情况）时，分析偏差对施工进度计划产生的影响和偏差产生的原因，督促施工单位提出纠偏措施，通过调整投入的资源，改变施工顺序、利用时差、采用更先进的施工技术和施工机械等方式，消除偏差，必要时需要调整后期施工进度计划。

这种调整分为以下情况：

1）调整输入值，在随后的进度控制周期内，通过调整投入资源的数量或配置，加快施工进度，使施工进度恢复到进度目标值范围之内。这种情况一般运用实际进度和计划进度偏差值不大，可以在随后的进度控制周期内纠正的情况。

2）不改变总进度目标的计划值，调整后续进度实施计划，使总进度目标按照预定的时间实现。这种情况在风电场建设进度控制中经常运用，一般运用于工期阶段性目标偏离总目标比较严重，但通过调整后续进度实施计划，在后期施工过程中投入的资源平均值增加的情况来实现工期目标，或者在计划中按照弹性时限的原则预留了时间间隔（时差），后续施工中加强组织管理，充分利用时差，保证工期目标的情况。

3）中断执行原定的进度目标计划，重新制定进度总目标并编制新的进度计划。这种情况在风电场建设进度控制中也会遇到。一般运用于初期计划编制过于乐观，但在实施中发现总目标已经没有按初期计划完成的可能性的情况，如线路建设中征地遇到很大的障碍需要更改输电线路路径、风机设备安装过程中设备到货延期，剩余的时间不可能完成既定的进度目标等。出现类似情况时，只有中断原有目标值的执行，根据具体情况制定新的进度总目标，从中断点开始重新编制进度目标计划并实施。

（4）业主（建设单位）要按时支付工程进度款，保障施工进度的正常进行。

（5）定期（一般应按月）组织召开业主（建设单位）工程例会，协调解决施工过程中的各参建单位相互协调配合问题及其他问题；参加监理单位组织的监理例会（一般应按周），听取并解决或委托监理解决施工单位提出的问题；必要时组织进度专题会议，针对具体的进度问题制定针对性的措施。

8.3.2.3 设备供应进度控制

1. 设备供应进度控制的重要性

风电场建设工程中，风电场的主要设备包括风电机组和箱式变压器等；升压站主要电气设备包括主变压器、无功补偿设备、断路器、隔离开关等。由于风电场设备数量多，一般情况下，对设备供应进度控制主要是对风电场的设备供应控制。升压站电气设备数量较少，在供货不满足进度要求的情况下也需要控制。

风电场建设主要设备的供应是实现风电场建设进度目标的根本保证，风电场项目建设所需要的风电机组、箱式变压器、主变压器等主要设备都是按照采购合同中的技术要求生产制造的，要符合特定项目的具体要求，这就决定了上述主要设备是在签订了采购合同后才开始按照设备采购合同的技术规范或图纸生产制造、部件加工（采购），上述设备的供应进度决定了风电场工程的建设进度，因此，对设备的供应进度控制显得尤为重要。

2. 设备供应进度控制的流程

风电场建设主要设备供应包括设备的生产（制造）、运输、接运验收、卸车（保管）等环节。设备供货合同签订后，对于重要的设备（如风电机组、主变压器等），应通过委托设备监造单位或委派业主（建设单位）工程技术人员驻厂监造的方式，实时掌握设备生产进度、出厂发货时间；检查设备生产使用的原材料或部件装配配置是否符合设备采购合同约定。对于其他设备，业主（建设单位）管理人员要定期通过电话、电子邮件等方式获取设备生产（制造）进度是否满足合同约定的供货计划，发现生产（制造）进度滞后时及时干预。

（1）审查设备供应单位提交的交货计划，交货计划要以设备采购合同为基础，满足风电场总体进度计划的要求。

（2）及时了解设备的生产装配进度，测算出厂时间。

（3）与设备供应计划比较，是否与设备供应计划存在偏差（指出厂时间滞后于设备供应计划）。

（4）与工程实际进展情况比较，分析设备交货偏差对工程实际进展的影响程度。由于项目现场的施工进度计划一般需要调整，当设备供应实际进度滞后于设备供应进度计划时，但能满足项目现场的施工实际进度计划时，不需要调整设备进度计划偏差。

（5）采取缩短运输时间、改变运输路线的方法加快设备供应进度，当上述纠正措施不能满足项目现场施工进度计划时，需要通知项目现场改变施工顺序及调整施工计划，尽量避免项目现场的施工出现窝工现象。

设备供应进度控制流程如图 8-5 所示。

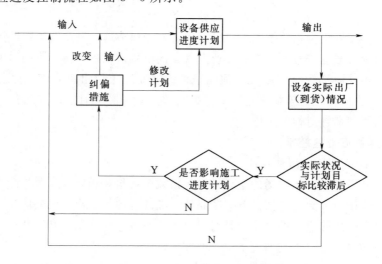

图 8-5　设备供应进度控制流程图

3. 设备供应进度控制的工作内容

（1）业主（建设单位）委派的设备监造单位或业主（建设单位）技术人员在制造厂开

展设备监造及催货，要求设备供应单位必须积极配合监造人员的工作，提供监造工作所需的资料、设备、办公场所、食宿的方便，允许监造人员随时可以进入与监造有关的场所进行监督检查。设备供应单位必须严格按合同、技术协议及设计要求生产、制造、采购等，应确保产品质量合格。出厂前检验、检测或试验合格的技术资料符合要求，出厂前设备的包装规范。对于监造中发现的问题在出厂前全部予以整改。

（2）生产计划是制造厂家根据设备交货合同日期进行排产，保证设备按期交货的先决条件。驻厂监造人员应检查生产计划的落实情况，根据已经开工制造的设备进展情况和设备的制造周期判断应该排产但尚未排产的情况预测生产进度，发现可能滞后时，向有关部门进行协调，争取及时排产。

（3）驻厂监造人员应落实生产人员，在制造过程中发现生产人员减少甚至停产时，应及时对原因进行调查分析，及时和相关部门进行协调，要求采取措施保证人力资源满足制造的需要。

（4）驻厂监造人员应落实重要原材料（如主变压器硅钢、漆包线等）、外购的铸锻件、标准件和元器件采购进度；落实主要部件（如风电机组的偏航轴承、轮毂、控制柜、发电机、齿轮箱等，塔筒的法兰、钢材、爬梯等）的采购进度，检查是否按计划采购进厂。对于在国外订购的部件，特别是重要部件供货进度一般难以控制，应督促设备供应单位及早订货，及时跟踪，避免因为材料或部件没有按时到货导致的设备不能按期组装。

（5）驻厂监造人员应落实部件制造加工的连续性。在部件制造的任何一道工序时要事先了解下道工序所需零件的供应准备情况。厂内加工的要落实加工进度是否满足要求；外购件要落实是否已经采购进厂或厂家是否已经发货；外协件要落实是否已经回厂或外协厂实际能够交货的时间。及时对制造厂家管理人员进行提醒和督促，避免停工待料，保证工序连续，使部件按计划具备机械加工条件。

（6）驻厂监造人员应落实部件转序。部件完成上道工序加工后要转车间或转加工机床进行下一道工序加工时，要事先了解要转到的车间和机床部位落实转序的安排情况，提醒设备供应单位协调转序的各方积极配合，减少部件中间滞留时间。

（7）设备的成套制造和成套发运对施工进度控制至关重要。由于制造厂生产计划的安排和生产车间项目调度的影响，往往某个部件生产完成后与该部件配套的附件未能及时安排生产或未采购到位，导致在设备包装发运时必需的附件不能同时发运，部件运到工地后不能开展设备安装工作，影响了施工进度，究其原因，成套设备发货时不能随车发运所需的附件实际上影响了设备的按期交货。监造人员应根据设备的明细表对设备成套性生产和成套性发运进行检查和督促，及时提醒制造厂进行这方面的工作，保证设备的成套、完整发运。

（8）落实运输单位和运输车辆。驻厂监造人员要查看运输单位的运输资质，查看是否具备同类大型设备的运输经验和业绩，抽查运输车辆是否满足项目现场的具体情况，如运输车辆的底盘高度、动力后转向、液压举升功能等。

（9）驻厂监造人员要落实设备供货方对运输路线的选择，可通过设备供应单位或直接要求设备运输单位根据运输的具体时间，避开当下旅游热点路线、季节性地质灾害多发的地点、对大型设备运输有限制要求的路线等。

（10）对于有特殊运输要求的设备，驻厂监造人员要在出厂前检查随车检测设备是否按要求安装（如主变压器的三维冲撞记录仪等），检查检测设备的时间显示及其他性能是否正常等。

（11）运输过程中，业主项目现场管理人员要及时向设备供应单位（设备运输单位）调度运输车辆所在的位置；条件具备的，可要求在运输车辆安装全球定位系统（Global Positioning System，GPS）行车定位装置，随时了解车辆的具体位置，根据设备到货时间调整项目现场的施工安排。

（12）运输车辆首次到达项目所在地时（大型设备一般通过高速公路运输），项目现场应要求设备安装（卸车）施工单位到高速路口引导运输车辆，防止运输车辆一旦走错路无法掉头（运输超高、超长设备的车辆存在这一风险）。设备到货后要按照合同约定的时间及时卸车、检查、清点设备的型号、数量、包装、技术文件是否符合合同约定。卸车位置要按照施工安装顺序要求统筹安排，零部件、工器具和容易发生丢失的物品要集中存放，及时采取保管措施。业主（建设单位）要按照合同约定明确设备的看护责任，合同中未明确时要及时委托设备安装单位看护，防止设备丢失。

8.3.2.4　工程投产试运行进度控制

按照现行电力行业标准《风力发电场项目建设工程验收规程》（DL/T 5191—2004）规定，风电场工程建成后，通过单位工程验收合格，并经过质量监督机构对土建、电气、风电机组验收合格后方可启动。风电场启动前，应向所在电网公司申请并网前验收，并网前验收通过并取得验收报告后，按照所在电网的调度要求，及时申请升压站并网受电。升压站带电后，开始单台风机启动调试并申请并网发电，每台风电机组并网前应通过项目现场组建的单位工程验收领导小组对单台风电机组的启动调试试运验收。为了加快风电场投产试运行工作进度，业主（建设单位）需要注意以下几个方面的工作。

（1）在风电场工程建设接近尾声时提前向质量监督检查机构申请末次质量监督检查。

（2）根据施工进度适时组建单位工程完工验收小组和工程整套启动验收委员会，明确人员和相关职责。

（3）单位工程验收完成之前可向所在电网申请并网前验收，因为电网组织的验收工作一般只是针对涉及电网的部分，并不一定要求不直接涉及电网的部分（如检修道路、装饰装修等）全部完工。另外，电网相关部门的验收和出具文件的工作需要一段时间。

（4）升压站带电前及时通知风电机组供货方，要求风电机组调试人员尽快到场。一旦升压站、集电线路带电后，具备并网条件的风电机组能第一时间开始调试，及早具备并网发电条件。

（5）风电机组调试全部完成及并网发电后，经过一段时间的运行，风电机组各项指标达到了合同和相关规范要求的试运行条件后，经风电机组供货方提出申请，监理单位和业主（建设单位）审批同意后，可进入风电机组的 240h 试运行。风电机组 240h 试运行前，按照电力行业标准《风力发电场项目建设工程验收规程》（DL/T 5191—2004）规定，风电场工程应通过工程整套启动试运验收。在风电机组 240h 试运行期间，严格按照合同约定和相关规范要求进行试运行考核。试运行通过后，业主（建设单位）应向风电机组供货商颁发风电机组试运行通过的书面文件。

8.3.2.5　工程竣工决算、竣工验收进度控制

风电场工程通过试运行后，应及时组织工程移交生产验收，同步开展工程的竣工决算。为了加快竣工决算，为工程竣工验收创造条件，应注意以下几方面的工作。

（1）工程施工过程中对于实际工程量和施工图或合同工程量清单不一致的，由施工单位发出申请，业主（建设单位）要会同监理单位形成签章齐全的书面记录。业主（建设单位）另行委托的工程要在施工过程中形成书面委托，工程量计量要清晰、结算原则要明确，最好配有图纸或说明。设计变更或变更设计要形成完整的书面文件链条。需要按照实际工程量计量并结算的单项（如电缆按照实际长度结算）要在施工过程中形成由施工单位、监理、业主（建设单位）的计量记录。以上工作有利于对加快工程竣工结算、减少结算争议。

（2）认真落实工程移交生产准备工作，及时组建或申请组建风电场工程移交生产验收委员会，明确人员和相关职责。风电场风机通过试运行后，可申请工程移交生产验收。

（3）在工程移交生产验收前，此前提出的缺陷一般要求处理完成。工程阶段采购的工器具、备品备件按照合同约定从工程管理部门移交给生产管理部门。工程资料（含竣工图）按照要求收集整理归档后移交给业主（建设单位）。

（4）尽早办理工程建设征地补偿和征地手续，开展各专项验收（水保、环保、安全评价等），取得证书或验收报告。

（5）工程移交生产验收通过后及工程竣工决算完成并经过第三方审计后，业主（建设单位）向风电场建设工程竣工验收组织机构申请工程竣工验收。

8.4　计　划　实　施

风电场建设工程是一个系统工程，要完成该项工程，必须协调布置好人、财、物、时、空，才能保证工程按预定的目标完成。当人、财、物的总量一定的条件下，合理制订建设施工方案，科学制订建设进度计划，并统揽其他各要素的安排，是风电场工程建设的核心。一个成功的项目管理实现的同时，对于提高风电场各参建单位的管理水平，具有十分重要的现实意义。

风电场建设进度计划从编制进度计划并获得批准开始实施，在实施过程中，业主（建设单位）的主要任务是随时掌握计划的实施进度，及时发现实际进度中存在的偏差，督促进度实施方采取有效的措施来纠正偏差，必要时调整后续计划。需要掌握进度监测、对比的知识，学会进度调整的方法。

8.4.1　实际进度监测过程

8.4.1.1　进度计划执行中的跟踪检查

对风电场建设进度计划的执行情况进行跟踪检查是计划执行信息的主要来源，是进度分析和调整的依据，也是进度控制的关键步骤。

1. 定期收集风电场建设进度报表资料

进度报表是反映工程实际进度的主要方式之一。进度计划执行单位应按照业主（建设

单位）要求的时间和报表内容，定期填写进度报表。业主（建设单位）通过收集进度报表资料掌握工程实际进展情况。

2. 现场实地检查工程进展情况

业主（建设单位）工程管理人员常驻现场，随时检查进度计划的实际执行情况，这样可以加强进度监测工作，掌握工程实际进度的第一手资料，使获取的数据更加及时、准确。

3. 定期召开现场会议

定期召开现场会议，业主（建设单位）项目管理人员通过与进度计划执行单位的有关人员面对面的交谈，既可以了解工程实际进度状况，同时也可以协调有关方面的进度关系。

一般说来，进度控制的效果与收集数据资料的时间间隔有关。究竟多长时间进行一次进度检查，这是业主（建设单位）项目管理人员、监理工程师应当确定的问题。如果不经常、定期地收集实际进度数据，就难以有效地控制实际进度。进度检查的时间间隔与工程项目的类型、规模、管控对象及有关条件等多方面因素相关，可视工程的具体情况确定。风电场建设进度应每周进行一次检查。在特殊情况下，甚至需要每日进行一次进度检查。

8.4.1.2　实际进度数据的加工处理

为了进行实际进度与计划进度的比较，必须对收集到的实际进度数据进行加工处理，形成与计划进度具有可比性的数据。例如，对检查时段实际完成工作量的进度数据进行整理、统计和分析，确定本期累计完成的工作量，计算本期已完成的工作量占计划总工作量的百分比等。

8.4.1.3　实际进度与计划进度的对比分析

实际进度数据与计划进度数据进行比较，可以确定风电场建设工程实际执行状况与计划目标之间的差距。为了直观反映实际进度偏差，通常采用表格或图形进行实际进度与计划进度的对比分析，从而得出实际进度比计划进度超前、滞后还是一致的结论。

8.4.2　实际进度与计划进度的比较方法

1. 横道图比较法

横道图比较法是指将项目实施过程中检查实际进度收集到的数据，经加工整理后直接用横道线平行绘于原计划的横道线处，进行实际进度与计划进度的比较方法。采用横道图比较法，可以形象、直观地反映实际进度与计划进度的比较情况。

横道图比较法中，非匀速进展的横道图比较法适用于施工进度和时间是非线性关系的情况。风电场建设进度的实际情况一般是非匀速的，适用非匀速进展的横道图比较法，比较时需要绘制表示实际进度的横线、标出对应时刻完成的累计百分比，最后判断实际进度与计划进度之间的关系。

2. 前锋线比较法

前锋线比较法主要适用于时标网络计划。前锋线是指在原时标网络计划上，从检查时刻的时标点出发，用点划线依次将各项工作实际进展位置点连接而成的折线。前锋线比较法就是通过实际进度前锋线与原进度计划中各工作箭线交点的位置来判断工作实际进度与计划进度的偏差,进而判定该偏差对后续工作及总工期影响程度的一种方法。通过前锋线比较法对网络计划执行情况检查的结果进行判断,预测、判断后续计划,找到偏差的原因及制定针对原因采取的措施。

3. 其他比较法

(1) S形曲线比较法和香蕉形曲线比较法。S形曲线比较法是以横坐标表示时间,纵坐标表示累计完成任务量,绘制一条按计划时间累计完成任务量的S形曲线;然后将工程项目实施过程中各检查时间实际累计完成任务量曲线也绘制在同一坐标系中,进行实际进度与计划进度比较的一种方法。

按任何一个进度计划,都可以绘制出两条曲线:①以各项工作最早开始时间安排进度而绘制的S形曲线,称为ES曲线;②以各项工作最迟开始时间安排进度而绘制的S形曲线,称为LS曲线。两条S形曲线都是从计划的开始时间开始和完成时间结束,因此两条曲线是闭合的。一般情况下,ES曲线上的各点均落在LS曲线相应的左侧,形成一个形如香蕉的闭合曲线,称为香蕉形曲线。

(2) 列表比较法。当工程进度计划用非时标网络图表示时,可以采用列表比较法进行实际进度与计划进度的比较。这种方法是记录检查日期应该进行的工作名称及其已经作业的时间,然后列表计算有关时间参数,并根据工作总时差进行实际进度与计划进度比较的方法。列表比较法适用于非时标网络计划与执行情况的比较。进度计划检查列表见表8-1。

表 8-1 进 度 计 划 检 查 列 表

工作编号	工作名称	检查时尚需工作天数	按计划最迟完成尚有天数	总时差/天		自由时差/天		情况分析
				原有	目前尚有	原有	目前尚有	

8.4.3 风电场建设进度计划实施中的调整

8.4.3.1 风电场建设进度调整的系统过程

在风电场建设进度控制实施过程中,由于组织、管理、技术、经济、环境等因素的影响,可能造成实际进度与计划进度产生偏差(实际进度滞后于计划进度),如果不及时纠正,将会影响进度目标的实现。在对实际进度的监测过程中,一旦发现实际进度偏离计划进度,即出现进度偏差时,必须认真分析产生偏差的原因及其对后续工作和总工期的影响,必要时采取合理、有效的进度计划调整措施,确保进度总目标的实现。

1. 分析进度偏差产生的原因

通过实际进度与计划进度的比较,发现进度偏差时,为了采取有效措施调整进度计划,必须深入现场进行调查,分析产生进度偏差的原因。

2. 分析进度偏差对后续工作和总工期的影响

分析出现进度偏差的工作是否为关键工作,如果出现进度偏差的工作位于关键线路上,即该工作为关键工作,则无论其偏差有多大,都将对后续工作和总工期产生影响,必须采取相应的调整措施；如果出现偏差的工作是非关键工作，则需要根据进度偏差值与总时差和自由时差的关系作进一步分析。如果工作的进度偏差大于该工作的总时差，则此进度偏差必将影响其后续工作和总工期，必须采取相应的调整措施；如果工作的进度偏差未超过该工作的总时差，则此进度偏差不影响总工期。

　　3. 确定后续工作和总工期的限制条件

　　当出现的进度偏差影响到后续工作或总工期而需要采取进度调整措施时，应当首先确定可调整进度的范围，主要指关键节点、后续工作的限制条件以及总工期允许变化的范围。这些限制条件往往与合同条件有关，需要认真分析后确定。

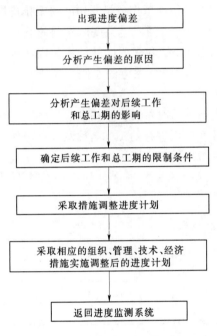

图 8-6　进度调整的系统过程

　　4. 采取措施调整进度计划

　　采取进度调整措施，应以后续工作和总工期的限制条件为依据，确保要求的进度目标得到实现。计划调整的内容包括调整关键线路的长度、调整非关键工作的时差、增减工作项目、调整逻辑关系、重新估计某些工作的持续时间、对资源的投入做相应的调整等。

　　5. 实施调整后的进度计划

　　进度计划调整之后，应采取相应的组织、管理、技术、经济措施执行，并继续监测其执行情况。

　　进度调整的系统过程如图 8-6 所示。

8.4.3.2　进度计划的调整方法

　　工程进度的调整一般是不可避免的，但如果发现原有的进度计划已落后、不适应实际情况时，为了确保工期，实现进度控制的目标，就必须对原有的计划进行调整，形成新的进度计划，作为进度控制的新依据。而调整工程进度计划的主要方法有两个。

　　（1）压缩关键工作的持续时间。不改变工作之间顺序关系，而是通过缩短网络计划中关键线路上的持续时间来缩短已被拖长的工期。具体采取的措施有增加工作面、延长每天的施工时间、增加劳动力及施工机械的数量的组织措施；改进施工工艺和施工技术以缩短工艺技术间歇时间、采取更先进的施工方法以减少施工过程或时间、采用更先进的施工机械技术措施；实行包干奖励、提高资金数额、对所采取的技术措施给予相应补偿的经济措施等，还有通过改善外部配合条件、改善劳动条件等其他配套措施。在采取相应措施调整进度计划的同时，还应考虑费用优化问题，从而选择费用增加较少的关键工作为压缩工作持续时间的对象。

　　（2）不改变工作的持续时间，只改变工作的开始时间和完成时间。这种调整在风电场建设施工过程中主要有：风机基础和风机安装工作面较多，各个单位工程（每台风机为一个单位工程）之间的制约比较小，从而可调整的幅度比较大，因此比较容易采用平行作业的方法来调整进度计划；对于升压站单位工程，由于受工作之间工艺关系的限制，可调整的幅度较小，通常采用搭接作业的方法来调整施工进度计划。

当工期拖延得太多，或采取某种方法未能达到预期效果时，或可调整的幅度又受到限制时，还可以同时用这两种方法来调整施工进度计划，以满足工期目标的要求。无论采取哪种调整方法，都必然会增加费用，业主（建设单位）在进行施工进度控制时还应该考虑到投资控制的问题，切记单纯盲目地追求进度目标。

8.4.3.3 施工进度网络计划的时间优化

在网络计划中，关键线路控制着工作任务的工期，因此缩短工期的着眼点是关键线路。但是采取硬性压缩关键工作的持续时间来达到缩短工期的目的，并不是很好或可行的办法。在网络计划的时间优化中，缩短工期主要是通过调整工作的组织措施来实现的。

1. 顺序作业调整为搭接作业

几个顺序进行的工作，若紧前工作部分完成后其紧后工作就可以开始，那么就可以将各工作分别划分成若干个流水段，组织流水作业，可以明显缩短工期。前一道工序完成了一部分，后一道工序就插上去施工，前后工序在不同的流水段上平行作业，在保证满足必要施工工作面的条件下，流水段分得越细，前后工序投入施工的时间间隔（称为"流水步距"）越小，施工的搭接程度越高，总工期就越短。

2. 对工程项目进行合理排序

如果一个施工项目可以分成若干个流水段，每个流水段都要经过相同的若干道工序，每道工序在各个流水段上的施工时间又不完全相同，如何选择合理的流水顺序就是一个很有意义的问题。因为由施工工艺决定的工作顺序是不可改变的，但哪个流水段在前，哪个流水段在后的流水顺序却是可以改变的，不同的流水顺序总工期不同。可以找出总工期最短的最优流水次序。

3. 相应地推迟非关键工序的开始时间

工作 A、B 平行进行，假定：A 为非关键工作，完成需 8 天，B 为关键工作，完成需 20 天。若规定工期为 16 天，为了加快关键工作 B，把工期由 20 天缩短到 16 天，这时可以把工作 A 的人力部分转移到工作 B，而工作 A 在工作 B 之后开始，这样工期就可能从原来的 20 天缩短到 16 天。

4. 相应地延长非关键工作的持续时间

有时还可以采用延长非关键工作的持续时间，而将其人力物力调到关键工作上去以便达到压缩关键工作持续时间，达到缩短工期的目的。

5. 从计划外增加资源

由于项目进度计划的总工期是由关键线路的长度决定的。因此，要缩短计划工期，必须压缩关键线路，即选择关键线路上的某些有可能缩短施工时间的工序，可通过增加计划外资源投入的方法，缩短施工时间，达到压缩工期的目的。

以上 3、4、5 三种方法，当关键线路压缩以后，原来的次关键线路可能成为新的关键线路，如果其长度仍超过规定工期，则还要对这条次关键线路进行压缩，压缩这条线路上的工序施工时间，继而可能影响到其他非关键线路，通过继续调整，直到满足规定工期的要求为止。因此，在压缩工期时，最好选择那些既是关键工作，又是组成次关键线路的工作来压缩，将会同时缩短关键线路和次关键线路，从而达到事半功倍的效果。

8.5 风 险 控 制

由于建设周期短、征地范围广、建设成本高、短期内资金需求较大、政策依赖性强及开敞式、零散式施工等诸多因素，使得风电场建设的不确定因素复杂多变，导致建设风险骤升。因此，对风电场建设项目进度控制实施风险管理非常必要。通过科学方法，提前对风电场建设进度风险进行识别，增强管理者的风险意识，提升项目建设进度风险预知能力，从而对风险进行正确判断，评估出风险级别及危害，做好风险应对方法研究，是整个风电场建设过程中风险控制的关键。

8.5.1 影响风电场建设进度的常见风险

风险是指在某一特定环境下，在某一特定时间段内，某种损失发生的不确定性。在风电场建设进度控制过程中，风险是指可能出现的影响项目目标实现的不确定因素。常见的风险有政治风险、社会风险、经济风险、自然风险、技术风险等。这些风险对风电场建设进度都会产生不同程度的影响。

8.5.1.1 风电场建设进度风险识别

风险识别是指通过数据、调查、咨询、论证等方式方法，识别出影响风电场建设进度目标实现过程中存在哪些风险事件并列出清单的过程。具体识别时依据招标文件、合同文件、现场考察等方式，通过调查和分析，查找出风电场建设进度的风险源及潜在的风险因素，并找出风险因素向风险事件转变的条件。风险识别是风险管理中的基础环节，在对项目风险进行多维分解的过程中，风险识别的目的是认识项目风险，建立项目风险清单。

8.5.1.2 风电场建设进度风险评估及量化

风险评估及量化是将风险事件发生的可能性和损失后果量化的过程。风险评估和量化的基础工作是确定风险事件的概率分布，而为了确定风险事件的概率分布，一般需要收集足够的数据，进行数理统计分析。风险评估流程如图 8-7 所示。

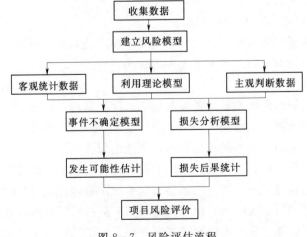

图 8-7　风险评估流程

进行风电项目风险估计时，项目风险量函数可表达为 $R=F(P，L)$，P、L 分别代表风险的概率和后果的严重程度，R 代表风险量。风险量反映不确定的损失程度和损失发生的概率，因此，风险控制的措施主要针对降低风险发生的概率和控制风险发生后的损失为主。为保证风险估计的基本质量，可将项目风险简化为几个量级，某风电场建设工程风险评估标准见表 8-2。

表 8-2 某风电场建设工程风险评估标准

等级	R	标 准
一般风险	$R \leqslant 5\%$	风险发生的可能性不大，或即使发生造成的损失较小，一般不影响风电场项目建设进度目标
较大风险	$5\% < R \leqslant 15\%$	风险发生的可能性较大，或发生后损失较大，风电场建设项目进度影响程度可接受
严重风险	$15\% < R \leqslant 30\%$	风险发生的可能性大，风险造成的损失大，使项目建设目标发生较大偏离；或风险发生后损失严重，但发生概率很小，采取有效的防范措施后，风电项目建设仍可正常进行，但进度目标需要调整
灾难风险	$R \geqslant 30\%$	风险发生的可能性很大，一旦发生，产生灾难性结果，项目建设进度目标无法实现

在实际的风电场工程建设进度风险管理工作中，总是需要借助专家评估法，给每位专家的意见赋以不同的权重，然后计算出加权平均结果，作为风险概率及风险潜在损失值的大小，然后由专家估算出风险量，对风险的大小做出评价，根据风险量值的大小采取不同的途径或途径的组合。

8.5.2 风电场建设进度风险引起的原因分析

1. 建设管理方面

业主（建设单位）和政府沟通协调、和上级主管部门沟通协调、内部协调出现问题，项目进展中断；业主（建设单位）融资困难，不能按合同支付进度款；施工过程中相关索赔引发的合同谈判类问题迟迟得不到解决；征占用土地等各种手续不能及时办理或征租地工作进展缓慢，施工单位无法正常进场开工；对环境污染、涉及人身安全的事宜不能及时预防；对施工方提交的施工组织计划的合理性和可行性缺乏正确的判断能力；以上因素往往造成对工期的难以控制。

业主（建设单位）项目管理团队组织协调能力差，未能协调好各方面的利益关系，不能使参建方加强合作，相互配合，达不到各方共赢的目的等。合同条款约定不清晰，合同执行过程中纠纷多，影响施工进度。

2. 设计方面

主要风险是方案设计未考虑施工可能性、现场踏勘不够，道路设计和现场不符、接地设计不到位等；设计人员技术水平较低、责任心不强，在编制招标工程量清单时出现重大漏项，工程量计算出现较大差异等，导致施工过程中工程量计量和支付无法操作；工程水文地质条件与勘查设计的不符，通信不畅，供电困难等。如某风电场，原设计道路要从一座矿山的弃渣场旁边经过，实际施工时发现施工时安全防范措施投资极大，且施工进度无法保证，另外很难保证以后的行路安全。另一个风电场，因地勘不足，将接地方式选为接地模块，在实际施工时发现如果采用这种接地方式，模块用量太大，投资不可接受。

3. 施工方面

施工单位资质经验水平及施工力量不能满足要求，施工组织设计不合理，施工进度计划与业主（建设单位）进度计划脱节；参建单位人员配置不科学，现场施工人员责任心不强、现场协调能力弱，不能及时跟踪和调整进度计划，达不到及时纠偏的要求；出现安全质量事故，各参建单位之间缺乏沟通协调，相互配合工作不及时、不到位等。施工时以包代管，不注重各施工队之间的配合和协调，不注重成品保护；各施工队之间的技术衔接和施工界限不清晰，施工出现漏项。施工单位内部管理混乱，不注重质量检查，内部三级检查验收落实不到位，造成返工导致工程延期等。

4. 设备供应

设备供货厂家产能受限不能及时供货，设备缺陷较多或存在重大隐患，设备未取得相关认证（如风电机组的低电压穿越测试），售后服务跟不上；对设备运输单位的管理缺乏力度，设备出厂后对运输车辆的调度较弱，运输车辆只注重路途费用不注重运输时间等；大件设备运输无进场道路或靠岸码头，需大量拆迁修建道路或者修建码头等；运输过程中的交通事故等。

5. 自然环境因素

自然灾害如地震、洪水、火灾、台风等；地形地势地貌的影响如高山、潮间带、冻土海浪等。山地风电场大型运输车辆的运输风险，风电机组吊装过程中连续异常的大风导致施工中断，风电机组基础浇筑过程中连续异常的降雨降雪导致施工中断等。

6. 社会因素

施工现场临近单位、居民的干扰，盗窃，重大政治活动，各种突发刑事案件，交通管制，交通中断等；地方政府不积极支持项目建设，有关风电场建设的政策、法律法规发生调整；项目各类手续办理不予配合，部分地区当地居民无理阻工等。

8.5.3　风电场建设进度风险控制的主要方法和措施

尽管风电场建设过程中存在较多不确定因素，但若能在工程实施中高度重视风险管理，提高风险识别能力，在风险发生前做好相关防范工作，在风险发生时能合理评价风险并采取积极的应对措施，可使风险转化为机会或使风险所造成的负面效应降到最低限度。

采用风险控制措施来降低预期损失或使这种损失更具有可测性，从而改变风险对施工进度的影响程度。风险控制措施包括风险回避、损失控制、风险分散及风险转移等。

1. 风险回避

风险回避主要是中断风险源，使其不致发生或遏制其发展。如放弃原计划风电场建设项目，即可回避掉风险。回避风险虽然是一种风险防范措施，但这是一种消极的防范手段。因为回避风险固然能避免损失，但同时也失去了获利的机会。如果企业想生存图发展，又想回避其预测的某种风险，最好的办法是采用除回避以外的其他手段。

在风电场建设进度风险控制措施中，风险回避在某种程度上不实际或不可能，如大型设备运输和安装存在诸多风险，如果采用风险回避的对策放弃运输和安装，也就放弃了风电场建设项目。

2. 损失控制

损失控制是风电场建设进度风险控制的主要方法，包括两方面的工作：①减少损失发生的机会即损失预防；②降低损失的严重性即遏制损失加剧，设法使损失最小化。控制损失应采取主动方式，预防为主，防控结合。应认真研究测定风险的根源，就某一行为或项目而言，应在计划、执行及施救各个阶段进行风险控制分析。在风电场建设进度控制中，对其损失控制的措施有以下方面：

(1) 选用合适的机组叶片。例如高海拔地区为了弥补出力不足，需要适当加长叶片的长度，也就是增加扫风面积，从而增加机组出力。高山风电项目交通比较困难，随着叶片长度的增加，对吊装设备、道路的坡度和弯度提出了更高的要求。为降低风险，建议叶片长度不宜过长，适当加以控制，具体叶片的长度应根据风电场经济效益分析、运输设备（如举升车）、风险防范等具体情况研究决定。

(2) 加强风电场道路设计。道路设计应在风机进行完选型和微观选址后优化确定。设计单位应联合业主、监理、地方政府及有关区域居民进行深度的勘察，要结合森林防火通道（如果有）的建设来设计场内道路。要召开专题审查会，从减少道路里程，减少用地，合理利用原有道路资源的角度设计风电场道路。要从缩短工期，降低造价，有利环保、水保，控制施工期风险等方面对道路进行优化。

(3) 及早做好征地工作。风电场因风机机位分散，覆盖区域涉及乡镇、村庄较多，有的地方甚至跨县跨市。尤其是遇到以山脊作为县界，原来并没有划界得很清楚的项目，在征地时矛盾凸显。征地工作点多、面广、复杂的特点使得征地工作零散、繁重、难度大，也给风电场微观选址增加了很多不确定性。因此在开工准备阶段，应特别注重对征地问题的人员、精力投入，探索建立各级政府协调体系，早日签订征占地补偿协议，为工程建设铺平道路。在解决征地问题时，还应探索征地新模式。如目前部分工程采取将征地工作统包给当地政府的模式，由其依托属地优势办理征地相关手续及证件，为工程建设节省人力、物力、时间。

(4) 吊装作业。风电场的主要设备和大部件都位于距地面数十米甚至上百米的高空，吊装作业频繁。对于机组的吊装，施工单位应编制详细的吊装方案，业主应组织监理、设计院、设备厂家等相关人员进行审核，确保吊装方案可行，吊装设备符合安全监察要求，吊装作业人员和其他施工人员符合特种作业要求。避免在雷雨、多雾天气进行吊装，轮毂吊装尽量控制在风速小于 8m/s 以下进行，发电机的吊装控制在风速小于 10m/s 以下进行。及时掌握施工地区气候情况，避免在冰雪封山期进行吊装。同时，高空作业及高强度的作业对工作人员来说，存在较高的人身风险，应要求相关单位购买责任险或人身险。

(5) 设备招标。招标要早策划、早安排、早决定。风机主机选择影响微观选址，又制约风电场道路设计和风机基础设计施工。因此，风机主机招标时间要大大提前于其他设备的招标时间；道路施工队伍也需早决定，通路是正常大规模施工的前提，另外，有电缆埋设的尽可能与道路建设一同考虑。

(6) 施工组织。施工要特别注意在道路贯通后进行，一边是风机基础浇筑，一边是风机吊装，一边是电缆敷设，甚至还同时做道路尾工，这些作业如何组织协调好，要发挥业主和监理的统筹指挥作用。

3. 风险分散

风险分散是通过增加风险单位以减轻总体风险的压力，即将不同的风险单位分隔开来，发生风险事件时尽可能限制在很小的范围内，避免产生连锁反应，达到共同分摊集体风险的目的。对于风电场建设业主单位选择多家设备供货单位和多个施工单位即可降低只选择一家供货单位和一家施工单位的风险。在风电场建设进度控制中，由于风电场建设涉及风机基础、道路、建筑、电气、调试、安装、特种设备吊装、线路等多个专业，施工区域开阔，应避免采用施工总承包模式，减少对某一个施工单位的依赖程度，虽然增加了工程管理协调工作量，但可以降低进度控制风险。

4. 风险转移

风险转移是风险控制的另一种手段。风险转移分为保险转移和合同转移。

（1）保险转移。对于风电场建设来说，保险转移包括工程保险、运输保险、人身保险等。通过购买保险，投保人（包括业主或建设单位、施工单位、设备运输单位等）将风险转移给保险公司，建设工程发生保险合同约定的风险损失后，可通过保险公司赔偿，在一定程度上转移了风险。

对风电场建设进度控制来说，通过保险转移风险是有局限性的，因为工程建设出现保险合同约定的风险事件后，保险公司只承担直接责任，不承担间接责任。如某风电场建设项目施工过程中运输风机的车辆发生交通事故，风机损坏需要返厂修理，运输单位在运输前向保险公司投保，风险发生后，保险公司只承担返厂及修理责任，由于该台风机不能按时到达项目现场导致风机吊装作业中断数天，造成的施工进度延误保险公司是不可能赔偿的。

（2）合同转移。一般指业主（建设单位）通过签订合同的方式将风险转移给履行工程合同的另一方（包括施工单位、设备供应单位等）。或者施工单位、设备供应单位通过签订合同将风险转移给施工分包方、设备运输单位等。

在风电场建设进度控制中，这种通过合同转移风险的方式经常使用，如业主（建设单位）通过签订合同将进度风险转移给施工单位，但当风险事件发生后，只能通过合同约定要求施工单位赔偿误期损失，工程进度延期的事实是不可能被"转移"的。

因此，当风电场建设工程开始实施后，无论采取上述那种风险控制措施，都不可能真正避免或降低建设进度风险，应当敢于面对风险，更多的时候要采取积极的组织措施、管理措施、技术措施和经济措施降低风险发生的概率，减少损失。

8.6　控　制　实　例

某 49.5MW 风电场项目位于甘肃中部某风电规划开发区域，上网条件良好。项目于2013 年 10 月获得政府核准文件，业主项目公司拟定 2014 年 12 月全部风电机组投产发电的建设目标。该项目新建一座 110kV 升压站，送出线路为 110kV，输送距离 15km，路径穿越当地部分村庄；风电机组布置区域为砂地、村民自行开荒后的撂荒地。

8.6.1 里程碑进度计划确定

为确保完成年底全部并网发电目标，业主项目公司按照风电场建设正常周期研究确定了里程碑进度计划。进度计划的编制全面考虑了影响工程进度的因素，鉴于风险的不可预知性，针对某些节点设定了弹性实现，使各节点的实现过程中留有余地，充分发挥弹性时限的作用，以避免频繁调整进度计划，最终确定的一级里程碑进度计划如下：

2014 年 4 月上旬，第一罐混凝土。

2014 年 7 月，风机开始吊装。

2014 年 8 月，升压站电气设备安装。

2014 年 11 月，升压站反送电。

2014 年 11 月底，首批机组并网发电。

8.6.2 工期进度细化和优化

工程建设进度越早进行控制，进度控制效果越好。根据该里程碑进度计划，业主项目公司、监理单位、设计单位共同进行了工程进度分析，努力做到早期编制的总进度计划达到一定的深度和细度，按照"远粗近细"的原则。随着工程的进展，进度计划相应地深化和细化。风电工程进度控制的重点对象是关键路线上的各项工作：主机确定、全部设备和施工招标、施工准备、四通一平、升压站土建施工、升压站电气设备安装调试、场内集电线路施工、送出线路施工，包括关键路线变化后的各项关键工作，对于非关键路线的各项工作，如风电机组基础浇筑、风电机组安装，要确保其不要延误后而变为关键工作。

业主项目公司对进度进一步优化。风电机组基础浇筑期气候温度回暖，风电机组基础开挖时间适当提前。混凝土强度上升快，养护期短，不需要全部基础浇筑完成再进行吊装，可以在首批基础浇筑完成强度符合吊装要求时进行吊装，合理地组织流水作业。电气设备安装工期可以进一步压缩，升压站反送电时间提前，为并网发电争取更多的时间。一级进度计划见表 8-3。

表 8-3 一 级 进 度 计 划

序号	任务名称	开始日期	完成日期	紧前任务
1	主机招标、合同签订	2013 年 11 月 1 日	2013 年 12 月 10 日	
2	风电机组基础详勘	2013 年 12 月 11 日	2014 年 1 月 10 日	1
3	全部设备、施工招标	2013 年 12 月 11 日	2014 年 1 月 20 日	1
4	施工准备	2014 年 1 月 21 日	2014 年 2 月 20 日	3，2
5	四通一平	2014 年 2 月 21 日	2014 年 3 月 20 日	4
6	升压站土建施工	2014 年 3 月 21 日	2014 年 7 月 20 日	5
7	风电机组基础浇筑	2014 年 3 月 21 日	2014 年 5 月 20 日	5
8	风电机组安装	2014 年 5 月 21 日	2014 年 8 月 31 日	7
9	升压站电气设备安装、调试	2014 年 7 月 21 日	2014 年 9 月 20 日	6
10	场内集电线路施工	2014 年 7 月 15 日	2014 年 10 月 20 日	7

续表

序号	任务名称	开始日期	完成日期	紧前任务
11	送出线路施工	2014 年 3 月 21 日	2014 年 10 月 20 日	5
12	并网验收、手续办理，倒送电	2014 年 9 月 21 日	2014 年 10 月 20 日	9，10，11，8
13	风电机组调试	2014 年 10 月 21 日	2014 年 12 月 5 日	12
14	风电机组并网发电	2014 年 12 月 6 日	2014 年 12 月 31 日	13

一级网络进度图如图 8-8 所示，阴影部分为关键线路工作。

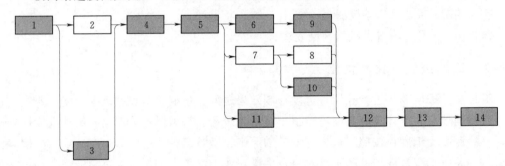

图 8-8　一级网络进度图

1. 进度管理的主要措施

风电场建设进度控制过程中，业主项目公司采取了组织措施、管理措施、技术措施、经济措施对施工进度进行了控制。主要措施有项目实施前组建了项目管理部，确定了各专业人员及其分工；在设计单位编制完成初步设计后，及时组织对初步设计进行评审，按照评审意见要求，督促设计单位修订初步设计收口文件；督促设计单位按照经评审后的初步设计文件编制主要招标技术规范，其中，优先编制风电机组主机设备的招标技术规范，完善主机招标文件，按照规定开展主机招标工作，随后开始升压站一次设备的招标工作；风电机组主机确定后，按照风电机组主机厂家的技术要求，开始风电机组基础施工图设计，同步开始编制风电机组基础及道路的施工招标工程量清单和技术要求。与此同时，送出线路路径已经确定，督促设计单位编制送出线路的施工工程量清单和技术要求，开始送出线路施工招标。

风电机组主机设备供应单位确定后，在合同中详细约定了设备供应进度计划，派驻了业主技术人员驻厂监造。按照风机主机厂家的技术要求，编制了塔筒的招标文件，确定了塔筒供应单位。风电机组的轮毂、叶片等大部件在风电机组主机合同中包含。

2. 施工过程前半周期的进度调整

开工前，业主项目部会同监理单位审查施工单位编制的二级进度施工计划。第一次工地例会上，业主项目部宣布一级进度计划和施工单位的二级进度计划，明确进度控制目标。宣布了进度奖励办法。开工后，业主项目部、监理单位项目部针对各施工标段进行二级控制，对各里程碑节点下的重要节点进行把握，形成闭环动态进度跟踪管理体系。

在施工准备和四通一平的施工中，因征地困难工程进展缓慢。征地过程存在多重矛盾，有乡和村之间的矛盾、村与村民之间的矛盾、村民之间界界不清的矛盾，有些矛盾并不能很快解决，需要一段消化时间，使征地工作受阻，最终造成升压站土建施工、风电机组基础浇筑延迟开工 15 天。业主项目部对照进度计划及时采取纠偏措施。首先采取措施加大征地力度，紧紧依靠当地政府，平息事件，化解矛盾，合理、妥善解决征地纠纷，保证工程的顺利进行，避免因征地影响后续建设，同时调整进度计划中第 6、7 项工作的施工方案。将第 6 项电气设备土建施工安排在前期施工，确保电气设备开始安装时间不变。调整第 7 项首批风电机组基础浇筑位置，先浇筑场地平整、有利于风电机组安装的机位。经过调整后未对总工期造成影响。

施工过程中，因国家政策调整，项目贷款出现问题，业主项目公司融资困难，不能按合同约定的时间支付进度款。土建施工因没有足够的资金支付工程进度款，风电机组基础浇筑和升压站施工进度拖后 1 个月。业主项目部高度重视此问题，想尽各种办法筹措资金，报请上级单位给予大力支持，保证资金及时到位，顺利完成下一阶段任务目标。因该项工作是关键工作，业主项目部、监理单位、施工单位共同研究，决定采取措施压缩后续施工周期，其中，升压站电气设备安装、调试压缩工序采用流水施工，在设备安装进展到一定阶段即开始电气调试及试验工作，共压缩工期 10 天，并网验收、手续办理，升压站带电工作在工程进展到一定的阶段，涉及电网的部分已经施工完成并经过单位工程验收后开始申请并网验收，共压缩工期 10 天，采用技术措施，计划调运 1 台发电机进行风电机组非并网状态下的调试工作，将风电机组调试压缩 5 天，风电机组并网发电压缩 5 天。经过调整后的工期满足总工期进度要求。

风电机组基础施工单位因组织机构不健全，现场管理力度差，因征地受阻、施工进展慢造成钢筋工流失，劳动力不足。监理单位及时发现问题并向业主项目部汇报，业主项目部召开进度专题协调会，组织施工单位提出解决措施，督促施工单位增加技术力量，加强自检，增加劳动力；督促监理加大工作力度，做到事前控制。严格审批进度计划，加大考核力度，每天召开工程协调会议，随时解决各种问题。经过以上措施及时纠偏，加快风机基础浇筑后半个周期进度，未影响整体进度。

电气安装及设备安装施工图出版滞后，施工图没有及时报消防审核，当地消防部门对风电场工程下了停工令，经业主项目公司协调于 5 天后复工。静止无功补偿装置（Static Var Generator，SVG）到货延迟，影响升压站工程进度 5 天。整体工期进度拖后 10 天，需要进一步压缩后续工作时间。并网验收、手续办理，倒送电再压缩 5 天，风电机组调试压缩 2 天，风电机组并网发电压缩 3 天。

在工程施工后半周期，35kV 集电线路征地工作受阻，村民阻挠施工，影响施工进度 15 天。施工单位组织不力，导致铁附件未订货，村民因征地款支付时间长阻挠风电机组吊装施工，施工进度受风电机组吊装影响滞后。集电线路施工工期计划弹性时限较长，监理单位、施工单位对进度计划进行调整，将工期压缩 15 天，不影响总工期。风电机组安装单位组织不到位，延迟进场 20 天，风电机组安装过程中处于全国市场供货紧张阶段，塔筒供货进度比原计划推迟，风电机组主设备和风速仪、轮毂滑环等辅助设备供货延迟。

风电机组安装吊车行走需要穿越 3 处 10kV 高压线、2 处通信光缆，联系当地供电局停送电和拆放通信光缆影响工期进度。施工单位采取措施风电机组安装组织流水施工，一组专门负责卸货、组装叶片，另一组负责安装风电机组，安排 2 名司机白天吊车进行安装，夜间行走，合理安排作业大大提高了安装进度。业主项目公司与风电机组厂家和塔筒厂家联系，专门组织人员到厂家催货，按照合同条款规定的供货周期供货，通过监造单位监督厂家的制造周期，保证了按进度供货。经过积极调整，努力采取措施，风电机组安装最终影响工程进度 26 天，没有变为关键线路。因工程地质实际条件远比招标时描述的复杂，由于工期紧迫，风电场工程在上一年度没有来得及进行地勘和测量工作，为了确保能按期实现工期目标，一边进行地勘和测量工作，一边招标，招标文件中关于风电场地质情况描述不准确，道路和平台工程量计算有较大误差。招标时提供的施工图和施工阶段提供的施工图有较大变化，施工中出现了很多超出预想的困难。其中风电机组基础及道路标段存在道路及平台石方开挖工程量、基础混凝土标号变化及混凝土外加剂、基础增加防腐施工等问题；风电机组吊装标段存在风电机组及塔筒等设备二次倒运、主吊车多次解体运输等问题；升压站扩建及集电线路标段存在从混凝土杆变更为铁塔、铁塔基础施工需要降土石方及施工临时道路、新增水泵房扩建工程量、部分招标漏项等问题；施工单位提出需要对上述工程费用根据实际情况进行调整，经业主项目部、监理单位、设计单位共同协商给予签证和变更，影响工期 5 天，施工单位通过内部赶工进行消化，不影响总工期。110kV 送出线路 7 基塔因征地问题无法动工，当地部分村民阻挠施工，给后续征地工作和其他建设工程造成困难，致使工程无法顺利开展，影响工期 35 天。送出线路跨越停电计划因牵涉当地铁路运行线路、灌区冬灌和供电部门的可靠性指标，协调起来较为困难，造成导线放线难度较大，影响工期 20 天，使其变为关键线路。业主项目公司、施工单位加快其他工序和工作的施工进度，千方百计采取各种办法，进一步加大征地、青赔工作力度，建设单位积极和当地政府部门沟通，沟通协调征地事宜，努力寻求解决办法。最终工期拖延 20 天。风电机组调试采取措施，建设单位联系厂家增派调试人员，分成 4 组同时调试，大大减少了调试时间，风电机组边调试边并网，提前和当地调度部门沟通好，具备条件的风电机组随时并网，调试周期减少 10 天，并网发电时间缩减 10 天。最终保证了总工期，实现全部风电机组投产发电。调整后的进度表见表 8-4，调整后的网络图如图 8-9 所示。

表 8-4　调整后的进度表

序号	任务名称	开始日期	完成日期	紧前任务
1	主机招标、合同签订	2013 年 11 月 1 日	2013 年 12 月 10 日	
2	风电机组详勘	2013 年 12 月 11 日	2014 年 1 月 10 日	1
3	全部设备、施工招标	2013 年 12 月 11 日	2014 年 1 月 20 日	1
4	施工准备	2014 年 1 月 21 日	2014 年 2 月 20 日	3，2
5	四通一平	2014 年 2 月 21 日	2014 年 4 月 5 日	4
6	升压站土建施工	2014 年 4 月 6 日	2014 年 8 月 20 日	5
7	风电机组基础浇筑	2014 年 4 月 6 日	2014 年 6 月 6 日	5

续表

序号	任务名称	开始日期	完成日期	紧前任务
8	风电机组安装	2014 年 6 月 11 日	2014 年 10 月 16 日	7
9	升压站电气设备安装、调试	2014 年 8 月 21 日	2014 年 10 月 20 日	6
10	场内集电线路施工	2014 年 7 月 15 日	2014 年 10 月 20 日	7
11	送出线路施工	2014 年 3 月 21 日	2014 年 11 月 10 日	5
12	并网验收、手续办理，倒送电	2014 年 11 月 10 日	2014 年 12 月 5 日	9，10，11，8
13	风电机组调试	2014 年 12 月 6 日	2014 年 12 月 25 日	12
14	风电机组并网发电	2014 年 12 月 20 日	2014 年 12 月 31 日	13

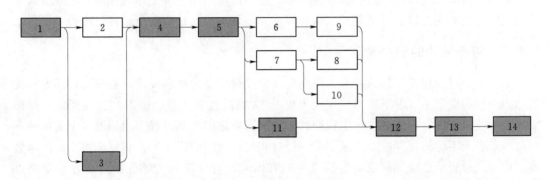

图 8-9 调整后的网络图

第9章 风电场建设安全管理

9.1 前期安全管理

风电场工程的前期管理工作，是建设单位实现风电场工程建设统筹规划、有序开发、分步实施、持续发展等工作目标的重要保障。这一阶段安全管理工作的任务，主要是认真按照风电建设前期工作的有关要求，保质保量完成好初步设计和安全预评价报告等工作。

9.1.1 初步设计的安全管理

根据电力行业建设工程的要求，风电场工程建设项目的初步设计，必须符合国家有关劳动安全与工业卫生（以下简称"安全卫生"）方面的有关法规、标准的有关规定，保障安全卫生技术措施或设施与主体工程同时设计、同时施工、同时投产使用（以下简称"三同时"）。安全卫生的技术措施应做到采用经过实践检验过的成熟工艺和安全可靠的技术装备，使生产过程的危险、职业危害因素控制在国家现行标准和劳动保护法规允许范围以内。建设单位和设计单位应按国家和当地行业行政管理部门的有关规定，按各自职责负责做好建设项目的安全卫生方面的"三同时"工作。

9.1.1.1 劳动安全与工业卫生

根据《风电场工程可行性研究报告编制办法》（发改办能源〔2005〕899号）第十七条有关规定，劳动安全与工业卫生有关内容主要有以下方面：

1. 设计依据、任务与目的

（1）法律法规及技术规范与标准。叙述劳动安全与工业卫生应遵循的法律法规及技术标准。

（2）劳动安全与工业卫生预评价报告的主要结果。

（3）劳动安全与工业卫生设计任务和目的。

1）对工程投产后在生产过程中可能存在的直接危及人身安全和身体健康的各种危害因素进行确认，提出符合规范要求和工程实际的具体防护措施，以保障风电场职工在生产过程中的安全与健康要求，同时确保工程建筑物和设备本身的安全。

2）对施工过程中可能存在的主要危害因素，从管理方面对业主、工程承包商和工程监理部门提出安全生产管理要求，为业主的工程招标管理、工程竣工验收和电站的安全执行管理提供参考依据，确保施工人员生命及财产的安全。

2. 工程概述与风电场总体布置

（1）工程概述。简述工程规模、主要建筑物、占地面积以及工程建成后的综合效益。

（2）风电场总体布置。叙述风电场风电机组、箱式变电站和升压变电所主要建筑物的布置原则及其主要安全防范措施，主要建筑物内疏散通道、消防通道和消防水源的布置情况；施工场地布置和施工总进度。

3. **工程安全与卫生危害因素分析**

(1) 施工期危害因素。叙述施工期危害因素，对最可能发生安全事故的工种进行危害分析，如高空作业、运输吊装作业、开挖爆破作业、用电作业等。

(2) 运行期危害因素。叙述运行期危害因素，如设备损坏、火灾、爆炸危害、电气伤害危害、机械伤害危害、电磁辐射危害等。

4. **劳动安全与工业卫生对策措施**

(1) 施工期劳动安全与工业卫生对策措施针对施工期危害因素，从技术上和管理上采取措施，预防施工期危害和预防传染性疾病的发生。

(2) 运行期劳动安全与工业卫生对策措施对运行期间可能发生的危害类别，从技术上和管理上提出预防和杜绝措施。如防火防爆，防电气伤害，防机械伤害，防坠落伤害，采光与照明，防电磁辐射等。

5. **风电场安全与卫生机构设置、人员配置及管理制度**

(1) 组建安全卫生机构并简述专项设施配置。

(2) 制定并简述安全生产监督制度。

(3) 制定并简述消防、防止电气误操作、防高空作业坠落等管理制度。

(4) 制定并简述工业卫生与劳动保护管理规定。

(5) 制定并简述工作票、操作票管理制度。

(6) 制定并简述事故调查处理与事故统计制度。

(7) 制定并简述其他劳动安全、工业卫生管理制度。

6. **事故应急救援预案**

(1) 当根据劳动安全与工业卫生预评价报告和国家有关规定制订风电场内部事故应急救援预案，建立应急救援组织，配备应急救援器材。

(2) 急救援预案主要包括应急救援组织及其职责、应急救援启动程序、紧急处置措施方案、应急救援组织的训练及定期演练、应急救援设备器材的储备和经费保障。

(3) 急救援预案项目内容除了考虑防淹、防火、防触电事故预案，电气误操作事故预案，风电机组损坏事故预案，继电保护事故预案，变压器损坏和互感器爆炸事故预案，开关设备事故预案，接地网事故预案等事故预期案外，还应考虑施工期爆破及火工器材管理、施工区内运输、施工及检修期大件吊装、高空作业、交叉作业等危险点的安全生产事故应急救援预案措施要求。

7. **确定劳动安全与工业卫生专项工程量、投资概算和实施计划**

劳动安全与工业卫生专项投资概算中应考虑以下内容：

(1) 建设安全技术措施工程，如防火工程、通风工程、噪声、发全监测工程等。

(2) 安全设备、器材、装备、仪器、仪表等以及这些安全设备的日常维护。

(3) 按国家标准为职工配备劳动保护用品。

(4) 其他有关预防事故发生的安全技术措施费用，如用于制订及落实生产安全事故应急救援预案等。

8．预期效果评价

（1）劳动安全主要危害因素防护措施的预期效果评价。针对风电场的主要劳动安全问题，在采取了预防性措施后可达到最低事故率、最少损失和最优的安全投资效益进行评述。

（2）工业卫生主要有害因素防护措施的预期效果综合评价。针对风电场本工程粉尘、噪声、高温、高湿、高空等不良作业环境对作业人员的危害，在采取综合性预防措施后，可使潜在的有害因素危害降到最低程度，对作业人员的职业健康预期效果进行评述。

9．存在的问题与建议

在审查《劳动安全和工业卫生专篇》等资料时，应注意的把握问题：

（1）凡属防止人身伤亡事故、火灾、爆炸、防尘、防毒、防噪声危害和防止重大设备损坏事故的安全装置和设施、自动装置安全标志及信号报警等技术措施和设施的，均属必须完工验收的项目。

（2）属防止中暑、降低劳动强度及劳动保护辅助设施等可在试生产初期投用的，做好调试并完善。

（3）建设项目的主要生产设备属分期分批投运的，投产的设备和相应的公用设施应按（1）、（2）点要求投运。

9.1.1.2　建设项目"三同时"

根据《建设项目安全设施"三同时"监督管理暂行办法》（国家安全生产监督管理总局令第 36 号）文件要求，建设项目安全设施必须与主体工程同时设计、同时施工、同时投入生产和使用（以下简称"三同时"）。建设单位在实施"三同时"方面要做好的主要工作是：在组织可行性论证阶段时，应有安全卫生的论证内容，并将论证结果载入可行性论证文件。在进行初步设计审查时，应对初步设计中的《总的部分》《总布置图》及《劳动安全和工业卫生专篇》等资料组织初步设计审查，必须邀请有关技术专家参加，经审定后，应作为对建设单位、设计单位、施工单位的验收依据。

建设项目进行初步设计时，建设单位应当委托有相应资质的设计单位对建设项目安全设施进行设计，编制安全专篇。安全设施设计必须符合有关法律、法规、规章和国家标准或者行业标准、技术规范的规定，并尽可能采用先进适用的工艺、技术和可靠的设备、设施。对在非煤矿矿山建设项目，生产、储存危险化学品（包括使用长输管道输送危险化学品，下同）的建设项目，生产、储存烟花爆竹的建设项目；化工、冶金、有色、建材、机械、轻工、纺织、烟草、商贸、军工、公路、水运、轨道交通、电力等行业的国家和省级重点建设项目，还应当充分考虑建设项目安全预评价报告提出的安全对策措施。

建设项目安全设施建成后，建设单位应当对安全设施进行检查，对发现的问题及时整改。建设项目安全设施竣工或者试运行完成后，建设单位应当委托具有相应资质的安全评价机构对安全设施进行验收评价，并编制建设项目安全验收评价报告。建设项目安全验收评价报告应当符合国家标准或者行业标准的规定。

根据国家安全监管总局职业健康司《关于进一步加强建设项目职业卫生"三同时"监管工作的通知》（安健函〔2016〕30 号）文件规定，自 2016 年 7 月 2 日起，各级安全监管部门一律停止受理建设项目职业病危害预评价报告审核（备案）、职业病危害严重的建设项目职业病防护设施设计审查、建设项目职业病防护设施竣工验收（备案）的申请，不得以任何形式保留或变相审批。各级安全监管部门对建设项目职业卫生"三同时"的管理由审批调整为事中事后监管，对建设单位（不含建设项目产生放射性职业病危害的医疗机构）组织的验收活动和验收结果开展监督核查，督促指导建设单位依照法律法规和技术标准组织开展职业病危害预评价、职业病防护设施设计、职业病防护设施竣工验收，落实建设项目职业卫生"三同时"主体责任。

9.1.2 安全预评价

安全预评价是根据建设项目可行性研究报告内容，分析和预测该建设项目可能存在的危险、有害因素的种类和程度，提出合理可行的安全对策措施及建议。

建设单位按有关要求将安全预评价报告交由具备能力的行业组织或具备相应资质条件的中介机构组织专家进行技术评审，并由专家评审组提出评审意见。

预评价单位根据审查意见，修改、完善预评价报告后，由建设单位按规定报有关安全生产监督管理部门备案。

建设项目安全预评价从国家政策、技术标准等两方面的有关规定进行评述。

9.1.2.1 国家政策的有关规定

为了建立和完善风电前期工作管理制度，提高风电前期工作质量，促进我国风电的健康发展，国家发展和改革委员会办公厅制定《风电场工程前期工作管理暂行办法》（发改办能源〔2005〕899号）、《风电开发建设管理暂行办法》（国能新能〔2011〕285号）、《风电场工程可行性研究报告编制办法》和《风电场工程可行性研究报告设计概算编制办法及计算标准》（GD 003—2011）。

1.《风电场工程前期工作管理暂行办法》

根据国家发展和改革委员会办公厅颁发《风电场工程前期工作管理暂行办法》有关规定，风力发电工程的前期工作内容有风能资源评价、风电场工程规划、预可行性研究、可行性研究等四个阶段工作内容。

（1）风能资源评价是风电场工程规划的基础，以气象部门为主进行，由中国气象局负责统一协调管理，并按有关规定和要求提交评价成果。

（2）风电场工程规划是风能资源有序开发的依据。全国风电场规划由国家发展改革委负责组织编制，各省（自治区、直辖市）风电场工程规划由各省（自治区、直辖市）发展改革委根据国家风电场发展规划要求和有关规定组织编制。国家百万千瓦级风电场规划工作由国家发展改革委负责。

（3）风电场工程预可行性研究在风电场工程规划工作的基础上进行。一般风电场预可行性研究工作的管理由项目所在省（自治区、直辖市）发展改革委负责；国家百万千瓦级风电场预可行性研究工作由国家发展改革委负责管理。未经许可，任何企业和个人不得擅自开展风电场预可行性研究工作。国家鼓励企业投资风电场预可行性研究工作。对于企业进行投资、满足预可行性研究深度要求、并纳入特许权招标建设的风电场项目，其前期工作成果可实行有偿转让。

（4）风电场工程可行性研究在风电场工程预可行性研究工作的基础上进行，是政府核准风电项目建设的依据。风电场工程可行性研究工作由获得项目开发权的企业按照国家有关风电建设和管理的规定和要求负责完成。

2.《风电开发建设管理暂行办法》

根据国家能源局颁发《风电开发建设管理暂行办法》（国能新能〔2011〕285 号）对项目前期工作的有关规定，项目前期工作包括选址测风、风能资源评价、建设条件论证、项目开发申请、可行性研究和项目核准前的各项准备工作。企业开展测风要向县级以上政府能源主管部门提出申请，按照气象观测管理要求开展相关工作。项目的开发申请报告应在预可行性研究阶段工作成果的基础上编制，包括以下内容。

（1）风电场风能资源测量与评估成果、风电场地形图测量成果、工程地质勘察成果及工程建设条件。

（2）项目建设必要性，初步确定开发任务、工程规模、设计方案和电网接入条件。

（3）初拟建设用地或用海的类别、范围，环境影响初步评价。

（4）初步的项目经济和社会效益分析。

国务院能源主管部门对满足上述要求的项目予以备案。

风电场工程项目申请报告应达到可行性研究的深度，并附有下列文件。

（1）项目列入全国或所在省（自治区、直辖市）风电场工程建设规划及年度开发计划的依据文件。

（2）项目开发前期工作批复文件，或项目特许权协议，或特许权项目中标通知书。

（3）项目可行性研究报告及其技术审查意见。

（4）土地管理部门出具的关于项目用地预审意见。

（5）环境保护管理部门出具的环境影响评价批复意见。

（6）安全生产监督管理部门出具的风电场工程安全预评价报告备案函。

（7）电网企业出具的关于风电场接入电网运行的意见，或省级以上政府能源主管部门关于项目接入电网的协调意见。

（8）金融机构同意给予项目融资贷款的文件。

（9）根据有关法律法规应提交的其他文件。

9.1.2.2　技术标准的有关要求

1.《安全预评价导则》

《安全预评价导则》（AQ 8002—2007）针对所有工程建设有关安全评价的管理、程序、内容等基本要求做出了规定。

（1）安全预评价程序。前期准备；辨识与分析危险、有害因素；划分评价单元；定性、定量评价；提出安全对策措施建议；做出评价结论；编制安全预评价报告等。

（2）安全预评价内容。主要有以下内容：

1）前期准备工作应包括明确评价对象和评价范围；组建评价组；收集国内外相关法律、法规、标准、规章、规范；收集并分析评价对象的基础资料、相关事故案例；对类比工程进行实地调查等内容。

2）辨识和分析评价对象可能存在的各种危险、有害因素；分析危险、有害因素发生作用的途径及其变化规律。

3）评价单元划分应考虑安全预评价的特点，以自然条件、基本工艺条件、危险、有害因素分布及状况、便于实施评价为原则进行。

4）根据评价的目的、要求和评价对象的特点、工艺、功能或活动分布，选择科学、合理、适用的定性、定量评价方法对危险、有害因素导致事故发生的可能性及其严重程度进行评价。对于不同的评价单元，可根据评价的需要和单元特征选择不同的评价方法。

5）为保障评价对象建成或实施后能安全运行，应从评价对象的总图布置、功能分布、工艺流程、设施、设备、装置等方面提出安全技术对策措施；从评价对象的组织机构设置、人员管理、物料管理；应急救援管理等方面提出安全管理对策措施；从保证评价对象安全运行的需要提出其他安全对策措施。

6）评价结论。应概括评价结果，给出评价对象在评价时的条件下与国家有关法律、法规、标准、规章、规范的符合性结论，给出危险、有害因素引发各类事故的可能性及其严重程度的预测性结论，明确评价对象建成或实施后能否安全运行的结论。

（3）安全预评价报告。安全预评价报告的总体要求。安全预评价报告是安全预评价工作过程的具体体现，是评价对象在建设过程中或实施过程中的安全技术性指导文件。安全预评价报告文字应简洁、准确，可同时采用图表和照片，以使评价过程和结论清楚、明确，利于阅读和审查。

安全预评价报告的基本内容主要有结合评价对象的特点，阐述编制安全预评价报告的目的；列出有关的法律、法规、标准、规章、规范和评价对象被批准设立的相关文件及其他有关参考资料等安全预评价的依据；介绍评价对象的选址、总图及平面布置、水文情况、地质条件、工业园区规划、生产规模、工艺流程、功能分布、主要设施、设备、装置、主要原材料、产品（中间产品）、经济技术指标、公用工程及辅助设施、人流、物流等概况；列出辨识与分析危险、有害因素的依据，阐述辨识与分析危险、有害因素的过程；阐述划分评价单元的原则、分析过程等；列出选定的评价方法，并做简单介绍。阐述选定此方法的原因。详细列出定性、定量评价过程。明确重大危险源的分布、监控情况以及预防事故扩大的应急预案内容。给出相关的评价结果，并对得出的评价结果进行分析；列出安全对策措施建议的依据、原则、内容；做出评价结论。

安全预评价结论应简要列出主要危险、有害因素评价结果，指出评价对象应重点防范的重大危险有害因素，明确应重视的安全对策措施建议，明确评价对象潜在的危险、有害因素在采取安全对策措施后，能否得到控制以及受控的程度如何。给出评价对象从安全生产角度是否符合国家有关法律、法规、标准、规章、规范的要求。

（4）安全预评价报告的格式。安全预评价报告的格式应符合《安全评价通则》中规定的要求。

（5）安全评价应获取的参考资料。

1）综合性资料：①概况；②总平面图、工业园区规划图；③气象条件、与周边环境关系位置图；④工艺流程；⑤人员分布。

2）设立依据：①项目申请书、立项批准文件；②地质、水文资料；③其他有关资料。

3）设施、设备、装置：①工艺过程描述与说明、工业区规划说明、活动过程介绍；②安全设施、设备、装置描述与说明。

4）安全管理机构设置及人员配置。

　　5）安全投入。

　　6）相关安全生产法律、法规及标准。

　　7）相关类比资料：①类比工程资料；②相关事故案例。

　　8）其他可用于安全预评价资料。

　　2.《风电场工程安全预评价报告编制规程》

　　《风电场工程安全预评价报告编制规程》（NB/T 31028—2012）是针对风电场工程设计、施工、运行维护及管理的全过程进行评价。重点内容是分析评价风电场施工及运行中可能出现的危险、有害因素，从设计、施工、运行维护及管理的角度提出相应的消除或减免措施，并提出安全建议。

　　（1）安全预评价报告编制依据内容。安全预评价报告编制的基本依据应包括的内容：①国家法律、法规、规章、技术标准；②风电场工程预可行性研究报告及审查意见；③安全预评价工作委托报告。

　　对建设单位的基本情况、组成、业务范围等做简单概述。

　　（2）安全预评价报告编制基本内容要求。

　　1）编制说明。编制说明是安全预评价报告第一部分的基本内容，应说明安全预评价的目的、前期准备情况、对象及范围、工作经过和程序。

　　2）建设项目概况。简单介绍建设项目的地理位置、周边环境、风能资源、水文气象、海洋水文特征参数、工程地质、项目任务和规模、风电场场址、风电机组选型及布置、电气、消防、土建工程设计情况、施工组织设计、工程投资等。应重点突出与项目安全相关的设计内容。

　　3）危险、有害因素及重大危险源辨识与分析。

　　对风电场应列出辨识与分析危险、有害因素的依据。应对评价范围或风电场边界内，根据设计文件资料，从周边环境、场址选址、总平面布置、道路及运输、建（构）筑物、风电机组、电气、作业环境、安全管理、职业健康管理、自然灾害、土建工程、施工过程、类比工程、原有已建工程等积累的实际资料与公布的典型事故案例中，找出与《生产过程危险和有害因素分类与代码》（GB/T 13861—2009）相对应的危险、有害因素进行辨识和分析，确定主要危险，有害因素存在部位、方式，以及发生危害、有害因素的途径和变化规律。同时，按照《危险化学品重大危险源辨识》（GB 18218—2009）等国家标准，对生产过程中和生产作业场所等方面存在的各种危险、有害因素进行辨识分析，在预评价工作中，应遵循以下原则：

　　a. 科学性。危险、有害因素的识别是分辨、识别确定系统内存在的危险，而不是研究防止事故发生或控制事故发生的实际措施。它是预测安全状态和事故发生途径的一种手段，《必须要有科学的安全理论作指导，使之能真正揭示系统安全状况，揭示危险、有害因素存在的部位、方式，事故发生的途径及其变化规律，并予以准确描述。

　　b. 系统性。危险、有害因素存在于生产活动的各个方面，因此，要对系统进行全面、详细地剖析，研究系统及子系统之间的相关和约束关系；分清主要危险、有害因素及其相关的危险、有害性。

c. 全面性。识别危险、有害因素时，不要发生遗漏，以免留下隐患，要从场址、自然条件、建（构）筑物、工艺过程、生产设备、设施、装置、特种设备、公用工程、安全管理体系、管理制度等方面进行分析辨识；不仅要分析设备正常生产运转、操作中存在的危险、有害因素，还要分析、辨识设备启动、停运、检修和设备受到破坏及操作失误情况下的危险、有害后果。通过对可能导致事故发生的直接原因、诱导原因进行重点分析，为采取控制措施提供基础。

　　d. 预测性。对于危险、有害因素，还要分析其触发事件，即危险、有害因素出现的条件或设想的事故模式。

　　4）评价单元划分和评价方法选择。依据风电场工程存在的危险、有害因素并考虑安全预评价的特点，结合风电场特点和本工程的具体情况，说明划分评价单元的原则及确定的评价单元。风电场工程习惯上将评价单元划分为场址选择及总平面布置单元、电气单元、土建工程单元、主要生产设备单元、安全管理单元、作业环境单元等。

　　根据评价的目的、要求和风电场工程特点，选择科学、合理、适用的安全评价方法；对于不同的评价单元，可根据评价的需要和单元特征选择不同的评价方法。选定的评价方法应做简单介绍，并阐述选定此方法的原因。

　　评价方法是分析危险、有害因素的工具，选用哪一种方法要根据分析对象的性质、特点、寿命的不同阶段和分析人员的知识、经验和习惯来定。

　　5）定性、定量评价。根据危险、有害因素分析的结果和确定的评价单元，参照有关资料和数据，用选定的评价方法对各评价单元存在的危险、有害因素导致事故发生的可能性及其严重程度进行评价。真实、准确地确定事故可能发生的部位、频次、严重程度的等级及相关结果，并对得出的评价结果进行分析。

　　6）安全对策措施建议。依据危险、有害因素辨识结果与定性、定量评价结果，遵循针对性、技术可行性、经济合理性的原则，提出消除或减弱危险危害的技术和管理对策措施建议。安全对策措施建议应具体翔实，具有可操作性；按照针对性和重要性的不同，措施建议可分为应采纳和宜采纳两种类型。

　　为保障风电场工程建成后能安全运行，安全对策措施应包括从风电场工程的总图布置、功能分布、工艺流程、设施、设备、装置等方面提出安全技术对策措施；从风电场工程的组织机构设置、人员管理、应急救援预案管理等方面提出安全管理对策措施；从保证风电场工程安全运行的需要提出的其他安全对策措施。

　　7）事故应急救援预案编制原则及框架要求包括事故应急预案的定义、目标、应急预案编制的要求和依据、应急预案编制程序、应急预案体系的构成及其主要内容、本工程应编制的主要事故应急救援预案等。

　　8）安全专项投资估算包括投资估算编制依据、价格水平年、安全设备设施清单、投资估算等内容。

　　9）评价结论。

　　主要应包括以下几方面的内容：

　　a. 简要列出主要危险、有害因素评价结果，指出风电场工程应重点防范的重大危险、有害因素。

b. 明确应重视的安全对策措施建议；明确风电场工程潜在的危险，有害因素在采取安全对策措施后，能否得到控制以及受控的程度如何。

c. 给出风电场工程从安全生产角度是否符合国家有关法律、法规、标准、规章、规范的要求。

（3）安全预评价报告的格式。

1）封面。封面上应有委托单位名称、评价项目名称、安全预评价报告、安全评价机构名称、安全评价机构资质证书编号、评价报告完成日期。

2）安全评价机构资质证书影印件。

3）著录项。"安全评价机构法定代表人，评价项目组成员"等著录项，一般分两页布置：第一页署明安全评价机构的法定代表人、技术负责人、评价项目负责人等主要责任者姓名，下方为报告编制完成的日期及评价机构公章用章区；第二页则为评价人员、各类技术专家以及其他有关责任者名单，评价人员和技术专家均应亲笔签名。

4）前言。

5）目录。应包括各章、节的目录。

6）正文（包括评价目的、评价范围、评价依据、建设单位简介、建设项目概况、危险有害因素辨识与分析、评价单元划分和评价方法选择、定性定量评价、安全对策措施建议、应急预案编制原则及框架要求、安全专项投资估算、评价结论等）。

7）附件、附图。

（4）编制安全预评价报告需建设单位提供的资料目录。

1）建设项目综合性资料。

a. 建设单位概况。

b. 建设项目概况。

c. 建设工程总平面图。

d. 建设项目与周边环境关系位置图。

e. 建设项目工艺流程及物料平衡图。

f. 气象条件。

g. 人员分布。

2）建设项目设计依据。

a. 建设项目申请书、项目建议书、立项批准文件。

b. 建设项目设计依据的地质、风能资料。

c. 建设项目设计依据的其他有关安全资料。

3）建设项目设计文件。

a. 建设项目预可行性研究报告。

b. 改建、扩建项目相关的其他设计文件。

4）安全设施、设备、装置资料。

a. 生产工艺中的工艺过程描述与说明。

b. 生产系统中主要安全设施、设备和装置描述与说明。

5）安全机构设置及人员配置。

6）安全专项投入。

7）其他。

（5）编制安全预评价报告参考目录。

1）编制说明。

a. 预评价目的、范围及工作程序。

a）预评价目的。

b）预评价范围。

c）预评价工作程序。

b. 评价依据。

a）国家法律。

b）国家行政法规。

c）地方法规。

d）政府部门规章。

e）政府部门规范性文件。

f）国家标准。

g）安全生产行业技术标准。

h）风力发电行业技术标准。

i）行业管理有关规定。

j）其他技术资料：《××工程预可行性研究报告》等。

c. 建设单位简介。

2）建设项目概况。

a. 项目地理位置，建设内容。

b. 主要设计方案。

a）风能资源。

b）工程地质。

c）项目任务和规模。

d）风电场场址选择。

e）风电机组选型及布置。

f）电气工程。

g）土建工程。

h）施工组织设计。

i）投资估算。

3）危险、有害因素辨识与分析。

a. 风电场场址选址和总体布置危险性辨识分析。

a）场址选址。

b）总体布置。

b. 主要生产建（构）筑物、设备事故危险因素辨识分析。

a）地震危险性分析。

b）坍塌危险性分析。

c）主要建筑物缺陷危险性分析。

d）风电机组等主要设备缺陷危险性分析。

c. 生产过程中的主要危险因素辨识分析。

a）火灾危险性分析。

b）爆炸危险性分析。

c）电伤害危险性分析。

d）机械伤害危险性分析。

e）自然灾害（暴风雨雪、台风、冰雹等）危险性分析。

d. 生产作业场所有害因素辨识分析。

a）噪声及振动危害因素分析。

b）高温、低温危害因素分析。

c）潮湿危害因素分析。

d）采光照明不良危害因素分析。

e）电磁辐射危害因素分析。

f）粉尘、有害物质危害因素分析。

e. 施工期危险性分析。

f. 重大危险源辨识分析。

4）评价单元划分和评价方法选择。

a. 评价单元划分。

b. 评价方法选择。

5）定性、定量评价。

6）安全对策措施建议。

a. 安全对策措施建议的依据、原则。

b. 安全技术对策措施。

c. 安全管理对策措施。

a）安全管理机构设置和人员配置。

b）安全监测站与设备配置。

c）安全管理制度（含人员、物料、应急预案等管理制度）。

d. 施工期安全对策措施。

7）事故应急救援预案编制原则及框架要求。

a. 事故应急预案的定义和目标。

b. 应急预案编制要求和依据。

c. 应急预案编制程序。

d. 应急预案体系的构成及其主要内容。

e. 本工程应编制的主要事故应急救援预案。

8）安全专项投资估算。

a. 编制依据。

b. 价格水平年。

c. 安全专项工程量（设备、设施清单）。

d. 投资估算。

9）评价结论。

10）附件和附图。

9.2 施工的安全管理

按照建设工程基本程序，工程施工的安全管理分为施工前期、工程施工、竣工验收等三个过程。

9.2.1 施工前期的安全管理

根据《建筑工程安全生产监督管理工作导则》（建质〔2005〕184号）、《建设工程安全生产管理条例》（国务院令第393号）、《关于进一步加强电力建设安全生产工作的意见》（电监安全〔2010〕7号）等文件规定，做好建设施工前期的安全管理，主要是对施工现场参建各方安全管理、安全生产条件的审查，及时发现存在的安全隐患，督促参建各方及时整改，减少施工单位因盲目施工造成不必要的损失，避免施工现场发生安全事故。

9.2.1.1 安全管理责任

当前，电力建设工程持续保持较大规模，电力建设安全生产形势严峻，人身伤亡事故时有发生。根据《电力建设安全生产监督管理办法》（电监安全〔2007〕38号）和《关于进一步加强电力建设安全生产工作的意见》等文件要求，明确了电力建设安全管理责任。

1. 建设单位责任

（1）建设单位是电力建设项目安全生产第一责任人，履行安全生产全面管理责任。建设单位作为项目法人，要切实履行电力建设安全生产组织、协调、监督职责，加强电力建设项目全过程安全管理，健全安全生产组织体系和工作机制，完善安全生产规章制度和项目安全文明施工总体策划方案，积极推动安全生产标准化建设，强化建设工程现场安全管理，及时研究解决建设项目安全生产重大问题。

（2）建设单位应当向施工单位提供施工现场及毗邻区域内供水、排水、供电、供气、供热、通信、广播电视等地下管线资料，气象和水文观测资料，相邻建筑物和构筑物、地下工程的有关资料，并保证资料的真实、准确、完整。

（3）建设单位不得对勘察、设计、施工、工程监理等单位提出不符合建设工程安全生产法律、法规和强制性标准规定的要求，不得压缩合同约定的工期。在编制工程概算时，应当确定建设工程安全作业环境及安全施工措施所需费用。不得明示或者暗示施工单位购买、租赁、使用不符合安全施工要求的安全防护用具、机械设备、施工机具及配件、消防设施和器材。

（4）建设单位在申请领取施工许可证时，应当提供建设工程有关安全施工措施的资料。依法批准开工报告的建设工程，建设单位应当自开工报告批准之日起15日内，将保证安全施工的措施报送建设工程所在地的县级以上地方人民政府建设行政主管部门或者其他有关部门备案。

　　建设单位将建设项目在所在地政府的建设部门或国家能源派出机构的有关部门报建备案。报建备案内容为工程名称，建设地点，投资规模，资金来源，当年投资额，工程规模，开工、竣工日期，发包方式，工程筹建情况等级 9 项。报建备案应交验材料有立项核准文件或年度投资文件、建设工程规划许可证、资金证明等。报建备案程序为建设单位填写统一格式《工程建设项目报建表》，连同应交验材料一并报建设行政主管部门。并按要求进行招标准备和开展工程建设招标投标工作。

　　（5）建设单位应成立工程建设项目部（业主），开展施工前各项工作，如成立安全生产组织机构（安全生产领导小组），制定安全管理制度，编制安全生产工作计划（教育培训计划、安全检查计划、安全费用预算计划、应急预案及演练工作计划），签订安全生产协议书、承诺书等。

　　（6）委托有相应资质、满足专业需求的监理单位，签订委托代理协议书。

　　2. 施工单位责任

　　施工单位履行工程建设施工现场安全生产责任。施工单位要严格执行安全生产法律法规，加强建设项目安全生产组织管理，完善安全生产风险管理体系，建立健全安全生产隐患排查治理机制和重点区域、重点环节、关键部位施工风险监控机制，落实针对不同施工阶段以及季节性气候变化的现场安全施工措施。加强工程发包和承包管理，严禁工程转包和违法分包。

　　（1）施工单位应当具备国家规定的注册资本、专业技术人员、技术装备和安全生产等条件，持有相应等级的资质证书，并在其资质等级许可的范围内承揽工程。

　　（2）施工单位主要负责人对安全生产工作全面负责。应当建立健全安全生产责任制度和安全生产教育培训制度，制定安全生产规章制度和操作规程，保证安全生产条件所需资金的投入，对所承担的建设工程进行定期和专项安全检查，并做好安全检查记录。

　　（3）施工单位的项目负责人应当由取得相应执业资格的人员担任，对建设工程项目的安全施工负责，落实安全生产责任制度、安全生产规章制度和操作规程，确保安全生产费用的有效使用，并根据工程的特点组织制定安全施工措施，消除安全事故隐患，及时、如实报告生产安全事故。

　　（4）施工单位对列入建设工程概算的安全作业环境及安全施工措施所需费用，应当用于施工安全防护用具及设施的采购和更新、安全施工措施的落实、安全生产条件的改善，不得挪作他用。

　　（5）施工单位应当设立安全生产管理机构，配备专职安全生产管理人员。专职安全生产管理人员负责对安全生产进行现场监督检查。发现安全事故隐患，应当及时向项目负责人和安全生产管理机构报告；对违章指挥、违章操作的，应当立即制止。

　　（6）建设工程实行施工总承包的，由总承包单位对施工现场的安全生产负总责。总承包单位应当自行完成建设工程主体结构的施工。总承包单位依法将建设工程分包给其他单位的，分包合同中应当明确各自的安全生产方面的权利、义务。总承包单位和分包单位对分包工程的安全生产承担连带责任。分包单位应当服从总承包单位的安全生产管理，分包单位不服从管理导致生产安全事故的，由分包单位承担主要责任。

（7）垂直运输机械作业人员、安装拆卸工、爆破作业人员、起重信号工、登高架设作业人员等特种作业人员，必须按照国家有关规定经过专门的安全作业培训，并取得特种作业操作资格证书后，方可上岗作业。

（8）施工单位应当在施工组织设计中编制安全技术措施和施工现场临时用电方案。对基坑支护与降水工程、土方开挖工程、模板工程、起重吊装工程、脚手架工程、拆除、爆破工程、其他危险性较大的工程等7类分部分项工程，如达到一定规模危险性较大的应编制专项施工方案，并附具安全验算结果，经施工单位技术负责人、总监理工程师签字后实施，由专职安全生产管理人员进行现场监督。如涉及深基坑、地下暗挖工程、高大模板工程的专项施工方案，施工单位还应当组织专家进行论证、审查。

（9）建设工程施工前，施工单位负责项目管理的技术人员应当对有关安全施工的技术要求向施工作业班组、作业人员作出详细说明，并由双方签字确认。

（10）施工单位应当在施工现场入口处、施工起重机械处、临时用电设施处、脚手架、出入通道口、楼梯口、电梯井口、孔洞口、桥梁口、隧道口、基坑边沿、爆破物及有害危险气体和液体存放处等危险部位，设置明显的安全警示标志。安全警示标志必须符合国家标准。施工单位应当根据不同施工阶段和周围环境及季节、气候的变化，在施工现场采取相应的安全施工措施。施工现场暂时停止施工的，施工单位应当做好现场防护，所需费用由责任方承担，或者按照合同约定执行。

（11）施工单位应当将施工现场的办公、生活区与作业区分开设置，并保持安全距离；办公、生活区的选址应当符合安全性要求。职工的膳食、饮水、休息场所等应当符合卫生标准。施工单位不得在尚未竣工的建筑物内设置员工集体宿舍。施工现场临时搭建的建筑物应当符合安全使用要求。施工现场使用的装配式活动房屋应当具有产品合格证。施工单位应当遵守有关环境保护法律法规的规定，在施工现场采取措施，防止或者减少粉尘、废气、废水、固体废物、噪声、振动和施工照明对人和环境的危害和污染。

（12）施工单位对因建设工程施工可能造成损害的毗邻建筑物、构筑物和地下管线等，应当采取专项防护措施。

（13）施工单位应当在施工现场建立消防安全责任制度，确定消防安全责任人，制定用火、用电、使用易燃易爆材料等各项消防安全管理制度和操作规程，设置消防通道、消防水源，配备消防设施和灭火器材，并在施工现场入口处设置明显标志。

（14）施工单位应当向作业人员提供安全防护用具和安全防护服装，并书面告知危险岗位的操作规程和违章操作的危害。施工单位采购、租赁的安全防护用具、机械设备、施工机具及配件，应当具有生产（制造）许可证、产品合格证，并在进入施工现场前进行查验。施工现场的安全防护用具、机械设备、施工机具及配件必须由专人管理，定期进行检查、维修和保养，建立相应的资料档案，并按照国家有关规定及时报废。

（15）作业人员有权对施工现场的作业条件、作业程序和作业方式中存在的安全问题提出批评、检举和控告，有权拒绝违章指挥和强令冒险作业。在施工中发生危及人身安全的紧急情况时，作业人员有权立即停止作业或者在采取必要的应急措施后撤离危险区域。作业人员应当遵守安全施工的强制性标准、规章制度和操作规程，正确使用安全防护用具、机械设备等。

（16）施工单位在使用施工起重机械和整体提升脚手架、模板等自升式架设设施前，应当组织有关单位进行验收，也可以委托具有相应资质的检验、检测机构进行验收；使用承租的机械设备和施工机具及配件的，由施工总承包单位、分包单位、出租单位和安装单位共同进行验收，验收合格的方可使用。《特种设备安全监察条例》规定的施工起重机械，在验收前应当经有相应资质的检验、检测机构监督检验合格。施工单位应当自施工起重机械和整体提升脚手架、模板等自升式架设设施验收合格之日起 30 日内，向建设行政主管部门或者其他有关部门登记。登记标志应当置于或者附着于该设备的显著位置。

（17）施工单位应当对管理人员和作业人员每年至少进行一次安全生产教育培训，其教育培训情况记入个人工作档案。安全生产教育培训考核不合格的人员，不得上岗。作业人员进入新的岗位或者新的施工现场前，应当接受安全生产教育培训。未经教育培训或者教育培训考核不合格的人员，不得上岗作业。施工单位在采用新技术、新工艺、新设备、新材料时，应当对作业人员进行相应的安全生产教育培训。

（18）施工单位应当为施工现场从事危险作业的人员办理意外伤害保险。

意外伤害保险费由施工单位支付。实行施工总承包的，由总承包单位支付意外伤害保险费。意外伤害保险期限自建设工程开工之日起至竣工验收合格止。

3. 监理单位责任

履行安全监理责任。工程监理单位和监理工程师应当按照法律、法规和工程建设强制性标准实施监理，并对建设工程安全生产承担监理责任。监理单位要健全监理工作体系，制定安全监理实施细则，完善安全监理方法和手段，严格执行巡视监督、检查签证和旁站监理制度，合理配置安全监理资源。

工程监理单位应当审查施工组织设计中的安全技术措施或者专项施工方案是否符合工程建设强制性标准。在实施监理过程中，发现存在安全事故隐患的，应当要求施工单位整改；情况严重的，应当要求施工单位暂时停止施工，并及时报告建设单位。施工单位拒不整改或者不停止施工的，工程监理单位应当及时向有关主管部门报告。

4. 勘察设计单位责任

勘察单位应当按照法律、法规和工程建设强制性标准进行勘察设计，提供的勘察设计文件应当真实、准确，满足建设工程安全生产的需要，防止因设计不合理导致生产安全事故的发生。

勘察单位在勘察作业时，应当严格执行操作规程，采取措施保证各类管线、设施和周边建筑物、构筑物的安全。

设计单位和注册建筑师等注册执业人员应当对其设计负责。设计单位应当考虑施工安全操作和防护的需要，对涉及施工安全的重点部位和环节在设计文件中注明，并对防范生产安全事故提出指导意见。采用新结构、新材料、新工艺的建设工程和特殊结构的建设工程，设计单位应当在设计中提出保障施工作业人员安全和预防生产安全事故的措施建议。履行电力建设安全生产技术保障工作。勘察设计单位要充分考虑施工安全操作和防护的需要，明确工程建设实施阶段安全质量要求，特别是施工重点部位和关键环节的安全措施和防护要求，提出防范生产安全事故的指导意见。

9.2.1.2 施工工期管理

1. 合理确定电力建设工程工期

建设单位要依照国家有关工程建设工期规定和项目可行性研究报告中有关施工组织设计的工期要求，根据建设项目实际情况，对工程进行充分评估、论证，科学确定项目合理工期及每个阶段所需的合理时间，并严格组织实施。

2. 严肃电力建设工程工期调整

电力建设工程确需调整工期，必须经过专业机构（原设计审查单位或安全评价机构等）审查，论证和评估其对安全生产的影响，提出并落实相应施工组织措施和安全保障措施；要保证安全生产费用投入，确保工期调整后的施工安全。

9.2.1.3 开工前准备工作

1. 加强前期工作风险管理

建设单位要在规划阶段认真开展安全生产风险分析和评估，优化工程选线、选址方案，合理确定施工措施；可行性研究要对涉及工程安全的重大问题进行分析和评价，特别要对施工营地选址布置方案进行风险分析和评估；工程初步设计要提出相应施工方案和相应安全防护措施。

2. 严格招投标安全审核

建设单位要加强招投标管理，明确勘察、设计、施工、物资材料和设备供应等环节招投标合同的安全约定，严格审查招投标过程中有关国家强制性安全标准的实质性响应；严格执行国家有关建设项目开工规定，禁止违规开工。要建立防范低于成本价中标机制，招投标确定的中标价格要体现合理造价要求，防止造价过低带来安全问题。

9.2.1.4 审查施工方案安全技术措施

1. 建立健全安全技术措施审查制度

建设单位要建立健全工程项目安全生产方案编制及专家论证审查制度，特别要严格审查和评估复杂地质条件、复杂结构以及技术难度大的工程项目安全技术措施。

2. 加强"四新"项目安全措施评审

采用新技术、新设备、新材料、新工艺的电力建设工程，设计单位要对其带来的施工安全风险进行分析和评估并提出保障施工作业人员安全和预防安全生产事故的措施和建议。建设单位要对设计单位制定的"四新"项目安全措施组织审查，对工程相关人员进行必要培训。

3. 严格专项施工安全技术措施审查

监理单位要严格审查施工单位编制的施工组织设计、作业指导书及专项施工方案，尤其是施工重要部位、关键环节、关键工序安全技术措施方案。

9.2.2 工程施工的安全管理

9.2.2.1 建立安全生产组织体系

电力生产企业安全生产组织管理体系是"一个核心、两个体系和三级安全网"。"一个核心"，是指企业主要负责人为核心的各级安全生产责任制；"两个体系"，是指企业安全生产的保证体系和安全生产监督体系；"三级安全网"，是指企业、车间及班组安全监督人员组成的网络。

1. 安全保证体系

安全保证体系是指为实现安全生产，由人员、设备和管理构成的有机整体，通过贯彻国家有关安全生产和劳动保护方面的法律法规，明确安全目标，制定好安全规划，达到全员参与安全管理的目的，充分体现"安全生产，人人有责"。按照"安全生产，预防为主，综合治理"的方针组织生产，做到消除事故隐患，实现安全生产的目标。

（1）安全保证体系构成。安全生产保证体系由组织保证、管理保证、投入保证、技术保证系统组成。在安全生产保证体系中，有三个基本要素：人员、设备、管理。人员素质的高低是安全生产的决定性因素，优良的设备和设施是安全生产的物质基础和保证，科学的管理则是安全生产的重要措施和手段。安全保证体系的根本任务：①造就一支具备严肃认真、一丝不苟工作作风的员工队伍，使之具有高度事业心、强烈责任感、良好安全意识、娴熟业务技能；②努力提高设备、设施的健康水平，充分利用现代化科技成果改善和提高设备、设施的性能，最大限度地发挥现有设备、设施的潜力；③不断加强安全生产管理，提高安全生产管理水平。

（2）安全保证体系责任。

1）组织保证。发电企业要建立健全以主要负责人为安全第一责任人的安全生产保证体系，明确安全生产的目标、任务、职责、程序和权限。遵守安全生产的法律、法规，加强安全生产管理，建立、健全安全生产责任制度，完善安全生产条件，确保安全生产。

2）企业主要负责人岗位安全生产职责。建立健全本单位安全生产责任制；组织制定本单位安全生产规章制度和操作规程；保证本单位安全生产投入的有效实施；督促、检查本单位的安全生产工作，及时消除生产安全事故隐患；组织制定并实施本单位的生产安全事故应急救援预案；及时、如实报告生产安全事故；组织制定并实施本单位安全生产教育和培训计划。

3）企业其他负责人岗位安全生产职责。协助主要负责人搞好安全生产工作。不同的负责人分管的工作不同，应根据具体分管工作，对其在安全生产方面应承担的具体职责做出规定。

4）企业安全生产管理部门以及安全人员履行下列职责：组织或者参与拟订本单位安全生产规章制度、操作规程和生产安全事故应急救援预案；组织或者参与本单位安全生产教育和培训，如实记录安全生产教育和培训情况；督促落实本单位重大危险源的安全管理措施；组织或者参与本单位应急救援演练；检查本单位的安全生产状况，及时排查生产安全事故隐患，提出改进安全生产管理的建议；制止和纠正违章指挥、强令冒险作业、违反操作规程的行为；督促落实本单位安全生产整改措施。

5）企业各职能部门负责人及其工作人员安全生产职责。各职能部门都会涉及安全生产职责，需根据各部门职责分工做出具体规定。各职能部门负责人的职责是按照本部门的安全生产职责，组织有关人员做好本部门安全生产责任制的落实，并对本部门职责范围内的安全生产工作负责；各职能部门的工作人员则是在本人职责范围内做好有关安全生产工作，并对自己职责范围内的安全生产工作负责。

6）班组长安全生产职责。班组是电力生产企业最小工作管理单位，班组长是搞好本企业安全生产工作的关键。班组长全面负责本班组的安全生产工作，其主要职责是贯彻本单位对安全生产的规定和要求，督促本班组的工人遵守有关安全生产规章制度和安全操作规程，切实做到不违章指挥，不违章作业，遵守劳动纪律。

7）岗位工人安全生产职责。岗位工人对本岗位的安全生产负直接责任。岗位工人的主要职责是要接受安全生产教育和培训，遵守有关安全生产规章和安全操作规程，遵守劳动纪律，不违章作业。特种作业人员必须接受专门的培训，经考试合格取得操作资格证书的，方可上岗作业。

8）管理保证。

a. 加强班组建设，健全规范化班组安全管理机制；实行规范化、标准化、程序化管理，提高运行检修工作质量；严格现场管理，强化安全纪律，有效治理习惯性违章；开展安全技术、业务技能培训，并向从业人员如实告知作业场所和工作岗位存在的危险因素、防范措施以及事故应急措施，提高员工技术水平和防护能力。

b. 建立和完善企业的各项规章制度，实行安全生产法制化管理：从严要求，从严考核，杜绝"有法不依、执法不严"，认真执行"四不放过"原则。

c. 加强设备管理，不断提高设备安全运行水平；强化设备缺陷管理，提高设备完好率，落实"反事故措施计划"，保证设备安全运行；应用新技术、新设备、新工艺，提高设备装备水平。

9）投入保证。根据《中华人民共和国安全生产法》（简称《安全生产法》）规定，发电企业主要负责人应保证安全生产条件所必需的资金投入，并对由于安全生产的必需资金投入不足导致的后果承担责任；应当安排用于配备劳动防护用品、进行安全培训的经费等；要加强安全设施完善和改造更新工作；该配备的安全设施应按规定配备，严重危及安全生产的工艺和设备要及时淘汰，提高技术档次，最大限度保证安全生产；必须依法参加工伤社会保险，为从业人员缴纳保险费。

10）技术保证。加强技术监督技术管理，应用、推广新的技术检测手段和装备；落实"安全技术和劳动保护措施计划"；改进和完善设备、人员防护措施。

结合企业安全生产工作开展有针对性的竞赛活动和宣传活动，组织职业安全和职业健康监督、检查，员工爱岗敬业、职业道德教育和岗位技能培训。

2. 安全监督体系

安全监督体系是指运用企业赋予的职权，对企业生产全过程人身与设备的安全监察活动。它具有权威性、公正性和强制性的特征，其所属部门作为安全管理的综合部门，协助领导抓好安全管理工作，开展各项安全活动。其主要功能：①安全监督；②安全管理。

（1）安全监督体系构成。

1）根据《安全生产法》规定，从业人员在100人以上的发电企业，应设置安全生产监督管理机构，配备专职安全监督人员，或者委托具有国家规定相关专业技术资格的工程技术人员提供安全生产管理服务。具体配备哪类安全生产管理人员由生产经营单位根据其危险性大小、从业人员多少、生产经营规模大小等因素确定。当生产经营单位依据法律规定和本单位实际情况，委托工程技术人员提供安全生产管理服务时，保证安全生产的责任仍由本单位负责。

2）电力生产企业的主要生产部门，包括长期外委队伍，应设专职安全员，其他部门和班组设兼职安全员。适当倾斜鼓励和支持符合条件的从业人员取得注册安全工程师资质，并及时调用；若具有注册安全工程师资质而不在安全生产岗位的从业人员，应及时调整，充分发挥注册安全工程师的作用。

3）企业安全监督人员、车间安全员、班组安全员组成三级安全监督网，共同行使生产现场的安全监督管理工作。

4）企业安全监督部门的工作侧重点，应以安全管理为主，现场监督为辅，以不定期抽查为其主要监督方式。生产部门安全员的工作侧重点，是监督一些工作量较大或工作条件较复杂的大修、基建、改造等工程，其他工程可采取不定期抽查的办法，以较多的精力从事安全管理工作。班组级安全员应主要侧重现场监督。

（2）安全监督体系责任。电力生产企业安全生产监督管理部门作为安全监督体系的牵头部门，是企业领导的安全助手，对公司的安全管理起重要作用，每个企业都搭建好这个平台，但更为重要的是如何有效利用。

安全监督管理人员（简称"安监人员"）的职责。安监人员作为企业监督的管理者和执行者，在安全生产管理中具有非常重要的地位。安监人员有以下职责：①认真贯彻和执行国家和上级有关安全生产的方针、政策、法律、法规、规程和标准；②参加编制企业长远规划、年度安全措施计划，参与安全生产责任制、安全操作规程、安全管理制度的制定工作；③落实各项规章制度和安全措施计划，并监督技术措施的执行情况；④参与制订安全生产目标和计划，并提出完成计划和目标的措施和方法；⑤指导下级安全员开展安全工作；⑥组织开展全员安全培训；⑦对重大危险源进行监督管理，参与制订事故应急救援预案；⑧参加或组织伤亡事故的调查和处理，做好工伤事故的统计、分析和报告，协助有关部门制定防止事故重复发生的措施，并检查落实；⑨经常对工作现场进行安全检查，及时发现不安全因素，督促整改，消除事故隐患；⑩监督劳动防护用品的发放工作，并培训员工，使其掌握正确佩戴和使用防护用品的方法；⑪同有关部门做好防尘、防毒、防暑降温等工作。

（3）安全监督管理工作管理原则。

1）"管生产必须管安全"原则。安全与生产是有机统一的关系，安全工作在生产之中，安全为了生产，生产必须安全。

2）"五同时"原则。做到计划、布置、检查、总结、考核生产工作的同时，计划、布置、检查、总结、考核安全工作。

3）"保人身、保电网、保设备"的原则。在处理安全与生产效益、安全与质量、安全生产整体利益与局部利益时，必须坚持"安全第一"，要从保人身、保电网、保设备的排列顺序上，处理或紧急处理企业安全生产过程中遇到的情况。

4）"四不放过"的原则。发生事故后，要立即组织调查分析。调查分析事故必须实事求是，切实做到事故原因不清不放过，事故责任者和应受教育者未受到教育不放过，未采取防范措施不放过，事故责任者未受到追究不放过。

（4）安全监督体系基本要求。

1）有长期的管理规划和目标。如企业员工安全培训、安全设施标准化、安全生产激励机制的建立、企业安全文化的创建等。这些工作不但要有计划，而且要有具体内容和实施方案，使员工的安全生产技能、安全生产意识和企业安全生产基础得以不断提高。

2）安全管理规范化、制度化。安监部门要在深入现场安全管理的实践中，不断发现和研究管理中存在的问题，找出安全管理中具有规律性的东西，上升到理性的认识，形成规章制度，用不断完善的安全生产规章制度指导工作。

3）定期开展现场违章行为监督工作。明确电力生产过程中关键工作、危险工作、重点工作现场监督管理到位的标准，对现场发现的违章行为，要加强跟踪，整改不结束，措施、责任不止，跟踪、督促不止。

4）发挥安全管理整体功能。安监部门要经常主动与各生产部门、人教部门、党群部门沟通信息，及时向他们通报上级安全管理要求、职工奖罚处理、安全管理工作重点等，积极主动争取有关部门的意见和建议。

5）培育企业安全文化。安全监督工作直接涉及对人的管理，如果单纯采用严肃处理、严厉处罚，不能使员工从思想上对安全管理产生认同、心悦诚服地接受教育，就可能使员工产生逆反心理。要把思想工作与严格的奖惩有机地结合起来，并做到在奖罚上制度化、规范化，切忌随意性和盲目性。

9.2.2.2 安全生产目标

发电企业实行安全生产目标四级控制：①企业控制重伤和事故，不发生人身死亡、重大设备和电网事故；②车间控制轻伤和障碍，不发生人身重伤和事故；③班组控制未遂和异常，不发生人身轻伤和障碍；④个人控制失误和差错，不发生人身未遂和异常。企业可以根据本企业实际确定自身的安全生产目标。

实现安全生产目标"零安全事故"管理工作目标，主要有：①发生1人及以上人身死亡事故为零；②发生1人及以上人身重伤事故为零；③发生1人及以上职业病发病为零；④电力生产单位机组"非计划停运"为零；⑤电力生产单位重大及以上设备事故为零；⑥重大及以上交通事故为零；⑦一般火灾及以上事故为零；⑧一般隐患整改率达到98％以上；⑨单位负责人和安全管理人员《安全资格证书》持证率100％；⑩电力生产单位工作票签发人、工作负责人、工作许可人持证率100％。

9.2.2.3 十项安全生产措施

1. 管理机构建设

建设、施工单位要建立安全生产委员会（领导小组）成员，完善和明确安全管理部门、专职（兼职）人员和工作职责。各单位安全管理机构要覆盖到所有管理项目单位。

《安全生产法》第二十一条规定：矿山、金属冶炼、建筑施工、道路运输单位和危险物品的生产、经营、储存单位，应当设置安全生产管理机构或者配备专职安全生产管理人员。其他生产经营单位，从业人员超过100人的，应当设置安全生产管理机构或者配备专职安全生产管理人员；从业人员在100人以下的，应当配备专职或者兼职的安全生产管理人员。

2. 建立健全安全生产管理制度建设

建设、施工单位要建立健全安全管理制度，制定符合本单位专业特点和技术要求的操作规程规范和作业指导书。根据工作需要，及时修订和完善安全生产管理制度，不断提高安全生产管理能力。新出台的安全管理制度，宣贯到各部门、各位员工。

3. 落实安全生产责任制建设

建设、施工单位要加强安全生产管理工作，全面落实安全生产责任制。要按照管理层级，签订《业绩考核责任书》（安全生产考核指标）、《安全生产考核责任书》。建设单位与施工单位在工程项目新开工以前，要及时签订《安全生产责任协议书》。两个以上施工单位在同一作业区域内进行生产经营活动，可能危及对方生产安全的，应当签订安全生产管理协议，由工程总承包施工单位明确各自的安全生产管理职责和应当采取的安全措施，并指定专职安全生产管理人员进行安全检查与协调。

4. 安全生产教育培训

（1）建设、施工单位要保证从业人员具备必要的安全生产知识，熟悉有关的安全生产规章制度和安全操作规程，掌握本岗位的安全操作技能，了解事故应急处置措施，知悉自身在安全生产方面的权利和义务。未经安全生产教育和培训合格的从业人员，不得上岗作业。

（2）建设单位、施工单位使用被派遣劳动者的，应当将被派遣劳动者纳入本单位从业人员统一管理，对被派遣劳动者进行岗位安全操作规程和安全操作技能的教育和培训。劳务派遣单位应当对被派遣劳动者进行必要的安全生产教育和培训。

（3）施工单位的项目负责人、专职安全生产管理人员应当经建设行政主管部门或者其他有关部门考核合格后方可任职。施工单位应当对管理人员和作业人员每年至少进行一次安全生产教育培训，其教育培训情况记入个人工作档案。安全生产教育培训考核不合格的人员，不得上岗。

（4）施工单位在采用新技术、新工艺、新设备、新材料时，应当对作业人员进行相应的安全生产教育培训。

5. 保障安全生产费用投入

（1）建设、施工单位要认真按照国家规定提取和使用安全生产费用，建立健全安全生产费用管理制度，规范安全生产费用管理程序，按规定范围安排使用，不得挤占和挪用。

（2）确保安全生产费用支付到位。建设单位应当根据项目进展情况，及时、足额向电力建设施工单位支付安全生产费用。对于因设计变更等造成工程量增加的，建设单位应当向施工单位补充相应的安全生产费用。

（3）监理单位要认真审核施工单位安全生产费用使用计划，并对使用情况予以审查和监督。

（4）建设、施工单位应当为施工现场从事危险作业的人员办理意外伤害保险，支付意外伤害保险费。实行施工总承包的，由总承包单位支付意外伤害保险费。意外伤害保险期限自建设工程开工之日起至竣工验收合格止。意外伤害保险费不在安全措施费用范围内支付。

6. 安全生产检查

（1）根据《安全生产法》《关于进一步加强电力建设安全生产工作的意见》（电监安全〔2010〕7 号）要求，建设、施工单位的安全生产管理人员应当根据风电场建设项目的特点，对安全生产状况进行经常性检查；对检查中发现的安全问题，应当立即处理；不能处理的，应当及时报告本单位有关负责人，有关负责人应当及时处理。检查及处理情况应当如实记录在案，落实闭环管理。监理单位要督促施工单位认真抓好检查整改工作。施工单位要进一步规范电力建设施工作业管理，完善施工工序和作业流程，严格施工现场安全措施落实，强化施工现场安全监督检查，杜绝违章指挥、违章作业、违反劳动纪律事件发生。

（2）企业应根据安全检查形式、内容的不同，分别组织实施安全生产检查工作。

1）综合检查：半年检查一次，由企业安全管理部门牵头，会同有关部门联合组织实施。根据工作需要，综合检查可以与季节性、专项检查同时进行。检查内容：企业建立健全安全生产规章制度、落实安全生产责任制、安全培训教育、安全隐患排查、事故管理、危险源管理、应急预案管理等 7 个方面的检查工作。

2）专项检查：不定期进行，由企业安全管理部门牵头，会同有关部门和各单位安全生产管理部门联合组织实施。检查内容：根据工作需要，开展专题或有针对性的安全生产检查工作。

3）季度检查：每季度检查一次，由企业安全管理部门牵头，会同有关部门和各单位安全生产管理部门联合组织实施。检查内容：以各季度气候和季度工作例会为特点的检查工作。

4）月度检查：每月份检查一次，由企业安全生产管理部门组织实施。检查内容为按照公司安全生产考核检查内容有关报表进行对照检查。

5）日常检查：每日巡视检查，由各单位安全生产管理部门和车间、班组、施工队组织实施。检查内容：车间、班组、施工队的生产交接班检查和班中巡回检查，以及各单位员工进入岗位工作前的例行安全生产检查等。

（3）检查的基本要求。安全生产检查是落实安全生产责任制，强化过程管理和现场管理的一项重要工作，企业必须认真落实安全生产检查工作的组织和管理。各类形式的安全生产检查工作，都必须事先按照检查项目、内容，认真编制检查表格和检查说明。检查过程中，应按检查的工作计划，做到认真细致，完整记录检查情况。检查结束后，应做好检查的评价、总结和相关记录材料存档等工作。对安全生产检查中发现的安全隐患和存在问题，应如实进行记录，作为整改和备查的依据。上级单位组织的检查，对查出的安全隐患和存在问题，应当向被检查单位出示检查问题记录，被检查单位应签字确认。安全生产检查工作结论应与被检查单位交换意见。对地方政府有关部门进行安全生产检查，各单位应积极配合，提供便利条件，并将检查情况及时向公司安全管理部门报告。

（4）检查隐患整改。企业在安全生产工作检查中，发现安全隐患的一般问题，现场能解决应当立即整改；暂时不能整改的，除采取有效防范安全措施和确保安全生产外，应制订整改计划，做到"三定"（定措施、定责任人、定完成时间），认真落实整改；本单位不能解决的问题，应书面向上级安全生产部门提出报告和建议意见。安全检查要注重实效，避免走过场。检查人员和被检查单位应认真履行职责，密切配合，做到既能查出隐患、发现违章，又能及时整改、立即纠正。对不执行安全检查意见及整改的单位和个人，依据国家有关规定追究其责任。

7. 开展隐患排查治理

（1）根据《关于进一步加强电力建设安全生产工作的意见》（电监安全〔2010〕7 号）要求，建设、施工、监理单位要建立健全安全生产隐患排查治理长效机制，积极开展安全生产隐患排查治理，全面查找建设项目基础设施、技术装备、作业环境、现场管理等方面的缺陷和隐患，并有效整改。

（2）强化施工现场作业管理。施工单位要进一步规范电力建设施工作业管理，完善施工工序和作业流程，严格施工现场安全措施落实，强化施工现场安全监督检查，杜绝违章指挥、违章作业、违反劳动纪律事件发生。

（3）加强施工现场标准化建设。建设、施工单位要加强施工现场安全生产标准化建设，完善安全生产标准化体系，严格执行建设施工安全生产标准，建立安全生产标准化考评机制，提高施工现场安全设备设施、技术装备、施工环境本质安全水平，提升电力建设安全生产保障能力。

（4）严格施工机械进场准入。施工单位要严把施工机械进场准入关，未经安全检验或安全检验不合格的施工机械不得进入施工现场，存在缺陷和隐患的施工机械须在彻底消除缺陷和隐患并经验收合格后方可进入施工现场。监理单位要严格施工机械报验资料审核，建设单位要严格施工机械监督检查，防止不安全或存在较大缺陷和隐患的施工机械进入现场。

（5）加强施工机械的安全鉴定和评估。施工单位应当加强施工机械的安全管理，定期开展施工机械安全鉴定和安全性评估工作，及时更新、淘汰不能满足安全生产要求的现场施工机械，确保施工机械设备完好。

8. 危险源管理

（1）危险源分类。危险和有害因素按导致事故和职业危害的直接原因分为六类。

1）物理性危险和有害因素。

a. 设备、设施缺陷（强度不够、刚度不够、稳定性差、密封不良、应力集中、外形缺陷、外露运动件、制动器缺陷、设备设施其他缺陷），如脚手架、支撑架强度、刚度不够、厂内机动车辆制动不良、起吊钢丝绳磨损严重。

b. 防护缺陷（无防护、防护装置和设施缺陷、防护不当、支撑不当、防护距离不够、其他防护缺陷），如洞内爆破作业安全距离不够。

c. 电危害（带电部位裸露、漏电、雷电、静电、电火花、其他电危害），如电线接头未包扎、化纤服装在易燃易爆环境中产生静电。

d. 噪声危害（机械性噪声、电磁性噪声、液体动力性噪声、其他噪声），如手风钻、空压机、通风机工作时发生噪声。

e. 振动危害（机械性振动、电磁性振动、液体动力性振动、其他振动），如手风钻工作时的振动。

f. 电磁辐射（电离辐射：X 射线、γ 射线、α 粒子、β 粒子、质子、中子、高能电子束等；非电离辐射：紫外线、激光、射频辐射、超高压电场）。

g. 运动物危害（固体抛射物、液体飞溅物、反弹物、岩土滑动、堆料垛滑动、气流卷动、冲击地压、其他运动危害)。

h. 明火。

i. 能造成灼伤的高温物质(高温气体、高温固体、高温液体、其他高温物质),如气割产生的高温颗粒。

j. 能造成冻伤的低温物质(低温气体、低温固体、低温液体、其他低温物质)。

k. 粉尘与气溶胶(不包括爆炸性、有毒性粉尘与气溶胶),如洞内二氧化硅粉尘。

l. 作业环境不良(作业环境不良、基础下沉、安全通道缺陷、采光照明不良、有害光照、通风不良、缺氧、空气质量不良、给排水不良、涌水、强迫体位、气温过高、气温过低、气压过高、气压过低、高温高湿、自然灾害、其他作业环境不良)。

m. 信号缺陷(无信号设施、信号选用不当、信号位置不当、信号不清、其他信号缺陷)。

n. 标志缺陷(无标志、标志不清楚、标志不规范、标志选用不当、标志位置缺陷、其他标志缺陷)。

o. 其他物理性危险和有害因素。

2)化学性危险和有害因素。

a. 易燃易爆性物质(易燃易爆性气体、易燃易爆性液体、易燃易爆性粉尘与气溶胶、其他易燃易爆性物质),如火工材料、瓦斯。

b. 自燃性物质,如煤。

c. 有毒物质(有毒气体、有毒液体、有毒固体、有毒粉尘与气溶胶、其他有毒物质),如沥青熔化过程中产生的毒气。

d. 腐蚀性物质(腐蚀性气体、腐蚀性液体、腐蚀性固体、其他腐蚀性物质)。

e. 其他化学性危险和危害因素。

3)生物性危险和有害因素。

致病微生物(细菌、病毒、其他致病微生物);传染病媒介物;致害动物;致害植物;其他生物性危险和有害因素。

4)心理、生理危险和有害因素。

a. 负荷超限(体力负荷超限、听力负荷超限、视力负荷超限、其他负荷超限)。

b. 健康状况异常。

c. 从事禁忌作业。

d. 心理异常(情绪异常、冒险心理、过度紧张、其他心理异常)。

e. 辨识功能缺陷(感知延迟、辨识错误、其他辨识功能缺陷)。

f. 其他心理、生理性危险和有害因素。

5)行为性危险和有害因素。

a. 指挥错误(指挥失误、违章指挥、其他指挥失误)。

b. 操作失误(误操作、违章作业、其他操作失误)。

c. 监护失误。

d. 其他错误。

e. 其他行为性危险和有害因素。

6）其他危险和有害因素。

（2）生产经营活动中危险和有害因素可能导致的重大事故如下。

1）爆炸事故。

2）高边坡坍塌。

3）排架垮塌。

4）制冷系统氨泄漏。

5）地下洞室开挖工程坍塌。

6）火灾。

7）重大设备事故。

8）重大交通事故。

9）地震。

10）洪涝。

11）电厂主设备损坏。

12）电厂大面积停机导致电网事故。

13）水电站水淹厂房。

（3）危险源辨识。

1）危险源辨识依据。

a. 工程设计文件。

b. 施工生产区域地质地貌、气象。

c. 业主的要求。

d. 工程施工组织设计、技术措施、工艺和使用材料。

e. 施工生产过程作业场所有毒有害易燃易爆物质情况。

f. 施工设备配置情况。

g. 施工人员配置和素质情况。

h. 国家法律、法规明确规定的特种设备、危险设施和特种危险作业。

i. 曾经发生或行业内经常发生事故的施工作业情况。

j. 其他有单独评估需要的活动和情况。

2）危险源辨识应充分考虑生产作业常规和非常规活动的三种状态和三种时态。

a. 三种状态：正常、异常、紧急。

正常：在日常生产作业过程中可能产生的职业健康安全危险。

异常：停电、停机、恶劣气候、意外因素中断生产作业等可以预见情况下可能产生的职业健康安全危险。

紧急：火灾、爆破、坍塌、危险品泄漏、突然灾害等生产作业中突发情况可能发生的危险。

b. 三种时态：过去、现在、将来。

过去：以往遗留的职业健康安全危险因素。

现在：现在存在的职业健康安全危险问题。

将来：新的工程项目、施工生产方案、工艺可能出现的职业健康安全危险因素。

3）危险源确定范围为工作场所的设施、设备、生产装置、场所环境和人的行为。

a. 场所：包括固定和临时场所。

b. 设备、设施、生产装置：包括自有、业主提供和外界租赁。

c. 环境：包括工作环境和生活环境。

d. 人的行为：包括员工和相关方。

4）危险源辨识方法。

a. 预先识别法：根据项目设计文件、施工组织设计、工艺流程、设备、生产作业条件和作业人员等情况预先识别。

b. 信息分析法：依据总公司系统和本行业曾经发生过的各类事故资料进行统计分析。

c. 员工座谈法：召集有关安全、技术和作业人员等讨论分析存在的危险源。

d. 现场观察法：对生产作业场所条件、设备运行、工艺程序、人员组成、安全管理进行现场察看。

（4）危险源评价。

1）危险源评价依据。

a. 事故产生的后果。

b. 事故发生的可能性。

c. 人员接触危险源环境的频繁程度。

2）评价方法。

a. 定性分析法。

专业经验法：利用专家、工程技术、项目管理人员和相关人员知识和经验进行分析判断。

逻辑判断法：对照有关法规、标准、规程的要求进行判断。

信息识别法：利用本单位和本行业各类事故统计分析资料进行识别判断。

施工识别法：按照工程项目设计文件、施工组织设计、业主要求和现场生产场所具体情况进行识别判断。

b. 半定量分析法（LEC法）。

（a）危险度分值表。

事故发生的可能性（Likelihood，L）见表9-1。

表 9-1　事故发生的可能性（Likelihood，L）

分数值	事故或危险情况发生可能性	分数值	事故或危险情况发生可能性
10	完全可以预料	0.5	很不可能，可以设想
6	相当可能	0.2	极不可能
3	可能，但不经常	0.1	实际上不可能
1	可能性小，完全意外		

人员暴露于危险环境中的频繁程度（Exposure，E）见表9-2。

表 9-2　人员暴露于危险环境中的频繁程度 (Exposure, E)

分数值	出现于危险环境的情况	分数值	出现于危险环境的情况
10	连续暴露于潜在危险环境	2	每月暴露一次
6	每天在工作时间内暴露	1	每年几次出现在潜在危险环境
3	每周一次或偶然的暴露	0.5	非常罕见的暴露

发生事故可能造成的后果 (Consequence, C) 见表 9-3。

表 9-3　发生事故可能造成的后果 (Consequence, C)

分数值	可能出现的后果	
	经济损失/万元	伤　亡　人　数
100	≥5000	重大事故以上，死亡 10 人以上，重伤 50 人以上
40	1000～5000	较大事故，死亡 3～9 人，重伤 10～49 人
15	100～1000	一般事故，死亡 2 人，重伤 6～9 人
7	30～100	一般事故，死亡 1 人，重伤 3～5 人
3	5～30	重伤 1～2 人
1	1～5	轻伤

(b) 危险源危险程度 (Danger, D) 采用公式 D=L×E×C 分数值确定，其危险程度和等级划分见表 9-4。

表 9-4　危险源危险程度和危险等级

分数值	危险程度	危险等级
>320	极其危险，不能继续作业	1
160～320	高度危险，需要立即整改	2
70～160	显著危险，需要整改	3
40～70	一般危险，需要注意	4

3) LEC 法判定的 1 级、2 级危险源为重大危险源；危险物品（炸药、液氨、汽油等）是否为重大危险源按《重大危险源辨识》(GB 18218—2000) 标准判定。

4) 危险程度的确定。

采用定性分析法时，下述情况直接确定为不可容许的危险源，再根据其危险程度确定重大危险源。

a. 违反相关法律、法规和其他要求。

b. 曾发生过事故，尚未采取防范措施。

c. 可直接判断可能导致事故危害且无适当措施。

(5) 监督管理。

1) 对危险源实行分层管理。各单位重大危险源应上报地方政府，同时报上一级公司安全生产部门备案。公司负责审批重大危险源的安全防范措施和控制措施，并监督落实。

2) 对重大危险源实行全过程监控，组织重大危险源的评价，制定安全防范措施和控制措施。

3）每年至少进行一次危险源辨识和评价工作。

4）对新增加危险源和在生产过程、材料、工艺、设备、防护及环境等因素发生重大变化，或者国家有关法律、法规、标准发生变化时，各单位应对危险源重新进行安全评估，并按照本规定及时上报。

5）在重大危险源现场设置明显的安全警示标志，并加强危险源的现场检测监控和有关设备、设施的安全管理。

6）对存在事故隐患的危险源，各单位必须立即整改；在整改前或者整改中无法保证安全的，各单位从危险区域内撤出作业人员，暂时停产、停业或者停止使用；对不能立即整改的，要限期完成整改，并采取有效的防范、监控措施。

7）建立和完善危险源管理台账。危险源管理台账包括发现问题描述、危险源辨识与评价时间、危险源名称、类别、等级，整改计划（责任人、监督人、整改描述、整改措施、计划整改时间、计划完成时间）、危险源监控记录（检查时间、单位）、整改完成情况，等级变更记录、销案记录等。

8）应保证危险源安全管理与检测监控必要的设备、设施资金投入。

9）应建立危险源防范责任追究制度和奖罚制度，对监控不力、措施不落实的，要追究相关责任人的责任。

（6）《企业安全生产风险公告六条规定》（国家安全生产监督管理总局令〔第70号〕）要求。

根据《企业安全生产风险公告六条规定》要求，建设、施工单位必须在企业醒目位置设置公告栏，在存在安全生产风险的岗位设置告知卡，分别标明本企业、本岗位主要危险危害因素、后果、事故预防及应急措施、报告电话等内容；必须在重大危险源、存在严重职业病危害的场所设置明显标志，标明风险内容、危险程度、安全距离、防控办法、应急措施等内容；必须在有重大事故隐患和较大危险的场所和设施设备上设置明显标志，标明治理责任、期限及应急措施；必须在工作岗位标明安全操作要点；必须及时向员工公开安全生产行政处罚决定、执行情况和整改结果；必须及时更新安全生产风险公告内容，建立档案。

9. 应急管理

根据《中华人民共和国安全生产法》《建设工程安全生产管理条例》《国家突发公共事件总体应急预案》的有关规定，企业安全事故及灾害应急救援管理的工作原则：以人为本，关注安全，关注健康，关爱生命；预防事故与应急救援相结合；依靠各级政府及地方安全监管部门的领导和支持。

（1）组织机构、应急预案。企业安全生产委员会是安全事故及灾害应急管理的综合协调机构，在应急管理领导小组的领导下，负责指导各单位安全事故及灾害的应急管理，协调重大事故及灾害的应急救援工作。企业安全生产第一责任人为本单位应急救援工作负责人。企业安全管理部门负责安全事故及灾害应急管理的具体工作。

（2）事故及灾害分级和应急响应。

1）按事故及灾害伤亡人数和直接经济损失情况分为特别重大、特大、重大、一般四级。

　　a. 因事故及灾害死亡 30 人及以上或造成直接经济损失 500 万元以上的为特别重大事故和灾害（Ⅰ级）。

　　b. 因事故及灾害死亡 10~29 人或造成直接经济损失 100 万~500 万元的为特大事故和灾害（Ⅱ级）。

　　c. 因事故及灾害死亡 3~9 人或造成直接经济损失 30 万~100 万元的为重大事故和灾害（Ⅲ级）。

　　d. 因事故及灾害死亡 1~2 人或造成直接经济损失 30 万元以下的为一般事故和灾害（Ⅳ级）。

　　2）事故及灾害应急救援工作遵循分级响应原则，根据事故及灾害的等级确定相应的应急响应级别的应急机构。

　　a. 特别重大事故及灾害应急响应（Ⅰ级、Ⅱ级）。发生特大和特别重大安全事故及灾害的场所，应立即启动应急预案，开展救援工作。同时在 2h 内报告公司和地方政府安监部门、公安部门。企业在接到报告后应立即研究对策，组织有关人员赶赴现场，协调事故处理。

　　b. 重大事故及灾害应急响应（Ⅲ级）。发生重大事故及灾害的场所，应立即启动应急预案，并开展救援工作。同时，应在 2h 内报告公司和地方政府安监部门、公安部门。企业在接到报告后应立即决定处置办法。

　　c. 一般事故及灾害应急响应（Ⅳ级）。发生一般事故及灾害的场所，应立即启动应急预案，并开展救援工作。在 4h 内上报公司和地方政府安监部门、公安部门。

　　3）应急响应结束。当应急措施使事故或灾害得到有效控制后，应急响应结束。

　　（3）应急保障。

　　1）应急组织及人员。企业应建立应急救援组织，明确职责和分工、应急疏散路线、抢救方案、与有关单位联系方式、联系人员和联系电话。

　　2）应急预防。企业应对生产经营项目进行安全检查、评估，确定安全防范和应急救援重点。

　　3）应急物资及资金。企业要准备用于应对事故及灾害的医疗卫生、生活必需品等物资。并保证用于事故处理及灾害善后的资金投入。

　　（4）宣传、培训和演练。企业应开展应急救援宣传和培训教育，使员工正确认识工作中的危险因素，增强防范意识和自我保护能力；应配备必要的救援器材和设备，并经常维修、保养，应急救援组织应具备现场救援救护技能，定期进行应急救援演练，保证在应急救援时能顺利开展工作。

　　（5）后期处置。

　　善后处理。企业的安全、工会、监察部门应深入细致地做好事故或灾害善后处理工作。对事故及灾害伤亡人员应按规定给予抚恤、补助或补偿。

　　应做好灾害防治和消除环境污染等工作。

　　（6）调查与总结。企业应在事故或灾害后按照"四不放过"原则召开总结会议，分析事故或灾害的起因、性质、影响、责任、经验教训，研究恢复重建工作。

（7）信息发布。企业信息发布应坚持实事求是、及时、准确的原则，正确把握舆论的导向作用。公司在接到重大事故和典型事故报告后，及时在公司内通报。信息发布的内容主要包括事故或灾害性质、原因、过程、责任分析、防范措施等。

10. 事故管理

（1）企业应当制订本单位生产安全事故应急救援预案，建立应急救援组织或者配备应急救援人员，配备必要的应急救援器材、设备，并定期组织演练。

（2）施工单位应当根据建设工程施工的特点、范围，对施工现场易发生重大事故的部位、环节进行监控，制订施工现场生产安全事故应急救援预案。实行施工总承包的，由总承包单位统一组织编制建设工程生产安全事故应急救援预案，工程总承包单位和分包单位按照应急救援预案，各自建立应急救援组织或者配备应急救援人员，配备救援器材、设备，并定期组织演练。

施工单位发生生产安全事故，应当按照国家有关伤亡事故报告和调查处理的规定，及时、如实地向负责安全生产监督管理的部门、建设行政主管部门或者其他有关部门报告；特种设备发生事故的，还应当同时向特种设备安全监督管理部门报告。接到报告的部门应当按照国家有关规定，如实上报。

实行施工总承包的建设工程，由总承包单位负责上报事故。

（3）发生生产安全事故后，施工单位应当采取措施防止事故扩大，保护事故现场。需要移动现场物品时，应当做出标记和书面记录，妥善保管有关证物。

企业安全事故的调查、对事故责任单位和责任人的处罚与处理，按照有关法律、法规的规定执行。

9.2.3 竣工验收的安全管理

9.2.3.1 竣工验收条件

根据《风电场工程竣工验收管理暂行办法》的有关规定，风电场竣工验收应在主体工程完工，全部机组各专项验收及试运行验收通过后一年内进行，通过竣工验收的主要条件是：

（1）项目各项建设指标符合核准（审批、备案）文件和审定的可行性研究报告。

（2）项目的建设过程符合国家和行业的基本建设程序。

（3）环保、节能、消防、安全、信息系统建设、并网及其他各项规定的工作已按照国家有关法规和技术标准完成专项验收。

（4）项目的电气设备已按照设计方案和有关的技术标准完成建设，配套电网送出工程已经建成，具备满足《风电场接入电力系统技术规定》要求的检测报告，并与电网公司签订了并网调度协议和购售电合同。

（5）工程项目批准文件、设计文件、施工安装文件、竣工图及文件、监理文件、质监文件及各项技术文件按规定立卷，并通过档案验收。

（6）完成其他需要验收的内容。

9.2.3.2 竣工验收前的准备工作

风电场建设项目竣工验收应在主体工程、环境保护、消防、劳动安全与工业卫生、工程档案等分别进行专项验收的基础上进行。

主体工程包含风电机组、集电线路、交通工程和风电场升压变电站等单位工程，主体工程验收根据《风力发电场项目建设工程验收规程》（DL/T 5191－2004）的要求进行。单位工程完工后由建设单位负责组织勘察、设计、施工、监理、质监和主要设备材料供应商等单位进行验收。各单位工程完工并经验收合格后，由项目法人负责组织投资方、当地电网调度机构、建设、勘察、设计、施工、监理、质监、生产和主要设备材料供应商等单位进行工程整套启动验收。

1. 编制竣工图

竣工图是起初记录项目建（构）筑物和设备等实际情况的技术文件，是对工程进行验收和生产使用中，维护管理以及今后改建、扩建的依据。在竣工验收前应编制竣工图，竣工图要保证质量，做到规格统一、图面整洁、字迹清楚，符合归档要求。建设项目的竣工图不能少于两套，并有电子文本一套。

2. 编制竣工决算报告

风电场项目竣工决算报告是正确核定新增固定资产价值、办理固定资产交付使用手续的依据性文件。项目业主单位应在风电场工程全部投产后 3 个月内组织编制完成竣工决算报告，项目设计、施工、监理等单位应积极配合。在竣工决算未经批复之前，原机构不得撤销，项目负责人及财务主管人员不得调离。

竣工决算报告应根据国家现行有关规定进行审核，审核单位应具有甲级造价咨询资质或审计资质，并由审核单位出具竣工决算审核报告。项目业主单位应根据审核报告提出的意见和要求进行整改，并将整改情况形成书面报告。

3. 整理技术经济资料和文件

建设项目竣工后，建设、勘察、设计、施工、监理、质监等单位应将有关批准文件、技术经济资料和竣工图等进行系统整理，由建设单位分类立卷，在竣工验收时以完整的工程档案移交生产使用单位和档案部门保管，以适应生产管理的需要。整理的范围和要求按国家有关规定执行。主要内容包括项目审批文件和年度投资计划文件，设计（含工艺、设备技术）及设计变更、施工、监理文件，招投标、合同管理文件，会计档案（含账簿、凭证、报表等），财产物资清单，工程总结文件，勘察、设计、施工、监理、质监等单位签署的质量合格文件，施工单位签署的工程保修证书，工程竣工图纸等。

4. 提出工程竣工验收报告

竣工验收报告的主要内容包括项目建设情况；国家关于风电建设管理有关要求的执行情况；主体工程、环境保护、消防、安全设施、工程档案等专项验收的主要结论；竣工财务决算情况；对各专项验收鉴定书所提主要问题和建议的处理情况等。

9.2.3.3 竣工验收内容

风电场建设项目竣工验收的主要内容有：

（1）项目建设总体完成情况。建设地点、建设内容、建设规模、建设标准、建设质量、建设工期等是否按批准的项目申请报告及可行性研究报告文件建设完成，各单位工程、工程整套启动验收是否完成，是否编制各专业竣工图。

（2）项目执行国家关于风电建设管理有关要求的情况。项目是否列入全国省风电规划，资源是否合理有效利用，项目前期工作是否符合风电前期工作管理规定，项目开发权的获得及核准是否符合要求，风电机组本地化率是否符合要求，节能降耗设计标准、强制性规定及措施是否贯彻落实等。

（3）项目变更情况。项目在建设过程中是否发生设计或施工变更，是否按规定程序办理报批手续。

（4）法律、法规执行情况。环保、消防、安全设施等是否按批准的设计文件建成，是否按照国家有关法规进行专项验收。

（5）档案资料情况。建设项目批准文件，设计文件，竣工图及文件，监理、质监文件及各项技术文件是否齐全、准确，是否按规定立卷，并通过档案验收。

（6）竣工决算情况。项目业主单位是否按要求组织编制了竣工决算报告，是否经有资质的审核单位进行审核并出具审核报告，是否根据审核意见进行了整改以及整改结果处理情况等。如验收组织单位认为有必要，可对竣工决算报告进行复审。

（7）投产或者投入使用准备情况。组织机构、岗位人员培训、物资准备、外部协作条件是否落实。

（8）项目管理情况及其他需要验收的内容。

9.2.3.4　风电场建设项目竣工验收应提供的材料

（1）工程竣工验收申请表，作为项目法人向竣工验收组织单位申请验收的依据。

（2）工程竣工验收报告。报告应全面反映工程建设的主要内容和相关情况，所提供的资料内容真实、数据准确。

（3）建设、设计、施工、监理、质监等单位的工作报告。

（4）竣工决算报告及其审核报告、整改情况说明。

（5）有关批准文件。

9.2.3.5　竣工验收组织与程序

水电总院负责风电场建设项目竣工验收的组织管理和验收工作，并对验收的成果、结论负相应责任。建设单位负责省级批复核准风电场建设项目竣工验收的组织管理和验收工作。

风电场工程竣工验收应在主体工程完工，工程整套启动试运验收后6个月内进行。风电场建设项目符合竣工验收条件的，由项目法人向水电总院提交竣工验收申请表一份，申请竣工验收。同时，项目法人提交其他验收申请材料一式五份，并附工程竣工验收申请报告和建设、设计、施工、监理、质监等单位工作报告电子文件各一份。水电总院在收到竣工验收申请后，可在5个工作日内要求申请单位澄清、补充相关材料和文件。对具备竣工验收条件的项目，项目法人按要求上报材料齐全后，水电总院应在30个工作日内组织开展竣工验收工作。

水电总院应及时会同项目所在地省（自治区、直辖市）发展改革委和项目法人，协商组成由有关部门、单位和工程、技术、经济等方面专家的验收委员会，制定验收工作计划及工作大纲，组织开展验收工作。风电场建设项目竣工验收费用由项目法人承担，并列入工程概算。

项目法人应组织建设、施工、勘察设计、工程监理、质量监督、生产等有关单位积极配合做好验收工作。

验收委员会负责审查工程建设的各个环节。应听取各有关单位的项目建设工作汇报，查阅工程档案、竣工决算及其他相关资料，现场核查建设情况，通过对项目的全面检查和考核，对项目建设的科学性、合理性、合法性等方面做出全面评价。

对竣工验收合格的风电场建设项目，由验收委员会出具验收鉴定书。凡竣工验收未通过的，需在验收结论中提出整改意见，整改结束后，按照有关程序重新组织验收。

项目验收工作完成后，水电总院及时行文，将竣工验收鉴定书作为公文附件报国家发展改革委员会，由国家发展改革委员会进行审核，并颁发风电场工程竣工验收合格证书。

符合颁发风电场工程竣工验收合格证书的条件为：

（1）已按规定完成各专项验收的全部工作。

（2）有明确通过竣工验收的结论。

（3）工程没有遗留的单项工程。

建设项目通过竣工验收，并获得风电场工程竣工验收合格证书后，项目法人应及时办理固定资产移交和产权登记手续，加强固定资产的管理。国家发展和改革委员会颁发的风电场工程竣工验收合格证书和竣工验收委员会出具的风电场工程竣工验收鉴定书可作为项目法人办理固定资产移交和产权登记的依据。

第 10 章　风电场建设信息管理

10.1　概　　述

10.1.1　建设工程信息管理概念

建设工程信息管理是指对信息的收集、整理、处理、存储、传递与应用等一系列工作的总称。建设工程项目的信息管理，应根据信息的特点，有计划地组织信息沟通，以保证各级管理者及时、准确获得自己所需的信息，正确做出决策。工程信息管理的根本作用在于为各级管理人员及决策者提供所需要的各种信息。通过系统管理工程建设过程中的各类信息，使信息的可靠性、广泛性更高，业主能对项目的管理目标进行较好的控制，协调好各方的关系。这种管理方式改变着人们的生产方式、工作方式、学习方式、思维方式等，将带给项目管理极其深刻的变化。

风电场建设工程属于建设工程的一种类型，所以风电场建设信息管理主要应用的是建设工程项目信息管理知识。

10.1.2　建设工程信息管理意义

风电场项目的特点是规模小、周期短、分布广、流动性大；无论是矩阵式管理模式，还是直线式管理模式，随着发电企业规模的扩大，由单项目管理，到多项目管理，到多种发电类型项目同时管理，再到集团化管理，使得业务人员队伍不断扩大，业务水平参差不齐，人员经常更换，工作交接频繁，使得交互信息量越来越大，如何能够迅速在一新项目上建立起完整的管理体系成为管理效率的重要课题。

单个项目管理是人治大于法制，只要有一个好的团队即可实现优质的项目管理；但是多个项目同时管理，法制应该大于人治，因为无法确保所有团队都是优秀团队，一套完整的制度体系就显得十分必要了。

通过信息化系统在项目建设管理的应用，可全面提高项目的建设管理水平、管理效率，对企业产生了巨大的管理效益。

（1）促进企业管理的规范化、科学化发挥了很好作用。多项目实现统一标准管理，减少了人为误差，加强了人员流动工作交接时的信息传递。

（2）明确了各层次业务人员的职责与分工，记录业务流转过程，设置预警功能，降低了合同管理风险。

（3）提高管理决策的效率和水平，提高员工整体素质。

（4）实现了管理复制。信息化手段的应用可以实现管理过程的记录，项目指标的控制，糅合了项目管理知识，设置了业务标准，明确了业务人员参与的流程，使得新入职员工对职责明确，很好地实现了管理复制。

（5）实现了异地办公，解决了项目管理人员流动性大的问题。

（6）控制和降低成本。在多项目建设管理过程中，异地网上办公可节省差旅费，电子化可实现无纸化办公，节约纸张费用，降低培训成本。

对项目管理不同层级人员的意义：

（1）对于决策层，可以加强管控增效益，发挥规模、远程优势降低运营成本，规范工作分工，强化责任。

（2）对于管理层，可以快速、准确掌握项目进展，满足管理层的信息需求，提高分析信息能力。

（3）对于操作层，可以减少数据处理时间，提升数据分析效率，通过系统流程的规范，提升自我的业务素质。

通过开展信息化建设，不仅能满足管理层和操作层的信息化需求，更重要的是能够满足决策层的管理需求。工程企业信息化对企业各层级的管理提升都将产生巨大的推动作用，最终将推动工程企业实现企业管理转型。

10.1.3　信息化技术发展过程和趋势

10.1.3.1　发展过程

经过多年发展，现代电力生产和经营管理都已具备高度网络化、系统化、自动化的特征，以网络、数据库及计算机自动控制技术为代表的信息处理技术已经渗透到各类电场建设、电力生产、经营管理的各个方面。

建设工程信息管理发展走过了单项目信息管理、多项目信息管理、集团化信息管理的过程。

1. 单项目管理阶段

20 世纪 90 年代末至 21 世纪初，单项目建设信息管理是从单个业务板块信息化发展到建设全过程的信息管理。如将项目设计管理、成本管理、合同管理、进度管理、质量管理、档案管理等设计在一个软件中，建立起单个项目的全过程管理信息系统，在一定程度上实现内部信息共享。

2. 多项目管理阶段

随着网络的普及发展，项目现场的协调办公环境可以很方便地搭建起来，项目之间可以实现联系，数据可以传递回公司总部。

多项目管理是美国迈克尔·托比（Michael Tobis）博士、艾琳·托比（Iren P. Tobis）博士运用系统工程的方法和心理学方法，以培养技能、提高生产率和满意度为目标，是从不同的视角和背景总结出来的。多项目管理就是一个项目经理同时管理多个项目，在组织中协调所有项目的选择、评估、计划、控制。

多项目管理是企业在同一时间内运行很多项目，且能经济有效地同时管理好众多项目的前沿理论。采用多项目管理将使企业所拥有的或可获得的生产要素和资源进行优化组合，有效、最优地分配企业资源，从而达到企业效益最大化、提高企业核心竞争力的目的。

3. 集团化管理阶段

随着项目的增多，增设许多管理层级，多项目公司逐步发展成为集团化公司，从建设项目管理信息化的角度看，这不仅仅是多项目同时管理，还包括集团不同层级管理权限和指标设置、报表合并、数据统计分析等需要集成各部门的管理目标。此时，建设信息化集成和协同办公技术、无线技术就应运而生。

集成和协同不是简单地把两个或多个单元联系在一起，而是将原来没有联系或联系不紧密的单元组成为有一定功能、紧密联系的新系统。

从集成和协同的空间跨度来看，已经从原来的部门内、各部门之间，发展到参建单位之间的集成和协同，目前的代表技术是联盟体管理和网络化建造；从集成和协同的时间跨度来看，已经从原来仅考虑项目生命周期某一阶段，发展到考虑项目全生命周期，目前的代表技术是项目生命周期管理技术；从集成和协同的重点来看，已经从原来的信息集成、过程集成，发展到知识集成，目前的代表技术是知识管理、智能建造和建筑信息模型（Building Information Modeling，BMI）技术；从主要集成和协同技术来看，计算机技术和网络技术（如应用集成技术、数据仓库技术等）的发展，为管理信息系统集成提供了技术基础，使原本十分复杂的集成工作变得非常简单。

无线技术的应用使集团化信息管理得以实现。工程现场的环境一般并不良好，无线技术可以方便、快捷地架设现场局域网络。无线应用技术还可以为现场的移动办公提供辅助手段。基于手机 3G、4G 网络、手机客户端无线技术，企业重大事件不仅可及时发送到责任人手机，而且可以通过手机和掌上电脑进行业务处理，使项目管理人员，尤其是领导从办公桌上解脱出来。提高劳动生产率和办公效率，出差人员可随时随地办公，节约信息传递费用，提高管理效率，可以利用手机对资源管理平台进行日常业务操作，非常具有实用性，且极大地方便了经常不在电脑旁的企业高层领导和现场施工管理者。

10.1.3.2　发展趋势

在目前已有的技术广泛推广应用后，集成化网络、物联网和云计算的应用都将会是建设工程信息化管理的趋势。

1. 集成化网络应用

企业内部需要与下属分公司、项目部进行沟通，外部需要与政府职能机构、客户以及项目相关方进行信息交互，所以集成化网络的应用是建筑工程信息化的必然趋势，通过集成化网络，实现现场工程质量管理和项目管理与总部系统的一体化。基于 WEB 方式的技术架构，实现了信息的共享和传输，包括图纸、照片、音频数据、打印数据和电脑数据。

2. 物联网应用

物联网（Internet of Things，IOT）是互联网的延伸和扩展，是"物物相连的互联网"。它通过射频识别（Radio Frequency Indentification，RFID）装置、红外感应器、全球定位系统、激光扫描器等信息传递设备，按约定协议把任何物品与互联网相连接，进行信息交换和通信，以实现智能化识别、定位、跟踪、监控和管理。

物联网内每个产品都有唯一的电子产品代码（Electronic Product Code，EPC）。EPC存入电子标签内，能够被识别和查询。RFID技术是能够让物品"开口说话"的一种技术。它利用无线通道实现阅读器、标签之间双向通信。随着 EPC 和 RFID 技术在管理信息系统的广泛应用，智能化将带来更透彻的感知和更全面的互联互通。

3. 云计算应用

云计算是一种全新的 IT 资源和服务提供模式。狭义云计算：IT 基础设施的交付和使用模式，通过网络以按需、易扩展的方式获得所需的资源。广义云计算：指服务的交付和使用模式，通过网络以按需、易扩展的方式获得所需的服务。

云计算两大特征为高度可扩展性和虚拟化。高扩展性指系统可以迅速、灵活地调整计算机资源。虚拟化指用户不需要知道具体的计算处理是在哪台计算机上进行的，也不需要知道它位于数据中心的什么位置。

10.2　信息管理实施

10.2.1　信息化管理的目标和效益

项目建设的目标是在建立科学管理制度的基础上，建成一个涵盖工程管理各部门及设计、监理、施工等单位的工程管理信息系统，包括施工工地和总部两个局域网及相应的数据库和软件系统，形成对工程的计划和进度、成本、质量、业主资金、工程技术和文件、材料设备采购、工程施工及合同管理等高效统一规范协调的管理和控制体系，形成一个从工程管理的实施层、管理层到决策层以及各种层次对外联系的信息体系，从而提高工程整体管理水平并为决策层提供分析决策所必需的准确、及时信息。通过信息的高效统一管理，同时结合现状，将设计、监理、施工等单位的各种信息统一起来，从而实现工程管理全过程、全方位信息控制与管理的战略目标。

应用计算机管理信息系统后，可取得如下效益：

（1）提高生产效率。

（2）提高设备利用率。

（3）减少人力费用。

（4）减少库存资产。

（5）提高管理人员时间利用率；减少会议，使管理者能及时看到所需要的工程质量、进度、成本信息，使决策周期缩短，效率提高，并可降低风险。

（6）工程报表、数据标准化、规范化。

（7）能保证工程材料、设备供应及时。

（8）资金周转加快。

10.2.2　信息化管理实施的原则

建设工程产生的信息数量巨大、种类繁多，所以为了便于信息的搜集、处理、存储、传递和利用，在实施工程信息管理具体工作时，应遵循以下基本原则。

（1）标准化原则。在工程项目的实施过程中要求对有关信息的分类进行统一，对信息流程进行规范，产生的控制报表则力求做到格式化和标准化，通过建立健全的信息管理制度，从组织上保证信息生产过程的效率。

（2）定量化原则。建设工程产生的信息不应是项目实施过程中产生数据的简单记录，而应该是经过处理人员的比较与分析。所以采用定量工具对有关数据进行分析和比较是十分必要的。

（3）准确性原则。信息系统采集的数据必须要精准，需要对数据进行认真的审核，避免分类错误和计算错误，使数据真实有效，方可以加工整理，离开数据的准确性，统计分析都没有意义，整个工作就功亏一篑。

（4）时效性原则。数据的采集要贯穿于整个业务操作流程实施的全过程，是与业务开展同步进行的，否则数据将失去时间价值，无法实现信息系统项目控制和预警的作用。

（5）可预见性原则。由于具有信息系统，可以对同类型项目各种历史数据进行归类分析，设置控制点，积累经验，从而实现对项目的预测，为决策层事前控制提供有效的手段，可预见性是信息化的重要作用之一。

（6）自动化原则。在基础数据采集之后，由于分类和数据逻辑已通过项目管理信息系统设置好，可以将各类数据进行汇总，且与项目指标对比，实现数据的统计分析，这个过程均通过计算机程序自动完成，不再需要人工计算，使得业务人员从基础数据计算中解放出来，把精力更多地放在数据分析和控制上。统计是手段，分析是目的。

（7）经济型原则。各项资料的收集和处理所需要的费用与收集信息的多少有直接关系，要求越细、越完整，则费用将越高。因此，信息采集的规定要寻求最佳切入点。

10.2.3 信息化管理的实施方法和步骤

10.2.3.1 实施方法

工程建设企业管理信息化项目是一项涉及面广、技术难度大、投资费用高、关系到企业长远发展规划实现的大型复杂系统工程。企业管理信息化项目建设的实施必须服从工程建设企业整体信息技术（Information Technology，IT）规划的指导，因此也需要遵循"总体规划、突出重点、分步实施、尽快见效"的实施原则。

信息化不只是信息部门的事，而是整个业务部门的事，除了有专职责任的信息保障与支持部门，还应有领导机构和执行机构，进行集中管理与控制。相关部门必须设立专职或者专岗。此外，必须有制度保障作为后盾。"没有规矩不成方圆"，信息化推行对企业来说是管理方式的变革，保证变革的顺利进行离不开制度的约束。制度保障可以通过推行作业指导书，推行信息化奖惩制度来进行。

10.2.3.2 实施步骤

1. 需求调研分析

没有准确的需求调研，项目就没有方向，所以需求调研非常重要，如果需求调研没有做好，后期的工作就等于脱离轨道的火车无法到达目的地。需求调研分析，应该由实施方和应用方共同来做，实施方有经验可以搭设需求问题的框架，双方共同商定信息化流程与业务的结合点，由应用方具体提出每一个流程的具体需求，包括各个层级的管理人员，以及一线员工的工作需求。

2. 系统的业务流程设计

在需求调研分析后，应该对业务需求做一整套设计规划，对目前业务的标准和流程化的梳理，列出各业务板块间的对应关系，以及公司未来的发展规划。考虑清楚以上问题，就可以开始进行软件规划。

3. 信息化软件设计

信息化软件规划是对软件进行框架设计，融入了项目管理知识，将业务流程及未来业务规划蓝图以软件应用的方式设计出来。从而实现需求的可操作性。

4. 软件开发

分析需求调研结果，明确需要开发的需求，根据软件的设计开始编程，新开发项目管理软件或者在某款软件基础上进行个性化的二次开发，包括模块设置、业务流程、业务对接、表格定制等。

（1）开发内容。

1）建立统一的编码规则；建立统一的项目信息编码，包括项目编码、项目参建单位编码、投资控制编码、进度控制编码、质量控制编码、合同管理编码等。

2）对新信息系统的输入、输出报表进行规范和统一。

3）建立完善的项目信息流程，使项目各参建单位之间的信息关系得以明确化，对信息优化。

4）注重基础数据的收集和传递，建立基础数据管理制度，保证基础数据全面、及时、准确地按统一格式输入。

5）对信息系统管理人员的任务进行分工，划分各相关部门的职能、责任。

6）建立项目的数据保护制度，保证数据的完整性和一致性。

（2）系统开发阶段。

1）系统规划阶段：提出系统开发需求、组织系统开发队伍、系统初步调查、指定系统总体规划、可行性研究、指定系统开发计划。

2）系统分析阶段：系统详细调查、限行系统分析、确定系统逻辑模型、系统资源配置。

3）系统设计阶段：系统结构设计、代码设计、输入输出设计、数据文件设计、数据库设计、模块设计。

4）系统实施阶段：程序设计、人员培训、数据准备与录入、系统调试与转换。

5）系统运行与维护阶段：系统运行管理、系统维护、系统评价、评价反馈。

5. 软件应用

软件开发完毕后，不用追求100％的完美，应采取先试点，再树标杆，再推广的实施推广模式。试点很重要，可以了解到软件的问题，业务人员对软件的看法，一些细节都是工作人员所需要收集重视的。试点的过程中应该随时发现问题，随时调整，优化原设计，使得软件更加可行、高效。

10.2.4　信息系统实施组织的建立

10.2.4.1　信息系统实施组织的三个层面

为有效地推进企业信息化，必须建立分工明确、责任到位的实施组织体系，涉及决策层、管理层、操作层三个层面。

1. 决策层

决策层在建设工程信息化管理过程中起到推动战略落实、推动集中化管控、推动资源整合、推动科学决策的作用。

2. 管理层

管理层在工程信息化建设过程中起到信息标准统一化、信息分析智能化、业务管理规范化、业务风险可控化的作用。

3. 操作层

操作层在项目信息管理建设过程中起到业务处理流程化、业务操作标准化、业务运营合规化、信息处理自动化的作用。

10.2.4.2 成立信息系统实施小组

管理信息化建设过程，因为涉及面非常广，需要各个层面人员参与信息系统的建设，根据工作要求，信息管理实施组织要成立以下小组。

（1）成立信息中心，为了便于沟通协调，全方面推进信息化建设工作，信息中心建议为公司一级部门。

（2）成立编码委员会、流程委员会和绩效委员会，实现编码、流程和绩效全公司统一管理与优化。编码委员会负责组织编码、物料编码、人力资源编码、科目编码、客户和项目编码，由主管信息化副总担任组长；流程委员会负责流程编制、调整和优化，因为流程要涉及不同相关部门，所以由公司总经理担任组长；绩效委员会负责绩效编制、调整和优化，因为流程要涉及相关不同部门，所以由公司总经理担任组长。

（3）成立领导小组：负责信息化工作的重大决策，由总经理担任组长。

（4）成立实施小组：落实与执行信息化建设工作，由主管信息化副总任组长。

（5）成立工作小组：主持信息日常工作，由信息中心主任担任组长。

10.2.4.3 信息系统实施参与单位职责

管理信息系统建设如同建造信息化大厦，是一个项目，而且这个项目涉及面更广，范围更大，难度也非常大，围绕信息化项目实施参与单位包括建设单位、咨询单位、施工单位/供应商、监理单位和售后服务单位。只有各角色单位各司其职，信息化项目建设才能达到设定目标。

总的来说，管理信息化建设的主体是建设单位，咨询设计单位、软件供应单位、施工单位/供应商等是为建设单位提供知识、方法、软件支持，具体工作由建设单位完成。

1. 建设单位主要职责

工程信息化建设主体是建设单位，其主要职责包括：

（1）在专业机构职责支持下，对自身企业状况进行调研和摸底，并进行信息化项目立项。

（2）在咨询设计单位支持下，理清公司管理制度、管理流程和管理表单，为管理信息化建设提供坚实基础。

（3）负责网络硬件维护，基于软件厂商的二次开发平台，完成个性化表单、报表、流程和接口的配置与开发工作。

（4）进行数据收集、整理、录入、检查以及报表编制等工作。

（5）负责业务部门和项目部操作人员培训和指导，完成工程项目的推广和实施工作。

（6）各业务部门协调沟通。

2．咨询设计单位的职责

咨询设计单位的职责是业务流程信息化咨询。

3．软件供应单位的职责

软件供应单位的职责是提供符合建设单位要求的软件产品。提供模式分为三种，即自主开发模式、定制开发模式、套装软件模式，企业可以根据自身实际情况进行选择。

4．施工单位/供应商的职责

施工单位/供应商的职责是信息化系统建设实施全过程。包括了现状调研、管理咨询、信息化咨询、软件安装调试、软件知识培训、基础数据整理、信息系统初始、静态数据录入、动态数据维护、系统上线、系统优化调整、全面验收等阶段。作为实施单位，一般派遣高级顾问、项目经理、现场经理、实施顾问等人员负责以上工作，与建设单位相一致的，实施单位也对应参加月度例会、周例会和日工作会议。

5．售后服务单位的职责

售后服务单位也是大家经常说的服务外包的一种，信息系统就如同物业一样，在后期使用过程中，有大量的维护、售后服务工作，这些工作一方面，可以由客户信息中心承担相关工作，另一方面，如果信息中心人员不足，也可以委托第三方服务。

10.2.5　信息化制度的建立

信息化管理制度是信息化实现规范化的前提；有助于规避信息化建设风险；为参建各方统一认识奠定了基础；是信息化员工持续推进的保障。且在制度执行一段时间后，要进行评价和修订，使得信息化制度更贴近现实，更具备可操作性。

工程信息化管理制度是围绕信息化系统的规划、设计、实施、运行、维护、完善等过程而设计的一整套管理规范，该制度适用于信息化建设与应用的全过程，是信息化建设的行动纲领，是信息化应用的行为准则。

管理制度包括组织管理制度、资金管理制度、软硬件管理制度；项目生命期管理制度、项目组织管理制度、项目计划与控制管理制度等内容。

10.2.6　信息化建设面临的主要矛盾和挑战

在看到信息化建设能够给工程企业带来的预期价值和效益的同时，也要清醒地分析信息化建设过程中可能遇到的困难和问题。

1．当前开展信息化建设面临的主要矛盾

（1）各级领导、管理人员和员工提升信息化水平的迫切期望和相对薄弱的信息化基础之间的矛盾。

（2）经营规模快速上升，建设生产时间紧、任务重和信息化建设时间、人力投入之间的矛盾。

（3）集中统一的信息化规划、建设和之前信息化建设相对分散之间的矛盾。

上述矛盾都是工程建设企业开展信息化过程中将会遇到的现实问题，需要引起足够的重视，在工作过程中可以通过建立合理目标，均衡资源分配，以积极宣传引导等多种方式进行规避和化解，避免由于处理不当影响工程建设企业信息化建设的顺利进行和取得的效果。

2. 在信息化建设过程中可能遇到的挑战

(1) 管理层重视的程度、支持的力度和持续性。

(2) 各级部门和人员对信息化的意义及方法等方面的认识尚不统一。

(3) 各业务管理部门参与的程度，以及是否为信息化建设带来的管理变革做好各方面的准备。

(4) 大型信息化项目群管理的经验和能力，以及技术支持、运维服务的能力。

应对以上挑战，需要工程建设企业各级部门和人员付出艰苦的努力，工程建设企业的信息化建设任重而道远。

10.3 工程管理信息系统

10.3.1 信息系统

信息系统的建设过程，即信息化的过程，包括管理制度化、制度流程化、流程表单化、表单信息化和信息智能化的过程。在实施过程中要注重管理的梳理，明确管理的精度、频次、流程、管控模式等，而不仅仅是对现有管理表单的信息化。

信息系统的应用对象包括集团公司、分公司、项目部，不同的应用主题对管理信息系统的定位和要求有所区别，同时，各种应用也存在联系。另外，由于企业管控模式的不同、项目管理模式的区别，系统的应用也会各不相同。

信息系统推广实施的六大环节有强调意识、梳理制度、组建团队、开发推广、培训再培训、数据稽核反馈。

信息系统需要实现以合同管理为基础，以进度管理为主线，以成本管理为核心的项目全过程管理，优化配置企业各项资源，具体管理内容包括经营管理、合同管理、进度管理、物资管理、成本管理、质量管理、安全管理、竣工管理以及企业资产管理、人力资源管理、财务管理、协同办公管理和企业绩效管理等。

系统的功能包括处理数据、设置计划、控制、预测、辅助决策等功能。

系统由硬件、软件、数据库三部分组成。硬件提供输入输出、通信、存储数据和程序、进行数据处理等功能；软件分为系统软件和应用软件，系统软件用于计算机的管理、维护、控制工作，应用软件是指挥计算机进行数据处理的程序；数据库是系统中数据文件的逻辑组合，包含应用软件的所有数据。

操作规程包括用户手册、操作手册、运行手册等。

操作人员包括系统设计人员、开发人员、维护人员、数据采集人员、数据分析人员等。

10.3.2 基础平台

现在的软件系统越来越庞大、复杂，实现的功能也越来越多，原有的基于系统、模块的开发方式针对单独的系统虽是一种可行的方式，但在系列产品的开发中，却表现出越来越多的缺点：开发的可重用性差、柔性差、功能模块缺乏管理等。新的软件开发倡导基于组件的开发方式，因为在一个产品中会创建大量的功能性组件，如何让这些组件很好地运行，并易于维护，是一个新的问题。柔性化平台正是为了解决这些问题，同时实现企业所倡导的零件式开发、销售、部署的目标，将使企业软件的柔性管理、资源共享、化繁为简成为可能。

柔性化平台是吸收了国外先进管理经验和技术，依托于独立的平台技术，为业务系统提供强大的平台支撑，负责提供软件系统底层环境的搭建、核心机制与服务的提供等。平台系统决定了基础的技术灵动与柔性内涵，其本质是为软件系统创建一个灵动柔性的架构。大大提升了应用软件的可扩展性、可维护性等多项技术指标。

柔性化平台包括业务建模、流程管理、预警管理、统一通信平台等功能模块。

1. 业务建模

业务建模是以软件模式描述企业管理和业务所涉及的对象和要素，以及他们的属性、行为和彼此关系，业务建模强调以体系的方式来理解、设计和架构企业信息系统。

2. 流程管理

流程管理包含审批流、办公工作流以及统一的流程监控平台，让企业用户可以个性化自定义属于自己的审批流程和工作流程，申请人在系统内起草申请，并发送给相关负责人处理，实现无纸化办公，并且对于各流程的运转情况进行统一的监控和管理。

3. 预警管理

预警平台允许用户建立一定的预警触发机制来对企业很关心的数据进行实时或者定时的数据监测。它允许用户对条件进行自由组合，以便形成合适的预警触发条件，而在预警扫描过程中，一旦预警条件成立，系统将自动生成消息并将消息发送给相关的用户，用户得到预警消息后可以追踪到具体的数据并进行相应的业务处理。且可以通过调用信息服务将预警消息以即时消息、短消息、邮件等各种方式发布出去。

4. 接口平台

由于企业的快速发展和信息技术的进步，企业对管理软件的需求不断提高，同时管理软件本身也在不断地发展完善。由于企业信息化是一项规模较大的系统工程，企业实行信息化不是一步到位，是分阶段、分系统逐步实施的，不同的系统往往按照一定的实施策略在不同的阶段上线。完整的企业用户信息化解决方案大多需要不同软件提供商的产品进行集成，这样在企业用户的信息化系统中就会产生不同系统之间的信息共享问题，形成信息孤岛。

5. 统一通信

统一通信平台为企业定制和管理控制所有消息的发送以及消息模板的撰写，用户可以在这里找到自己想要的控制点，控制分业务通知、流程管理（主要是审批流、业务工作流和办公工作流）和预警。

10.3.3　系统组成

建设工程信息化系统由多个子系统组成，一般包括以下子系统。

1. 编码结构管理

编码结构用于产生一系列编码从而形成一个通用框架，该框架将成为项目计划、组织控制和交换信息的基础。编码结构一旦形成，将提供整个项目范围内有效的编码库，以支持数据输入校验、修改以及作为数据访问安全控制的基础。

编码可以分为一般编码、实体编码、功能编码。一般编码应用于整个系统，是其他功能编码形成的基础。这些编码由相应的功能用户维护。另外还用来进行系统过程校验。典型的编码表项如统计指标（工程类型）编码、状态编码、计量单位、合同类型（如建安工程合同、物资采购、技术服务合同、设备供应等）、专业、部门等。实体编码是整个项目范围内的编码，并有唯一的标识。例如个人、公司（单位）、供应商。编码管理子系统记录人员、单位、组织机构的详细信息如人员技能、单位地址、单位表现、单位往来联系等。功能编码由相应的用户组设计，支持项目的定义和执行。它们可由代码表项或由其他用户自定义代码组成。通常这类编码和项目管理流程一起均在实际工作开始前就已确定。例如概预算编码、设备编码、物资编码、设计工作分解编码、文件编码、图号编码、组织机构编码、合同编码、质量检测指标编码等。系统提供代码结构模版定义（包括串级和组合两种编码结构）功能，使用户能根据需要灵活定义代码的层次和长度。编码结构通用框架如图 10-1 所示。

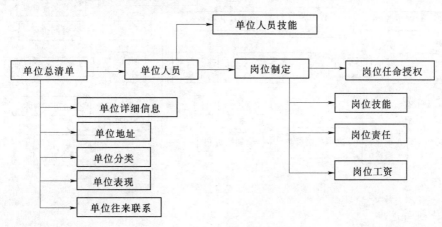

图 10-1　编码结构通用框架

2. 岗位管理

岗位管理子系统提供整个项目管理范围内不同功能域中参与者的信息。它定义工程管理岗位、相应人员以及总公司组织机构内岗位职责划分的信息，主要包括岗位定义、岗位职责、岗位技能、岗位任命授权、岗位工资等模块。系统其他功能区域的定义阶段要用到这些信息。一个岗位一旦被批准就必须有员工上岗。并且应维护整个公司人员清单。每个员工必须就位相应的岗位。岗位管理同样能被用来计划一个工程的人员需求。它能预测工程所需的人员数、与此相关的成本以及人员的到离。组织分解结构（Organizational Break Down Structure，OBS）用来确认某一岗位在工程中的归属。

3. 资金与成本控制

资金与成本控制子系统用于建立项目概算、预测并跟踪成本，包括概算管理、合同实际发生成本维护、合同成本预测、价差管理、资金流、单价分析等模块。成本控制过程从建立工程概算开始，按管理的需要根据概算建立项目实施控制价体系，根据概算代码结构对已发生的成本进行汇总，因概算价格是静态价格，根据合同实际完成的工程量和相应的业主执行概算价将合同价转换为静态价格，或对没有执行概算价的项目已发生成本按价差管理模块中的基比价差系数折算为静态价与控制概算进行比较或将概算折算为现价与合同成本进行比较，还可与合同预测成本比较。价差管理可计算并维护向国家结算的价差和总公司与各承包单位、内部公司计结的价差数据。资金流模块支持从基建投资计划产生的资金需求、资金来源分析到资金筹措方案的编制等工程建设期内全过程的资金流管理。系统还可定义成本控制拨付包、计划执行包用于规定目标成本责任和对成本按包来进行汇总分析，对每一个合同可给定一个实施控制价。单价分析模块则记录执行概算和合同报价单项成本的详细分解（人、材、机和间接费等），从单价分析表中汇总的材料用量是编制材料计划和分析实际材料用量的依据，为深入进行投资分析奠定了基础，也可用来与国家定额相比较或分析各工程类别的权重作为计算价差的基础。资金与成本控制子系统流程图如图 10-2 所示。

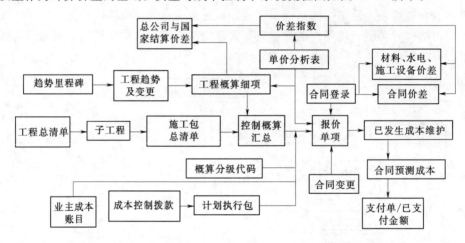

图 10-2　资金与成本控制子系统流程图

4. 计划与进度

计划与进度功能包括设计计划、采购计划和施工计划。主进度表根据四层工程计划建立：决策层概要计划、管理层概要计划、操作层和详细实施层的进度计划。进度表是根据设计管理和施工合同的输入建立的。

在主体工程进度表中包含所有工程作业（工序）。作业间的关系要定义，同时还要建立进度网络、工作次序、工期、延迟、起始/结束日期和每道作业的浮时。按照作业浮动时间来识别进度网络的关键路径。网络是动态的，如果某一作业改变，与它关联的其他作业可以随时调整，同时重新调整关键路径。系统可采用 Primavera Project Planner （P3）软件创建和监控工程进度。系统将有一个通用的数据传输处理过程用作在 P3 和工程管理系统之间装载或下载数据。P3 的数据可以传给工程管理系统，提供进度监控的详细信息。系统的数据可以汇总，并把结果传输到 P3 可以应用的进度信息中。计划与进度子系统流程图如图 10-3 所示。

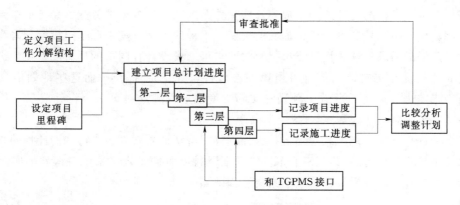

图 10-3 计划与进度子系统流程图

5. 合同管理

合同管理子系统支持从招投标、合同签订、合同执行、合同支付到合同验收全过程的管理业务，包括招投标管理、合同基本信息维护、合同变更索赔奖罚登录、承包商人力材料设备公共设施计划及消耗、公共设施使用问题及其影响的登记、施工进度、合同支付、合同验收和尾工等子模块。通过合同报价单（包括变更报价单）与概算代码相联系，可以随时跟踪比较合同成本与概预算情况。施工进度模块可以与计划与进度软件接口，人力材料设备公共设施计划及消耗、公共设施使用问题及其影响的登记提供追踪承包商资源投入的手段，用以辅助进度控制和核实承包商申报的索赔申请。合同验收则可和质量管理模块建立联系，通过组成合同的单位、分部、分项及单元工程的验收评定情况确定合同的验收等级和评定意见。合同管理子系统流程图如图 10-4 所示。

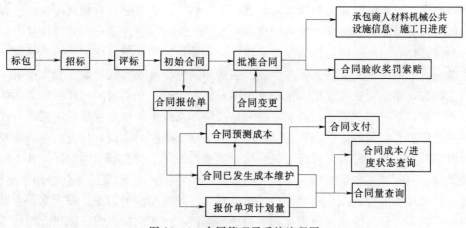

图 10-4 合同管理子系统流程图

6. 工程设计管理

工程设计管理子系统是对整个工程的设计工作进行管理。它包括整个工程设计的计划、预算和进度度量。它通过设计工作分解结构（Engineering Work Breakdown Structure，EWBS）分解设计工作，每一个 EWBS 能够进一步分解为设计工作包，这些工作包用于监督进度。在每一个工作包中都指定一个包含里程碑代码的里程碑类，而每一个工作包由文件图纸或类似的设计成果组成。这些文件图纸和设计成果都分配一套与工作包一样的里程碑集用以跟踪控制设计成果提交的进度。里程碑进度日期来源于招投标、采购、施工对设计成果的需求。这些设计成果提交的要求可形成设计合同中的提交成果项，进而纳入合同管理。设计文档计划信息可由第三方软件（如 P3）提供，而这些计划信息能在 EWBS/工作包层上与系统相连。预测和实际进度在里程碑层对每一个设计成果交付项进行记录，并汇总到工作包和 EWBS 层上以产生报表。

已有的计划软件包能与系统集成，这样不仅能将从计划软件包中得到的计划的和预测的信息传递给系统，更新 EWBS 工作包的详细资料，而且能将从系统中得到的实际进度传送回计划软件包。工程设计管理子系统流程图如图 10-5 所示。

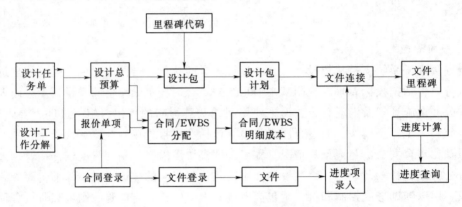

图 10-5　工程设计管理子系统流程图

7. 物资管理

物资管理子系统跟踪和控制物资从申请、采购、运输和仓储一直到调拨给承包商的全过程。所有物资需求、供应和调拨的数据都在本子系统内。通过承包商或设计提出的物资需求计划，并结合物资仓储在途情况生成物资采购计划，用以招投标或直接与供应商签订物资采购合同，同时定义责任人和进度表。根据相同到货地点和到货期（交货批次）建立催货项及状态，建立物资运输单，记录并预测发货、运输、到货时间，并与施工现场的需求时间相比较，采取相应催货行动和紧急调运措施。系统中的材料接收模块提供采购单中物资的库存信息。它同时提供物资到货和提交的信息。接收时依据合同进行逐项检查。物资异常时填写物资异常报告，报告应说明接收时物资的多、少和损毁等情况，并生成相应的物资数量；同时，报告还提供了违反合同条款说明对其他业务或进度有怎样影响说明。在系统中记录这些异常，工程会计部门就可以对支付做出相应的调整。接下来是仓库将物资调拨给承包商、制造商或其他需要此类物资的部门，生成调拨报告，提供仓库物资进出情况的正式文件，追踪物资去向。工程物资总量可在任何时间依据对物资供应针对的施工合同、当前所在地、数量和状态来统计。物资所在地可分为工地仓库、出厂、在途或为承包商使用。据此，可与物资供应合同中分项物资的供应总量比较，进行总量控制。总量统计处理流程是对整个工程范围内可获得的所有物资进行汇总。这样通过该处理过程对调拨给承包商的物资进行协调和优化调度。此外，根据物资供应合同中的分项物资的供应价与实际采购成本的差异，可计算物资价差，进而与成本控制模块相联系。物资管理子系统流程图如图 10 - 6 所示。

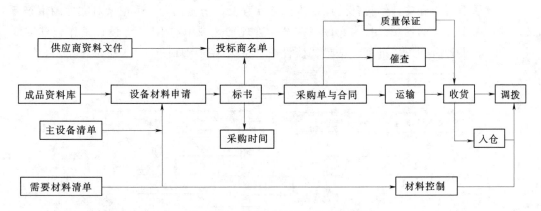

图 10 - 6　物资管理子系统流程图

8. 设备管理

设备管理子系统在物流控制的功能上与物资管理类似，但不存在总量控制问题，也不存在采购成本与供应给安装承包商价格之间的价差问题。另外，设备租赁与设备备品备件管理功能也在本系统中实现。

9. 工程财务与会计

工程财务与会计子系统支持工程价款结算、费用支付等会计业务的全过程，包括支付单处理、会计凭证录入及审核、支票申请、账务处理、会计账表生成、合同支付台账、固定资产管理等模块。通过会计科目与概预算项目或合同支付项的对应，系统提供自动产生会计凭证的功能，并提供对合同预付款、进度款支付、保留金扣款、其他扣款的查询。固定资产管理对工程用固定资产使用和维护及其价值变化的全过程进行追踪。工程财务与会计子系统流程图如图 10 - 7 所示。

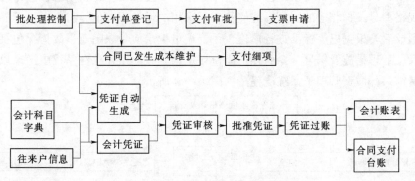

图 10 - 7　工程财务与会计子系统流程图

10. 文档管理

文档管理子系统控制着记录文档接收、签发和归档位置的文件流，负责所有工程文件的登记、检索和管理。系统支持工程单位内部编制的文件，同时也支持从其他单位收到的文件，包括文件分发的定义、文件注册、文件登记、修改意见通知的定义、文件归档、文件传送、文件催查、文件历史信息等模块。所有文件处理通过合同或对无合同业务的单位定义一个虚拟合同（原收发者代码）进行处理，所有的文件都登记并储存在同一数据库中，所有的发行本和文件修订都可以追查到并保存文件历史信息，可记录对文件的审查意见，并可帮助文件的催交。技术文件将在设计管理功能域中与 EWBS/设计工作包建立联系，为工程设计合同提供进度计量。文档管理子系统流程图如图 10-8 所示。

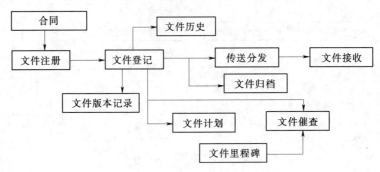

图 10-8　文档管理子系统流程图

11. 质量管理

质量管理子系统根据质量管理规范和标准控制每一质量控制单元的施工是否满足质量要求。主要包括质量检测标准、单元工程分解、工序检测记录、材料及试件检测记录、质量缺陷及事故的登记及处理、质量验收与评定等模块。质量检测标准分为两类：工序检测和材料试件检测。系统按合同根据质量控制的要求将施工项目分解为若干个质量控制单元——单元工程，每个单元有相应的施工类型（如混凝土工程）及部位、施工时间、负责人。根据施工规程规范，可将不同的施工类型分解为标准的施工工序，每道工序又有若干检测指标，每个指标都有国家标准和相应工程中实际采用的设计标准值。系统记录每个单元工程每道工序中需检测指标的每次检测值，并与标准对照，符合标准后才能进行下一道工序。对于材料及试件检测，系统根据不同的材料或试件类别定义一系列质量控制标准要求的检测指标，然后根据不同的规格型号维护相应的国家标准值和实际采用的设计标准值。材料在用于施工前，试件在施工形成后，根据以上标准进行抽检。系统还可记录质量缺陷及事故情况包括原因、损失、责任人、处理措施及结果等。此外，质量评定与验收的结果也在系统中记录以反映最终的施工质量结果。质量管理子系统流程图如图 10-9 所示。

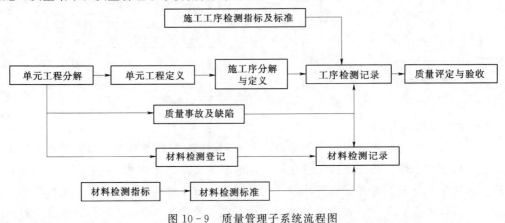

图 10-9　质量管理子系统流程图

12. 安全管理

安全管理子系统对施工安全相关信息进行维护，主要包括安全措施、安全检查、安全事故、事故伤亡、安全会议、安全培训等模块。安全措施事先定义在施工过程中应采取的措施及其计划和实际实施的时间，事先对施工安全控制提供指导；也可记录针对某些安全问题、隐患或事故采取的安全措施，进行事后反馈。安全检查记录针对某些安全隐患或例行的检查行动，根据检查结果可再定义安全措施。安全事

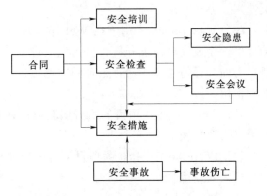

图 10-10 安全管理子系统流程图

故登记记录安全事故的详细情况包括原因、损失、责任方（人）、处理结果等。事故伤亡则主要记录安全事故中伤亡人员的情况。安全培训提供施工人员安全技能方面培训的详情。安全管理子系统流程图如图 10-10 所示。

10.4 信息系统技术应用

10.4.1 P3e/c 软件

P3e/c 荟萃了 P3 软件 20 年的项目管理经验，采用最新的 IT 技术，在大型关系数据库 Oracle 和 MS SQL Server 上构架起企业级、包含现代项目管理知识体系、具有高度灵活性和开放性、以计划—协同—跟踪—控制—积累为主线的工程项目管理软件，是项目管理理论演变为实用技术的经典之作。

P3e/c 系列软件融合了先进的项目管理思维和方法论。在管理功能方面丰富了网络计划技术，使得长期困扰管理人员的工期进度和投资/成本情况无法整体性的动态管理问题得到了很好的解决。在我国，P3e/c 的应用十分广阔，包括交通工程、石油天然气项目、火电建设项目、核电项目等。

在工程项目实施初期，可将工程的组织过程和项目实施步骤进行全面的规划、编排，以便对多种方案进行深入的研究与比较，更科学地进行目标进度安排。在项目实施过程中可对进展情况进行分析对比。不但能给出作业的时间进度安排，还能给出完成这一时间进度所需要的投资需求，使项目管理的内涵渗透到各个职能部门，避免项目管理中顾此失彼的现象，且可清楚知晓项目哪些超前、哪些落后、落后的原因以及责任者。

10.4.1.1 P3e/c 组成及各组件使用对象

不同的项目管理人员在项目的实施中承担不同的角色，而不同的角色处理的项目管理业务也不尽相同。为此 P3e/c 采用基于角色化应用的设计思路进行各组件的设计，P3e/c 共有 5 个相互独立又相互依存的组件组成，分别是：

（1）PM 用于企业项目管理体系规划、编码设定、详细计划编制、进度计算、计划下达、反馈批准、统计分析，是 P3e/c 的核心组件。一般供项目经理或计划编制与分析人

员使用。

（2）My Primavera 用于在 Web 下实现项目的建立、项目纲要计划的编制、项目资源的分配、企业资源需求分析、反馈完成进度、项目组合的执行情况分析、赢得值分析、项目组合的临界值监视、项目组合的问题报告发布等。一般供团队领导、管理决策层或项目经理使用。

（3）TimeSheet 供项目的执行层获取计划安排和反馈实际完成情况。一般供具体实施人员（资源）使用。

（4）Portfolio Analyst 为项目组合的计划与执行情况分析。一般供领导决策层次或计划分析人员使用。

（5）Methodology Manager 用于项目实施经理的积累与管理，建立企业自身的项目实施成功方法经验知识库。一般供企业标准化管理的人员使用。

10.4.1.2　P3e/c 主要功能特点

（1）多项目管理解决方案：支持企业范围内多项目群、多项目、多用户的同时管理，企业项目结构（Enterprise Project Structure，EPS）使得企业可按多重属性对项目进行随意层次化的组织，使得企业可基于 EPS 层次化结构的任一结点进行项目执行情况的分析，客户/服务器结构（Client/Serve，C/S）及浏览器/服务器结构（Browser/Server，B/S），支持 Oracle/SQL Server 数据库，整个企业资源可集中调配管理，个性化的基于 Web 的管理模块，适应于项目管理层、项目执行层、项目经理、项目干系人之间良好的协作。

（2）基于 Web 的团队协作：基于 Internet 的工时单（timesheets）任务分发和进度采集，项目执行层可以接收来自多个项目经理分配的任务，在填报实际情况后提交给项目经理或资源经理审批；可随任务分发文档模板、执行规范说明、工作时间、工作步骤；项目管理层可以接收来自项目执行层的任务状态、反馈及需要提交的"工作产品"；直接使用基于 Web 的 PV（Primavision，PV，是一种 WEB 构架）组件来进行项目的创建、更新、分析及工时单的审批；Web 发布向导可以方便快捷地建立项目网站，其中可包含项目详细信息、报表和视图。

（3）企业标准经验知识库管理：利用项目构造功能快速进行项目初始化、可重复利用企业项目模板、可进行项目经验和项目流程的提炼。

（4）企业级多项目分析：基于 Web 的报告和综合分析、支持"自上而下"预算分摊方式，而且这种分摊可基于 EPS、工作分解结构（Work Breakdown Structure，WBS），支持项目 WBS 里程碑及其权重、工序步骤及其权重，这些设置连同多样化的赢得值技术设置使得"进度价值"的计算方法适合不同管理环境下的赢得值计算、进度、费用和赢得值分析、资源需求预测和负荷分析。

（5）风险和问题管理：通过工期、费用变化临界值设置和监控，对项目中出现的问题自动报警，使项目中的各种潜在"问题"及时发现并得到解决。定义项目实施时可能出现的风险，根据每一风险出现的概率来计算对项目中作业的工期与费用产生的影响。

（6）全面的项目管理，遵循 PMI 标准：具有进度计算和资源平衡功能、EPS、WBS、组织结构分解（Organization Breakdown Structure，OBS）、资源结构分解（Resource Breakdown Structure，RBS）、项目预算管理、项目费用和费用科目、目标（Baselines）

管理、内置报表生成器、资源工时单管理。

10.4.2　三峡工程管理系统（TGPMS）

三峡工程管理信息系统（Three Gorges Project Management System，TGPMS）是我国三峡总公司引进西方的管理观念与技术，并结合我国及三峡工程的实际情况，进行再造与开发的一个项目管理软件。该软件可以对任何具备项目管理特征的工业与交通项目实现进度、质量、成本控制的管理目标，是我国水电界、工程界引进大型管理信息系统的首例。

在系统开发建设的过程中，三峡总公司接受了信息工程理论及方法、工程管理信息系统设计、分析、开发、维护、应用方面的培训。通过 TGPMS 的开发建设，使我国可以具备开发并有效应用大型工程管理系统的能力，为提高我国水电工程管理水平起推动和促进作用并且积累人才和经验。

根据信息工程方法论，通过组成联合工作组方式，利用加拿大 AMI 公司的工程管理原型系统，结合三峡工程和我国的管理现状，组织进行了工程管理系统的总体数据规划，按照 17 个职能域对三峡工程管理进行了业务需求和数据需求分析。通过对工程管理基本业务过程和业务活动的分析并不断地进行抽象和提取，形成了结构科学合理、易于计算机实现的 TGPMS 功能模型，并在该模型基础上建立功能/用户矩阵。通过需求分析，最终确定按如下功能域进行总体设计的功能结构设计、数据库设计工作，主要有编码管理、岗位管理、资金与成本控制、合同管理、技术管理、物资管理、设备管理、计划与进度控制、文档管理、工程财务与会计、质量管理、安全管理、施工区与公共设施管理等模块。同时通过用户视图搜集和数据元素聚类分析、按功能域准确定义识别数据实体和全域实体—联系图（Entity Relation Diagram，ER 图）集成，得出 TGPMS 全域主题数据库概念模型，通过用户视图验证数据建模是否满足了用户数据需求。

总体设计主要进行了如下工作。

（1）设计系统的功能结构，使之能高效支持以项目管理为重点的工程管理模型：

1）以项目管理为中心实现成本、进度和质量的控制。

2）体现分层负责，分层授权。

3）建立起为项目管理服务的部门间矩阵关系。

（2）确定一个全局稳定的数据模型和数据处理模型，能收集工程设计、采购、施工各阶段及工程管理各方面的所有信息种类，为工程建设的管理、投产使用、运行维护服务。

（3）建立标准的编码系统、数据通信标准、标准的系统接口，实现总公司内部以及与外部组织的数据共享。

（4）完成计算机系统平台、数据库平台、安全保密、测试计划等的设计。

系统实施的基本任务有：

（1）使管理业务规范化、标准化、程序化，促进业务协调运作。

（2）对基础数据进行严格的管理，要求基础数据标准化，传递程序和方法的正确使用，保证信息的准确性、一致性。

（3）确定信息处理过程的标准化，统一数据和报表的标准格式，以便建立一个集中统一共享的数据库。

（4）高效地完成日常事务处理业务，优化分配各种资源，包括人力、物力、财力等。

充分利用已有的信息资源，运用各种管理模型，通过对数据不断地应用协调，三峡工程所有正在执行的合同已通过 TGPMS 进行管理，系统已能跟踪所有正在执行合同已发生成本及概预算情况，系统已应用于大型施工项目的进度计划、设备采购管理，已进行施工质量控制信息包括质量控制标准、单元划分验收评定、工序质量控制、材料试件检测等数据的管理，设计图纸的提交由系统跟踪记录，此外安全信息如安全事故及伤亡、措施、隐患、检查、会议等也已通过系统进行管理。

10.4.3　EPMS 系统

EPMS 系统是 Engineering Project Management System 的缩写，是基于工程项目管理与优化的一套程序或者软件。

此系统可应用于房地产工程项目管理系统，提供了包括开发项目管理、招投标管理、工程管理、成本管理、CRM 管理、商业租赁管理、集团物业管理、资金管理、协同办公、经济地理、商业智能等各专项地产运营管理应用为一体的集团型整体系统解决方案。

此系统还可应用于通信工程项目管理系统。提供工程勘测、开工、工程进度计划等一系列的项目要素管理；同时对工程人力资源管理、技术资源整合以及施工成本、工程质量等进行系统优化的一套系统。

10.4.4　通过风电场及远程监控自动化系统

通过风电场及远程监控自动化系统，将所属的遍布各地的风电场或其他新能源项目集成为一个网络，建立一个功能完善、技术先进、性能良好的可靠、安全、稳定的综合自动化系统，实现对所属风电场或将要开发的其他新能源进行统一监视、控制及管理。

1. 简介

风电场及远程监控自动化系统采用分层分布的体系结构，整个自动化系统分为三层：风电场控制层、区域控制层和集中控制层。风电场控制层设在风电场现场，为风电场运行与管理提供完整的自动化监控，为上级系统提供数据与信息服务；区域控制层设在区域风电场中央控制室，负责所辖风电场运行状态的监视与管理，为集中控制层提供数据与信息服务；集中控制层作为总部或集团的风力发电监控中心，全面掌控所有风电场运行状况，统筹调配资源。

2. 系统总体结构和功能

远程监控系统地理分布广阔，是一个跨地区、多业务的大型自动化系统，整个自动化系统采用纵向分层、横向分区的体系结构。系统在纵向层次上分为 3 层：上级管理层（对应集团公司）、远方监控层（对应区域运营管理公司）、厂站监控层（对应各风电场中央控制室）。远方监控层在横向上又根据监控业务的性质、时效性、重要程度的不同等划分为生产控制区和管理信息区。

远方监控层将设置远程监控系统、生产管理信息系统、远程图像监视系统，其中远程监控系统可通过光纤及卫星双通道实现与各风电场的信息交换，采集各风电场现场设备的生产信息进行集中监视，并对主要的开关设备进行远方控制，此外远程监控系统留有与上级管理部门的通信接口，在需要时可通过该系统向上级管理部门传送信息；远程图像监视系统通过光纤通道采集各风电场的图像信息并对采集的图像进行监视。

远程监控系统主要实现对所属风电场生产设备的数据采集、监视和控制等，并满足上级调度部门通过本系统对所属各风电场实现四遥（遥信、遥测、遥调和遥控）的功能。

建设风电场及远程监控自动化系统，实现各风电场设备的集中监视和管理，对提高公司综合管理水平、优化人员结构、提高风电场发电效益等十分重要。

10.4.5　其他

建设工程信息管理的软件有很多种，除了以上介绍的几个典型系统外，还有很多专项的应用技术或软件，例如三维动画仿真技术，通过虚拟现实展现各种复杂的工况，从而实现施工方案的优化；Power On 项目信息管理系统，以计划为龙头、合同为中心、成本管理为核心，记录施工过程、控制项目投资，使得所有的管理业务均可在主体计划下协同进行；还有，温控系统、概预算系统、施工档案管理系统等。

信息化管理软件的应用只是项目建设的管理手段，高效实现项目管理核心"三控制、两管理、一协调"才是终极目的。

第11章　风电场建设工程验收

11.1　验　收　目　的

风电场建设工程验收是指风电场工程开工之后至竣工之前这一段时间内，由业主单位或总承包单位牵头组织，对项目可行性研究报告核准的和工程设计文件要求的建设任务，依据国家有关法律、法规，工程建设规范、规程和标准的规定，进行分阶段的检查、验收和评定的行为。通过前一阶段的验收往往是开始后一阶段工作的前提和必要条件，风电场建设工程验收的目的有以下5方面内容。

1. 确保工程质量和安全

风电场建设工程验收主要目的是通过过程控制，全程检查工程质量是否符合要求，以确保工程质量和安全不出问题，促进技术进步和提高经济效益。

2. 办理固定资产使用手续

通过竣工验收办理固定资产使用手续，可以总结工程建设经验，为提高建设项目的经济效益和管理水平提供参考。

3. 监督概算执行

对年度投资计划执行、概算及调整等情况进行审查和控制，以确保风电场建设工程能够实现预期的经济效益。

4. 标志工程逐步投产

从工程启动试运验收到工程移交生产验收，再到工程竣工验收，标志着建设成果在逐步转入生产使用。竣工验收是风电场建设工程转产的必要环节。

5. 总结建设管理经验

通过验收发现问题并进行整改，检验项目投资决策、工程设计、设备选型和建设管理水平，全面总结风电场项目工程建设管理经验，为后续类似项目建设提供指导。

11.2　验　收　依　据

1. 风电机组安装调试工程验收主要标准、技术资料及其他有关规定

(1)《电气装置安装工程电缆线路施工及验收规范》（GB 50168—2006）。

(2)《混凝土结构工程施工质量验收规范》（GB 50204—2015）。

(3)《建筑电气工程施工质量验收规范》（GB 50303—2011）。

(4)《电力建设施工及验收技术规范》（DL/T 5007—1992）。

(5)《风力发电场运行规程》（DL/T 666—2012）。

(6) 风电机组技术说明书、使用手册和安装手册。

(7) 风电机组订货合同中的有关技术性能指标要求。

(8) 风电机组塔架及其基础设计图纸与有关技术要求。

2. 升压站设备安装调试工程验收标准、技术资料及有关规定

(1)《电气设备交接试验标准》（GB 50150—2006）。

(2)《电气装置安装工程电缆线路施工及验收规范》（GB 50168—2006）。

(3)《电气装置安装工程接地装置施工及验收规范》（GB 50169—2006）。

(4)《电气装置安装工程盘、柜及二次回路接线施工及验收规范》（GB 50171—2012）。

(5)《电气装置安装工程低压电器施工及验收规范》（GB 50254—2014）。

(6)《建筑电气工程施工质量验收规范》（GB 50303—2011）。

(7)《电气装置安装工程高压电器施工及验收规范》（GB 50147—2010）。

(8)《电气装置安装工程电力变压器、油浸电抗器、互感器施工及验收规范》（GBJ 148—1990）。

(9)《电气装置安装工程母线装置施工及验收规范》（GBJ 149—1990）。

(10) 设备技术说明书。

(11) 设备订货合同及技术条件。

(12) 电气施工设计图纸及资料。

3. 中控楼和升压站建筑等工程验收标准、技术资料及有关规定

(1)《混凝土结构工程施工质量验收规范》（GB 50204—2015）。

(2)《建筑工程施工质量验收统一标准》（GB 50300—2013）。

(3)《建筑电气工程施工质量验收规范》（GB 50303—2011）。

(4)《电力建设施工及验收技术规范》（DL/T 5007—1992）。

(5) 设计图纸及技术要求。

(6) 施工合同及有关技术说明。

4. 场内电力线路工程验收标准、技术资料

(1)《电气装置安装工程电缆线路施工及验收规范》（GB 50168—2006）。

(2)《电气装置安装工程 35kV 及以下架空电力线路施工及验收规范》（GB 50173—1992）。

(3)《110～500kV 架空电力线路施工及验收规范》（GBJ 233—1990）。

(4) 架空电力线路勘察设计、施工图纸及其技术资料。

(5) 施工合同。

5. 交通工程验收有关文件资料

(1) 公路施工设计图纸及有关技术资料。

(2) 施工合同。

11.3　验　收　分　类　和　组　织

11.3.1　验收分类

风电场建设工程验收按时间先后顺序分为四个阶段：单位工程完工验收、工程启动试

运行验收（单台机组启动试运行和工程整套启动试运行）、工程移交生产验收和工程竣工验收。其中，风电场建设工程通过工程整套启动试运验收后，应在 6 个月内完成工程决算审核，同时申请、准备工程竣工验收；若有特殊情况，工程决算在规定期限内未完成，经工程竣工验收主持单位同意，可以适当延长期限，但工程竣工验收主持单位应剔除延期完成时间。

11.3.2　验收组织

风电场建设工程各阶段验收一般由项目公司负责人按有关规定组建相应的验收组织（如验收领导小组、验收委员会等），下设各类专业组，分别负责每项验收工作。

11.3.2.1　单位工程完工验收组织

在单位工程完工之前，由项目公司（或总承包单位）负责组建单位工程完工验收领导小组。作为各单位工程完工验收的领导机构，单位工程完工验收领导小组主要承担指挥协调工作，各单位工程完工时和各单台机组启动调试试运行时，单位工程完工验收领导小组负责及时组建相应验收组，领导小组成员应参加相关单位工程、相关专业的检查，并担任相关单位工程验收组的正、副组长。各单位工程完工验收组的成员以相关专业的技术人员为主。

单位工程完工验收领导小组组长一般应由项目公司（或总承包单位）分管领导担任，副组长由项目经理和总监理工程师担任，组员由项目公司（或总承包单位）、设计、监理、质监、施工、安装、调试等有关单位负责人及有关专业技术人员组成。

单位工程完工验收领导小组职责有：

（1）负责指挥、协调各单位工程、各阶段、各专业的检查验收工作。

（2）负责根据各单位工程进度及时组织相关单位、相关专业人员成立相应的验收检查小组，负责该项单位工程完工验收。

（3）负责对各单位工程作出评价，对检查中发现的缺陷提出整改意见，并督促有关单位限期消缺整改和组织员工人员进行复查。

（4）在工程整套启动试运前，应负责组织、主持单机启动调试试运验收、确保工程整套启动试运顺利进行。

（5）协同项目公司组织、协调工程整套启动试运验收准备工作，拟定工程整套启动试运方案和安全措施。

11.3.2.2　工程整套启动验收组织

工程整套启动试运验收前，由项目公司负责组建工程整套启动验收委员会（启委会），启委会设主任委员 1 名、副主任委员和委员若干名。启委会一般由项目公司、总承包单位（若有）、质监、监理、设计、调试、当地电网调度、生产等有关单位和投资方、政府有关部门等有关代表、专家组成。施工、安装调试、制造厂等参建单位列席工程整套启动验收。

启委会应下设整套试运组、专业检查组、综合组和生产准备组。各组组长和组员由启委会确定。相关职责如下：

1．启委会职责

（1）必须在工程整套启动试运前组成并开始工作，负责主持、指挥工程整套启动试运工作。

（2）审议项目公司（或总承包单位）有关工程整套启动试运准备情况的汇报，协调工程整套启动试运的外部条件，决定工程整套启动试运方案、时间、程序和其他有关事项。

（3）主持现场工程整套启动，组织各专业组在启动前后及启动试运中进行对口检查验收。

（4）审议各专业组坚守检查成果，对工程作出整体评价，协调处理工程整套启动试运后的未完事项与缺陷。

（5）审议生产单位的生产准备情况，对工程移交生产准备工作提出要求。

2．整套试运组职责

（1）检查工程整套启动试运应具备的条件及单机启动调试试运情况。

（2）审核工程整套启动试运计划、方案、安全措施。

（3）全面负责工程整套启动试运的现场指挥和具体协调工作。

3．专业检查组职责

（1）负责各单位工程质量验收检查与评定。

（2）检查各单位工程施工记录和验收记录、图纸资料和技术文件。

（3）检查设备、材料、备品备件、专用仪器、专用工器具使用和配置情况。

（4）检查变电设备和输电线路技术性能指标、合格证件及技术说明书等有关材料。

（5）核查风电机组技术性能指标。

（6）在工程整套启动开始前后进行现场核查，给出检查评定结论。

（7）对存在的问题、缺陷提出整改意见。

4．综合组职责

（1）负责文秘、资料和后勤服务等综合管理工作。

（2）核查、协调工程整套启动试运现场的安全、消防和治安保卫工作。

（3）发布试运信息。

5．生产准备组职责

（1）检查运行和检修人员的配备和培训情况。

（2）检查所需的编制、制度、图表、记录簿、安全工器具等配备情况。

（3）协同项目公司（或总承包单位）完成消缺和实施未完项目等。

11.3.2.3　工程移交生产验收组织

移交生产验收时，由项目公司负责组建工程移交生产验收组。验收组一般可设组长1名、副组长2名、组员若干名。验收组成员由项目公司、总承包单位（若有）、监理单位和投资方有关人员组成。设计单位、施工单位、调试单位和制造厂列席工程移交生产验收，负责解答验收中的有关问题，并做好工程投产后的服务工作。工程移交生产验收组长一般由项目公司的大股东担任，副组长由项目公司委派。

工程移交生产验收组职责有：

（1）主持工程移交生产验收交接工作。

（2）审查工程移交生产条件，对遗留问题责成有关单位限期处理。

（3）办理交接签证手续。

11.3.2.4　工程竣工验收组织

工程竣工验收时，项目公司应负责组建工程竣工验收委员会，成员名单由项目公司拟定后，报项目公司股东审批。竣工验收委员会一般设主任 1 名，副主任、委员若干名，由政府相关主管部门、电力行业相关主管部门、项目公司、银行（项目公司债权人）、审计、环保、消防、质监等行政主管部门及项目公司股东方等单位代表和有关专家组成。根据工程实际情况，工程竣工验收委员会可下设相应的验收检查组。项目公司（或总承包单位）、设计、施工、监理单位等作为被验收单位不参加竣工验收委员会，但应列席验收委员会会议，负责解答验收委员会的质疑。

工程竣工验收委员会职责为：

（1）主持工程竣工验收。

（2）在工程整套启动验收的基础上进一步审查工程建设情况、工程质量，总结工程建设经验。

（3）审查工程投资竣工决算。

（4）审查工程投资概算、预算执行情况。

（5）对工程遗留问题提出处理意见。

（6）对工程作出综合评价，签发工程竣工验收鉴定书。

11.4　单位工程完工验收

单位工程是指建筑工程和其电气、设备安装工程一道组合能承担特定独立完整功能的特定工程。风电场建设工程也是由若干个单位工程组成的，单位工程完工验收是工程整套启动试运验收前的预验收，是工程内在质量把关的最主要验收阶段，做好各单位工程的检查验收工作是确保风力发电机组安全启动调试、正常试运不可缺少的必要环节。

11.4.1　一般规定

（1）单位工程可按风电机组、升压站、场内电力线路、建筑、交通五大类进行划分，每个单位工程是由若干个分部工程组成的，它具有独立、完整的功能。

（2）单位工程完工后，施工单位应向业主单位提出验收申请，单位工程验收领导小组应及时组织验收。同类单位工程完工验收可按完工日期先后分别进行，也可按部分或全部同类单位工程一道组织验收。对于不同类单位工程，如完工日期相近，为减少组织验收次数，单位工程验收领导小组也可按部分或全部各类单位工程一道组织验收。

（3）单位工程完工验收必须按照设计文件及有关标准进行。验收重点是检查工程内在质量，质监部门应有签证意见。

（4）单位工程完工验收结束后，项目公司（或总承包单位）应向投资方报告验收结果，工程合格应签发单位工程完工验收鉴定书，单位工程完工验收鉴定书内容与格式见表11-1。

表 11-1 单位工程完工验收鉴定书内容与格式

××单位工程完工验收鉴定书

前言

简述验收主持单位、参加单位、验收时间与地点等。

一、工程概况

（一）工程位置（部位）及任务

（二）工程主要建设内容

包括工程规模、主要工程量。

（三）工程建设有关单位

包括建设、设计、施工、主要设备制造、监理、咨询、质量监督等单位。

二、工程建设情况

包括施工准备、开工日期、完工日期、验收时工程面貌、实际完成工程量（与设计、合同量对比）、工程建设中采用的主要措施及其效果、工程缺陷处理情况等。

三、工程质量验收情况

（一）分部工程质量核定意见

（二）外观评价

（三）单位工程总体质量核定意见

四、存在的主要问题及处理意见

包括处理方案、措施、责任单位、完成时间以及复验责任单位等。

五、验收结论

包括对工程工期、质量、技术要求是否达到批准的设计标准、工程档案资料是否符合要求，以及是否同意交工等，均有明确的定语。

六、验收组成员签字

见"××单位工程完工验收组成员签字表"。

七、参建单位代表签字

见"××单位工程参建单位代表签字表"。

××单位工程完工验收　　　　　　　　　　　　　　××单位工程完工验收组

主持单位（盖章）：　　　　　　　　　　　　　　　组长（签字）：

___年___月___日　　　　　　　　　　　　　___年___月___日

11.4.2 风电机组安装工程验收

11.4.2.1 风电机组单位工程组成

每台风电机组的安装工程为一个单位工程，它由风电机组基础、风电机组安装、风电机组监控系统、塔架、电缆、箱式变电站（如有）、防雷接地网 7 个分部工程组成。各分部工程完工后必须及时组织有监理参加的自检验收。

11.4.2.2 验收检查项目

1. 风电机组基础

（1）基础尺寸、钢筋规格、型号、钢筋网结构及绑扎、混凝土试块试验报告及浇注工艺等应符合设计要求。

（2）基础浇注后应保养 28 天后方可进行塔架安装，塔架安装时基础的强度不应低于设计强度的 75%。

（3）基础埋设件应与设计相符。

2．风电机组安装

（1）风轮、传动机构、增速机构、发电机、偏航机构、气动刹车机构、机械刹车机构、冷却系统、液压系统、电气控制系统等部件、系统应符合合同中的技术要求。

（2）液压系统、冷却系统、润滑系统、齿轮箱等无漏油、渗油现象，且油品符合要求，油位正常。

（3）机舱、塔内控制柜、电缆等电气连接应安全可靠，相序正确。接地应牢固可靠。应有防振、防潮、防磨损等安全措施。

3．风电机组监控系统

（1）各类控制信号传感器等零部件应齐全完整，连接正确，无损伤，其技术参数、规格型号应符合合同中的技术要求。

（2）机组与中央监控、远程监控设备安装连接应符合设计要求。

4．塔架

（1）表面防腐涂层应完好无锈色、无损伤。

（2）塔架材质、规格型号、外形尺寸、垂直度、端面平行度等应符合设计要求。

（3）塔架、法兰焊接应经探伤检验并符合设计标准。

（4）塔架所有对接面的紧固螺栓强度应符合设计要求。应利用专门装配工具拧紧到厂家规定的力矩。检查各段塔架法兰结合面，应接触良好，符合设计要求。

5．电缆

（1）在验收时，应按 GB 50168—2006 的要求进行检查。

（2）电缆外露部分应有安全防护措施。

6．箱式变电站

（1）箱式变电站的电压等级、铭牌出力、回路电阻、油温应符合设计要求。

（2）绕组、套管和绝缘油等试验均应遵照 GB 50150—2006 的规定进行。

（3）部件和零件应完整齐全，压力释放阀、负荷开关、接地开关、低压配电装置、避雷装置等电气和机械性能应良好，无接触不良和卡涩现象。

（4）冷却装置运行正常，散热器及风扇齐全。

（5）主要表计、显示部件完好准确，熔丝保护、防爆装置和信号装置等部件完好、动作可靠。

（6）一次回路设备绝缘及运行情况良好。

（7）变压器本身及周围环境整洁、无渗油，照明良好，标志齐全。

7．防雷接地网

（1）防雷接地网的埋设、材料应符合设计要求。

（2）连接处焊接牢靠、接地网引出处应符合要求，且标志明显。

（3）接地网接地电阻应符合风电机组设计要求。

11.4.2.3　验收应具备的条件

（1）各分部工程自检验收必须全部合格。

（2）施工、主要工序和隐蔽工程检查签证记录、分部工程完工验收记录、缺陷整改情况报告及有关设备、材料、试件的试验报告等资料应齐全完整，并已分类整理完毕。

11.4.2.4　主要验收工作

（1）检查风电机组、箱式变电站的规格型号、技术性能指标及技术说明书、试验记录、合格证件、安装图纸、备品配件和专用工器具及其清单等。

（2）检查各分部工程验收记录、报告及有关施工中的关键工序和隐蔽工程检查、签证记录等资料。

（3）按 11.4.2.2 的要求检查工程施工质量。

（4）对缺陷提出处理意见。

（5）对工程做出评价。

（6）做好验收签证工作。

11.4.3　升压站设备安装调试工程验收

11.4.3.1　升压站单位工程组成

升压站设备安装调试单位工程包括主变压器、高压电器、低压电器、盘柜及二次回路接线、母线装置、电缆、低压配电设备等的安装调试，防雷接地装置 8 个分部工程。各分部工程完工后必须及时组织有监理参加的自检验收。

11.4.3.2　验收应检查项目

1. 主变压器

（1）本体、冷却装置及所有附件应无缺陷，且不渗油。

（2）油漆应完整，相色标志正确。

（3）变压器顶盖上应无遗留杂物，环境清洁、无杂物。

（4）事故排油设施应完好，消防设施安全。

（5）储油柜、冷却装置、净油器等油系统上的油门均应打开，且指示正确。

（6）接地引下线及其与主接地网的连接应满足设计要求，接地应可靠。

（7）分接头的位置应符合运行要求。有载调压切换装置远方操作应动作可靠，指示位置正确。

（8）变压器的相位及绕组的接线组别应符合并列运行要求。

（9）测温装置指示正确，整定值符合要求。

（10）全部电气试验应合格，保护装置整定值符合规定，操作及联动试验正确。

（11）冷却装置运行正常，散热装置齐全。

2. 高、低压电器

（1）电器型号、规格应符合设计要求。

（2）电器外观完好，绝缘器件无裂纹，绝缘电阻值符合要求，绝缘良好。

（3）相色正确，电器接零、接地可靠。

（4）电器排列整齐，连接可靠，接触良好，外表清洁完整。

（5）高压电器的瓷件质量应符合现行国家标准和有关瓷产品技术条件的规定。

（6）断路器无渗油，油位正常，操动机构的联动正常，无卡涩现象。

（7）组合电器及其传动机构的联动应正常，无卡涩。

（8）开关操动机构、传动装置、辅助开关及闭锁装置应安装牢靠，动作灵活可靠，位置指示正确，无渗漏。

（9）电抗器支柱完整，无裂纹，支柱绝缘子的接地应良好。

（10）避雷器应完整无损，封口处密封良好。

（11）低压电器活动部件动作灵活可靠，联锁传动装置动作正确，标志清晰。通电后操作灵活可靠，电磁器件无异常响声，触头压力，接触电阻符合规定。

（12）电容器布置接线正确，端子连接可靠，保护回路完整，外壳完好无渗油现象，支架外壳接地可靠，室内通风良好。

（13）互感器外观应完整无缺损，油浸式互感器应无渗油，油位指示正常，保护间隙的距离应符合规定，相色应正确，接地良好。

3. 盘柜及二次回路接线

（1）固定和接地应可靠，漆层完好、清洁整齐。

（2）电器元件齐全完好，安装位置正确，接线准确，固定连接可靠，标志齐全清晰，绝缘符合要求。

（3）手车开关柜推入与拉出应灵活，机械闭锁可靠。

（4）柜内一次设备的安装质量符合要求，照明装置齐全。

（5）盘、柜及电缆管道安装后封堵完好，应有防积水、防结冰、防潮、防雷措施。

（6）操作与联动试验正确。

（7）所有二次回路接线准确，连接可靠，标志齐全清晰，绝缘符合要求。

4. 母线装置

（1）金属加工、配制，螺栓连接、焊接等应符合国家现行标准的有关规定。

（2）所有螺栓、垫圈、闭口销、锁紧销、弹簧垫圈、锁紧螺母齐全、可靠。

（3）母线配制及安装架设应符合设计规定，且连接正确，接触可靠。

（4）瓷件完整、清洁，软件和瓷件胶合完整无损，充油套管无渗油，油位正确。

（5）油漆应完好，相色正确，接地良好。

5. 电缆

（1）规格符合规定，排列整齐，无损伤，相色、路径标志齐全、正确、清晰。

（2）电缆终端、接头安装牢固，弯曲半径、有关距离、接线相序和排列符合要求，接地良好。

（3）电缆沟无杂物，盖板齐全，照明、通风、排水设施、防火措施符合设计要求。

（4）电缆支架等的金属部件防腐层应完好。

6. 低压配电设备

（1）设备柜架和基础必须接地或接零可靠。

（2）低压成套配电柜、控制柜、照明配电箱等应有可靠的电击保护。

（3）手车、抽出式配电柜推拉应灵活，无卡涩、碰撞现象。

（4）箱（盘）内配线整齐，无铰接现象，箱内开关动作灵活可靠。

（5）低压成套配电柜交接试验和箱、柜内的装置应符合设计要求及有关规定。

（6）设备部件齐全，安装连接应可靠。

7. 防雷接地装置

（1）整个接地网外露部分的连接应可靠，接地线规格正确，防腐层应完好，标志齐全明显。

（2）避雷针（罩）的安装位置及高度应符合设计要求。

（3）工频接地电阻值及设计要求的其他测试参数应符合设计规定。

11.4.3.3 验收应具备的条件

（1）各分部工程自查验收必须全部合格。

（2）倒送电冲击试验正常，且有监理签证。

（3）设备说明书、合格证、试验报告、安装记录、调度记录等资料齐全完整。

11.4.3.4 主要验收应做工作

（1）检查电气安装调试是否符合设计要求。

（2）检查制造厂提供的产品说明书、试验记录、合格证件、安装图纸、备品备件和专用工具及其清单。

（3）检查安装调试记录和报告、各分部工程验收记录和报告及施工中的关键工序和隐蔽工程检查签证记录等资料。

（4）按 11.4.3.2 的要求检查工程质量。

（5）对缺陷提出处理意见。

（6）对工程作出评价。

（7）做好验收签证工作。

11.4.4 场内电力线路工程验收

11.4.4.1 单位工程组成

1. 架空线路

场内架空电力线路工程和电力电缆工程分别以一条独立的线路为一个单位工程。每条架空电力线路工程是由电杆基坑及基础埋设、电杆组立与绝缘子安装、拉线安装、导线架设四个分部工程组成。

2. 电力电缆

每条电力电缆工程是由电缆沟制作、电缆保护管的加工与敷设、电缆支架的配制与安装、电缆的敷设、电缆终端和接头的制作 5 个分部工程组成。

每个单位工程的各分部工程完工后，必须及时组织有监理参加的自检验收。

11.4.4.2 验收应检查项目

（1）电力线的规格型号应符合设计要求，外部无损坏。

（2）电力线应排列整齐，标志应齐全、正确、清晰。

（3）电力线终端接头安装应牢固，相色应正确。

（4）采用的设备、器材及材料应符合国家现行技术标准的规定，并应有合格证件，设备应有铭牌。

（5）电杆组立、拉线制作与安装、导线弧垂、相间距离、对地距离、对建筑物接近距离及交叉跨越距离等均应符合设计要求。

（6）架空线沿线障碍应已清除。

（7）电缆沟应无杂物，盖板齐全，照明、通风、排水系统、防火措施应符合设计要求。

（8）接地良好，接地线规格正确，连接可靠，防腐层完好，标志齐全明显。

11.4.4.3 验收应具备的条件

（1）各分部工程自检验收必须全部合格。

（2）有详细施工记录、隐蔽工程验收检查记录、中间验收检查记录及监理验收检查签证。

（3）器材型号规格及有关试验报告、施工记录等资料齐全完整。

11.4.4.4 验收主要工作

（1）检查电力线路工程是否符合设计要求。

（2）检查施工记录、中间验收记录、隐蔽工程验收记录、各分部工程自检验收记录及工程缺陷整改情况报告等资料。

（3）按 11.4.4.2 的要求检查工程质量。

（4）在冰冻、雷电严重的地区应重点检查冰冻、防雷击的安全保护设施。

（5）对缺陷提出处理意见。

（6）对工程作出评价。

（7）做好验收签证工作。

11.4.5 中控楼和升压站建筑工程验收

11.4.5.1 中控楼和升压站建筑单位工程组成

中控楼和升压站建筑工程一般由基础（包括主变压器基础）、框架、砌体、层面、楼地面、门窗、装饰、室内外给排水、照明、附属设施（电缆沟、接地、场地、围墙、消防通道）等 10 个分部工程组成。各分部工程完工后，必须及时组织有监理参加的自检验收。

11.4.5.2 验收应检查项目

（1）建筑整体布局应合理、整洁美观。

（2）房屋基础、主变压器基础的混凝土及钢筋试验强度应符合设计要求。

（3）屋面隔热、防水层符合要求，层顶无渗漏现象。

（4）墙面砌体无脱落、雨水渗漏现象。

（5）开关柜室防火门符合安全要求。

（6）照明器具、门窗安装质量符合设计要求。

（7）电缆沟、楼地面与场地无积水现象。

（8）室内外给排水系统良好。

（9）接地网外露连接体及预埋件符合设计要求。

11.4.5.3　验收应具备的条件

（1）所有分部工程已经验收合格，且有监理签证。

（2）施工记录、主要工序及隐蔽工程检查签证记录，钢筋和混凝土试块试验报告、缺陷整改报告等资料齐全完整。

11.4.5.4　验收主要工作

（1）检查建筑工程是否符合施工设计图纸、设计更改联系单及施工技术要求。

（2）检查各分部工程施工记录及有关材料合格证、试验报告等。

（3）检查各主要工艺、隐蔽工程监理检查记录与报告，检查施工缺陷处理情况。

（4）按 11.4.5.2 的要求检查建筑工程形象面貌和整体质量。

（5）对检查中发现的遗留问题提出处理意见。

（6）对工程进行质量评价。

（7）做好验收签证工作。

11.4.6　交通工程验收

11.4.6.1　单位工程组成

交通工程中每条独立的新建（或扩建）公路为一个单位工程。单位工程一般由路基、路面、排水沟、涵洞、桥梁等分部工程组成。各分部工程完工后，必须及时组织有监理参加的自检验收。

11.4.6.2　验收应具备的条件

（1）各分部工程已经自查验收合格，且有监理部门签证。

（2）施工记录、设计更改，缺陷整改等有关资料齐全完好。

11.4.6.3　验收主要工作

（1）检查工程质量是否符合设计要求。可采用模拟试通车来检查涵洞、桥梁、路基、路面、转弯半径是否符合风力发电设备运输要求。

（2）检查施工记录、分部工程自检验收记录等有关资料。

（3）对工程缺陷提出处理要求。

（4）对工程作出评价。

（5）做好验收签证工作。

11.5　工 程 启 动 试 运 验 收

11.5.1　一般规定

（1）工程启动试运可分为单台机组启动调试试运、工程整套启动试运两个阶段。各阶段验收条件成熟后，项目公司（或总承包单位）应及时向项目投资方提出验收申请。

（2）单台风电机组安装工程及其配套工程完工验收合格后，应及时进行单台机组启动调试试运工作，以便尽早上网发电。试运结束后，必须及时组织验收。

（3）本期工程最后一台风电机组调试试运验收结束后，必须及时组织工程整套启动试运验收。

11.5.2　单台机组启动调试试运验收

11.5.2.1　验收应具备的条件

（1）风电机组安装工程及其配套工程均应通过单位工程完工验收。

（2）升压站和场内电力线路已与电网接通，通过冲击试验。

（3）风电机组必须已通过下列试验：

1）紧急停机试验。

2）振动停机试验。

3）超速保护试验。

（4）风电机组经调试后，安全无故障连续并网运行不得少于 240h。

11.5.2.2　验收检查项目

（1）风电机组的调试记录、安全保护试验记录、240h 连续并网运行记录。

（2）按照合同及技术说明书的要求，核查风力发电机组各项性能技术指标。

（3）风电机组自动、手动启停操作控制是否正常。

（4）风电机组各部件温度有无超过产品安全技术条件的规定。

（5）风电机组的滑环及电刷工作情况是否正常。

（6）齿轮箱、发电机、油泵电动机、偏航电动机、风扇电机转向应正确、无异声。

（7）控制系统中软件版本和控制功能、各种参数设置应符合运行设计要求。

（8）各种信息参数显示应正常。

11.5.2.3　验收主要工作

（1）按 11.5.2.2 的要求对风电机组进行检查。

（2）对验收检查中的缺陷提出处理意见。

（3）与风电机组供货商签署调试、试运验收意见。

11.5.3　工程整套启动试运验收

11.5.3.1　验收应具备的条件

（1）各单位工程完工验收和各台风电机组启动调试试运验收均应合格，能正常运行。

（2）当地电网电压稳定，电压波动幅度不应大于风电机组规定值。

（3）历次验收发现的问题已基本整改完毕。

（4）在工程整套启动试运前质监部门已对本期工程进行全面的质量检查。

（5）生产准备工作已基本完成。

（6）验收资料已按电力行业工程建设档案管理规定整理、归档完毕。

11.5.3.2　验收时应提供的资料

1.工程总结报告

(1) 建设单位的建设总结。

(2) 设计单位的设计报告。

(3) 施工单位的施工总结。

(4) 调试单位的设备调试报告。

(5) 生产单位的生产准备报告。

(6) 监理单位的监理报告。

(7) 质监部门质量监督报告。

2.备查文件、资料

(1) 施工设计图纸、文件（包括设计更改联系单等）及有关资料。

(2) 施工记录及有关试验检测报告。

(3) 监理、质监检查记录和签证文件。

(4) 各单位工程完工与单台机组启动调试试运验收记录、签证文件。

(5) 历次验收所发现的问题整改消缺记录与报告。

(6) 工程项目各阶段的设计与审批文件。

(7) 风电机组、变电站等设备产品技术说明书、使用手册、合格证件等。

(8) 施工合同、设备订货合同中有关技术要求文件。

(9) 生产准备中的有关运行规程、制度及人员编制、人员培训情况等资料。

(10) 有关传真、工程设计与施工协调会议纪要等资料。

(11) 土地征用、环境保护等方面的有关文件资料。

(12) 工程建设大事记。

11.5.3.3　验收检查项目

(1) 检查所提供的资料是否齐全完整，是否按电力行业档案管理规定归档。

(2) 检查、审议历次验收记录与报告，检查施工、安装调试等记录，必要时进行现场复核。

(3) 检查工程投运的安全保护设施与措施。

(4) 各台风力发电机组遥控动能测试应正常。

(5) 检查中央监控与远程监控工作情况。

(6) 检查设备质量及每台风力发电机组 240h 试运结果。

(7) 检查历次验收所提出的问题处理情况。

(8) 检查水土保持方案落实情况。

(9) 检查工程投运的生产准备情况。

(10) 检查工程整套启动试运情况。

11.5.3.4　验收工作程序

1.召开预备会

(1) 审议工程整套启动试运验收会议准备情况。

(2) 确定验收委员会成员名单及分组名单。

(3) 审议会议日程安排及有关安全注意事项。

表 11－2　工程整套启动试运验收鉴定书内容与格式

××工程整套启动试运验收鉴定书

前言

简述整套启动验收主持单位、参加单位、验收时间与地点等。

一、工程概况

（一）工程名称及位置

（二）工程主要建设内容

包括设计批准机关及文号、批准建设工期、工程总投资、投资来源等，叙述到单位工程。

（三）工程建设有关单位

包括建设、设计、施工、主要设备制造、监理、咨询、质量监督、运行管理等单位。

二、工程建设情况

（一）工程开工日期及完工日期

包括主要项目的施工情况及开工和完工日期、施工中发现的主要问题及处理情况等。

（二）工程完成情况和主要工程量

包括整套启动验收时工程形象面貌、实际完成工程量与批准设计工程量对比等。

（三）建设征地补偿

包括征地批准数与实际完成数等。

（四）水土保持、环境保护方案落实情况

三、概算执行情况

包括年度投资计划执行、概算及调整等情况。

四、单位工程验收及单台机组调试试运验收情况

包括验收时间、主持单位、遗留问题处理。

五、工程质量鉴定

包括审核单位工程质量，鉴定整套工程质量等级。

六、存在的主要问题及处理意见

包括整套启动验收遗留问题处理责任单位、完成时间，工程存在问题的处理建议，对工程运行管理的建议等。

七、工程移交生产验收有关事宜

根据验收情况，明确工程移交生产验收有关事宜。

八、验收结论

包括对工程规模、工期、质量、投资控制、能否按批准设计投入使用，以及工程档案资料整理等作出明确的结论（对工期使用提前、按期、延期，对质量使用合格、优良，对投资控制使用合理、基本合理、不合理，对工程建设规模使用全部完成、基本完成、部分完成等应有明确术语）。

九、验收委员会委员签字

见"××工程整套启动验收委员会委员签字表"。

十、参建单位代表签字

见"××工程参建单位代表签字表"。

十一、保留意见（应有本人签字）

见附件。

工程整套启动试运验收　　　　　　　　　　　　　启委会主任委员（签字）：

主持单位（盖章）：

____年____月____日　　　　　　　　　　　　　____年____月____日

（4）协调工程整套启动的外部联系。

2．召开第一次大会

（1）宣布验收会议议程。

（2）宣布验收委员会委员名单及分组名单。

（3）听取建设单位"工程建设总结"。

（4）听取监理单位"工程监理报告"。

（5）听取质监部门"工程质量监督检查报告"。

（6）听取调试单位"设备调试报告"。

3．分组检查

（1）各检查组分别听取相关单位施工汇报。

（2）检查有关文件、资料。

（3）现场核查。

4．工程整套启动试运

（1）工程整套启动开始，所有机组及其配套设备投入运行。

（2）检查机组及其配套设备试运情况。

5．召开第二次大会

（1）听取各检查组汇报。

（2）宣读"工程整套启动试运验收鉴定书"，工程整套启动试运验收鉴定书内容与格式见表11-2。

（3）工程整套启动验收委员会成员在鉴定书上签字。

（4）被验收单位代表在鉴定书上签字。

11.5.3.5 验收主要工作

（1）审定工程整套启动方案，主持工程整套启动试运。

（2）审议工程建设总结、质监报告和监理、设计、施工等总结报告。

（3）按11.5.3.3的要求分组进行检查。

（4）协调处理启动试运中有关问题，对重大缺陷与问题提出处理意见。

（5）确定工程移交生产期限，并提出移交生产前应完成的准备工作。

（6）对工程作出总体评价。

（7）签发"工程整套启动试运验收鉴定书"。

11.6 工程移交生产验收

11.6.1 一般规定

（1）工程移交生产前的准备工作完成后，总承包单位（如有）应及时向项目格式提出工程移交生产验收申请。项目公司应转报投资方审批。经投资方同意后，项目公司应及时筹办工程移交生产验收。

（2）报据工程实际情况，工程移交生产验收可以在工程竣工验收前进行。

11.6.2　验收应具备的条件

（1）设备状态良好，安全运行无重大考核事故。

（2）对工程整套启动试运验收中所发现的设备缺陷已全部消缺。

（3）运行维护人员已通过业务技能考试和安规考试，能胜任上岗。

（4）各种运行维护管理记录簿齐全。

（5）风电场和变电运行规程、设备使用手册和技术说明书及有关规章制度等齐全。

（6）安全、消防设施齐全良好，且措施落实到位。

（7）备品配件及专用工器具齐全完好。

11.6.3　验收应提供的资料

（1）提供全套按 11.5.3.2 的要求所列的资料。

（2）设备、备品配件及专用工器具清单。

（3）风电机组实际输出功率曲线及其他性能指标参数。

表 11 - 3　工程移交生产验收交接书内容与格式

××工程移交生产验收交接书
前言 简述移交生产验收主持单位、参加单位、验收时间与地点等。 一、工程概况 （一）工程名称及位置 （二）工程主要建设内容 包括工程批准文件、规模、总投资、投资来源。 （三）工程建设有关单位 （四）工程完成情况 包括开工日期及完工日期、施工发现的问题及处理情况。 （五）建设征地补偿情况 二、生产准备情况 包括生产单位运行维护人员上岗培训情况。 三、设备备件、工器具，资料等清查交接情况 应附交接清单。 四、存在的主要问题 五、对工程运行管理的建议 六、验收结论 七、验收组成员签字 见"××工程移交生产验收组成员签字表"。 八、交接单位代表签字 见"××工程移交生产验收交接单位代表签字表"   工程移交生产验收　　　　　　　　　　　工程移交生产验收组 主持单位（盖章）：　　　　　　　　　　　组长（签字）： ___年___月___日　　　　　　　　　　　___年___月___日

11.6.4　验收检查项目

（1）清查设备、备品配件、工器具及图纸、资料、文件。

（2）检查设备质量情况和设备消缺情况及遗留的问题。

（3）检查风电机组实际功率特性和其他性能指标。

（4）检查生产准备情况。

11.6.5　验收主要工作

（1）按 11.6.4 的项目进行认真检查。

（2）对遗留的问题提出处理意见。

（3）对生产单位提出运行管理要求与建议。

（4）在"工程移交生产验收交接书"上履行签字手续，工程移交生产验收交接书内容与格式见表 11-3，并上报投资方备案。

11.6.6　签字手续简化

若项目公司既承担工程建设，又承担本期工程投产后运行生产管理，则移交生产签字手续可适当简化，但移交生产验收有关工作仍按规定进行。

11.7　工　程　竣　工　验　收

11.7.1　一般规定

（1）工程竣工验收应在工程整套启动试运验收后 6 个月内进行。当完成工程决算审查后，总承包单位（如有）应及时向项目公司申请工程竣工验收，且项目公司应上报工程竣工验收主持单位（投资方）审批。

（2）工程竣工验收申请报告批复后项目公司应按 11.3.2.4 筹建工程竣工验收委员会。

11.7.2　验收应具备的条件

（1）工程已按批准的设计内容全部建成。由于特殊原因致使少量尾工不能完成的除外，但不能影响工程正常安全运行。

（2）设备状态良好，各单位工程能正常运行。

（3）历次验收所发现的问题已基本处理完毕。

（4）归档资料将符合电力行业工程档案资料管理的有关规定。

（5）工程建设征地补偿和征地手续等已基本处理完毕。

（6）工程投资全部到位。

（7）竣工决算已经完成并通过竣工审计。

11.7.3　验收应提供的资料

（1）按 11.6.3 的要求提供资料。

（2）工程竣工决算报告及其审计报告。

（3）工程概预算执行情况报告。

（4）水土保持、环境保护方案执行报告。

（5）工程竣工报告。

11.7.4　验收检查项目

（1）按 11.7.3 的要求检查竣工资料是否齐全完整，是否按电力行业档案规定整理归档。

（2）审查项目公司"工程竣工报告"，检查工程建设情况及设备试运行情况。

（3）检查历次验收结果，必要时进行现场复核。

（4）检查工程缺陷整改情况，必要时进行现场核对。

（5）检查水土保持和环境保护方案执行情况。

（6）审查工程概预算执行情况。

（7）审查竣工决算报告及其审计报告。

11.7.5　验收工作程序

1. 召开预备会

听取项目公司汇报竣工验收会准备情况，确定工程竣工验收委员会成员名单。

2. 召开第一次大会

（1）宣布验收会议议程。

（2）宣布工程竣工验收委员会委员名单及各专业检查组名单。

（3）听取项目公司（或总承包单位）"工程竣工报告"。

（4）看工程声像资料、文字资料。

3. 分组检查

（1）各检查组分别听取相关单位的工程竣工汇报。

（2）检查有关文件、资料。

（3）现场核查。

4. 召开工程竣工验收委员会会议

（1）检查组汇报检查结果。

（2）讨论并通过"工程竣工验收鉴定书"，工程竣工验收鉴定书内容与格式见表 11-4。

（3）协调处理有关问题。

5. 召开第二次大会

（1）宣读"工程竣工验收鉴定书"。

（2）工程竣工验收委员会成员和参建单位代表在"竣工验收鉴定书"上签字。

11.7.6　验收的主要工作

（1）按 11.7.4 的项目全面检查工程建设质量及工程投资执行情况。

（2）如果在验收过程中发现重大问题，验收委员会可采取停止验收或部分验收等措施，对工程竣工验收遗留问题提出处理意见，并责成项目公司（或总承包单位）限期处理遗留问题和重大问题，处理结果及时报告项目公司投资方。

（3）对工程做出总体评价。

（4）签发"工程竣工验收鉴定书"。并自鉴定书签字之日起 28 天内，由验收主持单位（投资方）行文发送有关单位。

表 11-4　工程竣工验收鉴定书内容与格式

××工程竣工验收鉴定书

前言

简述竣工验收主持单位、参加单位、验收时间与地点等。

一、工程概况

（一）工程名称及位置

（二）工程主要建设内容

包括设计批准机关及文号、批准建设工期、工程总投资、投资来源等，叙述到单位工程。

（三）工程建设有关单位

包括建设、设计、施工、主要设备制造、监理、咨询、质量监督、运行管理等单位。

二、工程建设情况

（一）工程开工日期及完工日期

包括主要项目的施工情况及开工和完工日期、施工中发现的主要问题及处理情况等。

（二）工程完成情况和主要工程量

包括实际完成工程量与批准设计工程量对比等。

（三）建设征地补偿

包括征地批准数与实际完成数。

（四）水土保持、环境保护方案执行情况

三、概算执行情况及投资效益预测

包括年度投资计划执行、概算及调整、工程竣工决算及其审计等情况。

四、工程验收和工程启动试运验收及工程移交情况

五、工程质量鉴定

包括审核单位工程质量，鉴定工程质量等级。

六、存在的主要问题及处理意见

包括竣工验收遗留问题处理责任单位、完成时间，工程存在问题的处理建议，对工程运行管理的建议等。

七、验收结论

包括对工程规模、工期、质量、投资控制、能否按批准设计投入使用，以及工程档案资料整理等作出明确的结论（对工期使用提前、按期、延期，对质量使用合格、优良，对投资控制使用合理、基本合理、不合理，对工程建设规模使用全部完成、基本完成、部分完成等应有明确术语）。

八、验收委员会委员签字

见"××工程竣工验收委员会委员签字表"。

九、参建单位代表签字

见"××工程参建单位代表签字表"。

十、保留意见（应有本人签字）

见附件。

工程竣工验收 主持单位（盖章）： ＿＿＿年＿＿＿月＿＿＿日	工程竣工验收委员会 主任委员签字： ＿＿＿年＿＿＿月＿＿＿日

第12章　风电场生产准备

电力建设和电力生产是完全不同的两个过程,这两个阶段的工作程序和管理模式也完全不同。电力建设相对于电力生产是短时的过程量,电力生产需要长期运营,更加注重结果。风电场建设管理部门更加关注的是建设工作什么时间完成,而风电场生产管理部门更加关注如何能接手到一个高质量生产系统。生产准备工作就是要衔接这两个过程,使之能够达到无缝对接,迅速产生生产力,创造更高的经济效益和社会效益。

12.1　生产准备工作大纲

生产准备工作大纲的及时创建,有利于指导生产准备各项具体工作,有利于"安全生产标准化""三标一体"管理体系的贯彻落实,为风电机组顺利投产发电打下坚实基础。

结合已投产项目生产实践情况,建议生产运营准备机构应在新(扩)建项目公司成立2个月内组建,生产运营准备机构组建1个月内完成生产运营准备工作大纲,组建后3个月内,相关人员按计划到位。

生产准备工作大纲应遵循的主要原则有:

(1)贯彻《发电企业安全生产标准化规范及达标评级标准》。生产准备工作大纲要贯彻落实国家电力监管委员会、国家安全生产监督管理总局《关于印发〈发电企业安全生产标准化规范及达标评级标准〉的通知》(电监安全〔2011〕23号)文件精神,统一部署,周密筹划,确保各项工作有方法、有步骤、有目的、有结果。

(2)全过程质量管理。生产准备工作要坚持基建过程的全过程参与,从设计审核到整套启动试运行,生产准备人员都要深度参与,确保从基建到生产的顺利过渡。

1)前期参与准备。在项目确立阶段,及时参与并提出建议和要求,包括厂址条件、接入系统等相关条件及比选方案。

2)初步设计阶段。生产准备人员要充分发挥出专业优势,在设计优化理念的指导下,遵循公司基建管控体系,应本着节约投资、降低生产成本、安全可靠、方便管理的原则,对有关方案进行优化比较,以取得一个经济合理的方案,努力降低工程造价水平。

3)选型招标阶段。生产准备人员必须进行充分的市场调研,在设备选型、设备招标、技术谈判等阶段,提出自己的观点,选择安全、稳定、可靠的运行设备供决策机构参考。不只追求工程低造价,而是把工程造价放在机组整个寿命期,作为一项营运成本考虑。

4)设计审核阶段。生产准备人员必须及时参加设计联络会,就设计上遗留问题进行商讨。认真审核技术设计图纸,特别是对于现场布置是否符合生产条件要认真考虑并及时反馈意见，避免由于考虑不周造成施工返工的浪费发生。

5）监造验收阶段：生产准备阶段应提前制订设备监造跟踪方案，及时参加设备监造、对制造厂设备生产进行质量控制，把好设备出厂质量验收和设备材料进厂验收，确保设备出厂、安装达到设计精度，保证机组效率达到最佳。

6）工程建设方面：生产准备人员要全面介入各项工作。如积极参与主机设计联络会，就有关设计方案同各单位进行探讨，提出优化建议。生产准备人员全面参与设备调研、技术规范书的审核、技术评标以及合同谈判等工作。从生产角度提出建议和意见供设计单位和部门参考，对影响运行安全的问题坚持原则，积极与工程及相关人员探讨解决。

（3）全面、系统进行生产准备培训工作。坚持理论知识培训与现场实际结合的原则，并建立严格的考核制度。

12.2 生产准备主要工作内容

生产准备主要工作包括人员准备、技术和管理准备、生产物资准备。

12.2.1 人员准备

人员准备工作重点做好人员配置与培训两个方面的工作。

12.2.1.1 人员配置

1. 人员配置要求

（1）做好关键人员的准备工作，生产准备的领军人物必须优中选优，这直接决定着生产准备的方向和深度。

（2）专业专工等技术管理人员的配置准备工作要及时到位，在项目前期阶段发挥专业特长，同时为后续生产准备工作创造条件。

（3）及时开展生产运维人员的招聘工作。

根据工程进度，一般按照先管理人员后专业技术人员，先运行人员后维护人员的顺序配备人员，适应风电场投产发电的需要。

运行人员中技术熟练人员一般不低于各类人员总数的50%。运行部门负责人、值班长原则应由3年及以上同类运维管理经验的人员担任。运行人员和检修维护人员应全部具备相关专业大中专及以上学历，大学专科及以上学历的比例应不低于50%。

生产准备人员职能配置做到"五必到位"，具体如下：

（1）风电场负责人负责风电场的全面管理。

（2）运维部门负责人、值长、专业专工负责风电场具体管理工作。

（3）运维人员：负责运维具体工作。

（4）专/兼职安全员：负责风电场安全监督和管理。

（5）库房管理员：负责备品配件、库房管理工作。

2. 人员配置数量

根据相关文件规定进行人员配置，某项目公司人员配置数量参见表12-1。

表 12 - 1　某项目公司人员配置数量

装机规模 /万 kW	升压站数量	风机数量 （参考数）	中层管理岗位	运维人员	合计	质保期内定额[①]
≤5	1	33	1	10	11	9
10	1	66	1	18	19	15
15	1	99	1	22	23	18
20	1	132	2	25	27	22
25	1	165	2	28	30	24
30	1	198	2	32	34	27
35	1	231	2	36	38	30
40 及以上	1	264	2	40	42	34
	2	297	3	45	48	38

[①]　质保期内的先按 80% 配置，再根据质保情况逐步配置到位。

12.2.1.2　生产准备人员的培训

　　风力发电是一个技术专业性强、设备自动化水平高、各生产环节紧密联系的行业，不论是生产管理人员、专业技术人员还是运行维护人员，都有学习培训的必要。生产准备人员的技术培训工作，是确保风电场的顺利投产以及投产后的长期运行好、生产管理好、经济效益好的重要环节。新建（扩建）风电场的生产人员必须经过安全教育、岗位技术培训，取得相关合格证后方可上岗工作。特种作业人员，必须经过国家规定的专业培训，持证上岗。除本公司组织的岗位培训外，生产人员还应参加由地方电力部门组织的运行岗位培训，通过后持证上岗。在机组试运前，值长应完成调度部门组织的培训工作，并取得调度部门颁发的上岗资格证书。生产人员要全过程地参与设备调试、试运、生产移交等各项工作的技术交流、技术谈判、质量验收，熟悉和掌握设备系统的结构和特性。分析同类型设备运行使用情况，解决系统中存在的影响安全稳定、经济运行的问题。

　　生产准备人员培训必须落实培训管理部门，根据生产准备大纲和生产准备计划制订详细的培训计划，明确培训对象、培训内容、培训目标，有针对性地选取和编制培训教材，对人员的培训按以下四个方面进行。

　　（1）制定严密的培训目标。通过各阶段培训目标的设置和严格培训的管理，逐步克服专业差异，提高生产准备人员的综合水平。

　　（2）制定员工培训手册，实施个人培训计划。使员工在预计的时间内实现全能型生产人员的目标；将培训计划条目化，转变为易于操作和检查的培训手册。培训手册明确员工的培训实习内容和方向，使生产准备人员对所学内容有着全面、深入的了解。

　　（3）采取理论培训、同类型机组电厂学习、参与机组调试等多种培训形式，因地制宜地开展各种培训工作。

　　（4）定期考试考核，考试内容正规，针对性强、系统全面。规范管理，严格考核，建立生产准备培训激励机制，将员工的培训奖励与培训成绩紧密挂钩。通过培训激励制度，有效地培养员工竞争意识，发挥员工的潜力，推动培训工作的顺利进展。

12.2.2 技术和管理准备

技术和管理准备工作是贯穿生产准备工作始终的一项极其重要的工作，直接关系到基建与生产能否无缝对接和平稳过渡，以及设备的高质量投产与长期稳定运行。

12.2.2.1 技术资料的准备

（1）生产准备阶段必须做好技术资料的收集、整理、编制及使用工作。要安排专人收集和保管一套从立项开始的完整技术文件、资料和图纸，还包括历次技术讨论的记录，有关重大决策的过程以及有关设计变更的依据，现场施工影像资料等。

图纸、技术资料准备的目的是为了使各级工程技术人员、领导员工能够深入、细致、全面地了解发电设备、系统以及建筑物、地下设施的情况；当设备投入运行后，能够正确地进行操作、维修管理；一旦发生异常情况时，可以进行有科学技术依据的分析工作，以查找原因，提出解决对策。

图纸、资料主要包括厂家技术说明书、厂家出厂试验报告、厂家合格证、安装调试报告、设备验收资料等。

（2）收集同类型机组在基建和试生产期间出现的问题，详细分析问题出现的原因，并制定相应的处理或预防措施，在生产准备各个阶段借鉴吸收。

（3）在生产大批人员到位之前，根据调研收集及厂家提供设备资料情况，及时编写培训教材，以便指导生产准备人员培训。

（4）及时启动系统图册、运行图册绘制工作。图册的准备具有重要意义，它可以作为运行规程的一个重要附件。系统图册按不同专业分为风力发电机组电气图册、升压站电气一次图册、升压站电气二次图册。

12.2.2.2 生产管理规章制度、表格、台账的准备

新建（扩建）风电场的生产管理应严格执行国家、电力行业及相关公司颁布的有关标准、规范、制度，全面建立风电场所需的各项规程制度、表格、台账。

1. 安全管理制度

（1）安全生产组织管理制度：《安全生产委员会工作规则》《安全生产管理办法》《电力生产安全管理实施细则》《工程建设安全生产管理实施细则》《安全生产工作会议管理办法》等。

（2）专项安全管理办法：《消防安全管理办法》《用电安全及合同关系单位施工用电安全管理办法》《防汛工作管理办法》《职业病防治管理办法》《文明施工和环境保护管理办法》《危险源辨识、风险评价和监督管理办法》《车辆使用及内部准驾许可管理办法》《风力发电场生产运行安全管理操作指导意见》《突发事件预警管理办法》等。

（3）安全生产检查及事故管理制度：《生产安全事故报告和调查处理暂行规定》《安全事故与灾害应急救援管理办法》《安全生产检查工作管理办法》《安全生产考核检查办法》等。

（4）安全培训与劳动防护制度：《安全教育培训管理办法》《劳动防护用品管理办法》等。

（5）安全生产费用及奖惩制度：《安全生产费用管理办法》《安全生产奖惩办法》《安

全生产责任事故处罚办法》《安全风险责任金管理办法》等。

（6）应急预案、安全生产责任书的编制。

（7）其他安全生产管理制度等。

2. 生产管理制度

（1）运行管理制度：机构岗位职责、工作票管理办法、操作票管理办法、生产运行管理制度、生产运行守则、运行值班规定、交接班制度等。

（2）设备管理制度：设备定期巡回检查制度，设备定期轮换、试验制度，设备缺陷管理制度，厂用电管理办法，设备评级标准，设备评级办法，设备技改管理办法，设备维护管理办法，继电保护管理制度，两措计划，高压架空线路管理办法，备品备件管理办法等。

（3）运行、检修规程：风力发电厂运行、检修规程，典型操作票等。

（4）综合管理制度：生产岗位员工培训办法、文明办公管理办法、职业病防治管理办法、员工宿舍、食堂管理办法、安全保卫管理办法、计算机保密安全管理制度等。

3. 生产报表、运行检修记录表格、台账

在风电场投产后，在运行、检修和管理方面需要各类的记录、表格比较多，每一种记录、表格都要由有关管理或技术人员根据"三标一体"及上级的规范要求，确定记录、表格、台账的形式，标注具体的尺寸格式，交印刷单位进行印制，装订成册，在投运前 1 个月内发放到有关岗位和运行班组。

生产记录簿、表格、台账主要如下：

（1）簿类。具体如下：

1）值班日志、操作票、操作票登记簿、电气倒闸操作前标准检查项目表、电气倒闸操作后应完成的工作项目表。

2）设备缺陷记录簿、检修交待记录簿、设备绝缘检测记录簿、第一种工作票登记簿、第二种工作票登记簿、第一种工作票、第二种工作票、动火工作票登记簿、动火工作票、设备日常维护保养记录。

3）避雷器动作记录簿、有载调压分接开关操作记录簿、开关分合闸记录簿、继电保护及自动装置动作记录簿。

4）运行分析记录簿、接地线登记簿、钥匙借用登记簿、解锁钥匙使用记录簿；事故预算记录簿、考问讲解记录簿、反事故演习记录簿、安全活动记录簿等。

（2）台账。具体如下：

1）主变压器设备台账、主变套管设备台账、有载调压开关在强净油装置台账、主变套管电流互感器台账、主变中性点隔离开关台账、主变中性点接地电阻台账。

2）避雷器台账、出线 SF_6 断路器台账、隔离开关台账、电流互感器台账、真空断路器台账、动态无功补偿设备台账、开关柜台账。

3）监视测量设备台账、主变测控柜台账、公用测控柜台账、电能质量监测屏台账、远动通信屏台账、远方电能计量屏台账、电能远方终端屏台账、电度表屏台账、主变保护屏台账、主变非电量保护屏台账、故障录波器屏台账、出线保护屏台账、继电保护及故障信息子站屏台账、同步相量计量屏台账、有功/无功功率控制屏台账、风功率预测屏台账、视屏监控系统台账、动态无功补偿控制屏台账。

4）放电屏台账、充电屏台账、直流馈电屏台账、直流联络屏台账、UPS/逆变电源屏台账、消弧线圈控制屏台账、继电保护试验电源屏台账、通信配线屏台账、通信机屏台账、线路测控屏台账等。

（3）表格类。具体如下：

1）集电线路总耗材清单、集电线路铁塔材料/地埋电缆统计表、集电线路铁塔基础材料统计表、电杆三盘材料统计表、钢筋混凝土杆段材料统计表、电气材料统计表、电杆材料统计表、集电线路信息表、集电线路塔架统计表。

2）安全日报表、安全周报表、营销周报、营销月报、电力生产统计报表、生产运行分析报表、顾客来电来访记录等。

3）其他工作中所需表格也应按照国家行业和相关公司文件规定，一一提前准备好。

规程制度、表格、台账编制流程为：

（1）建立规程制度、表格编制小组，分工负责编写、审核、批准。

（2）收集同类电场的技术规程、管理制度，收集管理较先进风电场的管理制度，收集国家、行业有关标准。

（3）根据风电场的管理模式编写管理制度；根据风电场的设备及其控制、保护系统的结构、原理、安装调试程序编写运行、检修（试验）规程。

（4）运行规程经审核、批准后在机组投产前印发。检修（试验）等技术规程经审核、批准后可在机组投产后印发。

（5）各种管理制度和工作标准经审核、批准后在机组投产前印发。

（6）各种生产报表、运行检修试验记录表格经审查后在机组投产前1个月印制备用。

12.2.2.3 技术监督准备

近年来国内一些发电公司，已经将机组运行期的技术监督工作向前延伸到基建期间，使技术监督工作在基建、运行和检修全过程中得到贯彻落实，使机组的建设质量得到更有力的保证。

建立主管领导负责的设计单位、工程部、生产准备部、监理单位、施工单位组成的三级技术监督网络，有利于各专业技术监督小组工作的开展及各专业人员之间的沟通。成立现场技术监督办公室，制定技术监督工作细则，明确工作程序，统一组织协调各专业的技术监督工作，检查监督各专业技术监督工作。对基建技术监督发现的问题与隐患，落实责任人和处理时间期限，从发现问题、分析问题到最终解决问题进行闭环管理，督促落实，并举一反三，使一台机组基建过程中发生的问题不在其他机组再次发生。

12.2.2.4 现场管理准备

生产准备人员必须加强现场跟踪，做好各项基础资料的积累，为机组的全寿命管理掌握原始资料。对发现的问题以联系单形式进行反馈，及时解决。坚持质量验评标准，把好质量验收关；深入现场，调查研究，随时掌握安装情况，对安装质量实时跟踪，全程监控。关键项目重点把关保证项目进行期间的安全和机组的基建质量。

施工现场即是今后的工作场所，生产现场的状况，在很大程度上影响到生产效率和安全文明生产。因此，生产准备阶段必须重视生产现场管理，最大限度地提高现场工作环境和安全环境，避免由于设施不完善所产生的利益损失。

12.2.2.5 设备、技术档案的交接

按照设计文件、设备合同、验收规程，对工程的设备、技术档案进行交接，办理交接手续，确保电力生产正常进行。

1. 设备交接

（1）交接准备。根据设计文件、设备合同按系统或专业编制设备清册，内容包括设备编号、设备名称、型号规格、数量、安装位置、生产厂家、出厂日期、投运日期等。

（2）现场交接。按设备清册与有关单位在现场进行设备（含随机备品、随机工器具、随机资料）交接，签字确认。如有缺少、损坏或存在缺陷，应明确处理意见。

2. 技术档案交接

工程技术档案是工程运行、设备管理的依据，工程文件的收集、整理、归档和档案移交应与工程的立项准备、建设和竣工验收同步进行。

（1）资料收集。在工程建设的各个阶段，及时收集设计文件、施工图纸、设备制造厂家的图纸资料、工程管理文件等。

（2）档案接收。接收建设单位、设计单位、施工单位、监理单位、质量监督单位（部门）、调试单位、生产运行单位移交的工程技术资料，办理交接手续。

3. 档案整理

对接收的设备技术资料按档案管理规定及时整理、归档、编目。

12.2.2.6 分部试运和整套启动试运

经过前期一系列生产准备工作，随着工程项目的进展，生产准备进入关键的阶段性收获季节——生产调试期。生产人员要认真贯彻执行精益求精做好机组试运工作，为机组整套启动打好基础。要求生产人员无论是调试大纲的编制、技术方案的讨论，还是技术措施的落实等方面，必须积极参与机组调试工作，同时将学习的经验应用到机组调试工作中来。这样不但可有效降低机组调试风险，同时还可提高设备系统的调试进度和调试质量。生产人员在现场设备调试过程中，发现问题及时提出工作联系单，并认真跟踪工作联系单提出问题的整改落实情况。对于已经发现的问题，各专业认真研究产生问题的原因，并提出解决问题的建议。同时在调试阶段，必须充分吸收和借鉴同类型电厂的经验教训，降低调试风险，提高调试质量，确保生命周期效益最大化。

（1）按照风电机组启动试验规程的要求，贯彻公司机组启动试验及达标投产标准，在试运行指挥部的领导下，做好机组试运工作，经验收合格后投入试生产。

（2）参与由施工（调试）单位组织的试运工作（包括单机试运和系统试运），参加验收签证，进行试运资料的交接。

（3）做好运行设备与试运行设备以及基建设备系统与运行设备的安全隔离措施。

12.2.3 生产物资准备

新建（扩建）电场的生产设施准备包括按先进实用的原则配置安全工器具及防护用品、检修工具、试验仪器、试验仪表，制订备品备件计划，储备必要的备品配件、应急物资、消防器材等。

12.2.3.1 安全工器具及防护用品

为确保人身安全，新建（扩建）电场须根据生产需要配置安全工器具。安全工器具（包括电气安全工器具、登高作业安全工器具、起重安全工器具、手持电动工具等）必须是经相关检验部门认可、符合国家或行业标准，并有生产许可证检验合格证的合格产品。安全工器具需编号，由专人管理，定期检验。

必备安全工器具（实际配备数量可根据各项目现场工作需要增减）见表 12-2。

表 12-2　必备安全工器具

序号	工具名称	单位	220kV、110kV 变电站			35kV 变电站	
			220kV 或 110kV	35kV	10kV	35kV	10kV
1	绝缘手套	双	3			3	
2	绝缘靴	双	3			3	
3	绝缘操作杆	套	2		2	2	2
4	绝缘夹钳	把	可根据现场的实际情况配置				
5	验电器	只	2		2	2	2
6	接地线	套	6		6	6	
7	工具柜	个	根据现场安全工器具及现场环境选择工器具柜数量和类型				
8	安全带	副	可根据现场的实际人数配置				
9	全身式安全带	副	根据现场的实际人数配置				
10	安全帽	顶	根据现场的实际人数配置				
11	安全锁扣	副	根据现场的实际人数配置				
12	安全绳	根	根据现场的实际人数配置				
13	绝缘梯	架	2（人字梯 1 架，平梯 1 架）			2（人字梯 1 架，平梯 1 架）	
14	防毒面具	套	5			3	
15	正压呼吸器	台	3			3	
16	护目镜	副	5			5	
17	脚扣	副	根据现场实际配置				
18	SF$_6$ 气体检测仪	台	1			1	
19	接地线架	套	根据接地线组数进行配置				
20	标识牌（禁止合闸，有人操作！）	块	根据现场实际配置				
21	标识牌（禁止分闸！）	块	根据现场实际配置				
22	标识牌（禁止攀登，高压危险！）	块	根据现场实际配置				
23	标识牌（止步，高压危险！）	块	根据现场实际配置				
24	标识牌（在此工作！）	块	根据现场实际配置				
25	标识牌（禁止合闸，线路有人工作！）	块	根据现场实际配置				

12.2.3.2 检修工具和仪器仪表

为保证设备和设施运行、检修维护工作的正常进行，应配备必要的检修工具、专用试验设备及仪器仪表。包括机组检修专用工具、电气设备检修调试专用工具、仪器等。相关工具、仪器应按规定的期限进行校验。

必备常用工具（实际配备数量可根据各项目现场工作需要增减）见表 12－3。

表 12－3 必 备 常 用 工 具

序号	工具名称	单位	规格型号	数量
1			500V	1
2	数字兆欧表	个	1000V	2
3			2500V	2
4	接地电阻表	块		1
5	红外测温仪	台		1
6	数字万用表	块		1
7	钳形电流表	块	2500A	1
8	相位表	块		1
9	相序表	块		2
10	电源盘	个		3
11	对讲机	个		3
12	望远镜	副		2
13	铁锯	个		2
14	验电笔	支		10
15	手枪钻	个		1
16	热风枪	个		1
17	角向磨光机	个		1
18	冲击钻	个		1
19	工业用吸尘器	个		1
20	活动扳手	个	15″	2
21	活动扳手	个	10″	2
22	活动扳手	个	8″	2
23	压线钳	把	8#	1
24	网络接头压线钳	把		1
25	断线钳	把	1050	1
26	管钳	把	8#	1
27	剥线钳	把	7#	1
28	老虎钳	把	20cm	1
29	尖嘴钳	把	140±7	1
30	斜口钳	把	160	1
31	内六角	套		1
32	开口扳手	套		1
33	梅花扳手	套		1

续表

序号	工具名称	单位	规格型号	数 量
34	梅花起子	套		1
35	十字起子	套		1
36	强光手电	个		3
37	电工工具包	个		1
38	高压色带	卷	红、黄、绿	5
39	电工刀	把		2
40	钢卷尺	个	5m	2
41	组合工具箱	个		2
42	榔头	把		2

12.2.3.3 备品配件、应急物资

备品配件是及时消除设备缺陷、防止事故发生和加速事故抢修的重要保障。新建（扩建）电场要制订备品配件储备定额计划，储备必要的备品配件，包括电气设备事故备品、一般备品配件和消耗性材料，如 TV 一次保险、箱变高压侧熔断器、跌落式保险、电缆终端、避雷器、电源插件等，以维持正常的发电生产，及时消除设备缺陷，加快事故抢修进度，提高设备可用率。

应急物资是突发事件应急救援和处置的重要物质支撑，应急物资应严格按照应急预案及相关规范要求储备，并做到专人保管。

12.2.3.4 消防器材

按《电力设备典型消防规程》（DL 5027—2015）的要求配置消防器材，电缆防火用的涂料、堵料（防火包、防火泥、防火隔板等），消防水泵的备品配件，消防自动报警系统的备品配件等。

总之，生产准备工作越充分，产生的经济效益和社会效益越明显。

第 13 章 风电场建设项目后评价

13.1 概 述

项目后评价是投资项目周期的一个重要阶段，是项目管理的重要内容。风电场建设项目按内容一般划分为规划、立项、投资决策、融资、实施和运营等阶段，而项目后评价的作用是将这些阶段形成闭环，对已经完成项目的目标、执行过程、效益、作用和影响进行系统、客观和全面地分析，评价项目的成功度，找出成功的经验和失败的原因，通过及时有效的信息反馈，为未来项目的决策和提高投资决策水平提供借鉴，同时也对受评项目实施运营中出现的问题提出改进建议。

建设项目后评价是工程项目竣工投产、生产运营一段时间后，再对项目的立项决策、设计施工、竣工投产、生产运营等全过程进行系统评价的一种技术活动，是固定资产投资管理的一项重要内容，也是固定资产投资管理的最后一个环节。通过建设项目后评价，可以达到肯定成绩、总结经验、研究问题、吸取教训、提出建议、改进工作、不断提高项目决策水平和投资效果的目的。

2004 年 7 月国务院发布《国务院关于投资体制改革的决定》（国发〔2004〕20 号）（以下简称《决定》），提出了建立政府投资项目后评价制度；《决定》在建立和完善政府投资监管体系一章中，明确指出："建立政府投资责任追究制度，工程咨询、投资项目决策、设计、施工、监理等部门和单位，都应有相应的责任约束，对不遵守法律法规给国家造成重大损失的，要依法追究有关责任人的行政和法律责任。完善政府投资制衡机制，投资主管部门、财政主管部门以及有关部门，要依据职能分工，对政府投资的管理进行相互监督。审计机关要依法全面履行职责，进一步加强对政府投资项目的审计监督，提高政府投资管理水平和投资效益。完善重大项目稽察制度，建立政府投资项目后评价制度，对政府投资项目进行全过程监管。建立政府投资项目的社会监督机制，鼓励公众和新闻媒体对政府投资项目进行监督。"

国家发改委、国资委也编制了《国债专项资金技术改造项目后评价管理办法》《政府投资项目后评价管理办法》《中央企业固定资产投资项目后评价管理办法》等。

到目前为止，许多中央大型企业都设立了投资项目后评价工作管理的兼职和专职机构，并且已经或正在编制了自己行业或企业具体的投资项目后评价实施细则和操作规程。

与行业主管部门对后评价工作的关注点不同，企业风电场项目进行后评价工作更注重项目投资的经验和教训的总结，以指导后续项目的开发。因此，企业后评价工作更侧重在以下几个方面：

1. 技术评价

利用风电场实际运行数据，对风能资源状况、微观选址、发电量、主要设备性能等指标进行评价。

2. 经济评价

根据实际运行数据进行经济评价，重点比较可研运营成本与实际运行成本的差距及原因，分析弃风限电、清洁发展机制（Clean Development Mechanism，CDM）收入等对项目盈利的影响，并建立财务模型，预测风电场项目在完整生命周期里的经营状况。

3. 管理评价

管理评价包含的内容有项目质量、进度、成本管理情况；项目投资目的实现程度，投资决策时关注的风险点及其进展；总结经验和教训，对企业进行后续风电开发提出相应建议。

13.1.1　后评价的目的

项目的考核评价工作是项目管理活动中很重要的一个环节，它是对项目管理行为、项目管理效果以及项目管理目标实现程度检验和评定，是公平、公正地反映项目管理的基础，通过考核评价工作，使得项目管理人员能够正确地认识自己的工作水平和业绩，并且能够进一步地总结经验，找出差距，吸取教训，从而提高企业的项目管理水平和管理人员的素质。

项目后评价是投资项目周期的一个重要阶段，是项目管理的重要内容。项目后评价主要是服务于投资决策，是出资人对投资活动进行监管的重要手段之一。项目后评价也可以为改善企业的经营管理，完善在建投资项目，提高投资效益提供帮助。

13.1.2　后评价的任务

根据项目后评价所要回答的问题以及项目自身的特点，项目后评价主要的研究任务是：

（1）评价项目目标的实现程度。

（2）评价项目的决策过程，主要评价决策所依据的资料和决策程序的规范性。

（3）评价项目具体实施过程。

（4）分析项目成功或失败的原因。

（5）评价项目的效果、效益。

（6）分析项目的影响和可持续发展。

（7）综合评价项目的成功度及经验教训。

13.1.3　后评价的原则

1. 现实性

工程项目后评价是对工程项目投产后一段时间所发生情况的一种总结评价。它分析研究的是项目的实际情况，所依据的数据资料是现实发生的真实数据或根据实际情况重新预测的数据，总结的是现实存在的经验教训，提出的是实际可行的对策措施。工程项目后评价的现实性决定了其评价结论的客观可靠性。而项目前评价分析研究的是项目的预测情况，所采用的数据都是预测数据。

2. 公正性

公正性标志着后评价及评价者的信誉，避免在发生问题、分析原因和做结论时避重就轻，受项目利益的束缚和局限，做出不客观的评价。

3. 独立性

独立性标志着后评价的合法性，后评价应从项目投资者和受援者或项目业主以外第三者的角度出发，独立地进行，特别是要避免项目决策者和管理者自己评价自己的情况发生。

公正性和独立性应贯穿后评价的全过程，即从后评价项目的选定、计划的编制、任务的委托、评价者的组成，到评价过程和报告。

4. 可信性

后评价的可信性取决于评价者的独立性和经验，取决于资料信息的可靠性和评价方法的实用性。可信性的一个重要标志是应同时反映出项目的成功经验和失败教训，这就要求评价者具有广泛的阅历和丰富的经验。同时，后评价也提出了"参与"的原则，要求项目执行者和管理者参与后评价，以利于收集资料和查明情况。为增强评价者的责任感和可信度，评价报告要注明评论者的名称或姓名。评价报告要说明所用资料的来源或出处，报告的分析和结论应有充分可靠的依据。评价报告还应说明评价所采用的方法。

5. 全面性

工程项目后评价的内容具有全面性，即不仅要分析项目的投资过程，而且还要分析其生产经营过程；不仅要分析项目的投资经济效益，而且还要分析其社会效益、环境效益等。另外，它还要分析项目经营管理水平和项目发展的后劲和潜力。

6. 透明性

透明性是后评价的另一项重要原则。从可信性来看，要求后评价的透明度越大越好，因为后评价往往需要引起公众的关注，对投资决策活动及其效益和效果实施是更有效的社会监督。从后评价成果的扩散和反馈的效果来看，成果及其扩散的透明度也是越大越好，使更多的人借鉴过去的经验教训。

7. 反馈性

工程项目后评价的目的在于对现有情况的总管理水平进行评价，为以后的宏观决策、微观决策和建设提供依据和借鉴。因此，后评价的最主要特点是具有反馈特性。项目后评价的结果需要反馈到决策部门，作为新项目的立项和评价基础，以及调整工程规划和政策的依据，这是后评价的最终目的。因此，后评价结论的扩散以及反馈机制、手段和方法成为后评价成败的关键环节之一。国外一些国家建立了"项目管理信息系统"，通过项目周期各个阶段的信息交流和反馈，系统地为后评价提供资料和向决策机构提供后评价的反馈信息。

13.1.4 后评价的作用

通过建设项目后评价，可以达到肯定成绩、总结经验、研究问题、吸取教训、提出建议、改进工作、不断提高项目决策水平和投资效果的目的。建设项目后评价的作用体现在以下几个方面。

1. 有利于提高项目决策水平

一个建设项目的成功与否，主要取决于立项决策是否正确。在我国的建设项目中，大部分项目的立项决策是正确的，但也不乏立项决策明显失误的项目。例如，有的项目建设时，不认真进行市场预测，建设规模过大；建成投产后，原料靠国外，产品成本高，产品销路不畅，长期亏损，甚至被迫停产或部分停产。后评价将教训提供给项目决策者，对控制和调整同类建设项目具有重要作用。

2. 有利于提高设计施工水平

通过项目后评价，可以总结建设项目设计施工过程中的经验教训，从而有利于不断提高工程设计施工水平。例如，有一个风电场建成投产后，有几台风电机组发电量明显偏低且振动较大，虽经多次补救仍不能改善。在后评价过程中进行"会诊"，一致认为，风电机组选址上存在失误，施工中风电机组基础不合格。设计单位和施工承包人可从中吸取了教训，对提高设计、施工水平起到积极的促进作用。

3. 有利于提高生产能力和经济效益

建设项目投产后，经济效益好坏、何时能达到生产能力（或产生效益）等问题，是后评价十分关心的问题。如果有的项目到了达产期不能达产，或虽已达产但效益很差，后评价时就要认真分析原因，提出措施，促其尽快达产，努力提高经济效益，使建成后的项目充分发挥作用。

4. 有利于控制工程造价

大中型建设项目的投资额，少则几亿元，多则十几亿元、几十亿元，甚至几百亿元，造价稍加控制就可能节约一笔可观的投资。目前，在建设项目前期决策阶段的咨询评估，在建设过程中的招投标、投资包干等，都是控制工程造价行之有效的方法。通过后评价，总结这方面的经验教训，对于控制工程造价将会起到积极作用。

13.2 项目后评价的内容

13.2.1 项目过程后评价

对建设项目的立项决策、设计施工、竣工投产、生产运营等全过程进行系统分析，找出项目后评价与原预期效益之间的差异及其产生的原因，使后评价结论有根有据，同时针对问题提出解决的办法。

13.2.2 项目效益后评价

通过项目竣工投产后所产生的实际经济效益与可行性研究时所预测的经济效益相比较，对项目进行评价。对生产性建设项目，要运用投产运营后的实际资料，计算财务内部收益率、财务净现值、财务净现值率、投资利润率、投资利税率、贷款偿还期、国民经济内部收益率、经济净现值、经济净现值率等一系列后评价指标，然后与可行性研究阶段所预测的相应指标进行对比，从经济上分析项目投产运营后是否达到了预期效果。没有达到预期效果的，应分析原因，采取措施，提高经济效益。

13.2.3　项目影响后评价

通过项目竣工投产（营运、使用）后对社会的经济、政治、技术和环境等方面所产生的影响，来评价项目决策的正确性。如果项目建成后达到了原来预期的效果，对国民经济发展、产业结构调整、生产力布局、人民生活水平、环境保护等方面都带来有益的影响，说明项目决策是正确的；如果背离了既定的决策目标，就应具体分析，找出原因，引以为戒。

13.3　项目后评价的基本方法

13.3.1　对比分析法

对比分析法是项目后评价的基本方法，它包括前后对比法与有无对比法。对比法是建设项目后评价的常用方法。建设项目后评价更注重有无对比法。

1. 前后对比法

项目后评价的"前后对比法"是指将项目前期的可行性研究和评估的预测结论与项目的实际运行结果相比较，以发现变化和分析原因，用于揭示项目计划、决策和实施存在的问题。采用前后对比法，要注意前后数据的可比性。

2. 有无对比法

将投资项目的建设及投产后的实际效果和影响，同没有这个项目可能发生的情况进行对比分析。以度量项目的真实效益、影响和作用。该方法是通过项目实施所付出的资源代价与项目实施后产生的效果进行对比，是评价项目好坏的一个重要项目后评价方法。采用有无对比法时，要注意的重点，一是要分清建设项目的作用和影响与建设项目以外的其他因素的作用和影响；二是要注意参照对比。

13.3.2　因素分析法

项目投资效果的各指标，往往都是由多种因素决定的，只有把综合性指标分解成原始因素，才能确定指标完成好坏的具体原因和症结所在。这种把综合指标分解成各个因素的方法，称为因素分析法。

因素分析法的一般步骤是：首先确定某项指标是由哪些因素组成的；其次确定各个因素与指标的关系；再次，确定各个因素所占份额。如建设成本超支，就要核算清由于工程量突破预计工程量而造成的超支占多少份额，结算价格上升造成的超支占多少份额等。项目后评价人员应将各影响因素加以分析，寻找出主要影响因素，并具体分析各影响因素对主要技术经济指标的影响程度。

13.3.3　逻辑框架法

逻辑框架法（Logical Framework Approach，LFA）是美国国际开发署（United States Agency for International Development，USAID）在 1970 年开发并使用的一种设计、计划和评价工具，目前已有 2/3 的国际组织把 LFA 作为援助项目的计划管理和后评价的主要方法。

LFA 是一种概念化论述项目的方法，将一个复杂项目多个具有因果关系的动态因素组合起来，用一张简单的框图分析其内涵和关系，以确定项目范围和任务，分清项目目标和达到目标所需手段的逻辑关系，以评价项目活动及其成果的方法。在项目后评价中，通过应用逻辑框架法分析项目原定的预期目标、各种目标的层次、目标实现的程度和项目成败的原因，用以评价项目的效果、作用和影响。

LFA 的模式是一个 4×4 的矩阵，横行代表项目目标的层次（垂直逻辑），竖行代表如何验证这些目标是否达到（水平逻辑）。垂直逻辑用于分析项目计划做什么，弄清项目手段与结果之间的关系，确定项目本身和项目所在地的社会、物质、政治环境中的不确定因素。水平逻辑的目的是衡量项目的资源和结果，确立客观的验证指标及指标的验证方法来进行分析。水平逻辑要求对垂直逻辑 4 个层次上的结果做出详细说明。

13.3.4 成功度评价法

成功度评价法是以逻辑框架法分析的项目目标实现程度和经济效益分析的评价结论为基础，以项目的目标和效益为核心所进行的全面系统的评价。它依靠评价专家或专家组的经验，综合后评价各项指标的评价结果，对项目的成功程度作出定性的结论，也就是通常所称的打分方法。

进行项目综合评价时，评价人员首先要根据具体项目的类型和特点，确定综合评价指标及其与项目的相关程度，把它们分为"重要""次重要"和"不重要"三类。对"不重要"的指标就不用测定，只需测定重要和次重要的项目内容，一般项目实际需测定的指标在 10 项左右。

在测定各项指标时，采用权重制和打分制相结合的方法，先给每项指标确定权重，再根据实际执行情况逐项打分，即按评定标准进行打分，第 2～5 的四级别分别用 A、B、C、D 表示或打具体分数，通过指标重要性权重分析和单项成功度结论的综合，可得到整个项目的成功度指标，用 A、B、C、D 表示，填在表的最底一行（总成功度）的成功度栏内。

在具体操作时，项目评价组成员每人填好一张表后，对各项指标的取舍和等级进行内部讨论，或经必要的数据处理，形成评价组的成功度表，再把结论写入评价报告。

13.4 项目后评价的组织实施

13.4.1 项目后评价的工作时机

项目后评价具体可分为事前评估、事中评价和事后评价 3 个阶段，评定标准见图 13-1。

13.4.2 项目后评价的组织实施

目前中央企业后评价组织管理机构主要分两级：国资委后评价管理工作按照职能分

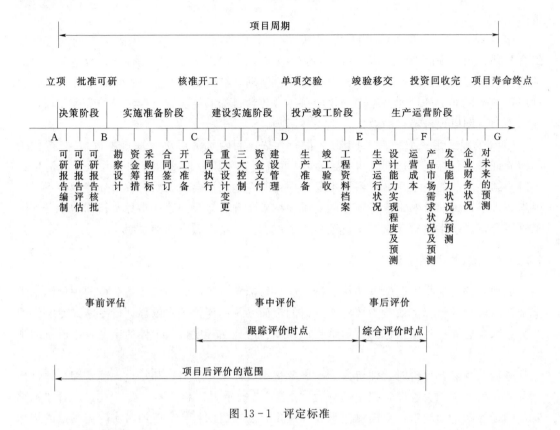

图 13-1 评定标准

工，由国资委规划发展局负责；中央企业的后评价工作管理机构目前除个别设有专门的后评价部门外，一般都在投资计划部门（投资管理部门）兼管，也有设在审计、财务等部门监管的。

项目后评价任务提出单位，应将进行项目后评价工作的评价范围、目的、任务和具体要求，通知项目业主和项目管理机构，要求项目业主和项目管理者做好准备，并积极配合，提供相关的数据资料。咨询评价单位接受项目后评价任务后，应及时任命项目后评价负责人，并成立后评价工作小组。

13.5 项目后评价的工作程序

各个项目的工程额、建设内容、建设规模等不同，其后评价的程序也有所差异，但大致要经过以下几个方面的步骤。

13.5.1 确定后评价计划

制订必要的计划是项目后评价的首要工作。项目后评价的提出单位可以是国家有关部门、银行，也可以是工程项目者。项目后评价机构应当根据项目的具体特点，确定项目后评价的具体对象、范围、目标，据此制订必要的后评价计划。项目后评价计划的主要内容包括组织后评价小组、配备有关人员、时间进度安排、确定后评价的内容与范围、选择后评价所采用的方法等。

13.5.2　收集与整理有关资料

根据制订的计划，后评价人员应制定详细的调查提纲，确定调查的对象与调查所用的方法，收集有关资料。这一阶段所要收集的资料主要包括以下内容：

1. 项目建设的有关资料

这方面的资料主要包括项目建议书、可行性研究报告、项目评价报告、工程概算（预算）和决算报告、项目竣工验收报告以及有关合同文件等。

2. 项目运行的有关资料

这方面的资料主要包括项目投产后的销售收入状况、生产（或经营）成本状况、利润状况、缴纳税金状况和建设工程贷款本息偿还状况等。这类资料可从资产负债表、损益表等有关会计报表中反映出来。

3. 国家有关经济政策与规定等资料

这方面的资料主要包括与项目有关的国家宏观经济政策、产业政策、金融政策、工程政策、税收政策、环境保护、社会责任以及其他有关政策与规定等。

4. 项目所在行业的有关资料

这方面的资料主要包括国内外同行业项目的劳动生产率水平、技术水平、经济规模与经营状况等。

5. 有关部门制定的后评价方法

各部门规定的项目后评价方法所包括的内容略有差异，项目后评价人员应当根据委托方的意见，选择后评价方法。

6. 其他有关资料

根据项目的具体特点与后评价的要求，还要收集其他有关的资料，如项目的技术资料、设备运行资料等。在收集资料的基础上，项目后评价人员应当对有关资料进行整理、归纳，如有异议或发现资料不足，可作进一步的调查研究。

13.5.3　应用评价方法分析论证

在充分占有资料的基础上，项目后评价人员应根据国家有关部门制定的后评价方法，对项目建设与生产过程进行全面的定量与定性分析论证。

13.5.4　编制项目后评价报告

项目后评价报告是项目后评价的最终成果，是反馈经验教训的重要文件。项目后评价报告的编制必须坚持客观、公正和科学的原则，反映真实情况，报告的文字要准确、简练，尽可能不用过分生疏的专业化词汇；报告内容的结论、建议和问题分析相对应，并把评价结果与将来规划和政策的制定、修改相联系。

后评价报告的内容包括项目概况、项目实施过程总结与评价、项目效果与效益评价、项目环境和社会效益评价、项目目标和可持续性评价、项目后评价结论和主要经验教训及对策建议 7 个方面，其提纲详见表 13-1。

表 13 - 1　后 评 价 报 告 提 纲

1. 项目概况
　1.1　项目的基本情况
　　包括建设地点、项目性质、完成情况。
　1.2　项目决策要点
　　包括建设理由、项目目标。
　1.3　项目建设内容
　　包括可研批复、阶段设计、实际完成。
　1.4　实施进度
　　包括实施进度表，即立项、可研上报、可研评审、可研批复、施工设计、施工设计批复、开工、完工、竣工
验收。
　1.5　项目总投资
　　包括可研批复、阶段设计批复、实际完成。
　1.6　项目资金来源和到位情况
　　包括公司投入数额和到位情况。
　1.7　项目运行及效益情况
　　包括投入运行时间、系统及设备运行状况。
2. 项目实施过程总结与评价
　2.1　项目前期决策总结与评价
　　(1) 项目立项（立项依据、时间和文件）。
　　(2) 可研报告的要点（建设内容、投资和结论）。
　　(3) 项目评审（评审形式、时间和结论）。
　　(4) 可研批复（批复时间、文号和结论）。
　　(5) 前期决策过程评价（a. 立项是否合规，决策是否符合实际、正确；b. 可研阶段设备价格调研和招标是否
一致，实际投资与可研有无变化）。
　2.2　项目实施准备工作与评价
　　(1) 项目勘察设计（勘察设计的单位和完成时间、施工设计批复时间、文号和要点）。
　　(2) 项目开工（施工合同的签订，合同确定的开工日期和完工日期，有无专门的开工报告和批复文件）。
　　(3) 采购招标（招标单位和招标情况，中标单位和采购合同签订）。
　　(4) 资金筹措（资金实际来源和到位情况）。
　　(5) 实施准备阶段评价（勘察设计满足要求、认真执行招标制度，资金及时到位）。
　2.3　项目建设实施总结与评价
　　(1) 合同执行与管理（设计、施工、设备贸易和设备采购合同的签订合规性，合同执行中的管理制度和合同执
行的效果）。
　　(2) 工程建设进度情况（工程开工、完工、验收的时间，实际工期的变化及原因）。
　　(3) 项目设计变更情况（本项目有无重大设计变更）。
　　(4) 项目投资控制情况（可研批复、一阶段设计、实际完成的投资，实际与可研的投资变化数，并分析变化的
主要原因）。
　　(5) 工程监理（项目是否有隐蔽工程，监理是否旁站及记录）。
　　(6) 工程质量控制情况（工程质量管理制度和方法，实际质量效果）。
　　(7) 竣工验收与档案管理（竣工验收组织与验收日期，有无工程遗留问题；项目档案系统性、使用便捷性、管
理制度完整情况和存在问题）。
　2.4　项目运营情况
　　(1) 项目运行情况：①项目试运行的时间；②生产工艺路线是否达到设计指标要求；③设备运行是否稳定
可靠。
　　(2) 项目生产能力实现情况。
　　系统是否按计划建成，是否具备项目的设计能力。
3. 项目效果和效益评价
　3.1　项目技术水平评价

续表

　　(1) 项目技术水平评价。采用技术与装备的水平是否成熟，是否达到当时国际、国内的先进水平，技术适用性是否符合相关设备标准要求。

　　(2) 采用技术方案的合理性评价。技术方案适应性是否便于系统升级改造和有利于现有技术人员的操作和业务发展，项目配套设施是否齐全。

　3.2　项目财务经济效益评价

　　(1) 项目的现金流量分析。采用前后对比法，选取投资的变化情况、收入变化情况、成本变化情况、其他假设条件的变化情况，根据上述假设和参数计算财务经济指标。

　　(2) 项目的主要经济指标分析。将可研调整、后评价计算的经济指标进行对比，对变化的原因进行分析，作出项目的经济效益评价。

　3.3　项目的管理评价

　　(1) 项目管理机构设置评价。项目各级管理机构职责是否清楚健全。

　　(2) 项目管理体制及规章制度评价。是否建立了明确的职责和项目管理完整的规章制度，保证项目顺利实施。

　　(3) 项目技术人员培训情况。项目建设同时是否对相关技术人员进行了岗前培训，以及对系统维护人员的培训。

　　(4) 项目经营管理评价。是否有完整的管理制度和机构，项目运行是否纳入公司正常的运营管理体制之中。

4. 项目环境和社会效益评价

　4.1　项目环境评价。项目内容，是否符合环境保护有关要求。

　4.2　项目的社会效益

　　(1) 项目的主要利益群体。

　　(2) 项目对区域经济发展的影响。

　　(3) 项目对提高人们生活水平和促进就业影响。

5. 项目目标和可持续性评价

　5.1　项目目标评价

　　(1) 项目建成，项目的工程建设目标实现。

　　(2) 项目经过一年多运行，系统运行是否正常，各项技术指标是否达到设计要求，项目的工程技术目标是否实现。

　　(3) 项目的运行，新能源发电业务的发展，给企业带来的经济效益。

　5.2　项目的持续性评价

　　(1) 由于项目的建成，是否对当地新能源发电业务的发展有促进作用，是否有后续项目的实施。

　　(2) 项目是否具有先进性和可持续发展能力，项目设计是否考虑了今后设备扩容和新技术应用。

6. 项目后评价结论

　6.1　项目的成功度评价。项目是否成功。

　6.2　项目的后评价结论。

　　(1) 项目的建设过程是否基本符合项目管理程序。

　　(2) 项目建设管理和"三大控制"情况。

　　(3) 采用技术是否符合发展趋势，技术是否先进，设备选型是否合理，运行是否稳定。

　　(4) 项目运行对于新能源业务发展、地方经济发展有无促进作用，对改善当地电网结构等是否发挥作用，为企业是否带来较好的经济和社会效益，项目是否实现预期目标。

7. 项目的主要经验教训及对策建议

　7.1　项目主要经验教训

　　(1) 项目前期方案比选情况、方案决策是否正确。

　　(2) 项目是否认真执行招投标制度，在满足业务需要情况下，是否选用国产设备，是否提高项目的经济安全性。

　　(3) 是否建立健全科学的投资决策机制和制度。

　　(4) 项目档案管理归档管理情况，是否存在文件签署手续不全等问题。

　7.2　主要对策建议

　　(1) 宏观对策建议。

　　(2) 具体项目对策建议。

参 考 文 献

[1] 罗永康，谭光杰．确定风电场地质灾害危险性评估级别 [J]．电力勘测设计．2012，3：6-8.

[2] AWS科学公司风能资源评估手册．纽约：AWS科学公司．1997.

[3] 郑霞忠，朱荣忠．水利水电工程质量管理与控制 [M]．北京：中国电力出版社，2011.

[4] 王承熙，张源．风力发电 [M]．北京：中国电力出版社，2007.

[5] 刘万琨，张志英，李银凤，赵萍．风能与风力发电技术 [M]．北京：化学工业出版社，2007.

[6] 尹炼，刘文洲．风力发电 [M]．北京：中国电力出版社，2002.

[7] 《风力发电工程施工与验收》编委会．风力发电工程施工与验收 [M]．北京：中国水利水电出版社，2009.

[8] 何力．最新风电工程技术手册 [M]．北京：中国科技文化出版社，2006.

[9] 郝宇．大型工艺风机的设备监造 [J]．通用机械，2013 (8)：56-58.

[10] 马嘉鹏．尼尔基变电站工程项目管理研究 [D]．天津：天津大学，2008.

[11] 王忠和．输变电工程施工质量控制 [J]．科技传播，2013，8：264.

[12] 张桂林，范轹．输变电工程项目质量管理成熟度模型及评价研究 [J]．华北电力大学学报（自然科学版），2011，38 (1)：66-70.

[13] 中华人民共和国住房和城乡建设部．GB 50496—2009，大体积混凝土施工规范 [S]．北京：中国计划出版社.

[14] 张朝勇，段雪霞．风电场工程风机基础大体积混凝土施工技术措施 [J]．内蒙古水利，2010 (4)：159-160.

[15] 郝淑晓．混凝土冬季施工理论与施工工艺 [J]．洛阳大学学报（社会科学版），2000 (4)：76-78.

[16] 宋晓黎，张梅，石万顶．浅析混凝土冬季施工质量控制 [J]．河南水利与南水北调，2008 (7)：105-106.

[17] 张政兵．浅谈大体积混凝土冬季施工质量控制 [J]．科学之友，2012 (3)：95-97.

[18] 姚怀柱，诸晓华，徐丽娜．混凝土冬季施工质量控制浅探 [J]．江苏水利，2014 (5)：24.

[19] 宋彦光，王海涛．浅谈桥梁承台大体积混凝土冬季施工技术措施 [J]．黑龙江交通科技，2009，92 (3)：77.

[20] 杨艳民，祝立辉，贾荣杰，翟剑斌．浅谈风电场工程风机安装施工工艺 [J]．结构设备与安装，2011 (8)：34-38.

[21] 吕鹏远，贝耀平．慈溪风电场机电设备安装的质量控制 [J]．水利水电技术，2009，40 (9)：22-24.

[22] 陈苏祥．汪营子风电场风力发电机组安装质量控制 [J]．水电与新能源，2014 (6)：73-75.

[23] 李丽．我国工程项目进度管理研究综述 [J]．科学之友，2011 (3)：71-72.

[24] 刘光忱，孙晓琳，赵亮．工程项目进度管理的探讨 [J]．教育教学论坛，2010 (15)：25-26.

[25] 杨劲，刘全昌，刘伊生，等．工程建设进度控制 [M]．北京：中国建筑工业出版社，1997.

[26] 彭尚银．工程项目管理 [M]．北京：中国建筑工业出版社，2005.

[27] 全国一级建造师执业资格考试用书编写委员会．建设工程项目管理 [M]．北京：中国建筑工业出版社，2011.

[28] 成虎．工程项目管理 [M]．北京：中国建筑工业出版社，2001.

[29] 徐伟，等．建筑工程监理规范实施手册 [M]．北京：中国建筑工业出版社，2001.

[30] 张书行．建筑施工组织设计 [M]．北京：中国建筑工业出版社，1995.

[31] 吴起仁，郑主平，孙向东．风电场建设风险管理 [J]．水利水电技术，2009 (9)：18-21.

［32］ 陈丽萍．工程项目风险管理与防范［J］管理宝鉴，2008，（8）：61－63.

［33］ 孔昭东，周宏胜，刘锦国，等．大型风电工程建设项目风险管理模式探讨［J］．内蒙古电力技术，2008（4）.

［34］ 李丽．我国工程项目进度管理研究综述［J］．科学之友，2011（3）：71－72.

［35］ 纪志国．风电场建设进度管理研究［J］．能源与节能，2013（7）：37－38.

［36］ 帅清根，罗少平，黄弘．高山风电项目建设风险管控与思考［J］，发电技术，2014（2）：73－76.

［37］ 中国建设监理协会．建设工程进度控制［J］．北京：中国建筑工业出版社，2003（1）.

编委会办公室

主　任　胡昌支　陈东明

副主任　王春学　李　莉

成　员　殷海军　丁　琪　高丽霄　王　梅
　　　　邹　昱　张秀娟　汤何美子　王　惠

本书编辑出版人员名单

总责任编辑　陈东明

副总责任编辑　王春学　马爱梅

责任编辑　王　梅　高丽霄　李　莉

封面设计　李　菲

版式设计　黄云燕

责任校对　张　莉　梁晓静

责任印制　帅　丹　孙长福　王　凌